国家"双高"建设新形态教材

电工电子技术与应用

主　编　李海凤　赵婉君
副主编　耿荣林
主　审　李　妍

哈尔滨工程大学出版社
Harbin Engineering University Press

内 容 简 介

本书按照"必需、够用、实用"的原则,系统介绍了电工电子技术与应用的基本内容。内容讲解深入浅出,内容设计图文并茂。本书主要包括十一项内容:直流电路的分析与测试、荧光灯电路的安装与测试、三相照明电路的连接与测试、三相异步电动机及其控制电路的连接与测试、常用半导体器件的识别与检测、放大电路的设计与实现、直流稳压源的设计与实现、表决器电路的设计与实现、计数器电路的设计与实现、变压器的认识、工厂供电与安全用电。

本书可作为高职高专工科非电专业的电工电子技术教材,也可作为相关技术人员的参考用书。

图书在版编目(CIP)数据

电工电子技术与应用 / 李海凤,赵婉君主编.
哈尔滨:哈尔滨工程大学出版社,2025.3. -- ISBN
978-7-5661-4675-5

Ⅰ. TM;TN

中国国家版本馆 CIP 数据核字第 2025RD6927 号

电工电子技术与应用
DIANGONG DIANZI JISHU YU YINGYONG

选题策划	史大伟
责任编辑	丁月华
封面设计	李海波

出版发行	哈尔滨工程大学出版社
社　　址	哈尔滨市南岗区南通大街 145 号
邮政编码	150001
发行电话	0451-82519328
传　　真	0451-82519699
经　　销	新华书店
印　　刷	哈尔滨理想印刷有限公司
开　　本	787 mm×1 092 mm　1/16
印　　张	23.25
字　　数	583 千字
版　　次	2025 年 3 月第 1 版
印　　次	2025 年 3 月第 1 次印刷
书　　号	ISBN 978-7-5661-4675-5
定　　价	69.00 元

http://www.hrbeupress.com
E-mail:heupress@ hrbeu.edu.cn

前　言

本书是依据国务院《国家职业教育改革实施方案》文件精神,紧紧围绕高等职业教育培养"高素质技术技能人才"的目标,校企深度合作,通过课程改革实践,形成的任务驱动式教材。本书具有以下特点:

1. 教材内容选取既符合工作岗位需要,又为学生的后续学习和发展打下良好的基础。

2. 将实训内容融合到理论讲解中,并适当突出技能训练。

3. 配套建设在线课程,利于线上学习。

4. 任务明确,内容精练。

5. 项目训练难易适中,答案详细。

6. 每个项目都融入一个小故事,激发学生学习兴趣,开拓学生视野,让学生在电工电子技术发展的历史长河中体验责任与担当。

7. 对各项目重点电路进行了虚拟仿真,并对仿真过程全程录制讲解,便于学生学习和掌握。

全书共有十一个学习项目:直流电路的分析与测试、荧光灯电路的安装与测试、三相照明电路的连接与测试、三相异步电动机及其控制电路的连接与测试、常用半导体器件的识别与检测、放大电路的设计与实现、直流稳压源的设计与实现、表决器电路的设计与实现、计数器电路的设计与实现、变压器的认识、工厂供电与安全用电。每个学习项目又分解为若干个具体任务。本书适用于高职高专非电类工科专业的电工电子课程教学。标注" * "的内容适合教学要求较高、学时较多的专业选用。

电工电子技术在线课程同步建设,制作了配套课件、电子教案和微课等,教学资源对外开放,在电脑的"优慕课"平台或者手机的"课程伴侣"上能随时观看和查询,方便教师使用,利于学生学习。

本书由渤海船舶职业学院李海凤、赵婉君担任主编,中能建(上海)成套工程有限公司高级工程师耿荣林担任副主编,渤海船舶职业学院李妍担任主审,渤海船舶职业学院刘妍、胡惠宁、李湘宸参与了教材编写工作。具体编写分工如下:项目1和项目4由李海凤编写;项目2和项目6由赵婉君编写;项目3和项目5由刘妍编写;项目7和项目8由胡惠宁编写;项目9由耿荣林编写;项目10和项目11由李湘宸编写。每个人又负责编写了各自项目训练的答案。全书由李海凤统稿。

本书在编写过程中得到了中能建(上海)成套工程有限公司、葫芦岛电力设备厂和渤船重工电装分厂的大力支持,许多技术人员提出了宝贵建议;并得到了渤海船舶职业学院电气工程系的领导和教师的大力支持和帮助,在此一并表示衷心的感谢。

由于编者水平有限,书中难免有不足之处,恳请广大读者批评指正。

编　者

2024 年 9 月

目　　录

项目 1　直流电路的分析与测试

【项目描述】

日常生活和生产都离不开电,电流按照性质分为直流电和交流电。电路是电流的流通路径,相应地分为直流电路和交流电路。本项目作为电路部分的第一个项目,以直流电路为研究对象,通过电路的组成和功能、基本元器件、基本定律、基本定理等内容,引入直流电路的分析和测试方法。

【项目目标】

知识目标:
(1)掌握电路的基本概念,以及电流、电压、电动势等基本物理量。
(2)了解电阻、电感和电容元件的基本特性。
(3)掌握基尔霍夫定律和叠加定理的内容并会用其分析电路。
技能目标:
(1)会使用直流电压表、直流电流表和万用表。
(2)认识电阻、电感和电容等常见的元器件。
(3)会对直流电路进行简单测试。

任务 1.1　直流电路基本参数的测量

【任务目标】

(1)了解电路的基本组成及各部分的作用。
(2)能将实际电路转化为简单电路模型。
(3)理解电路的基本物理量及其参考方向的意义。
(4)掌握电路在不同工作状态下的特点。
(5)会使用仪表测量电路的基本参数。

✤【任务内容】

1.1.1 建立电路模型

1. 实际电路的组成和功能

电路是由各种电气元件按一定方式用导线连接组成的总体,它提供了电流通过的闭合路径。一个完整的电路由电源、负载和中间环节三个基本部分组成。

电源是把其他形式的能量转换为电能的装置,例如,发电机将机械能转换为电能。负载是取用电能的装置,它把电能转换为其他形式的能量,例如,电灯将电能转换为光能,电动机将电能转换为机械能,电热炉将电能转换为热能等。中间环节是电源和负载之间不可缺少的连接、控制和保护部件,包括导线、开关、熔断器等。

电路的功能有两类:

第一类功能是进行能量的转换、传输和分配。图 1-1 是一种简单的手电筒实际电路,它由干电池、开关、小灯泡和连接导线等组成。当开关闭合时,电路中有电流通过,小灯泡发光,干电池向电路提供电能;小灯泡是耗能器件,它把电能转化为热能和光能;开关和连接导线的作用是把干电池和小灯泡连接起来,构成电流通路。

第二类功能是进行信号的传递与处理,例如,电视机可将接收到的信号处理转换成图像和声音。

2. 电路模型的建立

在对实际电路进行分析时,通常采用电路模型来表示整个系统,其主要优点是易于采用数学方法和熟知的电路定律来分析和处理问题。电路模型是由实际电路抽象而成的,是用

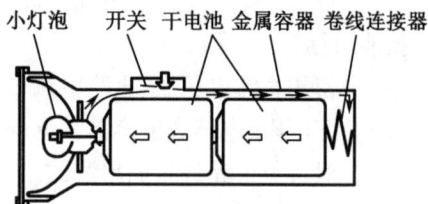

图 1-1 手电筒实际电路

理想导线将一些理想电路元件连接而成的,它近似地反映实际电路的电气特性。那么我们需要先明确什么是理想电路元件。

在电路的分析计算中,可用一个假定的二端元件(如电阻元件)来代替实际元件(如小灯泡)。二端元件具有的某种确定的电磁性质,能反映出实际电路元件主要的电磁性质,这个假定的二端元件称为理想电路元件。实际电路元件在工作时的电磁性质是比较复杂的,绝大多数元件具备多种电磁效应,给分析问题带来了困难。为了便于对电路进行分析和计算,进而便于探讨电路的普遍规律,在分析和研究具体电路时对实际元件加以理想化,只考虑其中起主要作用的某些电磁属性,而将其他电磁属性忽略。

实际电路中的元件品种繁多,有的元件主要是消耗电能,如各种电阻、电灯、电烙铁等;有的元件主要是储存磁场能量,如各种电感线圈;有的元件主要是储存电场能量,如各种类型的电容元件;有的元件主要是提供电能,如电池、发电机等。发生在实际电路元件中的电磁现象按性质可分为以下几种:

(1)消耗电能,可以用电阻元件来表征;

(2)供给电能,可以用电源元件来表征,包含电流源和电压源;

（3）储存电场能量，可以用电容元件来表征；

（4）储存磁场能量，可以用电感元件来表征。

由理想电路元件组成的电路称为电路模型，用规定的
电路符号表示各种理想电路元件而得到的电路模型图称为
电路原理图，简称电路图，如图1-2所示。其中，U_S是一种
称为电压源的电路元件，表示手电筒的干电池；电阻元件R_S
是干电池的内阻；电阻元件R_L表示电灯泡；S表示开关；连
接导线消耗电能很少，可以忽略，就用无电阻的短路线表示。

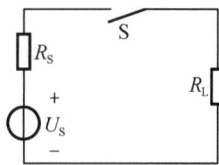

图1-2 手电筒电路模型图

1.1.2 分析电路的基本物理量

1. 电流

电流是由电荷的定向移动形成的。电流的强弱由电流强度来表示，用i或I表示。其
中，i表示电流的瞬时值，I表示恒定电流。恒定电流是指大小和方向均不随时间变化的电
流，简称直流。对于恒定电流，电流强度I用单位时间内通过导体横截面的电量Q来表
示，即

$$I = \frac{Q}{t} \tag{1-1}$$

电流的单位是A（安[培]）。在1 s内通过导体横截面的电荷为1 C（库仑）时，其电流
为1 A。

计算微小电流时，电流的单位用mA（毫安）、μA（微安）或nA（纳安），其换算关系如下：
$$1\ mA = 10^{-3}\ A, 1\ \mu A = 10^{-6}\ A, 1\ nA = 10^{-9}\ A$$

习惯上，规定正电荷的移动方向表示电流的实际方向。在外电路中，电流由正极流向
负极；在内电路中，电流由负极流向正极。

在简单电路中，电流的实际方向可由电源的极性确定；在复杂电路中，电流的方向有时
事先难以确定。为了分析电路，人们引入了电流参考方向的概念。

在进行电路计算时，先任意选定某一方向作为待求电流的方向，并根据此正方向进行
计算。若计算得到的结果为正值，说明电流的实际方向与选定的方向相同；若计算得到的
结果为负值，说明电流的实际方向与选定的方向相反。图1-3表示电流的参考方向（图中I
所示）与实际方向（图中正电荷所示）之间的关系。图1-3（a）表示参考方向与实际方向一
致，图1-3（b）表示参考方向与实际方向相反。

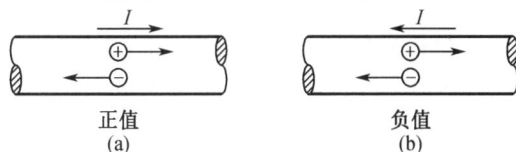

图1-3 电流的参考方向与实际方向的关系

电流的参考方向有以下两种表示方法：

（1）用箭头表示。箭头的指向为电流的参考方向，如图1-4(a)所示。

（2）用双下标表示。图1-4(b)中的i_{AB}表示电流的参考方向由A指向B。

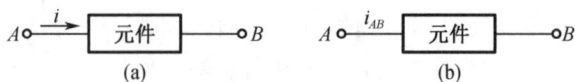

$$A \circ \!\!-\!\!\xrightarrow{i}\!\!\boxed{元件}\!\!-\!\!\circ B \qquad\qquad A \circ \!\!-\!\!\xrightarrow{i_{AB}}\!\!\boxed{元件}\!\!-\!\!\circ B$$

(a)　　　　　　　　　　　(b)

图1-4　电流的参考方向的两种表示方法

2. 电压

电压的大小等于把单位正电荷从电场中的点A移到点B所做的功W_{AB}，对于恒定直流电压，用U_{AB}表示，即

$$U_{AB} = \frac{W_{AB}}{Q} \tag{1-2}$$

电压的单位为 V（伏［特］）。如果电场力把 1 C 电量从点A移到点B所做的功是 1 J（焦耳），则A与B两点间的电压就是 1 V。

计算较大的电压时，单位用 kV（千伏），计算较小的电压时，单位用 mV（毫伏）。其换算关系为

$$1\ \text{kV} = 10^3\ \text{V}, 1\ \text{mV} = 10^{-3}\ \text{V}$$

从工程应用的角度来讲，电路中电压是产生电流的根本原因。电压的另一个概念是两点之间的电位之差，即两点间的电压。接下来介绍电位的概念。为了便于分析电路，常在电路中指定一点作为参考点，假定该点电位是零，可用符号"⊥"表示。单位正电荷q从电路中一点A移至参考点（$\varphi = 0$）时电场力做功的大小即为电位，记作φ_A。电位实质上就是电路中某点相对于参考点的电压，其单位也是 V。

电位测量

电路中两点间的电压也可用两点间的电位差来表示，即

$$U_{AB} = \varphi_A - \varphi_B \tag{1-3}$$

电路中电位随参考点（零电位点）选择的不同而不同，而两点间的电压是不变的。

规定电压的实际方向为从高电位点指向低电位点，即由"+"极指向"-"极，因此，在电压的实际方向上电位是逐渐降低的，因此电压又称作电压降。

和电流一样，电路中各电压的实际方向往往不能事先确定，在分析电路前，首先假设出电路中两点间电压的正方向（从高电位指向低电位），将这个假设的方向称为该电压的参考方向，只有在已经标定参考方向之后，电压的数值才有正、负之分。

通常电压的参考方向有三种表示方式，如图1-5所示：在元件或电路两端用符号"+""-"分别标定正负极性，由正极指向负极的方向为电压的参考方向；也可以用箭头表示；或是用双下标表示，u_{AB}表示电路中A、B两点间电压的参考方向从A点指向B点，而u_{BA}则表示电压的参考方向从B点指向A点，显然，$u_{AB} = -u_{BA}$。

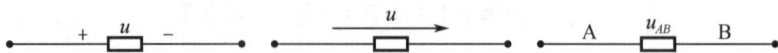

$$\bullet\!\!-\!\!\xrightarrow{+\ \ u\ \ -}\!\!\boxed{}\!\!-\!\!\bullet \qquad \bullet\!\!-\!\!\xrightarrow{u}\!\!\boxed{}\!\!-\!\!\bullet \qquad \bullet\!\!-\!\!\xrightarrow{A\ \ u_{AB}\ \ B}\!\!\boxed{}\!\!-\!\!\bullet$$

图1-5　电压参考方向的三种表示

设定参考方向后,如果计算出的电压 $u>0$,则表示实际方向与参考方向一致;如果计算出的电压 $u<0$,则表示实际方向与参考方向相反。

在电路分析中,电流的参考方向和电压的参考方向都可以各自独立地任意设定,因而就有两种不同的设定方式:对于一个元件或一段电路,当电流的参考方向与电压参考方向选取一致时,称为关联参考方向[图 1-6(a)],否则称为非关联参考方向[图 1-6(b)]。

(a) 关联参考方向的元件　　　　　　　　(b) 非关联参考方向的元件

图 1-6　电压、电流的关联参考方向

在分析、计算复杂电路时,电流和电压的参考方向起着重要作用。分析电路时需要注意以下几点:

(1)无论分析、计算何种电路,必须首先指定电压和电流的参考方向,然后才能建立电路方程并求解电路。

(2)电流、电压的参考方向可以任意选定,但一经选定,在电路分析、计算过程中不应改变。

(3)在电路图中若标出了参考方向,就按照标出的参考方向进行分析和计算。

(4)在直流电路中,如果已经知道电流、电压的实际方向,则取它们的参考方向与实际方向一致;对于不能确定实际方向的直流电路或交流电路,则一般采用关联参考方向。

3. 电动势

在电路中,正电荷在电场力的作用下,经与电源连接的外电路,从电源的高电位端(正极)流向电源的低电位端(负极)。因此,要维持电路中的电流,在电源内部就必须有能把正电荷从低电位端(负极)移至高电位端(正极)的非电场力。电源的内部就存在这种非电场力。非电场力把单位正电荷在电源内部由低电位端(负极)移到高电位端(正极)所做的功,称为电动势,用字母 $e(E)$ 表示。电动势的实际方向在电源内部从低电位端指向高电位端,即由“-”极指向“+”极。电动势的单位与电压相同,用 V 表示。

设在电源内部,非电场力把正电荷 dq 从低电位端移至高电位端所做的功为 dw,则电源的电动势为

$$e(t)=\frac{\mathrm{d}w}{\mathrm{d}q} \tag{1-4}$$

直流电源的电动势用大写字母 E 表示,直流电源在没有与外电路连接的情况下,电动势与其两端电压大小相等。

4. 功率和电能

电能对时间的变化率称为电功率,简称功率,即电场力在单位时间内所做的功。设电场力在 dt 时间内所做的功为 dw,则功率表示为

$$p=\frac{\mathrm{d}w}{\mathrm{d}t} \tag{1-5}$$

在国际单位制中,功率的单位是瓦[特],符号为 W。

恒定直流电路中,功率用大写字母 P 表示。在图 1-7 中,电阻元件两端的电压是 U,流过的电流是 I,电压与电流的方向是关联参考方向,则电阻元件吸收的功率为

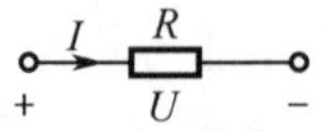

图 1-7　取关联参考
方向的电阻

$$P = UI \tag{1-6}$$

电路在一段时间内吸收的能量称为电能,电阻在 t 时间内所消耗的电能为

$$W = Pt \tag{1-7}$$

电能的单位为 J(焦耳)。在日常生产和生活中,电能也常用"度"作为量纲,平时所说的"消耗 1 度电"就是指:功率为 1 kW 的用电设备在 1 h 内消耗的电能,即 1 kW·h。

式(1-6)、式(1-7)不仅对于电阻适用,对于某一元件或是某段电路均适用。当电路中电压与电流参考方向非关联时,在计算吸收功率的式(1-6)中需冠以负号,即

$$P = -UI \tag{1-8}$$

在电路分析中,不仅要计算功率的大小,还要判断是吸收功率还是发出功率。

具体分析如下:

按照元件两端电压和流过的电流在关联参考方向或在非关联参考方向的情况,按照式(1-6)或式(1-8)计算功率 P:$P>0$,元件吸收功率;$P<0$,元件发出功率。

对任何一个电路元件而言,当流经元件的电流实际方向与元件两端电压的实际方向一致时,元件吸收功率;当电流与电压实际方向相反时,元件发出功率。电阻元件两端的电压与流经的电流的实际方向总是一致的,其功率总是正值。电源则不然,它的功率可能是负值,也可能是正值,这说明它可能作为电源提供电能,发出功率;也可能被充电,吸收功率。

以上对功率的讨论,同样适用于任何一段电路,而不局限于一个元件。

例 1-1　若已知某元件的电流和电压为非关联参考方向,且电流为 $I=-100$ A,电压 $U=10$ V,求电功率 P,并说明元件是吸收功率还是发出功率。

解　元件的电压与电流为非关联参考方向,因此

$$P = -UI = -10 \text{ V} \times (-100 \text{ A}) = 1\ 000 \text{ W}$$

$P>0$,元件吸收功率。

1.1.3　电路的三种状态

以最简单的直流电路为例,分别讨论电路的通路状态、开路状态及短路状态。

1. 通路状态

如图 1-8 所示,电源与负载接成闭合回路,电路中的电流为 I,负载两端的电压为 U,电路处于有载工作状态,又称通路状态。在实际电路中,负载为各种各样的用电设备,R 代表等效负载电阻。

负载两端的电压 U 与电源电压 U_S、电源内阻 R_0 及负载电流 I 之间的关系如下:

$$U = U_S - R_0 I$$

当电路中的负载变动时,电源端电压的大小也随之改变。

根据负载大小,电路的有载工作状态又分为三种工作状态:当电气设备的电流等于额

定电流时,称为满载工作状态;当电气设备的电流小于额定电流时,称为轻载工作状态;当电气设备的电流大于额定电流时,称为过载工作状态。

2. 开路状态

所谓开路,就是电源与负载没有构成闭合回路。在图 1-9 所示的电路中,当开关 S 断开时,电路即处于开路状态。

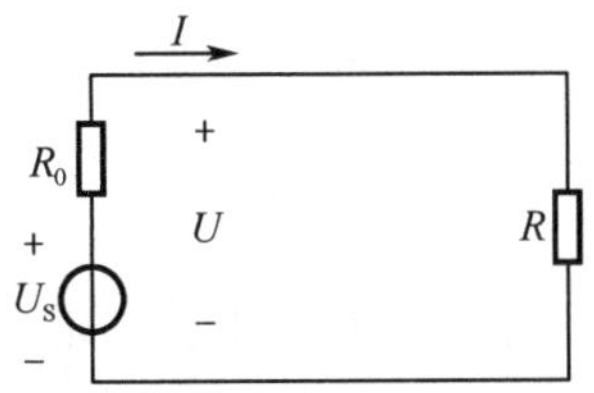

图 1-8　通路状态的电路

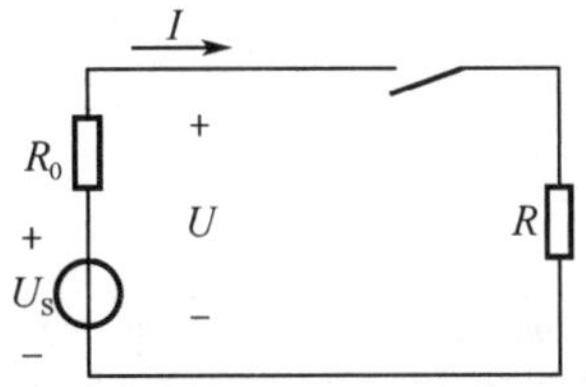

图 1-9　开路状态的电路

开路状态的特征是:电路中的电流为零,负载两端的电压等于电源电压,电源不输出功率,此种情况也称为电源的空载。其特征可用下式表示:

$$I = 0 \tag{1-9}$$

$$U = U_\text{S} \tag{1-10}$$

3. 短路状态

所谓短路,就是电源未经负载而直接由导线接通成闭合回路,如图 1-10 所示。图中折线是指示短路点的符号。短路的特征可用下式表示

$$I = I_\text{S} = \frac{U_\text{S}}{R_0} \tag{1-11}$$

因为电源内阻 R_0 一般都很小,所以短路电流总是很大。因此,电源短路是一种严重事故。

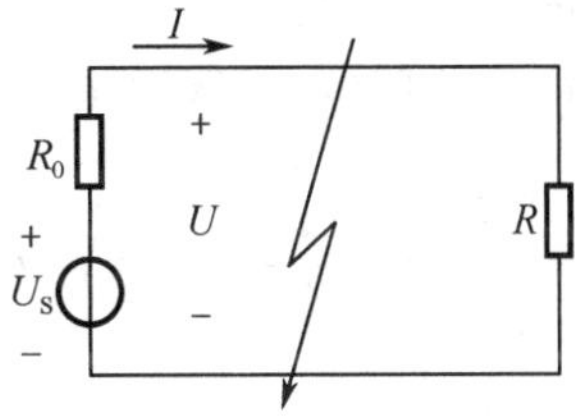

图 1-10　短路状态的电路

【任务实施】

用电流表、电压表、万用表测量电路的基本参数

1. 目的

(1)掌握使用直流电压表、直流电流表和万用表的方法。

(2)掌握电路元件的电压、电流等基本参数的测量方法。

(3)掌握伏安特性曲线的绘制方法。

2. 设备与器件

万用表、多量程电流表、数字电压表、可调稳压电源(0~30 V、0~2 A)、线性电阻(100 Ω、200 Ω)、白炽灯(24 V、15 W)。

3. 原理和电路

(1)电流表

电流表(图 1-11)用来测量电路中的电流值,按所测电流性质可分为直流电流表、交流电流表和交直流两用电流表。按其测量范围,电流表又分为微安表、毫安表和安培表。

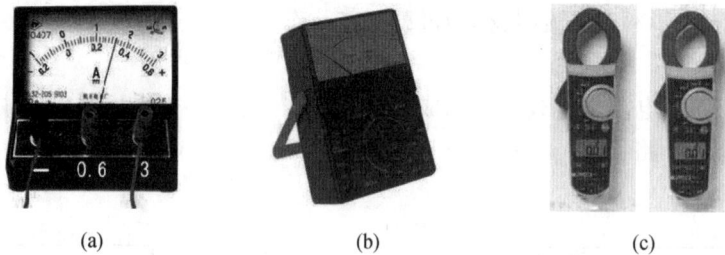

(a)   (b)   (c)

图 1-11   几种常见的电流表

电流表有磁电式、电磁式和电动式等形式,串接在被测电路中。它是根据通电导体在磁场中受磁场力的作用制成的。电流表内部有一永磁体,在极间产生磁场;在磁场中有一个线圈,线圈两端各有一个游丝弹簧,弹簧各连接电流表的一个接线柱;弹簧与线圈由一个转轴连接,在转轴相对于电流表的前端有一个指针。当有电流通过时,电流沿弹簧、转轴通过磁场,电流切磁感线,所以受磁场力的作用,线圈发生偏转,带动转轴、指针偏转。由于磁场力的大小随电流的增大而增大,所以就可以通过指针的偏转程度来观察电流的大小。

使用电流表测量电路电流时,一定要将电流表串联在被测电路中[图 1-12(a)]。而且在测量直流电流时,必须注意仪表的极性,应使仪表的极性与被测电路的极性一致;同时要考虑电流表的量程。电流表的量程要根据被测电流的大小来选取,要使被测电流值处于电流表的量程之内,应尽量使表头指针指到满刻度的 2/3 左右。在不明确被测电流大小的情况下应先使用较大量程的电流表试测,以免因过载而烧毁仪表。

(a) 直流电流表接线示意图   (b) 直流电压表接线示意图

图 1-12   直流电流表和直流电压表测量接线图

将电流表串联在电路中时,由于电流表具有内阻,因此其会改变被测电路的工作状态,影响被测电路的数值。如果内阻较小,偏差也可以忽略。

(2)电压表

电压表(图 1-13)用来测量电路中的电压值,按所测电压的性质分为直流电压表、交流电压表和交直流两用电压表。按其测量范围,电压表又分为毫伏表、伏特表等。

电压表也有磁电式、电磁式和电动式等形式。被测电路两点间的电压加在仪表的接线端上,电流通过仪表内的线圈,其电流的大小与被测电路两点的电压有关,同样通过指针的偏转角可以观察被测电路的电压。

图 1-14 是磁电式电压表原理图,其中电阻 R_g 是可动线圈的等效电阻,通过它的电流 I_g 和外加电压 U_g 成正比,因此它可以用来测电压。如果电压表允许通过的最大电流为 I_{gm},则

它可以测量的最大电压为 $U_{gm}=I_{gm}R_g$。由于仪表的 R_g 不大,允许通过的电流又很小,所以它直接用来测量电压的范围就很小,通常为毫伏级。

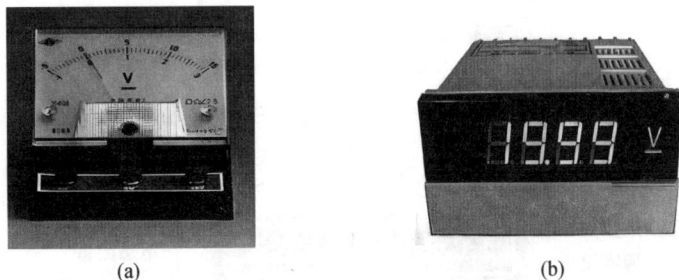

(a)　　　　　　(b)

图 1-13　电压表

为了测量较大的电压,可以用一只较大阻值的分压电阻 R_d 与磁电式测量机构串联,如图 1-14(a)所示。如果用三个分压电阻连接成图 1-14(b)所示的形式,便可以制成三量程的电压表。这里电压表的测量线路是分压电阻。

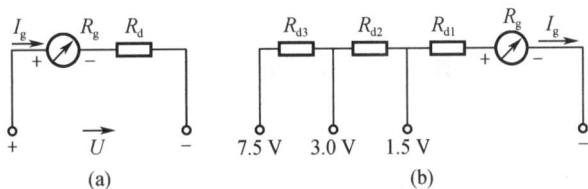

(a)　　　　　　(b)

图 1-14　磁电式电压表原理图

多量程电压表各量程的内阻与相应电压量程之比是一个常数,而且是电压表的一个重要常数,常标在电压表表面上,其单位为"Ω/V"。

用电压表测量电路电压时,一定要使电压表与被测电压的两端并联[图 1-12(b)],电压表指针所示为被测电路两点间的电压。使用直流电压表时还要注意仪表的极性,表头的"+"端接高电位,"−"端接低电位。

(3)万用表

万用表的使用范围很广,可以测量电阻、电流和电压等参数,在电子、电气产品的维修中是不可缺少的测量工具。它的结构简单,使用方便。常见的万用表有模拟式万用表和数字式万用表。图 1-15 为 MF47 型模拟式万用表。

模拟式万用表主要由磁电式表头、转换开关和测量电路组成。测量电路的作用是把被测量转换成适合磁电式仪表测量的小直流电流;转换开关的作用是针对不同的被测量实现不同测量电路和量程的转换。

模拟式万用表在使用中要注意以下事项:

①在使用万用表之前,应先进行机械调零,即在没有被测量时,使万用表指针指在零电压或零电流的位置上。

②在使用万用表过程中,不能用手去接触表笔的金属部分,这样一方面可以保证测量准确,另一方面也可以保证人身安全。

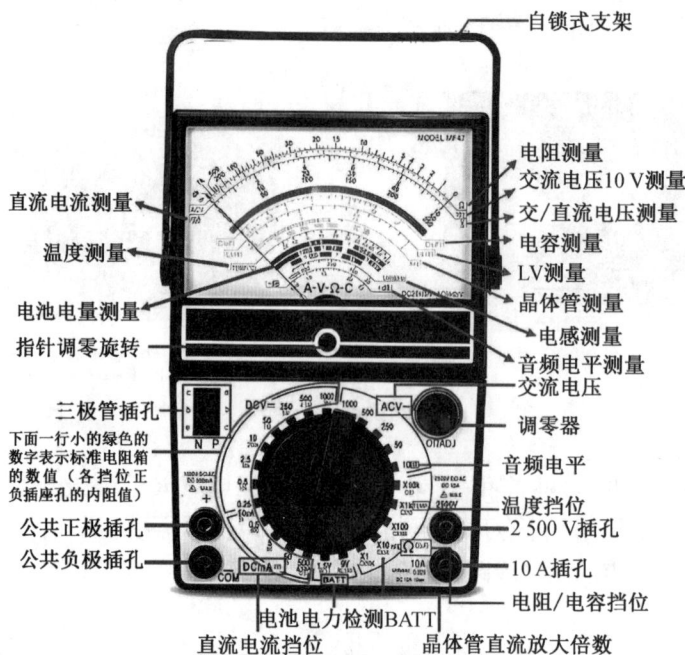

图 1-15　MF47 模拟式万用表

③在测量某一电量时,不能在测量的同时换挡,尤其是在测量高电压或大电流时,更应注意,否则会使万用表毁坏。如需换挡,应先断开表笔,换挡后再去测量。

④在使用万用表时,必须将其水平放置,以免造成误差。同时,还要注意避免外界磁场对万用表的影响。

⑤万用表使用完毕,应将转换开关置于交流电压的最大挡。如果长期不使用,还应将万用表内部的电池取出来,以免电池腐蚀表内其他器件。

数字式万用表由转换开关、测量电路、模数转换器、数字显示电压表等几大部分组成。其中转换开关、测量电路的功能与模拟式万用表相同,模数转换器是把测量电路测出的模拟信号转换成数字信号。数字显示电压表接收来自模数转换器的数字信号,采用七段数码、液晶等显示电路进行电压数值显示。数字式万用表有很多型号,其外形大同小异。数字式万用表的外形如图 1-16 所示。

数字式万用表使用时要注意以下事项:

①在使用数字式万用表测量之前,必须明确要测量什么电量以及具体的测量方法,然后选择相应的测量模式和相应的量程。每次测量时务必要对测量的各项设置进行仔细核查,以避免因错误设置而造成仪表损坏。

②在刚开始测量时,数字式万用表可能会出现"跳数"现象,应等到液晶显示屏上所显示的数值稳定后再读数,这样才能确保读数的准确。

③如果在测量之前无法估计出被测电压值或电流值的大小,最好选择数字式万用表的最大量程进行试测,然后再根据试测情况选择合适的量程进行测量。

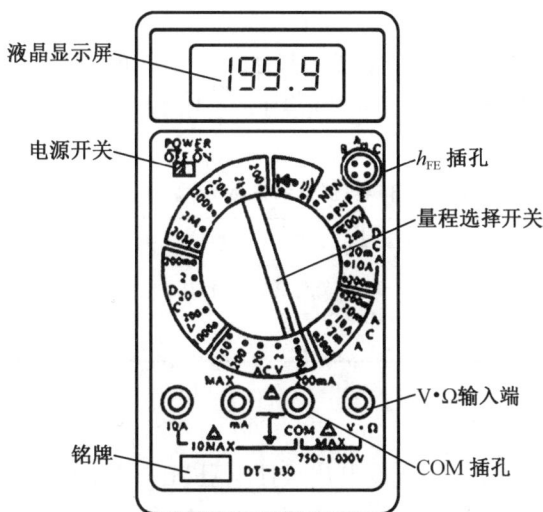

图 1-16 数字式万用表的外形

④测量电压时,应将数字式万用表与被测电路并联;测量电流时,应将数字式万用表串联到被测电路中。由于数字式万用表具有自动极性识别功能,因此,在测量直流电压或直流电流时不必考虑表笔的接法。

⑤测量电阻、检测二极管和检查线路通断时,红表笔应接 V·Ω 插孔(或 mA/V/Ω 插孔)。此时,红表笔带正电,黑表笔接 COM 插孔而带负电。这与模拟式万用表的电阻挡正好相反。因此,在检测二极管、晶体管、电解电容器、稳压管等有极性的元器件时,必须注意表笔的极性。

(4)电路

元件伏安特性的测试电路如图 1-17 所示。

4. 内容及步骤

(1)测定线性电阻的伏安特性

按图 1-17 接线,换接线路时,必须关闭电源开关,严禁带电操作。图中的电源 U_S 选用可调稳压电源,通过直流数字毫安表与 100 Ω 线性电阻相连,电阻两端的电压用直流数字电压表测量。采用数字电压表的原

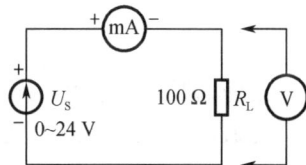

图 1-17 元件伏安特性的测试电路

因是其输入阻抗很高,可达 10 MΩ,取用电流较小,对被测电路的影响极小。

调节可调稳压电源的输出电压 U_S,从 0 V 开始缓慢地增加(不能超过 10 V),在表 1-1 中记下相应的电压表和电流表的读数。

表 1-1 线性电阻伏安特性数据

项目	数值					
U/V	0	2.0	4.0	6.0	8.0	10
I/mA						

(2)测定 24 V 白炽灯的伏安特性

将图 1-17 中的 100 Ω 线性电阻换成一只 24 V、15 W 的白炽灯,重复(1)中步骤,电压变化范围为 0~24 V,分 7 挡进行测量,并在表 1-2 中记录下测量时的室温 t。

表 1-2   白炽灯伏安特性数据(24 V、15 W) $t=$ ℃

项目	数值						
U/V	1.0	2.0	4.0	8.0	12	16	20
I/mA							

(3)绘制伏安特性曲线

根据测量数据,分别在坐标纸上绘制出线性电阻和白炽灯的伏安特性曲线。绘制曲线时,要注意纵、横坐标每格量值的选择,以使曲线展现匀称。

5.注意事项

(1)测量时,可调稳压电源的输出电压由 0 V 缓慢逐渐增加,应时刻注意电压表读数不能超过规定值。

(2)稳压电源输出端切勿碰线短路。

(3)测量时,随时注意电流表读数,及时更换电流表量程,勿使仪表超量程。

任务 1.2   基本电路元件的识别与检测

【任务目标】

(1)了解电阻、电容、电感、电源等电路元件的外观、分类、应用和特性。

(2)熟练掌握简单电阻电路的串并联计算。

(3)会识别、检测常用的电路元件。

【任务内容】

电阻、电感和电容是组成电路的最基本的元件。

1.2.1   电阻元件

1.认识电阻

电阻器(简称"电阻",通常用"R"表示)是所有电路中使用最多的元件之一。在物理学中,用电阻来表示导体对电流阻碍作用的大小。导体的电阻越大,表示导体对电流的阻碍作用越大。不同的导体,其电阻一般不同。电阻是导体本身的一种特性。图 1-18 是现实中常见的几种电阻。

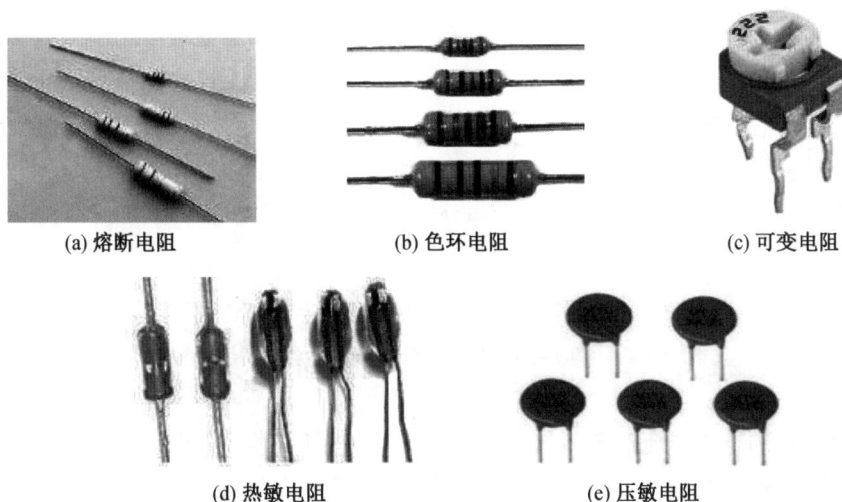

(a) 熔断电阻　　　　　　　　(b) 色环电阻　　　　　　　(c) 可变电阻

(d) 热敏电阻　　　　　　　(e) 压敏电阻

图 1-18　常见的电阻

电阻元件一般代表实际电路中的耗能元件,如电炉、照明器具等。其图形符号如图 1-19 所示。当电阻两端的电压与流过电阻的电流为关联参考方向时,如图 1-19(a)所示,根据欧姆定律,电压与电流成正比,有如下关系:

$$u = Ri \qquad (1-12)$$

当电阻两端的电压与流过的电流为非关联参考方向时,如图 1-19(b)所示,根据欧姆定律,电压与电流有如下关系:

图 1-19　电阻元件

$$u = -Ri \qquad (1-13)$$

在国际单位制中,当电阻两端的电压为 1 V(伏[特]),流过电阻的电流为 1 A(安[培])时,电阻为 1 Ω(欧[姆])。常用单位还有 kΩ(千欧)或 MΩ(兆欧),其换算关系为 $1 \text{ k}\Omega = 10^3 \text{ }\Omega, 1 \text{ M}\Omega = 10^3 \text{ k}\Omega = 10^6 \text{ }\Omega$。

为了方便分析,有时利用电阻的倒数(电导)来表征线性电阻元件的特性,用 G 表示,它的单位是西门子,简称西(S)。引入电导后,欧姆定律在关联参考方向下还可以写成

$$i = Gu$$

在关联参考方向下,若 $R = \dfrac{u}{i}$ 是个常数,则 R 称为线性电阻。线性电阻的伏安特性曲线如图 1-20(a)所示,是过原点的直线。

在关联参考方向下,线性电阻元件吸收(消耗)的功率可由式(1-6)和式(1-12)计算得到

$$p = ui = i^2 R = i^2/G$$

或

$$p = ui = u^2/R = u^2 G$$

可见,当电阻值一定时,电阻消耗的功率与电流(或电压)的平方成正比。在直流电路中,只要把小写字母改成大写字母即可。由于一般情况下电阻 R 和电导 G 是正实数,故功

率 p 恒为正值,表明电阻吸收(或消耗)功率,故电阻总是消耗能量的。

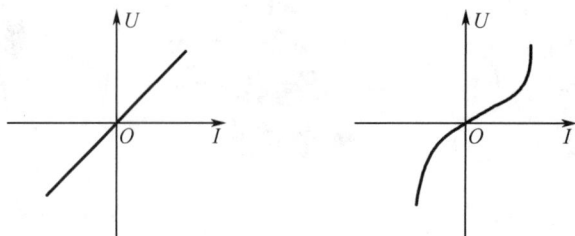

(a) 某线性电阻的伏安特性曲线   (b) 某非线性电阻的伏安特性曲线

图 1-20   电阻的伏安特性曲线

当电阻两端的电压与流过电阻的电流不成正比关系时,伏安特性曲线如图 1-20(b)所示。此时电阻不是一个常数,而是随电压、电流变动,其称为非线性电阻。

欧姆定律的发现

电阻的单位为 Ω(欧姆),是人们为了纪念物理学家欧姆而采用其名字命名的,因为他发现了电学上的一个重要定律——欧姆定律。这个定律在我们今天看来很简单,然而它的发现过程却并非如一般人想象得那么简单。欧姆在 1789 年出身于一个工匠家庭,他的父亲自学了数学和物理方面的知识,并教给少年时期的欧姆,唤起了欧姆对科学的兴趣。16 岁时,他进入埃尔兰根大学研究数学、物理与哲学,后由于经济困难而中途辍学。而后他在一所学校担任数学教师,并利用业余时间不断自修数学和物理。1811 年,他重返埃尔兰根大学,并获得了博士学位。欧姆在学校任教期间,利用学校的一间物理实验室,根据当时电流磁力效应的发现来进行自己的电学实验。在那个年代,人们对电流强度、电压、电阻等的概念都还不太清楚,当然更谈不上对它们进行精确测量了。欧姆独创性地运用库仑的方法制造了电流扭力秤,用来测量电流强度,引入和定义了电动势、电流强度和电阻的精确概念。1826 年,他发现了电学上的一个重要定律——欧姆定律。1827 年,他正式出版了《动力电路的数学研究》一书,从理论上推导了欧姆定律。

欧姆为这项研究工作付出了十分艰苦的劳动,由于当时的图书资料和实验仪器都很缺乏,为此他不仅要忙于教学,而且还要自己亲手设计和制造仪器来进行相关的实验。欧姆定律刚刚发表时,并没有受到学术界的重视,反而遭到了各种非议与攻击。一些人认为该定律太简单,不足为信。但是,真理之光终究会放射出来。1831 年,科学家波利特发表了一篇论文,得到了和欧姆同样的结果,这才引起科学界对欧姆定律的重新注意,欧姆终于得到物理学界的认同。

2. 电阻的串联和并联

(1)电阻的串联

电路中有两个或多个电阻首尾依次相连,而且中间无任何分支,这样的连接方式就称为电阻的串联。电阻串联时,各电阻中通过同一电流,其端电压是各元件电压之和。

图 1-21(a) 所示电路为 n 个电阻 $R_1, R_2, \cdots, R_k, \cdots, R_n$ 串联。由于电阻串联时,每个电阻中流过同一电流,所以用电流法可以求得等效电阻。

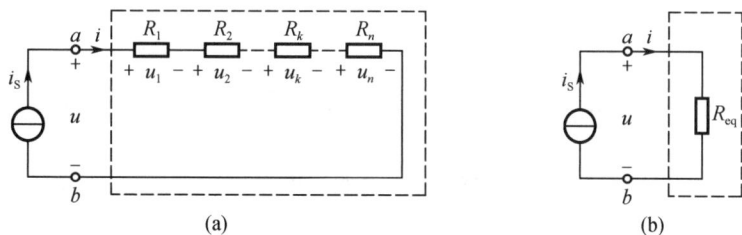

图 1-21　电阻的串联

在图 1-21(a) 中,有

$$u = u_1 + u_2 + \cdots + u_k + \cdots + u_n \tag{1-14}$$

因为每个电阻中的电流均为 i,根据欧姆定律,有 $u_1 = R_1 i, u_2 = R_2 i, \cdots, u_k = R_k i, \cdots, u_n = R_n i$,代入式(1-14),得

$$u = (R_1 + R_2 + \cdots + R_k + \cdots + R_n) i \tag{1-15}$$

再利用欧姆定律和式(1-15),得

$$R_{eq} = \frac{u}{i_S} = \frac{u}{i} = R_1 + R_2 + \cdots + R_k + \cdots + R_n = \sum_{k=1}^{n} R_k \tag{1-16}$$

式中,电阻 R_{eq} 是 n 个电阻串联的等效电阻,即等效电阻等于所有串联电阻之和。等效后的电路如图 1-21(b) 所示。显然,等效电阻大于任意一个串联的电阻。

如果已知端口电压 u,则可以求得每个电阻上的电压,即

$$u_k = R_k i = \frac{R_k}{R_{eq}} u, \quad k = 1, 2, \cdots, n \tag{1-17}$$

该式就是电阻串联时的分压公式。可见,在端电压确定以后,每个电阻上的电压与其电阻值成正比。如果 $n = 2$,即两个电阻串联,分压公式为

$$u_1 = \frac{R_1}{R_1 + R_2} u, \quad u_2 = \frac{R_2}{R_1 + R_2} u \tag{1-18}$$

分压公式(1-17)说明第 k 个电阻上分配到的电压取决于 $\dfrac{R_k}{R_{eq}}$ 这个比值,这个比值称为分压比。尤其要说明的是,当其中某个电阻与其他电阻相比很小时,这个小电阻两端的电压也比其他电阻上的电压小很多,因此在工程估算中,小电阻的分压作用可以忽略不计。

(2)电阻的并联

电路中有两个或更多个电阻的首端与尾端连接在同一对节点之间,这种连接方式就称为电阻的并联。电阻并联时,各电阻的电压为同一电压,总电流是各支路电流之和。

图 1-22(a) 所示电路为 n 个电阻并联,图中 $G_1, G_2, \cdots, G_k, \cdots, G_n$ 分别是 n 个并联电阻所对应的电导。电导并联时,所有电导两端的电压相同,用上述电压法可以求得等效电导。

在图 1-22(a) 中,有

$$i = i_1 + i_2 + \cdots + i_k + \cdots + i_n \tag{1-19}$$

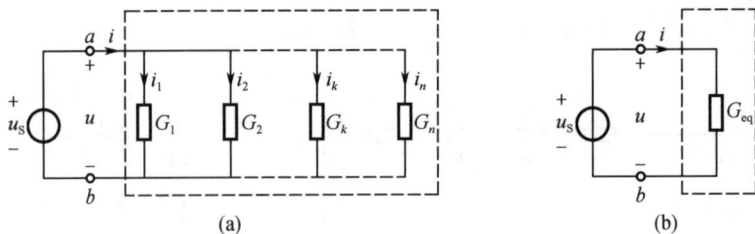

图 1-22 电阻的并联

根据欧姆定律,有 $i_1 = G_1 u, i_2 = G_2 u, \cdots, i_k = G_k u, \cdots, i_n = G_n u$,代入式(1-19),得

$$i = (G_1 + G_2 + \cdots + G_k + \cdots + G_n) u \tag{1-20}$$

进而得

$$G_{eq} = \frac{i}{u_S} = \frac{i}{u} = G_1 + G_2 + \cdots + G_k + \cdots + G_n = \sum_{k=1}^{n} G_k \tag{1-21}$$

式中,电导 G_{eq} 是 n 个电导并联的等效电导,即等效电导等于所有并联电导之和。等效后的电路如图 1-22(b)所示。

根据电导与电阻的关系和式(1-21),有

$$\frac{1}{R_{eq}} = G_{eq} = \sum_{k=1}^{n} \frac{1}{R_k} \tag{1-22}$$

可以看出,等效电阻小于任意一个并联电阻。

如果已知端口电流 i,可以求得每个电导上的电流,即

$$i_k = G_k u = \frac{G_k}{G_{eq}} i, \quad k = 1, 2, \cdots, n \tag{1-23}$$

该式是电阻并联时的分流公式。可见,在端口电流确定以后,流过每个电导(阻)的电流和电导值成正比。如果 $n = 2$,即两个电阻并联,等效电阻为

$$R = \frac{R_1 R_2}{R_1 + R_2} \tag{1-24}$$

两个电阻并联的分流公式为

$$i_1 = \frac{G_1}{G_1 + G_2} i = \frac{R_2}{R_1 + R_2} i, \quad i_2 = \frac{G_2}{G_1 + G_2} i = \frac{R_1}{R_1 + R_2} i \tag{1-25}$$

1.2.2 电感元件

电感是闭合回路的一种属性。当线圈通过电流后,在线圈中形成感应磁场,感应磁场又会产生感应电流来抵制通过线圈中的电流。这种电流与线圈的相互作用关系称为电感的感抗,也就是电感,它是衡量线圈产生电磁感应能力的物理量,用字母 L 表示。其在电路中的符号如图 1-23 所示。在国际单位制中,电感的单位是 H(亨[利])。电感多被用在储能、滤波、延迟和振荡等几个方面。图 1-24 为常见的电感器。

图 1-23 电感元件

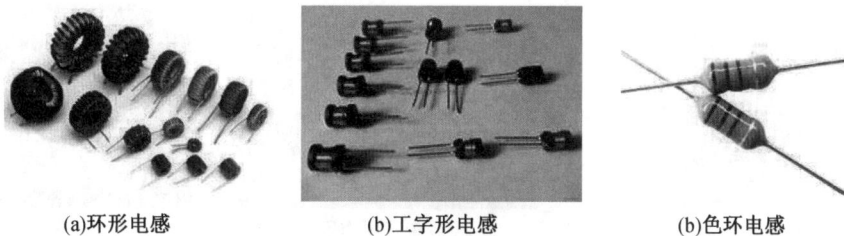

(a)环形电感   (b)工字形电感   (b)色环电感

图 1-24 常见的电感器

电感元件是实际电感器的理想化模型。当线性电感元件(L 是正实常数)的两端电压和通过电感元件的电流在关联参考方向下时,有

$$u = L \frac{\mathrm{d}i}{\mathrm{d}t} \tag{1-26}$$

从式(1-26)中可以看出,在任何时刻,线性电感元件的电压与该时刻电流的变化率成正比。只有电感元件上的电流发生变化时,电感元件两端才有电压。当电流不随时间变化时(直流电流),则电感元件两端电压为零,这时电感元件相当于短接。

电感元件两端电压和通过电感元件的电流在关联参考方向下时,假定 $i(0) = 0$,在从 0 到 τ 的时间内,电感元件所吸收的电能为

$$W_L = \int_0^{\tau} p \mathrm{d}t = \int_0^{\tau} ui\mathrm{d}t = L \int_0^{\tau} i \frac{\mathrm{d}i}{\mathrm{d}t} \mathrm{d}t = L \int_{i(0)}^{i(\tau)} i \mathrm{d}i = \frac{1}{2} Li^2(\tau) \tag{1-27}$$

从式(1-27)中可看出:L 一定时,磁场能量 W_L 随着电流的增加而增加。

由于电感元件是无源元件,所以电感元件不消耗能量。但是实际电感器都是由导线绕制而成的,由于导线的电阻不可能为零,所以实际电感器本身也会消耗一些能量;另外,由于消耗的能量和电流直接相关,所以实际电感器的电路模型是电感元件和电阻元件的串联组合。

电感元件能在一段时间内吸收外部供给的能量并转化为磁场能量储存起来,在另一段时间内又把能量释放回电路,因此电感元件是无源元件、储能元件,它本身不消耗能量。

1.2.3 电容元件

电容(或称电容量)是指在给定电位差下的电荷贮存量,标记为 C。电容器品种繁多,通常两片相距很近的金属中间被某物质(固体、气体或液体)隔开就构成了电容器。两片金属称为极板,中间的物质叫作介质。电容器也分为容量固定的与容量可变的,如图 1-25 所示。常见的是固定容量的电容器,最多见的是电解电容器和瓷片电容器。电容器的用途较广,它是电子、电力领域中不可缺少的元件。

电容元件是一种能够贮存电场能量的元件,是实际电容器的理想化模型,它在电路中的符号如图 1-26 所示。

当电容元件上电压的参考方向由正极板指向负极板时,正极板上的电荷 q 与其两端电压 u 有以下关系:

(a) 电解电容器

(b) 瓷片电容器

(c) 可变电容器

图 1-25　电容器

$$q = Cu \qquad (1-28)$$

式中,C 为该元件的电容,当 C 是正实常数时,电容为线性电容。其库伏特性曲线是通过原点的一条直线。

图 1-26　电容元件

在国际单位制中,电容的单位用 F(法[拉])表示。当电容元件两端的电压是 1 V,极板上的电荷为 1 C(库[仑])时,电容是 1 F(法[拉])。由于法拉这个单位太大,所以常用的电容单位有 μF(微法)和 pF(皮法)等,换算关系如下:

$$1 \ F = 10^6 \ \mu F = 10^{12} \ pF$$

当电容元件两端的电压 u 与流进正极板的电流的参考方向一致,为关联参考方向时,如图 1-26 所示,有

$$i = \frac{\mathrm{d}q}{\mathrm{d}t} \qquad (1-29)$$

把式 $q = Cu$ 代入式(1-29)得

$$i = C \frac{\mathrm{d}u}{\mathrm{d}t} \qquad (1-30)$$

当电容一定时,电流与电容元件两端电压的变化率成正比;当电压为直流电压时,电流为零,电容元件相当于开路。

电容元件两端的电压与通过的电流在关联参考方向下时,假定 $u(0) = 0$,在从 0 到 τ 的时间内,元件所吸收的电能为

$$W_C = \int_0^\tau p \mathrm{d}t = \int_0^\tau ui \mathrm{d}t = C \int_0^\tau u \frac{\mathrm{d}u}{\mathrm{d}t} \mathrm{d}t = C \int_{u(0)}^{u(\tau)} u \mathrm{d}u = \frac{1}{2} Cu^2(\tau) \qquad (1-31)$$

从式(1-31)中可以看出:当 C 一定时,电场能量随电压的增加而增加。

在电子线路中,电容器用来通过交流而阻隔直流,也用来存储和释放电荷以充当滤波器,平滑输出脉动信号。小容量的电容器通常在高频电路中使用,如收音机、发射机和振荡器中。大容量的电容器往往是做滤波和存储电荷用。电容器还有一个特点,一般 1 μF 以上的电容器均为电解电容器,而 1 μF 以下的电容器多为瓷片电容器,当然也有其他的,如独石电容器、涤纶电容器、小容量的云母电容器等。电解电容器有个铝壳,里面充满了电解质,并引出两个电极,作为正(+)、负(-)极。与其他电容器不同,电解电容器在电路中的极性不能接错,而其他电容器则没有极性。电容器在选用时涉及很多问题。首先是耐压的问题,加在电容器两端的电压超过了它的额定电压,电容器就会被击穿损坏,使用时要特别注意。

1.2.4　电源元件

1. 独立电源

电源是将其他形式的能量转换成电能的装置,称为有源元件,是各种电能产生器的理想化模型。电源可分为独立电源和非独立电源(受控源)两类。独立电源,是指能独立地向电路提供电压和电流的有源电路元件,可分为独立电压源和独立电流源。

(1)电压源

若一个二端元件不论其通过的电流为何值,或所连接的外部电路如何,其两端电压始终保持为某确定的时间函数 $u_S(t)$,则称其为独立电压源,简称电压源,其电路符号如图 1-27(a)所示。如果电压源的电压为定值,则称其为直流电压源或恒定电压源,常用 U_S 表示,其电路符号如图 1-27(b)所示。

当电压源与外部电路连接时,如图 1-28(a)所示,则对应于某一时刻,电压源流过的电流的大小与方向由电压源与它连接的外部电路共同确定。它随外电路的不同而变化,但电压源的端电压始终为 $u_S(t)$,与外部电路无关。如果电压源没有接外部电路,如图 1-28(b)所示,电流 i 总为零,但其两端电压仍为 $u_S(t)$,这种情况称为电压源开路,$u=u_S(t)$ 称为开路电压。如果电压源的电压 u_S 恒等于零,则其伏安特性曲线为 $u-i$ 平面上的电流轴,输出电压等于零,该电压源相当于短路,实际中是不允许发生的。

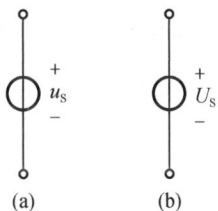

图 1-27　电压源的符号

图 1-28　电压源的特性

通常,电压源的电压与电流采用非关联参考方向,如图 1-28(a)所示。此时电压源的功率 $p=-u_S i$。若 $p<0$,则表明电压源发出功率,起电源作用;若 $p>0$,则表明电压源吸收功率,相当于负载的作用,如蓄电池充电。

(2)电流源

若一个二端元件不论其端电压为何值,或所连接的外部电路如何,其输出电流始终保持某个确定的时间函数 $i_S(t)$,则称其为独立电流源,简称电流源,其电路符号如图 1-29(a)所示。如果电流源的电流为定值,则称其为直流电流源或恒定电流源,常用 I_S 表示,其电路符号如图 1-29(b)所示。

当电流源与外部电路连接时,如图 1-30(a)所示,则对应于某一时刻,电流源的端电压的大小与方向由电流源与它连接的外部电路共同确定。它随外电路的不同而变化,但其电流终为 $i_S(t)$,与外部电路无关。如果电流源的外接电路是一条短路线,其端电压等于零,但输出的电流仍为 $i_S(t)$,即 $i=i_S$,此时电流源的电流为短路电流,如图 1-30(b)所示。如果电流源的电流 $i_S(t)=0$ A,则其伏安特性曲线为 $u-i$ 平面上的电压轴,该电流源相当于开路,实际中"电流源开路"是没有意义的。

通常,电流源的电流和其端电压采用非关联参考方向,如图 1-30(a)所示。此时电压源的功率 $p=-ui_S$。若 $p<0$,则表明电流源发出功率;若 $p>0$,则表明电流源吸收功率。

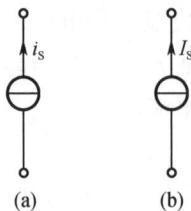

图 1-29　电流源的符号

图 1-30　电流源的特性

一个实际电源在电路分析中,可以用电压源与电阻串联电路或电流源与电阻并联电路的模型表示,采用哪一种计算模型,根据计算繁简程度而定。

(3)实际电源

任何实际电源都可以用两种电源模型表示。输出电压比较稳定的,如发电机、干电池、蓄电池等通常用电压源模型(理想电压源和一个电阻元件相串联的形式)表示,如图 1-31 所示。实际电源总是存在内阻的,因此实际电压源模型电路中的负载电流增大时,内阻上消耗必定增加,从而造成输出电压随负载电流的增大而减小。

输出电流较稳定的,如光电池或晶体管的输出端等通常用电流源模型(理想电流源和一个内阻相并联的形式)表示,如图 1-32 所示。实际电流源的内阻总是有限值的,因此当负载增大时,内阻上分配的电流必定增加,从而造成输出电流随负载的增大而减小。

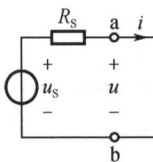

图 1-31　实际电压源模型

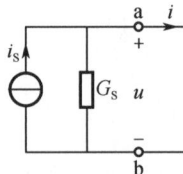

图 1-32　实际电流源模型

两种电源模型等效变换的条件是端口的电压、电流关系完全相同,即它们对应的端口具有相同的电压,端口电流必须相等。在如图 1-31、图 1-32 所示的电路中,两种模型对应的端口电压均为 u,端口电流 i 必须相等。两种电源等效变换的条件为

$$i_S = G_S u_S, G_S = 1/R_S \tag{1-32}$$

*2. 受控源

受控源是一种特殊的电源,其输出的电压或电流不是给定的时间函数,而是受电路中某支路电压或电流的控制,又称为非独立电源。如实际中电子管的输出电压受输入电压的控制,晶体管的输出电流受基极输入电流的控制等。

受控源是有源的二端元件,它有两个端口:一个是电源端口,体现为电压源 u_S 或电流源 i_S,能提供电功率;另一个是控制端口,体现为控制电压 u_c 或控制电流 i_c。按照控制变量与受控变量的不同组合,受控源可分为四类:电压控制的电压源(Voltage Controlled Voltage

Source,VCVS)、电流控制的电压源(Current Controlled Voltage Source,CCVS)、电压控制的电流源(Voltage Controlled Current Source,VCCS)和电流控制的电流源(Current Controlled Current Source,CCCS)。受控源的电路符号如图 1-33 所示。

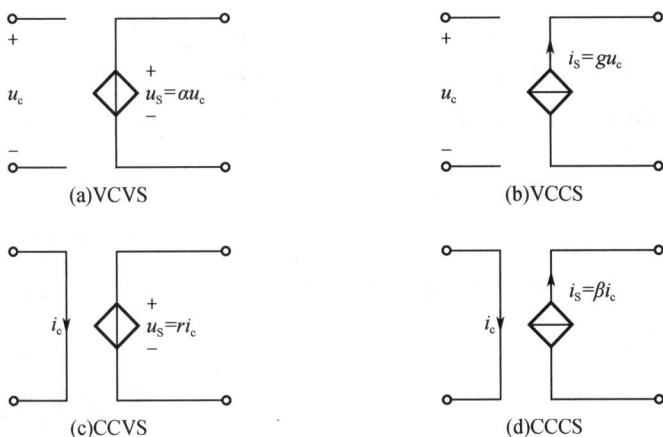

(a)VCVS　　(b)VCCS

(c)CCVS　　(d)CCCS

图 1-33　受控源的电路符号

四种受控源的特性分别表示为

电压控制电压源(VCVS)：
$$\begin{cases} u_S = \alpha u_c \\ i_c = 0 \end{cases}$$

电流控制电压源(CCVS)：
$$\begin{cases} u_S = r i_c \\ u_c = 0 \end{cases}$$

电压控制电流源(VCCS)：
$$\begin{cases} i_S = g u_c \\ i_c = 0 \end{cases}$$

电流控制电流源(CCCS)：
$$\begin{cases} i_S = \beta i_c \\ u_c = 0 \end{cases}$$

式中,α、r、g、β 是控制系数,r 和 g 分别具有电阻和电导的量纲。当这些系数为不随时间变化的常数时,受控变量和控制变量成正比,这种受控源称为线性时不变受控源。

【任务实施】

电阻、电容、电感元器件的识别和检测

1.目的

(1)掌握识读电阻、电容、电感标称值的方法。

(2)掌握用万用表测量、检测电阻、电容、电感元件的方法。

2.设备及器件

万用表,各种不同的电阻、电感、电容。

3. 原理和电路

（1）电阻标称值的识读

①直标法。用阿拉伯数字和单位符号在电阻器表面直接标出阻值和允许偏差,如 3.6 kΩ±5%。

②文字符号法。用阿拉伯数字和文字符号有规律的组合来表示标称阻值及允许误差,如 1R5K 表示 1.5(1±10%)Ω,2K7F 表示 2.7(1±1%)kΩ。

③色标法。用不同颜色的色带在电阻器表面标出标称值和允许偏差。五色环电阻器示意图如图 1-34 所示。

颜色意义:黑＝0、棕＝1、红＝2、橙＝3、黄＝4、绿＝5、蓝＝6、紫＝7、灰＝8、白＝9。

金色表示误差为±5%,银色表示误差为±10%。

五色环电阻器的识别技巧:

（a）先找出决定识别方向的第条色环,其特点是该色环距电阻器的一端引线较近。

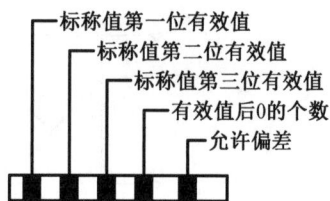

图 1-34　五色环电阻器示意图

（标注：标称值第一位有效值、标称值第二位有效值、标称值第三位有效值、有效值后0的个数、允许偏差）

（b）表示电阻器的最后一条色环的偏差色环一般与前几条色环的间隔比较大,可以此判断哪一条为最后一条色环。

（c）金色、银色在有效数字中无具体含义,只表示具体偏差值,所以金色或银色这一环必定为最后一条色环,根据这一点可以分辨各色的顺序。

四色环电阻器则只有两位有效值。

（2）电容标称值的识读

电容器容量单位的标注规则:当电容器的电容量大于 100 pF 而又小于 1 F 时,一般不注单位。没有小数点的,其单位是 pF;有小数点的,其单位是 F。如 4 700 就是 4 700 pF,0.22 就是 0.22 F。当电容量大于 10 000 pF 时,以 F 为单位;当电容量小于 10 000 pF 时,以 pF 为单位。

具体标称方法主要有如下几种:

①直接标称法。由于电容器体积要比电阻大,所以一般都使用直接标称法。如果数字是 0.001,那么它代表的是 0.001 μF,100 p 就是 100 pF。

不标单位的直接表示法:用 1~4 位数字表示,容量单位为 pF,如 350 表示 350 pF,3 表示 3 pF,0.5 表示 0.5 pF。

②文字符号法。用数字和文字符号有规律的组合来表示容量,字母前为容量的整数,字母后为容量的小数。如 p10 表示 0.1 pF,1p0 表示 1.0 pF,6p8 表示 6.8 pF,2μ2 表示 2.2 μF。

③数学计数法。如瓷介电容,如果标为 272,电容量就是 27×100 pF＝2 700 pF;如果标为 473,电容量就是 47×1 000 pF＝0.047 μF(后面的 2、3 都表示 10 的幂数)。又如 332＝33×100 pF＝3 300 pF。

④色标法。沿电容引线方向,用不同的颜色表示不同的数字,第一、二种颜色表示电容量,第三种颜色表示有效数字后 0 的个数(单位为 pF)。

（3）电感器标称值的识读

①色标法。用色环表示电感量,单位为 μH,第一、二条色环表示有效数字,第三条色环

表示倍率,第四条色环表示允许偏差。色标法如图 1-35 所示。

②数码法。采用三位数码表示标称电感值,如图 1-36 所示。

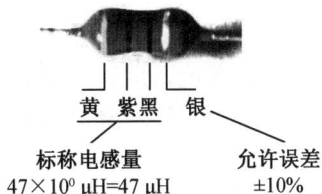

标称电感量
47×10^0 μH=47 μH
黄 紫黑　银
允许误差
±10%

图 1-35　色标法

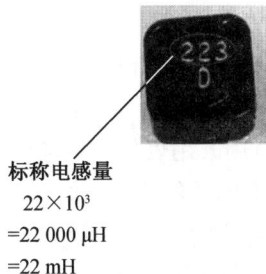

标称电感量
22×10^3
=22 000 μH
=22 mH

图 1-36　数码法

③直标法。将电感量直接印在电感器上。

4.内容及步骤

(1)用万用表测量电阻值

①选择适当倍率挡。测量某一电阻器的阻值时,要依据电阻器的阻值正确选择倍率挡。按万用表使用方法规定,万用表指针应在刻度盘的中心部分时读数才较准确。测量时电阻器的阻值是万用表上刻度的数值与倍率的乘积。如测量一电阻,所选倍率为 $R \times 1$,刻度数值为 9.4,则该电阻器的电阻值 $R = 9.4 \times 1 = 9.4$ Ω。

②电阻挡调零。在测量电阻之前必须进行电阻挡调"0"。挡位旋钮置于电阻挡,将红、黑表笔短接。旋转调零电位器,使指针指向"0"。在测量电阻时,每更换一次倍率挡后,都必须重新调零。

③测量电阻。测量电阻时,要注意不能用手同时捏着表笔和电阻器的两个引出端,以免人体电阻影响测量的准确性。

(2)用万用表判断电解电容器的极性

①从管脚和外形判断极性。

(a)采用长短不同的引脚来表示引脚极性,通常长的引脚为正极性引脚,如图 1-37(a)所示。

(b)采用不同的端头形状来表示引脚的极性,如图 1-37(b)和 1-37(c)所示,这种方式往往出现在两根引脚轴向分布的电解电容器中。

(c)标出负极性引脚,如图 1-37(d)所示,在电解电容器的绝缘套上画出像负号的符号,以表示这一引脚为负极性引脚。

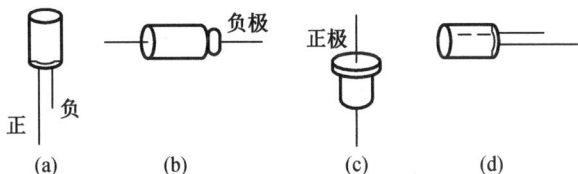

正　负　　　　　负极　　　正极

(a)　　　(b)　　　(c)　　　(d)

图 1-37　从管脚和外形判断极性

②用万用表检测并判断极性。

用万用表测量电解电容器的漏电电阻,并记下这个阻值的大小,然后将红、黑表笔对调后再测电容器的漏电电阻,将两次所测得的阻值对比,在漏电电阻小的一次中,黑表笔所接触的是负极。

(3)用万用表检测电容器

①用模拟式万用表测量电容器的漏电电阻。

(a)用万用表的欧姆挡($R\times10$ kΩ 或 $R\times1$ kΩ 挡,视电容器的容量而定)。当两表笔分别接触电容器的两根引线时,表针首先朝顺时针方向(向右)摆动,然后又慢慢地向左回归至∞位置的附近,此过程为电容器的充电过程。

(b)表针静止时所指的电阻值就是该电容器的漏电电阻(R)。在测量中如表针距∞位置较远,表明电容器漏电严重,不能使用。有的电容器在测漏电电阻时,表针退回到∞位置后又顺时针摆动,表明电容器漏电更严重。一般要求漏电电阻 $R\geqslant500$ kΩ,否则不能使用。

(c)对于电容量小于 5 000 pF 的电容器,万用表不能测它的漏电电阻。

②用模拟式万用表检测电容器的断路(又称开路)和击穿(又称短路)。

检测容量为 6 800 pF~1 F 的电容器,用 $R\times10$ kΩ 挡,将红、黑表笔分别接电容器的两根引脚,在表笔接通的瞬间,应能见到表针有一个很小的摆动过程。

若未看清表针的摆动,可将红、黑表笔互换一次后再测,此时表针的摆动幅度应略大一些。若在上述检测过程中表针无摆动,说明电容器已断路。

若表针向右摆动一个很大的角度,且表针停在那里不动(即没有回归现象),说明电容器已被击穿或严重漏电。

(4)用万用表测量电感及检测

①电感测量。

将万用表调到蜂鸣二极管挡,把表笔放在两根引脚上,看万用表的读数。

②好坏判断。

对于贴片电感,此时的读数应为零,若万用表读数偏大或为无穷大则表示电感损坏。

对于匝数较多、线径较细的线圈,读数会达到几十欧到几百欧,通常情况下线圈的直流电阻只有几欧姆。损坏表现为发烫或电感磁环明显损坏,若无法确定电感线圈是否损坏,可用电感表测量其电感量或用替换法来判断。电感的替换原则为:电感线圈必须原值代换(匝数相等,大小相同);贴片电感只需大小相同即可。

任务 1.3　复杂直流电路的分析与测试

【任务目标】

（1）掌握基尔霍夫定律。

（2）掌握支路电流分析法。

（3）掌握叠加定理。

（4）了解戴维南定理。

（5）会分析复杂直流电路。

【任务内容】

1.3.1　基尔霍夫定律

基尔霍夫定律是电路中的基本定律,是电路分析的基础,适用于直流及交流电路的分析计算。其中包括基尔霍夫电压定律(KVL)和基尔霍夫电流定律(KCL)。

基尔霍夫电压定律是针对回路电压的,基尔霍夫电流定律是针对节点电流的。为了便于讨论,先介绍几个专业术语。

支路:电路中每一段不分支的电路称为支路。一个支路可以是一个元件,也可以由几个元件串联组成,支路上各元件中通过的电流相等。图 1-38 所示的电路中共有 acb、adb、aeb 三条支路。

节点:电路中三条或三条以上支路相交的点称为节点,图 1-38 所示的电路中有 a、b 两个节点,c、d、e 不是节点。

图 1-38　复杂电路

回路:电路中由若干条支路构成的任一闭合路径称为回路。图 1-38 所示的电路中有 $acbda$、$adbea$、$acbea$ 三个回路。

网孔:回路平面内不含有其他支路的回路称为网孔。图 1-38 所示的电路中,回路 $acbda$、$adbea$ 就是网孔,而回路 $acbea$ 平面内含有 adb 支路,所以它不是网孔,只能称为回路。网孔只有在平面电路中才有意义。所谓平面电路,就是将该电路画在一个平面上时,不会出现互相交叉的支路。网孔是回路,而回路不一定是网孔。

1. 基尔霍夫电流定律(KCL)

基尔霍夫电流定律反映了电路中与任一节点相关联的所有支路的电流之间的相互约束关系。表述为:

对于电路中的任一节点,在任一时刻,流入该节点的电流之和等于流出该节点的电流之和,即

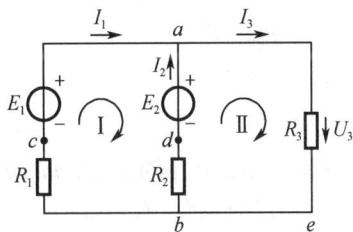

基尔霍夫定

律仿真实验

$$\sum i_入 = \sum i_出 \qquad (1-33)$$

基尔霍夫电流定律的另一种表述为:在电路中,在任一时刻,任一节点所有支路电流的代数和等于零,即

$$\sum i = 0 \qquad (1-34)$$

在图1-38中,对电路中节点a,列出基尔霍夫电流定律方程为

$$I_1+I_2=I_3 \qquad (1-35)$$

若考虑电流的参考方向,规定流入节点的电流取"+"号,流出节点的电流取"–"号,则上述方程可以改写为

$$I_1+I_2+(-I_3)=0 \qquad (1-36)$$

下面来分析电路中节点的独立性:

在图1-38中,对节点b所列的基尔霍夫电流定律方程与对节点a所列的基尔霍夫电流定律方程完全相同,故在图1-38中只需对其中一个节点列电流方程,此节点称为独立节点。当有 n 个节点时,$n-1$ 个节点是独立的,即有 n 个节点的电路只能联立 $n-1$ 个独立电流方程。

2. 基尔霍夫电压定律(KVL)

基尔霍夫电压定律反映了电路中组成任一回路的所有支路的电压之间的相互约束关系。表述为:

在电路中,在任一时刻,沿任一闭合回路的所有支路电压的代数和恒等于零,即

$$\sum u = 0 \qquad (1-37)$$

在写式(1-37)时,首先需要规定回路的一个绕行方向。凡支路或元件电压的参考方向与回路绕行方向一致者,在式中该电压前面取"+"号;凡电压参考方向与回路绕行方向相反者,前面取"–"号。

在回路中仅含电压源和线性电阻元件的情况下,应用欧姆定律可将基尔霍夫电压定律表达式(1-37)转换成用电流、电阻和电压源的电压来表达的另一种形式。具体分析如下:

在图1-38中,假定回路 adbca 绕行方向为顺时针,元件上的电压方向与绕行方向一致时取正、相反时取负,有

$$I_1R_1-E_1+E_2-I_2R_2=0 \qquad (1-38)$$

同理,假定回路 aebda 绕行方向为顺时针,则有

$$I_2R_2-E_2+I_3R_3=0 \qquad (1-39)$$

式(1-38)、式(1-39)中,流过电阻的电流与绕行方向一致时,R 前取正,否则取负。电压源电压方向与绕行方向一致(从"+"极性向"–"极性)时则取正,否则取负。

基尔霍夫电压定律的另一种表述为:在任何时刻,沿回路各支路电压降的和等于电压升的和。

注意:一般对独立回路列电压方程,网孔一般是独立回路。在电路中,设有 b 条支路、n 个节点,独立回路数为 $b-(n-1)$,即能够列写 $b-(n-1)$ 个独立基尔霍夫电压定律方程。

1.3.2 用支路电流法分析复杂直流电路

支路电流法是以支路电流为待求量,利用基尔霍夫电流定律和电压定律列出与支路电流数目相等的独立方程式,从而解出支路电流的方法。应用支路电流法解题的步骤如下(假定某电路有 b 条支路、n 个节点):

(1)标定各待求支路的电流参考正方向及回路绕行方向。

(2)应用基尔霍夫电流定律列出 $n-1$ 个节点方程。

(3)应用基尔霍夫电压定律列出 $b-(n-1)$ 个独立的回路电压方程。

(4)联立求解上述 b 个独立方程,求出各支路电流。

例1-2 如图1-39所示,已知 $E_1 = 12$ V, $E_2 = 6$ V, $R_1 = 3$ Ω, $R_2 = 6$ Ω, $R_3 = 6$ Ω,试求:各支路电流 I_1、I_2、I_3。

解 因为该电路支路数 $b=3$、节点数 $n=2$,所以应列出1个节点电流方程和2个回路电压方程,设网孔绕行方向为顺时针方向。

图1-39 例1-2

对于节点 b 有:

$$I_1+I_2=I_3$$

对于回路 $abnefma$ 有

$$I_1R_1-E_1+E_2-I_2R_2=0$$

对于回路 $bcdenb$ 有

$$I_2R_2-E_2+I_3R_3=0$$

代入已知数据,解得: $I_1 = 1.5$ A, $I_2 = -0.25$ A, $I_3 = 1.25$ A。

电流 I_1 与 I_3 均为正数,表明它们的实际方向与图中所标定的参考方向相同。I_2 为负数,表明它的实际方向与图中所标定的参考方向相反。

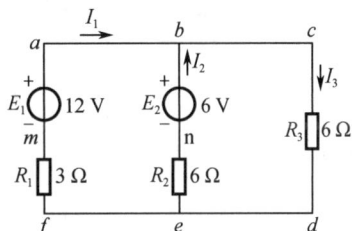

【任务实施1】

基尔霍夫定律的验证与应用

1.目的
验证基尔霍夫定律。

2.设备及器件
可调直流稳压电源,输出15 V和12 V的直流稳压电源,数字电压表,多量程直流电流表,万用表,可变电阻箱,干电池2节,线性电阻:330 Ω(2个)、51 Ω、200 Ω、100 Ω。

3.内容及步骤
(1)按图1-40电路接线,直流稳压电源 $U_{S1} = 15$ V、$U_{S2} = 12$ V,以多量程电流表分别串入三条支路中(以电流表分别取代 Ff、Aa 和 Bb 间的连线),测定三个支路电流 I_1、I_2 和 I_3。将所测数据填入表1-3。

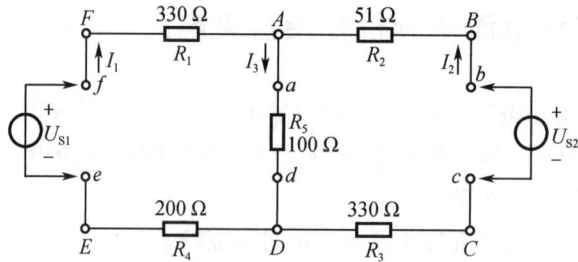

图1-40 基尔霍夫定律的验证

（2）在图1-40中,用数字电压表分别测定回路 ABCDA 和回路 ADEFA 各段电压,并计算出回路总电压 $\sum U$,填入表1-4。

表1-3 验证基尔霍夫电流定律

I_1/mA	I_2/mA	I_3/mA	$\sum I$（A 点）/mA	U_{S1}/V	U_{S2}/V

表1-4 验证基尔霍夫电压定律

回路 ABCDA	U_{AB}/V	U_{BC}/V	U_{CD}/V	U_{DA}/V	$\sum U$/V
回路 ADEFA	U_{AD}/V	U_{DE}/V	U_{EF}/V	U_{FA}/V	$\sum U$/V

（3）根据电源电压（略去内阻压降）和各电阻标称阻值,应用基尔霍夫定律,计算出各支路电流 I_1、I_2、I_3。将结果与实训测得的数据进行对照,看看是否一致,并分析产生误差的可能原因。

4.注意事项

（1）接入电流表时,要注意量程选择。量程的选择取决于对通过的电流值的估算;以电源电压除以途经电阻的电阻值,即可得出流过电流的数量级。同时要注意电源和电表的极性不要接错。

（2）在记录电表数值时,要注意参考方向与测量方向一致时取正号,相反时取负号。

1.3.3　用叠加定理分析复杂直流电路

叠加定理是线性电路的一个基本定理。叠加定理的内容是：在线性电路中，当有两个或两个以上的独立电源作用时，则任意支路的电流或电压都可以认为是电路中各个电源单独作用而其他电源不作用时，在该支路中产生的各电流分量或电压分量的代数和。

需要指出：当某个独立电源单独作用于电路时，其他独立电源应该除去，称为"除源"。即对电压源来说，令其电源电压 U_S 为零，相当于"短路"（实际电源模型的内阻仍应保留在电路中）；对电流源来说，令其电源电流 I_S 为零，相当于"开路"（实际电源模型的内阻仍应保留在电路中），如图 1-41 所示。

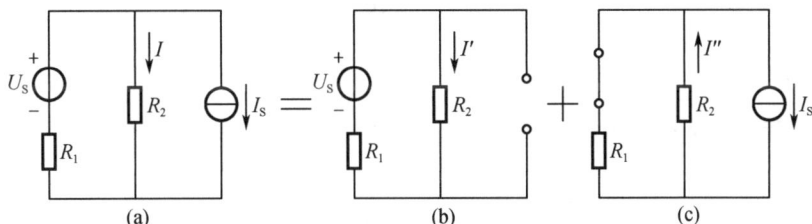

图 1-41　叠加定理举例

在图 1-41 所示的电路中，流过 R_2 的电流 I，等于电压源、电流源单独对 R_2 支路作用时所产生的电流叠加，即 $I=I'-I''$（I' 与 I 参考方向相同，取正号；I'' 与 I 参考方向相反，取负号）。

叠加定理常用于分析电路中某一电源的影响。用叠加定理计算复杂电路时，要把一个复杂电路化为几个单电源电路进行计算，然后把它们叠加起来；电压或电流的叠加要按照标定的参考方向进行。因为电流与功率不呈线性关系，功率必须根据元件上的总电流和总电压计算，而不能够按照叠加定理计算。

综上所述，应用叠加定理进行电路分析时，应注意以下几点：

（1）叠加定理只适用于线性电路，不适用于非线性电路。

（2）叠加时要注意各分电路中的电压和电流的参考方向，可选取与原电路参考方向相同。

（3）在叠加的各分电路中，不作用的电压源置零，即在该电压源处用短路代替；不作用的电流源置零，即在该电流源处用开路代替；所有电阻不予变动。

（4）若电路中有受控源，则受控源不能当作独立电源处理，它与电阻一样均保留在各分电路中。

（5）不能用叠加定理直接计算功率。

（6）叠加作用可以是多个电源分别单独作用，也可以是多个电源分成几组作用，但每个电源只能作用一次。

例 1-3　用叠加定理求解图 1-42(a) 所示电路中流过 R_3 的电流。

解　（1）电压源 U_{S1} 单独作用时如图 1-42(b) 所示，R_2 与 R_3 并联，则有

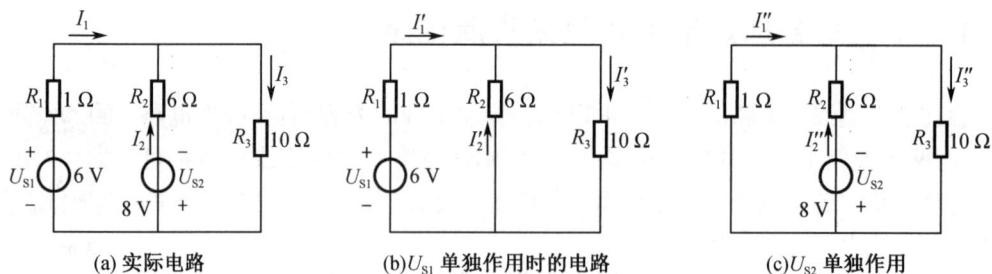

(a) 实际电路   (b)U_{S1} 单独作用时的电路   (c)U_{S2} 单独作用

图 1-42   例 1-3 图

$$I_1' = \frac{U_{S1}}{\dfrac{R_2 R_3}{R_2+R_3}+R_1} = \frac{6}{\dfrac{60}{16}+1} = \frac{24}{19}\ \text{A}$$

$$I_3' = \frac{R_2}{R_2+R_3}I_1' = \frac{6}{10+6}\times\frac{24}{19} = \frac{9}{19}\ \text{A}$$

（2）电压源 U_{S2} 单独作用时如图 1-42(c) 所示，R_1 与 R_3 并联，则有

$$I_2'' = \frac{U_{S2}}{\dfrac{R_1 R_3}{R_1+R_3}+R_2} = \frac{8}{\dfrac{10}{1+10}+6} = \frac{22}{19}\ \text{A}$$

$$I_3'' = \frac{R_1}{R_1+R_3}I_2'' = \frac{1}{1+10}\times\frac{22}{19} = \frac{2}{19}\ \text{A}$$

$$I_3 = I_3'+I_3'' = \frac{11}{19}\ \text{A}$$

【任务实施 2】

叠加定理的验证与应用

1. 目的

验证叠加定理。

2. 设备及器件

可调直流稳压电源，15 V 直流电源，12 V 直流电源，多量程电流表，数字电压表，万用表，可变电阻箱，线性电阻：330 Ω（2 个）、51 Ω、200 Ω、100 Ω。

3. 内容及步骤

对于图 1-43 所示的电路：

（1）先单独接上电源 $U_{S1}=15$ V，测量各支路电流 I_1、I_2 和 I_3。

（2）再单独接上电源 $U_{S2}=12$ V，测量各支路电流 I_1、I_2 和 I_3。

（3）最后同时接上 U_{S1} 和 U_{S2}，测量各支路电流 I_1、I_2 和 I_3。

将上述三组数据填入表 1-5，对照三种情况，分析是否符合叠加定理（在规定范围内）。

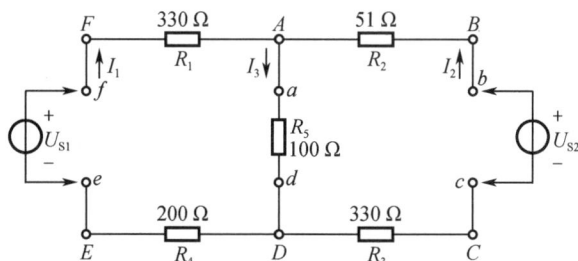

图 1-43 叠加定理的验证

表 1-5 线性电路叠加定理验证实训数据

施加电压	支路电流		
	I_1/mA	I_2/mA	I_3/mA
U_{S1} 单独			
U_{S2} 单独			
U_{S1}、U_{S2} 同时			

4. 注意事项

(1)注意电流表串联在电路中,电压表则与所测电路两端并联。

(2)电子电路的电压,要用晶体管毫伏表或数字万用表(其内阻 $r_0 = 10 \text{ M}\Omega$)来测量。

*1.3.4　用戴维南定理分析复杂直流电路

根据网络内部是否含有独立电源,二端网络可分为有源二端网络和无源二端网络。无源二端电阻网络,对外可以等效为一个电阻 R_{eq},其电阻值满足 $R_{eq} = u/i$,式中 u 和 i 分别是二端网络的电压和电流。戴维南定理提供了分析有源二端网络等效电路的一般方法,是分析电路的重要工具。

戴维南定理可以表述为:任一线性有源二端网络,就其对外电路的作用而言,总可以用一个电压源与电阻串联组合的电路模型来等效替代。该电压源的电压等于有源二端网络的开路电压 u_{oc},而串联的电阻 R_{eq} 等于有源二端网络中所有独立源置零时端口的入端电阻。独立源置零是指网络的电压源短路、电流源开路。

如图 1-44(a)所示,图中 u_{oc} 是它的开路电压。图 1-44(b)是将图 1-44(a)内部所有独立源置零后的无源二端网络 N_0 及等效电阻 R_{eq}。根据戴维南定理,对于端口 a-b 而言,图 1-44(a)中的 N_S 可以等效成图 1-44(c)的形式,即将 N_S 等效成电压源 u_{oc} 和电阻 R_{eq} 的串联。

电压源 u_{oc} 和电阻 R_{eq} 的串联电路称为 N_S 的戴维南等效电路,其中 R_{eq} 也称为戴维南等效电阻。根据等效的概念,等效前后 a、b 两端之间的电压 u 和流过端点 a、b 的电流 i 不变,即对外电路或负载电路来说等效前后的电压、电流保持不变。这种等效称为对外等效。

举例说明戴维南定理的应用,如图 1-45 所示。

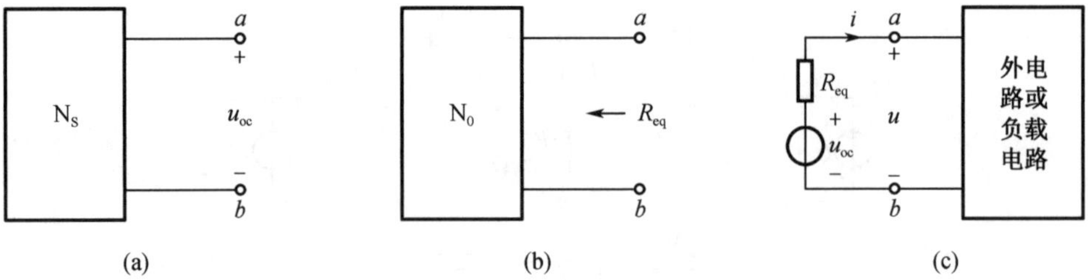

图 1-44　戴维南定理

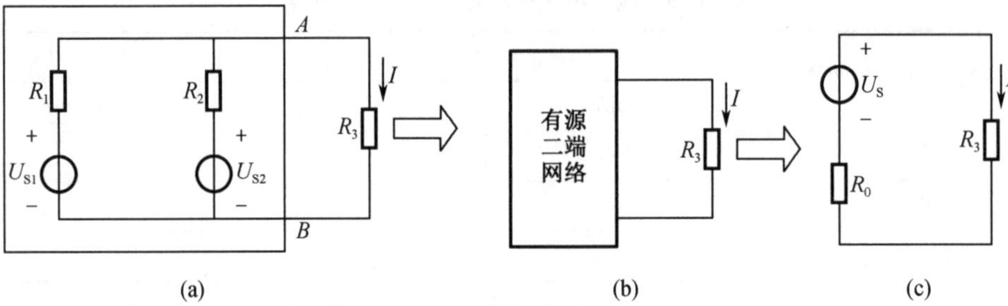

图 1-45　戴维南定理应用举例

从 A、B 端点看进去,把各电动势短路为零,A、B 两点之间的等效电阻为 R_0,则

$$R_0 = \frac{R_1 R_2}{R_1 + R_2}$$

U_S 为 A、B 端开路时所对应的电压,电阻 R_3 的电流就可以由下式求出:

$$I = \frac{U_S}{R_0 + R_3}$$

例 1-4　如图 1-45(a)所示,已知 $U_{S1} = 130$ V,$U_{S2} = 117$ V,$R_1 = 1\ \Omega$,$R_2 = 0.6\ \Omega$,$R_3 = 24\ \Omega$。用戴维南定理求通过电阻 R_3 的电流。

解　由图 1-45(a)开路时计算等效电压源的电压 U_S:

$$I' = \frac{U_{S1} - U_{S2}}{R_1 + R_2} = \frac{130 - 117}{1 + 0.6} = 8.125 \text{ A}$$

$$U_S = I' R_2 + U_{S2} = 121.875 \text{ V}$$

A、B 两点之间的等效电阻为

$$R_0 = \frac{R_1 R_2}{R_1 + R_2} = \frac{1 \times 0.6}{1 + 0.6} = 0.375\ \Omega$$

最后,求得通过电阻 R_3 的电流为

$$I = \frac{U_S}{R_0 + R_3} = \frac{121.875}{0.375 + 24} = 5 \text{ A}$$

【项目小结】

1. 一个完整的电路由电源、负载和中间环节三个基本部分组成。

2. 电路理论的研究对象是实际电路的理想化模型,它由理想电路元件组成。理想电路元件是从实际电路器件中抽象出来的。

3. 电流和电压是电路中最基本的物理量,分别定义为:

恒定电流 $I = \dfrac{Q}{t}$,方向为正电荷运动的方向。

恒定电压 $U_{AB} = \dfrac{W_{AB}}{Q}$,方向为电位降低的方向。

4. 参考方向是人为假设的电流或电压数值为正的方向,电路理论中涉及的电流或电压都是对应于假设的参考方向的代数量。当一个元件或一段电路上的电流和电压的参考方向一致时,称为关联参考方向。

5. 功率是电路分析中常用的物理量。当支路电流和电压为关联参考方向时,$p = ui$;当电流和电压为非关联参考方向时,$p = -ui$。计算结果 $p > 0$ 表示支路吸收功率;计算结果 $p < 0$ 表示支路提供功率。

6. 电阻元件的电压-电流关系满足欧姆定律。当电压和电流为关联参考方向时,表示为 $u = Ri$;当电压和电流为非关联参考方向时,表示为 $u = -Ri$。电阻元件的伏安特性曲线是 $u-i$ 平面上通过原点的一条直线。当 $R \to \infty$ 时称为开路;当 $R = 0$ 时称为短路。

7. 电感元件是无源储能元件,电感两端的电压取决于该时刻流经电感的电流的变化率:

$$u_L = L \frac{\mathrm{d}i}{\mathrm{d}t}$$

电感元件的储能

$$W_L = \frac{1}{2}Li^2$$

8. 电容元件是无源储能元件,流经电容的电流取决于该时刻电容电压的变化率:

$$i = C \frac{\mathrm{d}u}{\mathrm{d}t}$$

电容元件的储能

$$W_C = \frac{1}{2}Cu^2$$

9. 电源分为独立电源和受控源。独立电源分为两种:独立电压源和独立电流源。实际电源的两种模型及其等效转换:

实际电源可以用一个电压源 u_S 和一个表征电源损耗的电阻 R_S 的串联电路来等效。

实际电源也可以用一个电流源 i_S 和一个表征电源损耗的电导 G_S 的并联电路来等效。

两类实际电源等效转换的条件为:$i_S = G_S u_S$,$G_S = 1/R_S$。

10. 受控源不能单独作为电路的激励,又称为非独立电源。受控源的输出电压或电流受到电路中某部分的电压或电流的控制。受控电源有四种类型:VCVS、VCCS、CCVS 和

CCCS。

11. 基尔霍夫定律表明电路中支路电流、支路电压的拓扑约束关系,它与组成支路的元件性质无关。

基尔霍夫电流定律(KCL):在电路中,任一时刻,任一节点所有支路电流的代数和等于零。数学表达为 $\sum i = 0$。

基尔霍夫电压定律(KVL):在电路中,任一时刻,沿任一闭合回路的所有支路电压的代数和恒等于零。数学表达 $\sum u = 0$。

12. 支路电流法:对于具有 b 条支路和 n 个节点的连通网络,有 $n-1$ 个线性无关的独立 KCL 方程,$b-n+1$ 个线性无关的独立 KVL 方程。用 b 个支路电流作为电路变量,列出 $n-1$ 个节点的 KCL 方程和 $b-n+1$ 个回路的 KVL 方程,然后求解这 b 个方程。

13. 叠加定理:当线性电路中有两个或两个以上的独立电源作用时,任意支路的电流(或电压)响应,等于电路中每个独立源单独作用下,在该支路中产生的电流(或电压)响应的代数和。

14. 戴维南定理:任一线性有源二端网络 N,就其两个输出端而言,总可以用一个独立电压源和一个电阻的串联电路来等效,其中,独立电压源的电压等于该二端网络 N 输出端的开路电压 u_{oc},串联电阻 R_{eq} 等于将该二端网络 N 内所有独立源置零时从输出端看入的等效电阻。

【项目训练】

一、填空

1. 电路由_____、_____、_____三个基本部分组成。

2. _____运动的方向为电流的方向。

3. 电源开路时的特征:电路电流为_____,电源端电压等于_____,电源不输出电能。

4. 基尔霍夫电压定律是_____,电流定律是_____。

5. 在任一时刻,沿任一闭合回路的所有支路电压的代数和恒等于_____,这就是基尔霍夫电压定律。

二、选择

1. 下述情况中表明二端网络发出功率的是( )。

A. 二端网络的端口电压和端口电流的实际方向一致

B. 二端网络的端口电压和端口电流取关联参考方向,用 $p=ui$ 计算得 $p>0$

C. 二端网络的端口电压和端口电流取非关联参考方向,用 $p=ui$ 计算得 $p<0$

D. 电流通过二端网络时,电场力对运动电荷做负功

2. 一电阻元件,当其电压增加为原来的 2 倍,电流减为原来的一半时,其功率为原来的( )。

A. 1 倍　　　　B. 2 倍　　　　C. 4 倍　　　　D. $\frac{1}{4}$ 倍

3. 两个电阻串联,$R_1:R_2=3:1$,总电压为 80 V,则 R_1 两端的电压 U_1 的大小为( )。

A. 10 V　　　　B. 20 V　　　　C. 60 V　　　　D. 30 V

三、计算分析

1. 求图 1-46 在以下情况中的电压 U。

(1)$I=2$ A,$R=3$ Ω;

(2)$I=-2$ A,$R=3$ Ω。

图 1-46 题 1 图

2. 如图 1-47 所示,方框代表元件,已知 $U=50$ V,$I=2$ A,求电路元件的功率,并说明元件是吸收功率还是发出功率。

3. 在图 1-48 所示的电路中,已知 $U_S=4$ V,$I_S=3$ A,$R_1=R_2=1$ Ω,$R_3=3$ Ω,求电流 I。

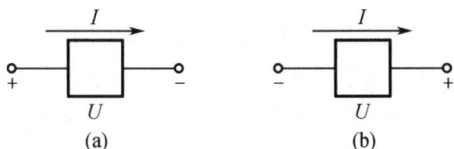

图 1-47 题 2 图

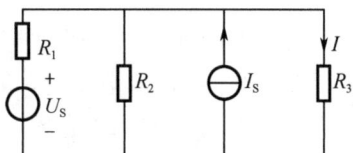

图 1-48 题 3 图

4. 在图 1-49 所示的电路中,已知 $U_S=24$ V,$I_S=4$ A,$R_1=6$ Ω,$R_2=3$ Ω,$R_3=4$ Ω,$R_4=2$ Ω。用戴维南定理求电流 I。

5. 在图 1-50 所示的电路中,已知 $U_{S1}=10$ V,$U_{S2}=6$ V,$R_1=6$ Ω,$R_2=2$ Ω,$R_3=4$ Ω,用支路电流法求电流 I。

6. 在图 1-50 所示的电路中,已知条件与上题相同,用叠加定理求电流 I。

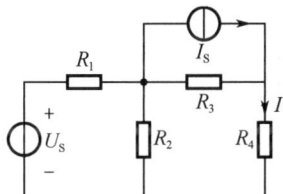

图 1-49 题 4 图

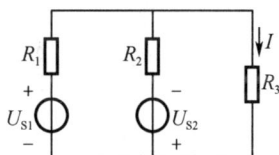

图 1-50 题 5 图

项目 2 荧光灯电路的安装与测试

【项目描述】

    在实际生产生活中所用的电一般都为交流电,比如家庭照明用电、家用电器用电等均是单相交流电;工业、农业用电一般都采用电动机,其用电为三相交流电。交流电的使用之所以非常广泛,主要是因为它的产生容易,并能利用变压器改变电压,便于输送和使用。此外,交流电还能很容易地转换为直流电使用,如手机等电器的充电设备,均能将交流转换为直流充电。图 2-1 为常用的家庭荧光灯照明电路。本项目以荧光灯照明电路为例,介绍正弦交流电的基本知识、交流电路的相量分析方法、交流电路的功率计算与测量等。

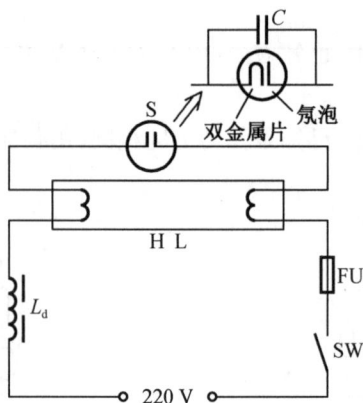

图 2-1 家庭荧光灯照明电路

【项目目标】

    知识目标:
（1）了解正弦交流电的基本知识。
（2）理解相量的概念,并能应用它分析正弦交流电路。
（3）掌握正弦交流电路中基本电气元件的特性。
    技能目标:
（1）熟练使用交流电压表和交流电流表。
（2）会使用功率表和功率因数表。
（3）能正确连接荧光灯照明电路并测试。

任务 2.1　正弦交流电的基本知识

【任务目标】

(1)掌握正弦交流电的三要素。

(2)掌握正弦交流电的相量表示法。

(3)能够用相量形式表示正弦量并进行相关计算。

【任务内容】

2.1.1　认识正弦交流电

在电力系统中,考虑到传输、分配和应用电能方面的便利性、经济性,大都采用交流电,其大小和方向都是随时间而变化的。在选定参考方向后,可以用带有正、负号的数值来表示交流量在每一瞬间的大小和方向,这样的数值称为交流量的瞬时值。一般用小写字母表示交流量,如用 u、i 分别表示交流电压和交流电流。

工程上应用的交流电,一般是随时间按正弦规律变化的,称为正弦交流电,简称交流电。正弦交流电路是指含有正弦电源且电路各部分所产生的电压和电流均按正弦规律变化的电路。

图 2-2 画出了正弦量(以电流 i 为例)的一般变化曲线。电流 i 随时间的变化关系可用正弦函数表达,即

$$i = I_m \sin(\omega t + \theta_i) \qquad (2-1)$$

式(2-1)称为正弦量的解析式。式中,i 为正弦交流电的瞬时值;I_m 为正弦交流电的电流最大值(振幅);ω 为正弦交流电的角频率;θ_i 为初相位(简称初

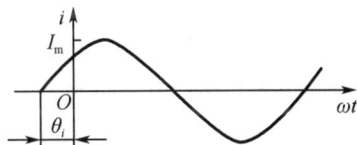

图 2-2　正弦交流电的三要素

相);t 为时间。由式(2-1)可知,对于一个正弦电流 i,如果 I_m、ω、θ_i 已知,则它与时间 t 的关系就唯一确定了。因此正弦交流电的电流最大值、角频率、初相位称为正弦量的三要素。

1.振幅和有效值

正弦量的大小随时间周期性地变化,其最大幅值称为振幅,也叫最大值。正弦量的最大值用带下标 m 的大写英文字母表示,如 I_m、U_m、E_m 分别表示正弦电流、正弦电压、正弦电动势的最大值。

有效值就是从热效应来定义交流量大小的一个物理量。规定:如果一个交流电流流过一个电阻,在一周期时间内产生的热量和某一直流电流流过同一电阻在相同时间内所产生的热量相同,那么这个直流电流的量值就称为该交流电流的有效值。即交流电流的有效值就是热效应与它等同的直流电流值。交流电流的有效值用大写英文字母 I、U、E 表示。

对于两个相同的电阻 R，其中一个电阻通以周期电流 i，另一个电阻通以直流电流 I，在一个周期内电阻消耗的电能分别为

$$W_{PC} = \int_0^T R i^2 \mathrm{d}t$$

$$W_{DC} = R I^2 T$$

式中 W_{PC}——通以周期电流的电阻消耗的电能；

W_{DC}——通以直流电流的电阻消耗的电能。

令消耗的电能相等，即 $W_{PC} = W_{DC}$，则

$$R I^2 T = \int_0^T R i^2 \mathrm{d}t$$

$$I = \sqrt{\frac{1}{T} \int_0^T i^2 \mathrm{d}t}$$

式中，I 为周期电流 i 的有效值，又称为均方根值。

当周期电流为正弦量时，$i = I_m \sin(\omega t)$（令 $\theta_i = 0$），则

$$I = \sqrt{\frac{1}{T} \int_0^T i^2 \mathrm{d}t} = \sqrt{\frac{1}{T} \int_0^T I_m^2 \sin^2(\omega t) \mathrm{d}t} = \frac{I_m}{\sqrt{2}} \qquad (2-2)$$

$$I_m = \sqrt{2} I$$

同理

$$U_m = \sqrt{2} U$$

得到正弦量最大值（振幅）是有效值的 $\sqrt{2}$ 倍。

2. 角频率、频率与周期

式（2-1）中的 ω 在数值上等于单位时间内正弦函数幅角的增加值，称为角频率，它的单位为 rad/s（弧度每秒）。正弦量完整变化一周所需的时间称为周期，用 T 表示，周期的单位是 s（秒）。1 s 内含有的周期数称为频率，用 f 表示，频率的单位是 Hz（赫兹，简称赫）。由定义可知，频率与周期互为倒数，即

$$f = \frac{1}{T} \qquad (2-3)$$

由于在一个周期 T 内幅角增加 2π（弧度），故

$$\omega = \frac{2\pi}{T} = 2\pi f \qquad (2-4)$$

频率、周期、角频率三个量都是说明正弦交流电变化快慢的。三个量中只要知道任意一个，其他两个量即可求出。例如，我国工业和照明用电的频率为 50 Hz（称为工频），其周期为

$$T = \frac{1}{f} = \frac{1}{50} = 0.02 \text{ s}$$

角频率 $\omega = 2\pi f = 2 \times 3.14 \times 50 = 314 \text{ rad/s}$

例 2-1 已知某交流电的瞬时电压为 $u = 220\sqrt{2} \sin(314t)$ V，试求：

（1）此交流电的电压的最大值和有效值。

（2）该电压的角频率、频率、周期。

解　(1)最大值

$$U_m = 220\sqrt{2} \text{ V}$$

有效值

$$U = \frac{U_m}{\sqrt{2}} = 220 \text{ V}$$

(2)

$$\omega = 314 \text{ rad/s}$$

$$f = \frac{\omega}{2\pi} = \frac{314}{2 \times 3.14} = 50 \text{ Hz}$$

$$T = \frac{1}{f} = 0.2 \text{ s}$$

3. 相位角、初相位和相位差

式(2-1)中，$\omega t + \theta_i$ 是正弦交流电随时间变化的(电)角度，称为该正弦交流电的相位角，简称相位，单位是 rad(弧度)，为了方便也可用度(°)来表示。$t = 0$ 时的相位称为初相位，简称初相。式(2-1)中的 θ_i 就是该正弦交流电的初相，其值与计时起点有关。θ_i 的正负可以这样规定：当正弦量的初始瞬时值为正时，θ_i 为正；当初始瞬时值为负时，θ_i 为负。

假定有两个同频率的正弦量 u、i，则有

$$u = U_m \sin(\omega t + \theta_u)$$

$$i = I_m \sin(\omega t + \theta_i)$$

它们之间的相位差 θ 为

$$\theta = (\omega t + \theta_u) - (\omega t + \theta_i) = \theta_u - \theta_i$$

即两个同频率正弦量的相位差等于它们的初相差。

若 $\theta = 0$，即 $\theta_u = \theta_i$，这种情况称为 u 与 i 同相位，简称同相[图2-3(a)]。

若 $\theta > 0$，表示 $\theta_u > \theta_i$，表明 u 的相位超前于 i，或 i 的相位滞后于 u[图2-3(b)]。

若 $\theta < 0$，表示 $\theta_u < \theta_i$，表明 u 的相位滞后于 i，或 i 的相位超前于 u。

若 $\theta = \pm\pi$，表明 u 与 i 在相位上相差 π 角，这种情况称为 u 与 i 反相[图2-3(c)]。

若 $\theta = \pm\frac{\pi}{2}$，这种情况称为 u、i 正交[图2-3(d)]。

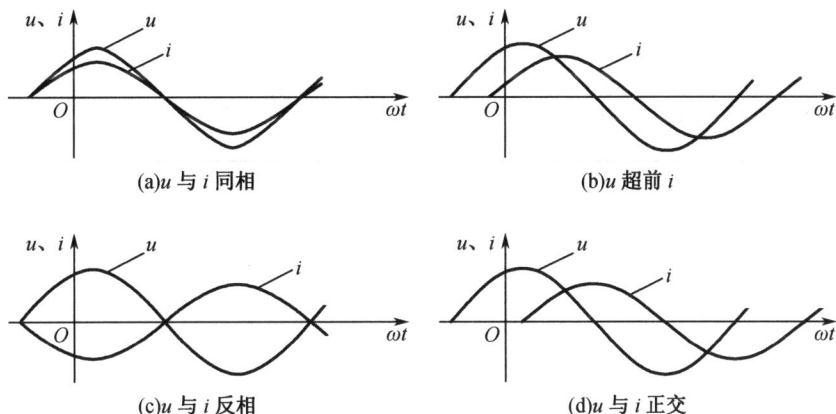

(a)u 与 i 同相　　(b)u 超前 i

(c)u 与 i 反相　　(d)u 与 i 正交

图2-3　正弦量的相位差

例2-2 某正弦电压的最大值 $U_m = 310$ V,初相 $\theta_u = 30°$;某正弦电流的最大值 $I_m = 15$ A,初相 $\theta_i = 60°$。它们的频率均为 50 Hz。试分别写出电压和电流的瞬时值表达式。

解 电压的瞬时值表达式为

$$u = U_m \sin(\omega t + \theta_u) = 310\sin(2\pi f t + \theta_u) = 310\sin(314t + 30°) \text{ V}$$

电流的瞬时值表达式为

$$i = I_m \sin(\omega t + \theta_i) = 15\sin(2\pi f t + \theta_i) = 15\sin(314t + 60°) \text{ A}$$

交直流之争

交直流之争是一场关于采用何种电力系统传输方式的交战。爱迪生发明的直流供电系统遇到了供电距离问题,交流电的出现有效地解决了供电距离问题。而爱迪生认为交流电的出现和推广对他造成了巨大的威胁,眼看着交流电发展日趋壮大,威胁到了直流电的市场。爱迪生发行了一本题为《当心》的小册子,详细地列举了所谓的交流电的种种危险。他还策划了多次对动物的电击实验,用以说明交流电的"危险"。爱迪生如此不遗余力地诋毁交流电,让不明真相的群众对交流电产生了恐惧,交直流之争趋于白热化。1893 年 1 月的一次世界博览会开幕礼中,发明交流电的特斯拉一手拿着电线,一手拿着灯泡,在众目睽睽之下,展示了交流电同时点亮了 90 000 盏灯泡的供电能力,震慑全场,因为直流电根本达不到这种效果,同时也展示了交流电的可靠性和安全性,从此交流电取代了直流电,成为供电的主流。

2.1.2 正弦量的相量表示法

正弦量可以用不同的方式来表示,只要把三个要素表示清楚即可。正弦量的表示方法是分析正弦交流电路的工具。前面已经用过两种方法表示正弦量,即三角函数式及其波形图表示,都很直观,但不便于计算。为了电路分析和计算的方便,经常采用相量表示法。

相量表示法是用相量或相量图来表示相对应的正弦量的方法,由于相量本身就是复数,因此下面将对复数及其运算进行简要说明。

1. 复数
一个复数 A 可用下面四种形式来表示:
(1)代数式(图2-4)

$$A = a_1 + ja_2$$

式中,$j = \sqrt{-1}$,为虚数单位。
(2)三角函数式

令复数 A 的模 $|A|$ 等于 a,其值为正;θ 是复数 A 的辐角。
则有

$$A = a(\cos\theta + j\sin\theta)$$

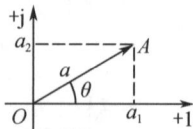
图 2-4 正弦量的复数表示

式中，$a=\sqrt{a_1^2+a_2^2}$；$\tan\theta=\dfrac{a_2}{a_1}$，$\theta=\arctan\dfrac{a_2}{a_1}$。

（3）指数式

根据欧拉公式 $e^{j\theta}=\cos\theta+j\sin\theta$，

$$A=ae^{j\theta}$$

（4）极坐标式

$$A=a\angle\theta$$

极坐标式是复数指数式的简写。

以上讨论的复数四种表示形式可以相互转换。在一般情况下，复数的加减运算用代数式进行。

设有复数

$$A=a_1+ja_2$$
$$B=b_1+jb_2$$
$$A\pm B=(a_1\pm b_1)+j(a_2\pm b_2)$$

复数的加减运算也可在复平面上用平行四边形法则作图完成。

一般情况下，复数的乘除运算用指数式或极坐标式进行。

设有复数

$$A=ae^{j\theta_a},\ |A|=a$$
$$B=be^{j\theta_b},\ |B|=b$$

则有

$$A\cdot B=ae^{j\theta_a}\cdot be^{j\theta_b}=a\cdot be^{j(\theta_a+\theta_b)}$$
$$A\cdot B=a\angle\theta_a\cdot b\angle\theta_b=a\cdot b\angle(\theta_a+\theta_b)$$

$$\frac{A}{B}=\frac{ae^{j\theta_a}}{be^{j\theta_b}}=\frac{a}{b}e^{j(\theta_a-\theta_b)}$$

$$\frac{A}{B}=\frac{a\angle\theta_a}{b\angle\theta_b}=\frac{a}{b}\angle(\theta_a-\theta_b)$$

把模等于 1 的复数如 $e^{j\theta}$、$e^{j\frac{\pi}{2}}$、$e^{j\pi}$ 等称为旋转因子。例如，把任意复数 A 乘以 $j\left(e^{j\frac{\pi}{2}}=j\right)$

就等于把复数 A 在复平面上逆时针旋转 $\dfrac{\pi}{2}$，表示为 jA，故把 j 称为旋转因子。

2. 相量

要确定一个正弦量必须先确定它的三要素，但在分析正弦交流电路时，同一电路中所有的电压、电流都是同频率的正弦量，而且它们的频率与正弦电源的频率相同（我国电网频率为 50 Hz），这样就可以把频率当成一个已知要素来处理，因此，一个正弦量只需知道幅值（或有效值）及初相位两个要素就可以确定了。

一个复数和一个正弦量可以一一对应，即正弦量可以用复数表示。复数的模为正弦量的幅值（或有效值），辐角为正弦量的初相角。表示正弦量的复数称为相量。在大写字母上加一点来表示正弦量的相量。如电压、电流最大值相量的符号为 $\dot{I}_m$、$\dot{U}_m$，有效值相量的符号为 $\dot{I}$、$\dot{U}$。

设正弦量为

$$i = I_m \sin(\omega t + \theta_i)$$

其相量形式为

$$\dot{I}_m = I_m \angle \theta_i \text{(最大值相量, 模为最大值)}$$

或

$$\dot{I} = I \angle \theta_i \text{(有效值相量, 模为有效值)}$$

电压振幅相量(最大值相量)为

$$\dot{U}_m = U_m \angle \theta_u$$

电压有效值相量为

$$\dot{U} = U \angle \theta_u$$

但是要注意, 正弦量和相量并不相等, 只是一一对应, 可以互相表示。在运算过程中, 相量与一般复数没有区别。

例 2-3 已知两个正弦电压 $u_1 = 50\sqrt{2}\sin(314t - 30°)$ V 和 $u_2 = 60\sin(314t + 60°)$ V, 求 $u(u = u_1 + u_2)$。

解 设 $u = U_m \sin(314t + \theta_u)$

则有

$$u = U_m \sin(314t + \theta_u) = 50\sqrt{2}\sin(314t - 30°) + 60\sin(314t + 60°)$$

用相量来表示 u、u_1、u_2,

$$\dot{U}_m = U_m \angle \theta_u, \quad \dot{U}_{1m} = 50\sqrt{2}\angle(-30°) \text{ V}, \quad \dot{U}_{2m} = 60\angle 60° \text{ V}$$

把正弦量的运算转换为对应的相量代数运算, 有

$$\dot{U}_m = \dot{U}_{1m} + \dot{U}_{2m}$$

或

$$\dot{U} = \dot{U}_1 + \dot{U}_2 \quad \left(\dot{U} = \frac{\dot{U}_m}{\sqrt{2}}\right)$$

$$\dot{U}_1 = 50\angle(-30°) = 25\sqrt{3} - j25$$

$$\dot{U}_2 = \frac{60}{\sqrt{2}}\angle 60° = 15\sqrt{2} + j15\sqrt{6}$$

$$\dot{U} = \dot{U}_1 + \dot{U}_2 = (25\sqrt{3} - j25) + (15\sqrt{2} + j15\sqrt{6}) = 64.5 + j11.8 = 65.5\angle 10.37°$$

通过 $\dot{U}$ 写出对应的正弦量

$$u = 65.5\sqrt{2}\sin(314t + 10.37°) \text{ V}$$

通过上面的例子, 可以看出:

(1) 只有对同频率的正弦量, 才能应用对应的相量来进行代数运算。

(2) 在应用相量分析法时, 先将正弦量变换为对应的相量, 通过复数的代数运算求得所求正弦量对应的相量, 再由该相量写出对应的正弦量的瞬时表达式。

(3)同样可推广到多个同频率的正弦量运算,转换成对应相量的代数运算,如基尔霍夫定律的相量表达形式。

KCL 的相量表达形式为

$$\sum i = 0 \rightarrow \sum \dot{I} = 0$$

KVL 的相量表达形式为

$$\sum u = 0 \rightarrow \sum \dot{U} = 0$$

3. 相量图

设正弦量 $i = I_m \sin(\omega t + \theta_i)$,其相量 $\dot{I} = I \angle \theta_i$,在复平面上可以用长度为最大值 I_m 或有效值 I,与实轴正向夹角 θ_i 的矢量表示,如图 2-5 所示。这种表示相量的图称为相量图。有时为简便起见,实轴和虚轴可省去不画。同频率的正弦量可以画在一个相量图中,相量图能形象地表示出各正弦量的大小和相位关系。不同频率的正弦量不能画在一个相量图中,否则无法比较和计算。

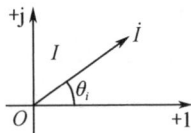

图 2-5　相量图

例 2-4　已知图 2-6(a)中,$i_1 = 3\sqrt{2}\sin(314t+30°)$ A,$i_2 = 4\sqrt{2}\sin(314t-60°)$ A,试求总电流 $i(i=i_1+i_2)$。

解　画出电流 i_1、i_2 的相量图,用平行四边形法则求得总电流的相量,如图 2-6(b)所示。

$$I = \sqrt{I_1^2+I_2^2} = \sqrt{3^2+4^2} = 5 \text{ A}$$

根据相量图中的几何关系,可求出电流 i 的有效值和初相角分别为

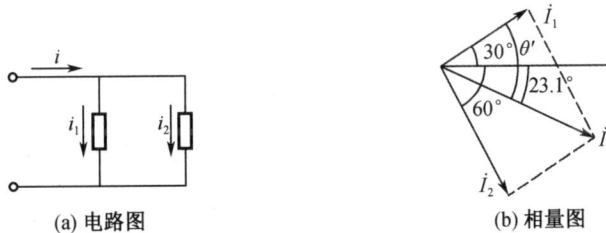

(a) 电路图　　　　　　　(b) 相量图

图 2-6　例 2-3

$$\tan \theta' = \frac{4}{3}, \theta' = \arctan \frac{4}{3} = 53.1°$$

$$\theta = \theta_1 - \theta' = 30° - 53.1° = -23.1°$$

则

$$i = i_1 + i_2 = 5\sqrt{2}\sin(314t-23.1°) \text{ A}$$

由以上计算可以看出,利用相量图计算正弦量,避开了三角函数的运算,使计算量大为简化。

相量法的产生

相量法是简化正弦交流电分析计算的重要方法，它降低了电力系统的建造成本，对交流电的普及起到了决定性作用。相量法产生的过程如下：物理学家亥维赛于 1886 年在《电学家》杂志发表了一篇题为《线路一端外加振荡电动势的效应及其在长途电话和电报信号传输中的应用》的文章，首次提出"阻抗"一词，并给出阻抗的概念（在 2.2.4 中会学习阻抗）。阻抗被提出后不久，便在交流领域得到了广泛使用。但是亥维赛在提出的阻抗概念中未提及阻抗角，为了更好地理解和使用该词，当时正从事交流研究工作的肯涅利在亥维赛的研究基础上，进一步研究了阻抗计算问题，基于阻抗三角形，使用复数分析交流电路，在阻抗和复数之间建立了一种对应关系。受到肯涅利的启示，电机工程师斯泰因梅茨将正弦电压和正弦电流用复数表示，建立了复数形式的欧姆定律，给出了交流电路的基尔霍夫定律，提出了相量法，给出了正弦稳态电路的数学求解方法。

任务 2.2　荧光灯照明电路的分析

【任务目标】

(1)掌握正弦交流电中基本元器件的电压和电流关系以及功率的计算。
(2)理解并掌握阻抗的概念及表达式。
(3)掌握正弦交流电相量分析法。
(4)理解荧光灯照明电路的工作原理。
(5)熟练掌握交流电路中常用仪器仪表的使用。

【任务内容】

由电阻、电感、电容单个元件组成的正弦交流电路，是最简单的交流电路。下面将分别对电阻、电感、电容元件的电压、电流关系进行讨论。

2.2.1　电阻元件的交流特性

1. 电压与电流的关系

纯电阻电路如图 2-7(a)所示，设流过电阻的电流的表达式为 $i=I_m\sin(\omega t+\theta_i)$，根据欧姆定律有

$$u=iR=I_m R\sin(\omega t+\theta_i)=U_m\sin(\omega t+\theta_i) \tag{2-5}$$

由此可知，通过电阻中的电流 i 与它的端电压 u 是同频同相位的两个正弦量，于是可得出它们的波形图及相量图，如图 2-7(b)和(c)所示。

由式(2-5)可知，$U_m=I_m R$，两边同除以 $\sqrt{2}$，得到电压有效值、电流有效值之间的关系：

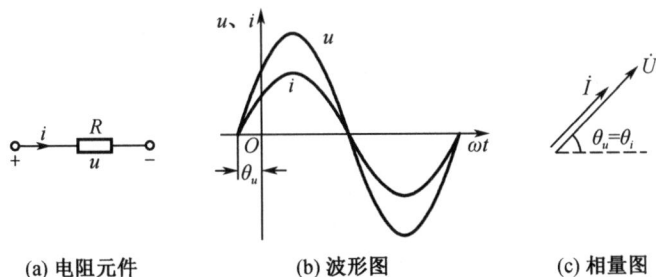

(a) 电阻元件　　　(b) 波形图　　　(c) 相量图

图 2-7　电阻元件的交流电路

$$U = IR \quad 或 \quad I = \frac{U}{R} \tag{2-6}$$

由式(2-6)可知,电阻电路中的电压有效值与电流有效值间的关系也符合欧姆定律。用相量来分析,由于外加电流

$$i = I_m \sin(\omega t + \theta_i)$$

则电流的相量为

$$\dot{I} = I \angle \theta_i$$

电压为

$$u = iR = I_m R \sin(\omega t + \theta_i)$$

故电压的相量为

$$\dot{U} = U \angle \theta_u = IR \angle \theta_u$$

或

$$\dot{U} = R\dot{I} \tag{2-7}$$

式(2-7)是电阻电路中欧姆定律的相量形式。它既表达了电压有效值与电流有效值之间的关系为 $U = IR$,又表明了电压 u 与电流 i 同相位。

2. 功率计算

(1)瞬时功率 p

电路任一瞬时所吸收的功率称为瞬时功率,用 p 表示。它等于电压瞬时值与电流瞬时值的乘积。为方便计算,取 $\theta_u = \theta_i = 0°$,则有

$$p = ui = U_m I_m \sin^2(\omega t) = UI[1 - \cos(2\omega t)]$$

式中,p 包含两项:一项是常量 UI,另一项是正弦函数。因为 $1 - \cos(2\omega t) \geq 0$,所以瞬时功率 p 始终为正值,而电流、电压的参考方向一致,说明电阻元件总是从电源处吸收电能,并转换成热能,是耗能元件。瞬时功率的实用意义不大。

(2)平均功率(有功功率) P

瞬时功率在一个周期内的平均值称为平均功率或有功功率,或简称功率,用 P 表示,即

$$P = \frac{1}{T}\int_0^T p\,\mathrm{d}t = UI = I^2 R = \frac{U^2}{R} \tag{2-8}$$

由此可以得出,纯电阻电路消耗的平均功率(有功功率)等于电压有效值和电流有效值

的乘积。有功功率的单位也是 W(瓦)或 kW(千瓦)。

例 2-5 电路中只有电阻 $R = 4 \ \Omega$,正弦电压 $u = 10\sqrt{2} \sin(314t + 30°)$ V。(1)试写出通过电阻的电流相量及瞬时值表达式;(2)求电阻消耗的功率。

解 (1)电压相量为

$$\dot{U} = U \angle \theta_u = 10 \angle 30° \text{ V}$$

电流相量为

$$\dot{I} = \frac{\dot{U}}{R} = \frac{10 \angle 30°}{4} = 2.5 \angle 30° \text{ A}$$

电流瞬时值表达式为

$$i = \frac{5\sqrt{2}}{2} \sin(314t + 30°) \text{ A}$$

(2)电阻消耗的功率为

$$P = UI = 10 \times 2.5 = 25 \text{ W}$$

2.2.2　电感元件的交流特性

1. 电压与电流的关系

纯电感的交流电路的电压与电流的参考方向如图 2-8(a)所示。

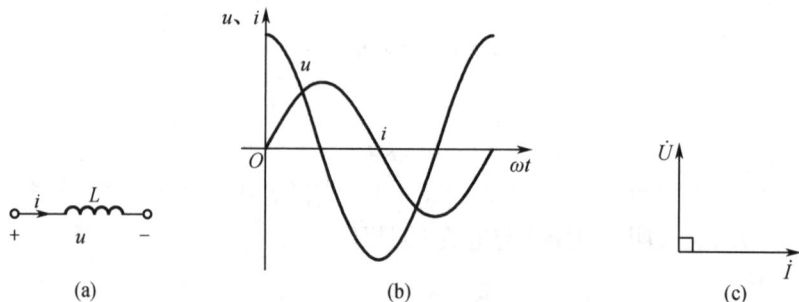

图 2-8　电感元件的交流电路

设

$$i = I_m \sin(\omega t)$$

由电感元件上的电压电流关系可得

$$u = L \frac{\mathrm{d}i}{\mathrm{d}t} = L \frac{\mathrm{d}I_m \sin(\omega t)}{\mathrm{d}t} = \omega L I_m \cos(\omega t) = \omega L I_m \sin(\omega t + 90°) \qquad (2-9)$$

式中,$\dfrac{\mathrm{d}i}{\mathrm{d}t}$ 为电流变化率;L 为线圈的自感系数,单位是 H。

由式(2-9)可知

$$U_m = \omega L I_m \qquad (2-10)$$

$$U = \omega L I = X_L I \qquad (2-11)$$

其中
$$X_L = \omega L = 2\pi f L \qquad (2\text{-}12)$$

X_L 称为电感电抗,简称感抗,与频率成正比,单位是 Ω。感抗反映了电感元件对正弦交流电流的阻碍作用。

从相量的角度来分析,设 $i = I_m \sin(\omega t)$,则电流的相量 $\dot{I} = I \angle 0°$,根据式(2-9)和式(2-11)可得

$$\dot{U} = U \angle 90° = \omega L I \times j = j X_L \dot{I} \qquad (2\text{-}13)$$

这就是电感电路中欧姆定律的相量形式。它既表达了电压有效值与电流有效值之间的关系 $U = X_L I$,又表达了电压相位超前于电流相位 90°,如图 2-8(c)所示。

2. 功率计算

(1)瞬时功率 p
$$p = ui = U_m I_m \sin(\omega t + 90°)\sin(\omega t) = U_m I_m \cos(\omega t)\sin(\omega t)$$
即
$$p = UI\sin(2\omega t) \qquad (2\text{-}14)$$

从式(2-14)可以看出瞬时功率是一个两倍于电源频率的正弦量。当 $p>0$ 时,电感处于受电状态,从电源处取用能量并转化为磁能储存在磁场中;当 $p<0$ 时,电感处于供电状态,将磁场中储存的能量释放给电源。当电流按正弦规律变化时,电感以两倍于电源频率的速度与电源不断地进行能量的交换。因而它是一个储能元件。

(2)平均功率(有功功率)P
在一个周期内,纯电感线圈的平均功率可表示为
$$P = \frac{1}{T}\int_0^T p\,\mathrm{d}t = \frac{1}{T}\int_0^T UI\sin(2\omega t)\,\mathrm{d}t = 0 \qquad (2\text{-}15)$$

由式(2-15)可见,理想电感元件在正弦电源的作用下,虽有电压、电流,但没有能量的消耗,只是与电源不断地进行能量的交换。

(3)无功功率 Q_L
电感元件虽然不耗能,但它与电源之间的能量交换始终在进行,这种电能和磁场能之间交换的规模可用无功功率来衡量。储能元件中瞬时功率的振幅称为无功功率,用字母 Q_L 来表示,即
$$Q_L = UI = X_L I^2 = \frac{U^2}{X_L} \qquad (2\text{-}16)$$

它反映储能元件与电源之间能量交换的规模。元件中只有能量的"吞吐",没有能量的消耗,所以称"无功"。为了与有功功率区别,规定无功功率的单位是 var(乏尔,简称乏)。

例 2-6　在电压为 220 V、频率为 50 Hz 的电力电网内,接入电感 $L=0.1$ H 而电阻可忽略不计的线圈。试求线圈的感抗、线圈中电流的有效值及无功功率。

解　感抗
$$X_L = \omega L = 2\pi f L = 2\pi \times 50 \times 0.1 = 31.4 \ \Omega$$

电流的有效值
$$I = \frac{U}{X_L} = \frac{220}{31.4} = 7 \ \text{A}$$

无功功率

$$Q_L = UI = 220 \times 7 = 1\,540 \text{ var}$$

2.2.3　电容元件的交流特性

1. 电压与电流的关系

电容元件中通过的电流与其两端的电压的关系,在关联参考方向下如图 2-9 所示。

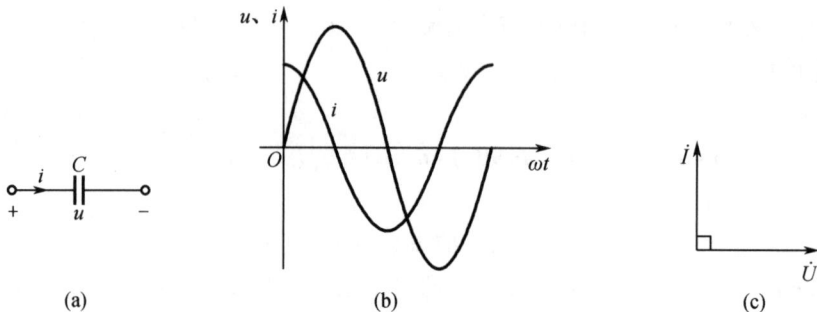

(a)　　　　　　　　(b)　　　　　　　　(c)

图 2-9　电容元件的交流电路

设电容两端电压为

$$u = U_m \sin(\omega t)$$

则根据关系式

$$i = C \frac{\mathrm{d}u}{\mathrm{d}t} = \omega C U_m \sin(\omega t + 90°) = I_m \sin(\omega t + 90°) \tag{2-17}$$

由式(2-17)可知

$$I_m = \omega C U_m \tag{2-18}$$

$$U_m = \frac{1}{\omega C} I_m = X_C I_m \tag{2-19}$$

或

$$U = \frac{1}{\omega C} I = X_C I \tag{2-20}$$

其中

$$X_C = \frac{1}{\omega C} = \frac{1}{2\pi f C} \tag{2-21}$$

X_C 称为电容电抗,简称容抗,与频率成反比,单位是 Ω。容抗反映了电容元件对正弦交流电流的阻碍作用。

由 $u = U_m \sin(\omega t)$ 得,电压的相量为 $\dot{U} = U \angle 0°$,根据式(2-17)和式(2-20)可得

$$\dot{I} = I \angle 90° = \frac{U}{X_C} \mathrm{j} = \mathrm{j}\omega C \dot{U} \tag{2-22}$$

或

$$\dot{U}=-\mathrm{j}X_C\dot{I} \tag{2-23}$$

这就是电容电路中欧姆定律的相量形式。它既表达了电压有效值与电流有效值之间的关系 $U=X_CI$，又表达了电压相位落后于电流相位 $90°$，如图 2-9(c)所示。

2. 功率计算

(1)瞬时功率 p

$$p=ui=U_\mathrm{m}I_\mathrm{m}\sin(\omega t+90°)\sin(\omega t)=U_\mathrm{m}I_\mathrm{m}\cos(\omega t)\sin(\omega t)$$

即

$$p=UI\sin(2\omega t)$$

可见电容元件的瞬时功率 p 和电感元件的相同，即为 $p>0$ 时，电源给电容器充电，电容器吸收能量并转换成电场能；当 $p<0$ 时，电容器向外释放能量而处于放电状态，将电场能归还电源。和电感元件类似，电容元件上的有功功率 $P=0$，即电容器在交流电路中也只能起能量交换作用，本身不消耗电能。综上所述，电容总是与电源不断交换能量，因而它是一个储能元件。

(2)平均功率(有功功率) P

由以上分析可知，电容元件也是不消耗功率的，平均功率也为零，即 $P=0$。

(3)无功功率 Q_C

与电感元件的无功功率相似，也定义电容元件瞬时功率的最大值为它的无功功率，单位也是 var，反映电容元件和电源之间能量交换的规模。由于电容两端电压滞后电流 $90°$，因此按规定，电容无功功率为负。

$$Q_C=-UI=-X_CI^2=-\frac{U^2}{X_C} \tag{2-24}$$

例 2-7　将 $C=4.75~\mu\mathrm{F}$ 的电容器接到 $U=220~\mathrm{V}$ 的工频电源上，求电容的容抗、电流的有效值。

解
$$X_C=\frac{1}{2\pi fC}=\frac{1}{2\times3.14\times50\times4.75\times10^{-6}}=670~\Omega$$

$$I=\frac{U}{X_C}=\frac{220}{670}=0.328~\mathrm{A}$$

【任务实施 1】

练习使用交流电流表、交流电压表和功率表

1. 目的

(1)了解交流电流表、交流电压表和功率表的结构和工作原理。

(2)掌握交流电流表、交流电压表和功率表的接线和使用方法。

(3)测定电阻 (R)、感抗 (X_L)、容抗 (X_C) 与供电频率 f 间的关系。

2. 设备及器件

信号发生器(含频率计)、交流毫伏表(或数字电压表)、交流电流表、330 Ω 电阻、1 kΩ

电阻、15 mH 电感、0.1 μF 电容、万用表。

3. 原理和电路

(1)交流电流表和交流电压表

交流电流表和交流电压表的实物如图 2-10 所示。

(a) 交流电流表

(b) 交流电压表

图 2-10　交流电流表和交流电压表

交流电流表与交流电压表有多种构造,常见的有以下几种:

①整流式。在直流电流表(或电压表)里面增加 1 个(或 2 个、4 个)整流二极管,其就变成了交流电流表(或电压表),图 2-11(a)所示为串阻抽头半波整流交流电压表,图 2-11(b)所示为闭路抽头半波整流交流电流表。这种电表拿在手里很重,因为里面有一个永久磁铁。

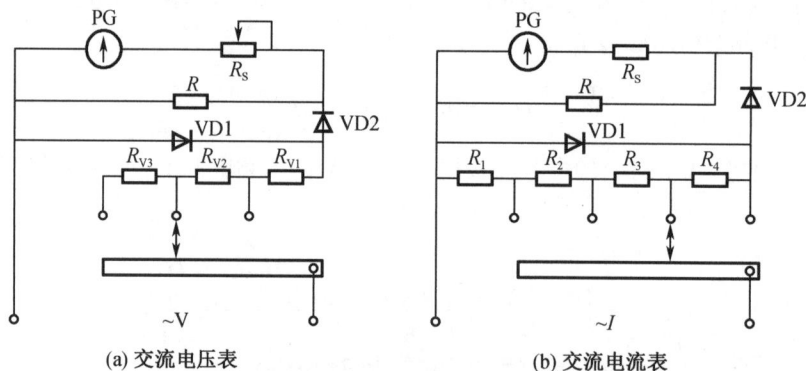

(a) 交流电压表　　　　　　　　　(b) 交流电流表

图 2-11　整流式电表原理图

②电动式。用一个位置固定的通电线圈(这个线圈里没有铁芯,若有铁芯,就叫作铁磁电动式)代替磁电整流式电表里的永久磁铁,这个线圈通电后产生一个磁场,这个磁场与里面的可转动的通电线圈作用,也能使线圈发生偏转。这种电表是交直流两用的,并且精度很高。其缺点是受外磁场影响较大,并且在作为电流表、电压表使用时,其刻度是不均匀的。

③电磁式。这种电表构造极其简单,就是在一个粗导线做的线圈里放置两个铁片,其中一个铁片固定,另一个可转动,还连着一个指针,所以也叫动铁式。它可以直接测量几十安的大电流。现在配电房里用的大多是这种电表。其价格低廉,精度不高。

表 2-1 为磁电式、整流式、电动式、电磁式电压表和电流表的工作原理和主要技术特性。

表 2-1　电压表和电流表的工作原理和主要技术特性

技术特性	磁电式	整流式	电磁式	电动式
说明工作原理的表面符号			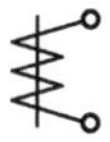	
测量的基本量	一个周期内的平均值不为零的变化电流（或电压）的平均值（无法测量正弦电压或电流）或直流	1. 直接指示正弦量有效值 2. 指示值除以 2.22（全波整流时为 1.11）为被测非正弦交流量整流后的平均值	交流有效值或直流	交流有效值或直流
准确度	高（可达 0.1 级，一般为 0.5 或 1.0 级）	低（可达 0.5 级，一般为 0.5~2.5 级）	较低（可达 0.2 级，一般为 0.5~2.5 级）	高（可达 0.1 级，一般为 0.5 或 1.0 级）
标尺分度特性	均匀	接近均匀	不均匀	不均匀
过载能力	小	小	大	小
使用频率范围		一般用于 45~1 000 Hz，有的可用于 5 000 Hz 以上	一般用于 50 Hz，频率变化时误差较大	一般用于 50 Hz，有的可用于 5 000 Hz 以下
表头灵敏度	很高	较高	低	较低
防御外磁场的能力	强	强	弱	弱
功率损耗	小	小	大	大
价格	贵	贵	便宜	最贵
主要应用范围	主要用作直流仪表	用作交流仪表	用作开关板仪表及一般实训室仪表	用作交流标准表及一般实训室仪表

（2）功率表

①工作原理。

在用电动式功率表测量正弦电路中负载的平均功率时,定圈 B 与负载串联,动圈 C 串联附加电阻 R_d 后与负载并联,如图 2-12(a)所示。这时,流过定圈中的电流 i_1 和负载电流 i 实际上是同一电流,因此,定圈也常称为电流线圈。如果忽略动圈的感抗并记动圈支路的电阻(包括 R_d)为 R_2,则流过动圈中的电流

$$\dot{I}_2 = \frac{\dot{U}}{R_2}$$

因为动圈电流反映了被测电路的电压,所以动圈也常称为电压线圈。

电动式测量机构指针的偏转角 α 正比于定圈、动圈电流的有效值与它们之间相位差余弦 $\cos \psi$ 的乘积。由于 $\dot{I}_1 = \dot{I}$ 以及 $\dot{I}_2$ 和 $\dot{U}$ 同相,电流 $\dot{I}_1$ 和 $\dot{I}_2$ 的相位差 ψ 就等于 $\dot{I}$ 和 $\dot{U}$ 之间的相位差 φ,功率表的指针偏转角

$$\alpha = KI_1 I_2 \cos \psi = KI \frac{U}{R_2} \cos \varphi = K_P UI \cos \varphi = K_P P \qquad (2-25)$$

图 2-12(b)是负载为感性时功率表中的电流 $\dot{I}_1$、$\dot{I}_2$ 和电压 $\dot{U}$ 的相量图。

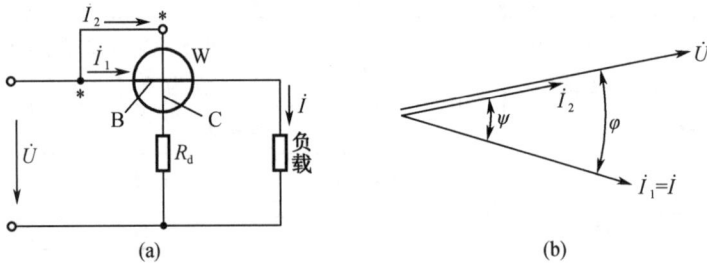

图 2-12　功率表的原理图及相量图

通过以上分析可知,电动式功率表可用来测量正弦电路的功率,功率表的标尺可以直接按功率大小刻度,而且刻度均匀。

②电动式功率表的正确接线。

如果改变功率表一个线圈中电流的方向,则该线圈中通过的电流与原先的反相,两线圈中流过电流的相位差比原先增加了180°,则由式(2-25)可知,偏转角将变成负值,即功率表的指针会反偏。因此功率表接线必须使线圈中的电流遵循一定的方向。在接线时要区分线圈的"起端"和"终端"。功率表线圈的"起端"通常用符号"＊"标出。标有"＊"号的接线端子称发电机端。接线时电流线圈和电压线圈的发电机端要接在电源的同一极性上,从而保证通过线圈的电流都由发电机端流入。按照这样的接线原则,功率表的正确接线有两种。图 2-13 是功率表的两种正确接线,其中图 2-13(a)是电压线圈前接的电路,图 2-13(b)是电压线圈后接的电路。

两种正确接线方式有不同的特点和适用范围。电压线圈前接的电路中,电流线圈与负载串联,功率表电压线圈支路的电压还包括电流线圈上的压降。功率表的读数反映电流线圈电阻 R_1 及负载电阻 R 损耗的功率。当负载电阻 $R \gg R_1$ 时,负载的损耗远比电流线圈损耗大,功率表的读数比较正确地反映了负载的功率。因此电压线圈前接的接线方式适用于 $R \gg R_1$ 的场合。电压线圈后接的电路中,电压线圈与负载并联,流经电流线圈的电流还包括功率表电压线圈支路上的电流,所以功率表读数反映电压线圈支路的损耗 $\frac{U^2}{R_2}$ 和负载的功率。当电压线圈支路的电阻 $R_2 \gg R$ 时,功率表的读数比较正确地反映负载功率。因此电压

线圈后接的接线方式适用于 $R_2 \gg R$ 的场合。总之,不论是电压线圈前接还是后接,功率表的读数都会由于内部损耗的影响而产生误差。采用适当的接线方式能减小误差。在一般的工程测量中,常采用电压线圈前接的接线方式。

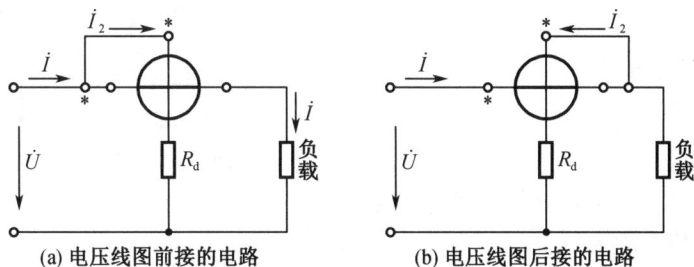

(a) 电压线图前接的电路　　　　　　　　(b) 电压线图后接的电路

图 2-13　功率表的正确接线

图 2-14 是功率表的几种常见的错误接线。

图 2-14(a)没有按功率表的正确接线原则接线,这种接线使指针反偏,还可能损坏仪表。图 2-14(b)由于分压电阻 R_d 比电压线圈的电阻大得多,电源电压几乎全部降落在 R_d 上,使两个线圈之间的电压接近于电源电压,结果引起较大的静电误差,还可能使线圈的绝缘击穿。图 2-14(c)既没有按功率表的正确接线原则接线,又使定圈、动圈之间的电压接近于电源电压,因此这种接线错误更严重。

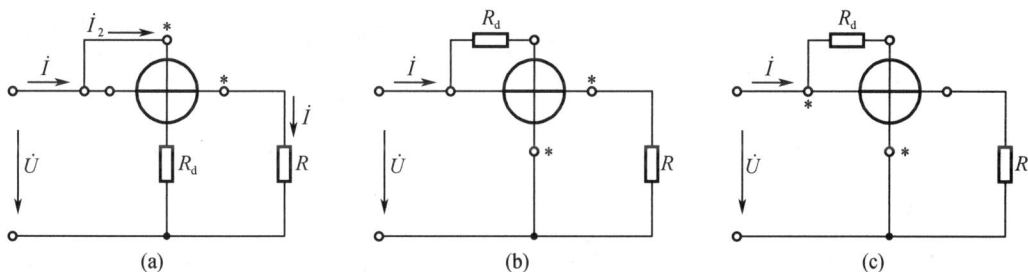

(a)　　　　　　　　　　(b)　　　　　　　　　　(c)

图 2-14　功率表的几种常见的错误接线

③功率表的量限和指示值。

(a)功率表的量限。

普通功率表的量限是在负载功率因数 $\cos \varphi = 1$ 时,电压量限和电流量限的乘积。电流量限是仪表与被测电路串联部分的额定电流。电压量限是仪表电压线圈支路允许承受的额定电压。在选择功率表时,不仅要注意被测功率是否超过功率表的量限,而且要注意被测电路的电流和电压是否超出功率表的电流量限和电压量限。当被测电路的功率因数 $\cos \varphi < 1$ 时,即使功率表的指针未达到满刻度值,被测电路的电流和电压也都有可能已超出功率表的电流和电压量限。在实际测量中,为了保护功率表,常接入电压表和电流表以监视被测电路的电流和电压。

功率表量限的改变只要通过改变电流或电压量限就可实现。图 2-15 是多量限功率表的接线图。电流量限的改变是通过改接图 2-15 中的金属连接片实现的。金属连接片按图

2-15 中的虚线位置接线,使两个额定电流为 1 A 的电流线圈 1 和 1' 串联,电流量限为 1 A。按实线位置接线,两个电流线圈并联,电流量限为 2 A。电压量限的改变靠电压线圈 2 串联不同的分压电阻来实现。

(b)功率表的指示值。

便携式多量限功率表的标尺不注明功率值,只标出分格数,每一分格代表的功率值由电流和电压的量限确定,称为分格常数,记作 c。普通功率表的分格常数为

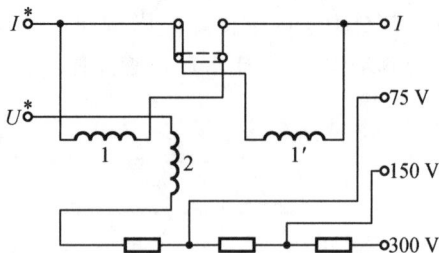

图 2-15   多量限功率表的接线图

$$c=\frac{U_N I_N}{\alpha_m}$$

式中,U_N 和 I_N 为电压量限和电流量限;α_m 为标尺满刻度的格数。功率表的指示值可按下式计算:

$$P=c\alpha$$

式中,α 为指针偏转格数。

(3)电路

①R、L、C 元件的阻抗与信号频率间的关系(频率特性)。

(a)电阻 R:$\dot{U}_R / \dot{I}_R = R\angle 0°$,阻值 R 与频率 f 无关。

(b)电感 L:$\dot{U}_L / \dot{I}_L = jX_L = X_L \angle 90°$,$X_L = 2\pi fL$,$\varphi = 90°$,感抗 X_L 与频率 f 成正比,相位差为 +90°。

(c)电容 C:$\dot{U}_C / \dot{I}_C = -jX_C = X_C \angle (-90°)$,$X_C = \dfrac{1}{2\pi fC}$,$\varphi = -90°$,容抗 X_C 与频率 f 成反比,相位差为 -90°。

R、X_L 与 X_C 的频率特性如图 2-16 所示。

②电路图。

电路如图 2-17 所示。图中的信号发生器附带有频率计,可显示输出信号的频率;r 为标准电阻(此处用 330 Ω 精密金属膜电阻);Z 为 R(或 L、C 等)被测元件。由于 r 与 Z 串联,电流相同,因此有

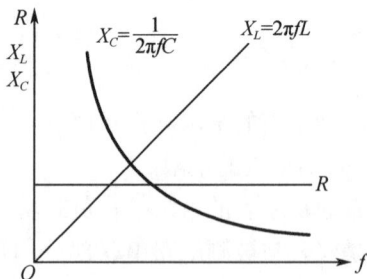

图 2-16 R、X_L 与 X_C 的频率特性

$$Z=\frac{U_Z}{I}$$

式中,U_Z 为毫伏表读数;I 为电流表读数。

4. 内容及步骤

(1)按图 2-17 所示的电路接线,以单元 1 kΩ 电阻作为被测元件。调节信号发生器输出电压使有效值 $U_i = 1.0$ V 并保持不变,用交流毫伏表分别测量出频率分别为 0.5 kHz、1.0 kHz、1.5 kHz、2.0 kHz、2.5 kHz、3.0 kHz、4.0 kHz 和 5.0 kHz 时 Z(此处为 R)上的电压 U_R 和电

流 I，记录于表 2-2 中，并由 $R = \dfrac{U_R}{I}$ 算出 R，填于表 2-2 中。

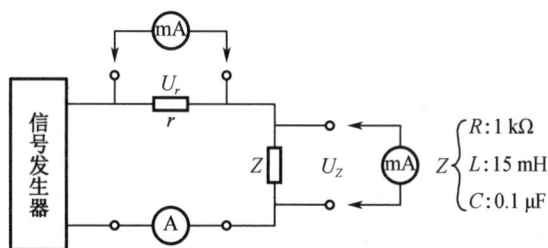

图 2-17 R、X_L 与 X_C 的频率特性测试电路

表 2-2 电阻 R 的频率特性

参数	f/kHz							
	0.5	1.0	1.5	2.0	2.5	3.0	4.0	5.0
I/mA								
U_R/mV								
R/Ω								

(2)将被测元件换成电感 $L(L=15\ \text{mH})$，重复上述步骤，填表 2-3。

表 2-3 电感 L 的频率特性

参数	f/kHz							
	0.5	1.0	1.5	2.0	2.5	3.0	4.0	5.0
I/mA								
U_L/mV								
感抗 X_L/Ω								

(3)将被测元件换成电容器 $C(C=0.1\ \mu\text{F})$，重复上述步骤，填表 2-4。

表 2-4 电容 C 的频率特性

参数	f/kHz							
	0.5	1.0	1.5	2.0	2.5	3.0	4.0	5.0
I/mA								
U_C/mV								
容抗 X_C/Ω								

(4)根据表 2-2~表 2-4 所列数据，以信号频率 f 为横坐标，分别以 R、X_L 和 X_C 为纵坐

标,画出电阻 R、电感 L 及电容 C 三种元件的阻抗频率特性曲线 $R=f(f)$、$X_L=f(f)$ 及 $X_C=f(f)$。

5. 注意事项

毫伏表读数时要特别注意量程的选择。当测量输入信号(1.0 V)时,要选 1.0 V 挡;当电压较小时,可选择 100 mV 挡。

2.2.4　*RLC* 串联电路

前面讨论了单一参数的正弦交流电路,然而在实际电路中,不但存在电阻性元件,还存在感性及容性元件,下面将对电阻、电感与电容元件组成的串联电路进行讨论。

RLC 串联电路仿真实验

阻抗的概念:无源二端电路的端电压相量与电流相量的比值为二端电路的阻抗。

$$Z = \frac{\dot{U}}{\dot{I}} = \frac{U\angle\varphi_u}{I\angle\varphi_i} = \frac{U}{I}\angle(\varphi_u - \varphi_i) = |Z|\angle\varphi \tag{2-26}$$

式中, $|Z| = \dfrac{U}{I}$ 为阻抗的模,单位是 Ω(欧姆); $\varphi = \varphi_u - \varphi_i$,为阻抗角。阻抗 Z 是复数,它还可表示为

$$Z = R + jX$$

式中, R 为电阻; X 为电抗。

1. 电压与电流的关系

图 2-18(a)为电阻元件、电感元件与电容元件串联的交流电路,电路中的电流及各个电压的参考方向如图所示。设

$$i = I_m\sin(\omega t)$$

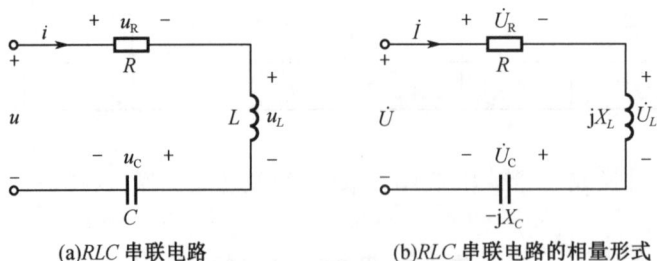

(a)*RLC* 串联电路　　　　(b)*RLC* 串联电路的相量形式

图 2-18　*RLC* 串联电路及其相量模型

图 2-18(b)为其相量模型,则电路阻抗为

$$Z = \frac{\dot{U}}{\dot{I}} = R + j\omega L + \frac{1}{j\omega C} = R + j\left(\omega L - \frac{1}{\omega C}\right)$$

$$= R + jX = |Z|\angle\varphi \tag{2-27}$$

式中

$$X = X_L - X_C = \omega L - \frac{1}{\omega C}, \ |Z| = \sqrt{R^2 + X^2}, \ \varphi = \arctan\left(\frac{X}{R}\right)$$

显然,$|Z|$、R、X 构成一个直角三角形,称为阻抗三角形。

由式(2-27)可见,阻抗既表示了电路中电压与电流之间的大小关系(反映在阻抗的模 $|Z|$ 上),也表示了二者的相位关系(反映在幅角上)。"阻抗"是交流电路中非常重要的一个概念,必须很好地理解、掌握。

如果用相量表示电压与电流的关系,已知

$$\dot{U}_R = R\dot{I} \ , \ \dot{U}_L = j\omega L\dot{I} \ , \ \dot{U}_C = \frac{1}{j\omega C}\dot{I}$$

则

$$\dot{U} = \dot{U}_R + \dot{U}_L + \dot{U}_C = [R + j(X_L - X_C)]\dot{I} = (R + jX)\dot{I} = Z\dot{I} \tag{2-28}$$

根据式(2-27)、式(2-28)分析电路的性质:

当 $X > 0$,$\omega L > \dfrac{1}{\omega C}$ 时,φ 为正,则电压超前于电流,电路呈感性;

当 $X < 0$,$\omega L < \dfrac{1}{\omega C}$ 时,φ 为负,则电流超前于电压,电路呈容性;

当 $X = 0$,$\omega L = \dfrac{1}{\omega C}$ 时,φ 为零,则电流与电压同相,电路呈纯电阻性。

由前面讨论可知,$\dot{U}_R$ 与 $\dot{I}$ 相位相同,$\dot{U}_L$ 超过 $\dot{I}$ 相位 $\dfrac{\pi}{2}$、$\dot{U}_C$ 落后 $\dot{I}$ 相位 $\dfrac{\pi}{2}$。图 2-19 所示的串联电路的电压相量图不仅反映了各电压间的数量关系,还反映了各电压间的相位关系。

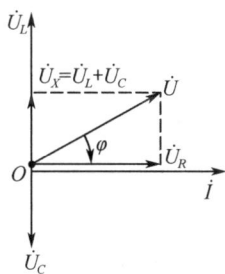

图 2-19 RLC 串联电路的电压相量图

$$\dot{U} = U_R + j(U_L - U_C) = U\angle\varphi$$

式中

$$U = \sqrt{U_R^2 + (U_L - U_C)^2}$$

$$\varphi = \arctan\frac{U_L - U_C}{U_R} = \arctan\frac{U_X}{U_R}$$

例 2-8 在图 2-18(a)所示的电路中,已知 $R = 30\ \Omega$、$X_L = 80\ \Omega$、$X_C = 40\ \Omega$,电源电压 $u = 220\sqrt{2}\sin(\omega t)$ V,求阻抗模 $|Z|$、电流的有效值 I 与瞬时值 i 的表达式。

解 $|Z| = \sqrt{R^2 + (X_L - X_C)^2} = \sqrt{30^2 + (80-40)^2} = 50 \ \Omega$

$I = \dfrac{U}{|Z|} = \dfrac{220}{50} = 4.4 \ \text{A}$

$\varphi = \arctan \dfrac{X_L - X_C}{R} = 53°$

$\varphi_i = \varphi_u - \varphi = -53°$

$i = 4.4\sin(\omega t - 53°) \ \text{A}$

*2. 串联谐振

从前面分析可知,感抗和容抗的大小与频率有关,所以在不同的频率下,RLC串联电路会有不同的特性。如果在某一特定频率下电路的阻抗角为零,则认为该电路在此频率下发生谐振。谐振电路是一种具有频率选择性的电路,它可以根据频率去选择某些需要的信号,而排除其他频率信号的干扰。

(1)谐振的条件

依据图2-18(a)中的RLC串联电路有

$$Z = R + j\left(\omega L - \dfrac{1}{\omega C}\right) = |Z| \angle \varphi$$

$$\varphi = \arctan \dfrac{X_L - X_C}{R}$$

若要发生谐振,则

$$X_L = X_C \quad \text{或} \quad \omega L = \dfrac{1}{\omega C} \tag{2-29}$$

产生谐振的频率称为谐振频率。当电源的频率等于谐振频率时电路发生谐振。由此可推出谐振频率为

$$\omega_0 = \dfrac{1}{\sqrt{LC}}$$

$$f_0 = \dfrac{1}{2\pi\sqrt{LC}} \tag{2-30}$$

(2)串联谐振的电路特性

电路在发生谐振时,阻抗最小,U不变时,I最大,呈纯阻性。电源供给电路的能量全部消耗在电阻R上,而动态元件储存能量与释放能量的过程完全在电容与电感上完成,即储能元件并不与电源交换能量。

串联谐振为电压谐振。发生谐振时电容、电感两端的电压分别为

$$U_C = IX_C = X_C \dfrac{U}{R} \tag{2-31}$$

$$U_L = IX_L = X_L \dfrac{U}{R} \tag{2-32}$$

U_C和U_L都高于电源电压U,通常用品质因数Q表示U_C、U_L与U的比值,Q越大,电路选频的选择性越强。它也表示在谐振时电容元件与电感元件上的电压是电源电压的Q倍。Q的值为

$$Q = \frac{U_C}{U} = \frac{U_L}{U} = \frac{1}{\omega_0 CR} = \frac{\omega_0 L}{R} \qquad (2\text{-}33) \; \clubsuit$$

在电力系统中,应尽量避免串联谐振,以免击穿电路设备;但在无线电工程中,常利用串联谐振进行选频,以抑制干扰信号。

【任务实施2】

连接荧光灯电路并测试

1. 目的

(1)掌握荧光灯的工作原理与接线方法。

(2)学会用相量法来分析、计算正弦交流电压的叠加。

2. 设备及器件

(1)交流电压表、交流电流表。

(2)8 W 荧光灯灯管、启辉器、镇流器、开关、熔断器。

(3)双踪示波器。

(4)万用表。

3. 原理和电路

(1)荧光灯的电路与工作原理

图 2-20 中 HL 为 8 W 荧光灯灯管,管内充有汞蒸气,在高电压(约 400 V,称为启辉电压)的作用下,将发生碰撞电离,汞蒸气电离时产生的紫外线射在管壁的荧光粉上,将产生白色或其他色彩的可见光(光的颜色取决于荧光粉材料)。由于气体电离后在高电压的作用下会发生"崩溃"电离,形成很大的电流,若不设法限制电流则会烧坏灯管,因此在灯管的回路中增设一个镇流器(L_d)。这是一个铁芯电抗线圈,为了防止电抗器饱和,它的铁芯有一个很小的气隙(通常用垫电容纸或涤纶膜来构成气隙)。图 2-20 中 L_d 的图形符号表明它是一个带气隙的铁芯电抗器。

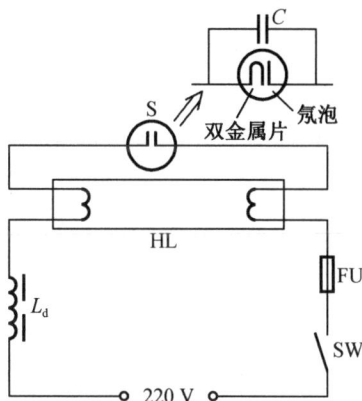

图 2-20 荧光灯电路

由于有效值为 220 V 的交流电的峰值电压 $U_m = \sqrt{2} \times 220 \text{ V} = 311 \text{ V}$,达不到启辉的要求,因此又增设了一个与灯管并联的启辉器 S。它是一个有两个电极的氖泡,其中一个电极为双金属片(它由热膨胀系数不同的两种金属片压合而成),当它受热时,由于两种金属片的膨胀系数不同,它将向热膨胀系数小的金属片一侧弯曲。

启辉器的功能如下:合上开关 SW 后,220 V 交流电压通过镇流器,加在荧光灯灯管与启辉器的两端(两者并联)。由于这时电压未达到灯管启辉电压,因此灯管无法通电。但电压加在启辉器上,将使氖泡两端间的氖气电离(发出橘红色光)。氖泡中的电极因氖气电离而发热,双金属片向外弯曲,导致两电极接触,接触电阻很小,这使通过镇流器 L_d 的电流增大很多。

氖泡两电极接触后,电极间气体电离便消失,电极迅速冷却,双金属片又恢复分开的原状,而启辉器两电极突然分开,通过镇流器的电流迅速降到零,将使镇流器产生很大的自感电动势$\left(e_L = L_d \dfrac{di}{dt} \right)$,此电动势将超过荧光灯灯管的启辉电压,从而使荧光灯灯管启辉,通电发光。

当荧光灯通电后,8 W 荧光灯灯管的电压为 80 V 左右,低于启辉器启辉电压,启辉器停止工作。但当灯管用旧后,等效电阻变大,灯管压降增加,可能使启辉器再次启辉,会导致启辉器反复启辉闪烁。

为了防止启辉器氖泡电极间电离火花产生的电磁波辐射对无线电波产生干扰,通常在启辉器两端再并接一个很小的涤纶电容器,以旁路高频电流。

图 2-20 中 FU 为熔断器,选用 0.5 A 熔丝。

(2)荧光灯电路的等效电路

荧光灯电路中的灯管属于电阻性负载,镇流器 L_d 是一个具有电阻的电感性负载(可看成电阻与电感的串联),因此它的等效电路如图 2-21(a)所示。

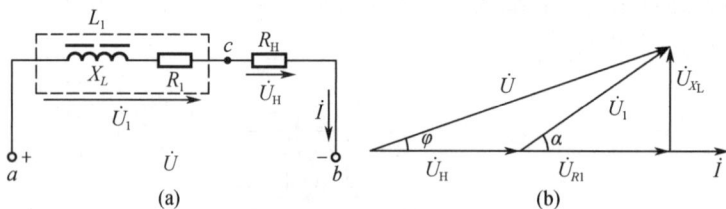

图 2-21　荧光灯电路等效电路图与电压、电流相量图

由图 2-21(a)可见,荧光灯电路相当于由两个电阻(灯管电阻 R_H、镇流器电阻 R_1)及一个电感 L_1 串联构成。

对串联电路,由于通过各元件的电流相同,画相量图时通常以电流 $\dot{I}$ 为参考轴,电阻电压 $\dot{U}_R$ 与 $\dot{I}$ 同相,电感电压 $\dot{U}_{X_L}$ 较 $\dot{I}$ 超前 90°。于是可画出如图 2-21(b)所示电压、电流相量图。图中 $\dot{U}_H$ 为灯管电压,$\dot{U}_{R_1}$ 为镇流器电阻电压,$\dot{U}_{X_L}$ 为镇流器电感电压,$\dot{U}_1$ 为镇流器电压,$\dot{U}$ 为总电压(在实际中,只能测出 U_H、U_1 及 U)。

4. 内容及步骤

(1)按图 2-20 所示的电路接线,电源电压为 220 V。

(2)用交流电流表测量线路电流 I,用交流电压表测量总电压 U、灯管电压 U_H 及镇流器电压 U_1,并记录于表 2-5 中。

表 2-5　荧光灯各部件的电压与电流

电流 I/A	总电压 U/V	灯管电压 U_H/V	镇流器电压 U_1/V	相位差 φ/(°)

(3)用双踪示波器测量 U 与 U_H,分别记下 U 及 U_H 的最大值及两者的相位差 φ,并画出 U 及 U_H 的波形图。(注意:U_H 与 I 同相位。)

(4)用双踪示波器测量 U_1 与 $-U_H$,这时以图 2-21(a)中的 c 点为公共端,记录下 U_1 与 $-U_H$ 的波形图,记下 U_1 及 U_H 的最大值及两者的相位差。要将 $-U_H$ 的波形翻转 180°,成为 U_H 后再读出两者相位差 α。

5. 注意事项

(1)由于实训供电电压为 220 V,因此实训时要注意用电安全。实训时,不要去触摸通电器件,特别是裸露导体。

(2)安装荧光灯灯管与启辉器时要注意旋转方向与旋转角度,应使二者接触良好。

(3)测电压时可用一个电压表分别测量,也可用三个电压表同时测量。由于电压常有波动,因此用三个电压表同时测更好一些。

(4)使用双踪示波器的两个探头同时进行测量时,必须使两个探头的地线端为同一电位的端点(因双踪示波器的两个探头的机壳地线端是连在一起的),否则会造成短路事故。

(5)双踪示波器的探头公共端接外壳,外壳又通过插头与大地相连,而三相电力线路的中线是接大地的,这样探头地线便与电力中线相通了。在电力电子实训中用探头去测晶闸管元件时,若不采用整流变压器便会烧坏元件或造成短路。因此,通常要将双踪示波器端的接地线拆去,或通过隔离变压器对双踪示波器供电。

6. 思考

记录测试结果,思考下列问题:

(1)根据表 2-5 中的数据画出 $\dot{I}$、$\dot{U}$、$\dot{U}_1$ 与 $\dot{U}_H$ 的相量图,并标出它们的大小与相位差。

提示:先画出 $\dot{I}$ 作为参考轴,再画出 $\dot{U}_H$;以 $\dot{U}_H$ 相量的尾为圆心,以 $\dot{U}$ 值为半径作圆;再以 $\dot{U}_H$ 相量的箭头为圆心,以 $\dot{U}_1$ 值为半径作圆。此两圆的交点即 $\dot{U}$ 与 $\dot{U}_1$ 两相量的交点[参见图 2-21(b)]。

(2)根据步骤(3)与(4)的记录,在坐标纸上画出 U、U_H 及 U_1 的波形图。

(3)由上述相量图及表 2-5 的数据,求出镇流器的电阻 R_1 和电感 L_1 的数值。已知供电频率 f=50 Hz。

任务 2.3　荧光灯电路的功率测量
与功率因数的提高

【任务目标】

(1)掌握正弦交流电中功率的计算。

(2)掌握提高功率因数的意义和方法。

(3)能够熟练使用功率表和功率因数表测量正弦交流电路的功率和功率因数。

【任务内容】

2.3.1　正弦稳态电路的功率

1.瞬时功率

在端口的电压 u 与电流 i 的参考方向对电路内部关联的情况下,其吸收瞬时功率

$$p(t)=u(t) \cdot i(t)$$

若设正弦稳态一端口电路的正弦电压和电流分别为

$$u(t)=U_m\sin(\omega t+\varphi_u)=U_m\sin(\omega t+\varphi) , i(t)=I_m\sin(\omega t+\varphi_i)=I_m\sin(\omega t)$$

式中,$\varphi_u=\varphi$,为正弦电压的初相位;$\varphi_i=0$,为正弦电流的初相位。

在某瞬时输入该正弦稳态一端口电路的瞬时功率为

$$p=ui=U_mI_m\sin(\omega t+\varphi)\sin(\omega t)=UI[\cos \varphi-\cos(2\omega t+\varphi)] \qquad (2\text{-}34)$$

式(2-34)表明,瞬时功率由两部分组成,一部分是常量,另一部分是以两倍于电压频率变化的正弦量。瞬时功率的计算和测量都不方便,通常也不需要对它进行计算和测量。

2.有功功率和功率因数

工程上计量的功率、家用电器标记的功率都是周期量的平均功率,如电热水器的功率为 1 500 W,荧光灯的功率为 40 W 等。

有功功率的定义为瞬时功率在一个周期内的平均值,故又称平均功率,用 P 表示,其表达式如下:

$$P = \frac{1}{T}\int_0^T p\mathrm{d}t = \frac{1}{T}\int_0^T UI[\cos \varphi - \cos(2\omega t + \varphi)]\mathrm{d}t = UI\cos \varphi \qquad (2\text{-}35)$$

式(2-35)为正弦稳态电路平均功率的一般形式,它表明二端电路实际消耗的功率不仅与电压、电流的大小有关,而且与电压、电流的相位差 φ 有关。可见,P 是一个常量,由有效值 U、I 及 $\cos \varphi(\varphi=\varphi_u-\varphi_i)$ 三者的乘积确定,单位是 W(瓦)。$P>0$ 表示该端口电路吸收平均功率 P;$P<0$ 表示该端口电路发出平均功率 $|P|$。式(2-35)中电压与电流的相位差 $\varphi=\varphi_u-\varphi_i$,称为该端口的功率因数角;$\cos \varphi$ 称为该端口的功率因数,通常用 λ 表示,即 $\lambda=\cos \varphi$。

就单一元件而言：

对于电阻元件 R 　　　　$\varphi = 0°, \cos \varphi = 1, P_R = U_R I_R$

对于电感元件 L 　　　　$\varphi = 90°, \cos \varphi = 0, P_L = 0$

对于电容元件 C 　　　　$\varphi = -90°, \cos \varphi = 0, P_C = 0$

3. 无功功率

在工程上常需要知道无功功率,任务 2.2 中已学习过无功功率用 Q 表示,其表达式为

$$Q = UI\sin \varphi \tag{2-36}$$

它与瞬时功率中的可逆部分有关,相对于有功功率而言,它不是实际做功的功率,而是反映了二端网络与外部能量交换的规模。

无功功率是一些电气设备正常工作所必需的指标。无功功率的量纲与有功功率相同,为了反映与有功功率的区别,在国际单位制(SI)中,其单位为 var(乏)或 kvar(千乏)。

对于电阻元件 R 　　　　$\varphi = 0°, \sin \varphi = 0, Q_R = 0$

对于电感元件 L 　　　　$\varphi = 90°, \sin \varphi = 1, Q_L = U_L I_L$

对于电容元件 C 　　　　$\varphi = -90°, \sin \varphi = -1, Q_C = -U_C I_C$

4. 视在功率

电气设备的容量是由其额定电流与额定电压的乘积决定的,因此定义二端电路的电流有效值与电压有效值的乘积为该端口的视在功率,用 S 表示,即

$$S = UI \tag{2-37}$$

视在功率表征了电气设备容量的大小。在使用电气设备时,一般电流、电压都不能超过其额定值。视在功率的量纲与有功功率相同,为了反映与有功功率的区别,在国际单位制(SI)中,视在功率的单位用 V·A(伏安)或 kV·A(千伏安)表示。

有功功率 P、无功功率 Q、视在功率 S 之间存在着下列关系：

$$P = UI\cos \varphi = S\cos \varphi, Q = UI\sin \varphi = S\sin \varphi$$

则

$$S = \sqrt{P^2 + Q^2}, \cos \varphi = \frac{P}{S}$$

可见 P、Q、S 可以构成一个直角三角形,称之为功率三角形,如图 2-22 所示。引入这个三角形的目的主要是帮助分析与记忆。

在正弦稳态电路中所说的功率,如不加特殊说明,均指平均功率,亦即有功功率。

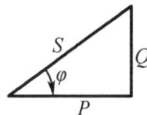

图 2-22　功率三角形

*2.3.2　功率因数的提高

1. 功率因数提高的意义

电力设备如变压器、感应电动机、电力线路等,除从电力系统吸取有功功率外,还要吸取无功功率。无功功率仅完成电磁能量的相互转换,并不做功。无功功率和有功功率同样重要,没有无功功率,变压器不能变压,电动机不能转动,电力系统不能正常运行。但无功功率占用了电力系统给供电设备提供有功功率的能力,同时也增加了电力系统输电过程中

的有功功率的损耗,导致用电功率因数降低。

提高功率因数有重要的意义:

(1)减少线路的功率损失。由 $I = \dfrac{P}{U\cos\varphi}$ 可知,当负载的功率和电压一定时,功率因数越高,线路中的电流就越小,线路功率损耗 $\Delta P = I^2 r$ 就越低,从而就提高了电网输电效率,改善了供电质量。

(2)因发电机容量的限定,提高功率因数将意味着让发电机多输出有功功率。

(3)可节约电能,降低生产成本,减少企业的电费开支。例如:$\cos\varphi = 0.5$ 时的损耗是 $\cos\varphi = 1$ 时的 4 倍。

(4)提高企业用电设备利用率,充分发挥企业的设备潜力。

2. 功率因数提高的方法

我们接触的负载通常为感性负载,如工业中大量使用的感应电动机、照明荧光灯等。对于这类电路,往往采用在负载端并联适当的电容器或同步补偿器来提高功率因数。如图 2-23 所示,一感性负载 Z 接在电压为 $\dot{U}$ 的电源上,其有功功率为 P,功率因数为 $\cos\varphi_1$,如要将电路的功率因数提高到 $\cos\varphi$,可采用在负载 Z 的两端并联电容 C 的方法实现。下面介绍并联电容 C 的计算方法。

未并联电容 C 时,线路中的电流 $\dot{I}$ 等于感性负载的电流 $\dot{I}_L$,此时的功率因数为 $\cos\varphi_1$,φ_1 即为感性负载的阻抗角。

并联电容 C 后,负载本身的工作情况没有任何改变,即其端电压 $\dot{U}$、电流 $\dot{I}_L$ 及阻抗角 φ_1 都没有变,但电源线路中的电流 $\dot{I}$ 变化了。根据相量形式的 KCL 方程,有

$$\dot{I} = \dot{I}_L + \dot{I}_C$$

画出感性负载并联电容后的电路相量图,如图 2-24 所示。由相量图可看出,总电流的有效值由原来的 I_L 减小到 I,而且 $\dot{I}$ 滞后于电压 $\dot{U}$ 的相位也由原来的 φ_1 减小到 φ,所以整个电路的功率因数由原来的 $\cos\varphi_1$ 提高到 $\cos\varphi$。

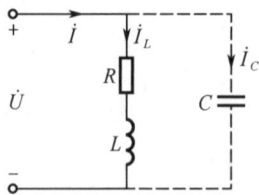

图 2-23　功率因数的提高方法　　　　图 2-24　并联电容后的电路相量图

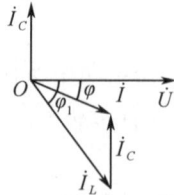

由图 2-24 的相量图还可以看出,并联电容后,电容电流 $\dot{I}_C$ 补偿了一部分感性负载电流 $\dot{I}_L$ 的无功分量,而减小了线路中电流的无功分量,显然,电容电流有效值为

$$I_C = I_L \sin\varphi_1 - I \sin\varphi$$

因为 $I_C = U/X_C = U\omega C$，所以要使电路的功率因数由原来的 $\cos\varphi_1$ 提高到 $\cos\varphi$，需并联的电容的电容量为

$$C = \frac{I_L\sin\varphi_1 - I\sin\varphi}{\omega U}$$

由于电路中消耗有功功率的只有负载中的电阻，所以并联电容前后电路的有功功率 P 不变。

并联电容前，$P = UI_L\cos\varphi_1$，则 $I_L = \dfrac{P}{U\cos\varphi_1}$；

并联电容后，$P = UI\cos\varphi$，则 $I = \dfrac{P}{U\cos\varphi}$；

故

$$C = \frac{P}{\omega U^2}(\tan\varphi_1 - \tan\varphi) \tag{2-38}$$

例 2-9 有一电动机(感性)负载如图 2-25(a)所示，已知功率 $P = 1\ \text{kW}$，功率因数 $\lambda_1 = 0.6$，接在电压 $U = 220\ \text{V}$、50 Hz 的正弦交流电源上，若使电路的功率因数提高到 $\lambda = 0.9$，试求：

(1)与负载并联的电容值(图中虚线所示)；

(2)并联电容前后电源提供的电流和无功功率。

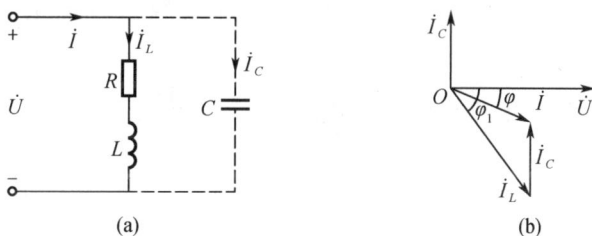

图 2-25 例 2-9 图

解 用相量图求解。以电压为参考，画出图 2-25(a)电路的相量图，如图 2-25(b)所示。

(1)结合式(2-38)，有

$$C = \frac{P}{\omega U^2}(\tan\varphi_1 - \tan\varphi)$$

代入数据得 $C = 55.93\ \mu\text{F}$。

(2)由于功率不变，因此并联电容前电源提供的电流和无功功率分别为

$$I_1 = \frac{P}{U\cos\varphi_1} = \frac{1\times 10^3}{220\times 0.6} = 7.58\ \text{A}$$

$$Q_1 = UI_1\sin\varphi_1 = 220\times 7.58\times 0.8 = 1\ 334.08\ \text{var}$$

并联电容后，电源提供的电流和无功功率分别为

$$I = \frac{P}{U\cos\varphi} = \frac{1\times 10^3}{220\times 0.9} = 5.05\ \text{A}$$

$$Q = UI\sin\varphi = 220\times5.05\times0.436 = 484.40 \text{ var}$$

可见,感性负载并联电容后,无功功率变小了,从而减少了电源与负载之间的能量交换,感性负载所需无功功率的大部分由电容提供,从而使电源容量得到充分利用,并且电源提供的电流也减少了。

【任务实施】

提高荧光灯电路的功率因数

1. 目的

(1)掌握交流功率表及功率因数表的接线与使用。

(2)以荧光灯电路为例,研究提高功率因数的方法与意义。

2. 设备及器件

(1)数字电压表、电流表、交流功率表及功率因数表。

(2)1.5 μF 电容、2.0 μF 电容、4.0 μF 电容、8 W 荧光灯管、启辉器、镇流器、开关、熔断器。

(3)万用表。

3. 原理和电路

(1)本实训是在实训荧光灯电路的基础上进行的,如图 2-26 所示。

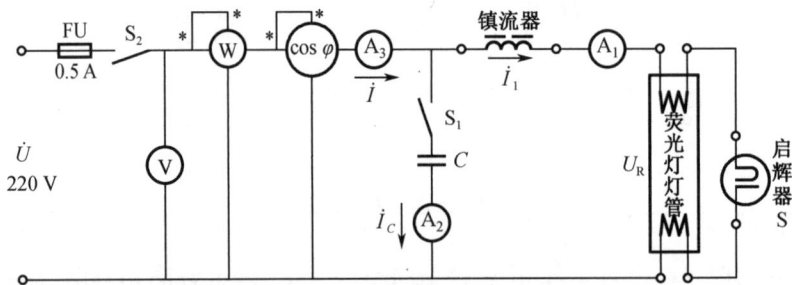

图 2-26   交流电路功率及功率因数的测量

由图 2-26 可见,除了电压表、电流表外,电路中还有一个交流功率表和一个功率因数表。功率表有两个输入口,其中一个是电压输入口,与电路并联;另一个是电流输入口,与电路串联。这两个输入口带有 * 号的端点称为电源端,要求接在靠电源一侧,如图 2-26 所示,功率因数表的接法与功率表的接法相同。

(2)图 2-26 所示的电路对荧光灯电路而言是电阻与电感串联电路,但并联补偿电容 C 后,则是电容与电阻、电感并联电路。这时画电压、电流相量图,应以电压 U 为参考轴,如图 2-27 所示。

由图 2-27 可见,$\dot{I} = \dot{I}_1 + \dot{I}_C$,由于电容电流对电感电流有补

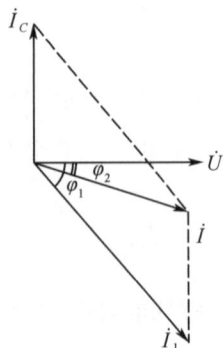

图 2-27   相量图

偿作用,因此相位角减小($\varphi_2<\varphi_1$),功率因数提高($\cos \varphi_2>\cos \varphi_1$),总电流减小($I<I_1$),这表明负载从电源处取用的电流将减小,这样,线路能量损耗将减少,同时占用电源(如电力变压器)的容量也将减小,这就是提高功率因数的积极意义。

4. 内容及步骤

(1)按图 2-26 所示的电路接线。

(2)分别按电容 $C=0\ \mu F$(不接电容器)、$C=1.5\ \mu F$、$C=2.0\ \mu F$、$C=4.0\ \mu F$ 四种情况,读取电压 U,电流 I_1、I_C,总电流 I,功率 P 及功率因数 $\cos \varphi$,并计算出相位角 φ,记入表 2-6。

表 2-6　提高线路功率因数实训数据

补偿电容 $C/\mu F$	总电压 U/V	总电流 I/A	荧光灯电流 I_1/A	电容器电流 I_C/A	功率 P/W	功率因数 $\cos \varphi$	相位角 $\varphi/(°)$
0							
1.5							
2.0							
4.0							

5. 注意事项

(1)由于实训供电电压为 220 V,因此实训时要注意用电安全。实训时,不要去触摸通电器件,特别是裸露导体。

(2)安装荧光灯灯管与启辉器时注意旋转方向与旋转角度,使接触良好。

(3)对功率表(及功率因数表)接线时,要特别注意将电压输入口和电流输入口的电源端(带 * 端)接在一起,并接在靠电源的一侧(而不是靠负载的一侧)。

(4)更换补偿电容时,要先用导线将电容两端短接放电,否则电容存的电能(电压可能高达 $220\sqrt{2}$ V,即 311 V)会对人造成伤害。变电所的补偿电容柜通常都装有电容断电放电装置。

6. 思考

思考下列问题:

(1)根据表 2-6 所列数据,分别画出接不同容量的电容器时(四种情况)的相量图。

(2)由上述四个相量图分析接不同容量的电容器对线路总电流(大小与相位)的影响。

(3)阐述提高功率因数和意义。

✤【项目小结】

1. 正弦量

（1）正弦电流的时域表示

$$i = I_m \sin(\omega t + \theta_i)$$

振幅、角频率（或频率）、初相位称为正弦量的三要素。

（2）电流与电压的最大值和有效值之间的关系：$I_m = \sqrt{2} I$，$U_m = \sqrt{2} U$。

（3）频率相同的同种函数形式的正弦量的相位之差称为相位差，用 θ 表示。

2. 正弦量的相量表示

相量法的基础是用相量（复常数）表示正弦量的振幅（或有效值）和初相位。

电流振幅相量 $\dot{I}_m = I_m \angle \theta_i$；

电流有效值相量 $\dot{I} = I \angle \theta_i$；

电压振幅相量 $\dot{U}_m = U_m \angle \theta_u$；

电压有效值相量 $\dot{U} = U \angle \theta_u$。

3. 基本元件的交流特性（电压、电流取关联参考方向）

	时域表示	相量表示
电阻元件	$u(t) = Ri(t)$	$\dot{U} = R\dot{I}$
电感元件	$u(t) = L\dfrac{\mathrm{d}i(t)}{\mathrm{d}t}$	$\dot{U} = \mathrm{j}\omega L\dot{I}$
电容元件	$i(t) = C\dfrac{\mathrm{d}u(t)}{\mathrm{d}t}$	$\dot{I} = \mathrm{j}\omega C\dot{U}$ 或 $\dot{U} = \dfrac{1}{\mathrm{j}\omega C}\dot{I}$

4. 欧姆定律的相量形式：$Z = \dfrac{\dot{U}}{\dot{I}}$，$Z$ 为阻抗；$Y = \dfrac{\dot{U}}{\dot{I}}$，$Y$ 为导纳。

其中，$Z = \dfrac{U}{I} \angle (\varphi_u - \varphi_i) = |Z| \angle \varphi_Z$，$Y = \dfrac{I}{U} \angle (\varphi_i - \varphi_u) = |Y| \angle \varphi_Y$。

5. 基尔霍夫定律的相量表示

	时域表示	相量表示
KCL	$\sum i = 0$	$\sum \dot{I} = 0$
KVL	$\sum u = 0$	$\sum \dot{U} = 0$

6. 依据对 RLC 串联电路的分析，发生谐振的条件为

$$\omega_0 = \frac{1}{\sqrt{LC}}$$

7. 正弦稳态电路的功率

平均功率（有功功率）　$P = UI\cos \varphi$　（单位：W）

无功功率 $\qquad Q = UI\sin\varphi$ （单位：var）

视在功率 $\qquad S = UI$ （单位：V·A）

8.采用在负载端并联适当的电容来提高功率因数,要使电路的功率因数由原来的 $\cos\varphi_1$ 提高到 $\cos\varphi$,需并联的电容的电容量为

$$C = \frac{P}{\omega U^2}(\tan\varphi_1 - \tan\varphi)$$

【项目训练】

一、选择题

1.下列关于电阻、电感、电容元件的电压与电流的关系的说法中正确的是(　　)。

A.无论电压和电流的参考方向如何, $u_R = i_R R$, $u_L = L\dfrac{\mathrm{d}i_L}{\mathrm{d}t}$, $i_C = C\dfrac{\mathrm{d}u_C}{\mathrm{d}t}$ 总是成立

B.当电阻、电感、电容元件两端的电压为正弦波时,通过它们的电流一定是同频率的正弦波

C.无论电压和电流的参考方向如何选择,电阻元件的电压总是与电流同相,电感元件的电压总是超前于其电流 90°,电容元件的电压总是滞后于其电流 90°

D.在电阻、电感、电容元件上的电压为零的瞬间,它们的电流也一定为零

2.下列关于正弦量初相的说法中正确的是(　　)

A.正弦量的初相与计时起点无关

B.正弦量的初相与其参考方向的选择有关

C.正弦电流 $i = -10\sin(\omega t - 50°)$ 的初相为 $-230°$

3.(多选)下列关于正弦量的相量的说法中正确的是(　　)。

A.正弦量就是相量,正弦量等于表示该正弦量的相量

B.相量就是复数,就是代表正弦量的复数

C.相量就是向量,相量就是复平面上的有向线段

D.只有同频率的正弦量的相量才能进行加减运算,不同频率的正弦量的相量相加减是没有意义的

4.下列关于有效值的说法中正确的是(　　)。

A.任何周期量(指电量)的有效值都等于该周期量的均方根值

B.如果一个周期性电流和一个直流电流分别通过同一电阻,在某一相同的时间内产生的热量相同,则该直流电流的数值就是上述周期性电流的有效值

C.正弦量的有效值与参考方向和计时起点的选择以及初相无关

5.下列关于无功功率的说法中正确的是(　　)。

A.正弦交流电路中,电感元件或电容元件的瞬时功率的平均值称为该元件的无功功率

B.正弦交流电路中任一无源二端网络所吸收的无功功率等于其瞬时功率的无功分量的最大值

C.在正弦交流电路中任一个无源二端网络所吸收的无功功率,一定等于网络中各元件无功功率的数值(指绝对值)之和

D.无功功率就是无用(对电气设备的工作而言)的功率

二、计算分析

1.已知电压 $u_1 = 10\sqrt{2}\sin(\omega t + 60°)$ V 和 $u_2 = 20\sin(\omega t - 30°)$ V,求出电压 u_1 和 u_2 的有效值、初相和相位差,画出波形图。

2.把下列复数化成代数形式。

(1) $50\angle 45°$;

(2) $40\angle 60°$;

(3) $100\angle 30°$。

3.写出下列正弦电压对应的相量。

(1) $u_1 = 100\sqrt{2}\sin(\omega t + 30°)$;

(2) $u_2 = 220\sqrt{2}\sin(\omega t + 60°)$;

(3) $u_3 = 80\sqrt{2}\sin(\omega t + 45°)$。

4.图 2-28 所示的电路元件两端电压和通过的电流分别如下,试问其分别代表什么元件?

(1) $u = 10\cos(200t)$ V, $i = 2\sin(200t)$ A;

(2) $u = 10\sin(200t)$ V, $i = 2\sin(200t)$ A;

(3) $u = 10\sin(200t)$ V, $i = 2\cos(200t)$ A。

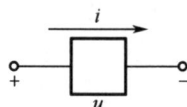

图 2-28　题 4 图

5.已知负载的电压与电流的相量,求负载的复阻抗。

(1) $\dot{U} = 220\angle 60°$ V, $\dot{I} = 20\angle 60°$ A;

(2) $\dot{U} = 220\angle 120°$ V, $\dot{I} = 10\angle 30°$ A。

6.已知一个二端网络电路,端电压为 $u = 220\sqrt{2}\sin(\omega t + 60°)$ V,电流为 $i = 2\sqrt{2}\sin(\omega t + 30°)$ A,试写出相对应的相量 $\dot{U}$、$\dot{I}$,并画出相量图。

7.已知一个 RLC 串联电路,$R = 8$ Ω,$X_L = 16$ Ω,$X_C = 8$ Ω,$u = 10\sqrt{2}\sin(\omega t + 60°)$ V,求电路的 Z、$\dot{I}$、$\dot{U}_R$、$\dot{U}_C$。

项目 3　三相照明电路的连接与测试

【项目描述】

现代电力系统是由发电厂、变电站与配电所、电力线路和电能用户组成的一个整体,具有供电可靠、变压方便、容量大、便于远距离传输等优点。在现代电力系统中,绝大多数采用三相制供电。因为三相交流发电机比同功率的单相交流发电机体积小、成本低,在距离相同、电压相同、输送功率相同的情况下,三相输电比单相输电节省材料;在日常生产生活中,三相交流电动机的应用也十分广泛。本项目介绍三相交流电系统,包括三相电源、三相负载,以及三相电路的分析、工程应用、功率。

【项目目标】

知识目标:

(1)了解三相电路中相电压与线电压、相电流与线电流的概念及关系。

(2)掌握对称三相电路的分析、计算方法。

技能目标:

(1)会连接三相负载。

(2)会测量三相电路的功率。

任务 3.1　三相电源的连接

【任务目标】

(1)掌握三相电源的基本知识。

(2)掌握三相电路的供电方式。

(3)能够正确连接三相电源。

【任务内容】

由三个同频率、等幅值和相位依次相差 120° 的正弦电压源所构成的电源称为三相电源。以三相电源为激励向负载供电的电路称为三相电路。目前世界上电力系统所采用的供电方式,绝大多数是三相制。三相制电路在电能的生产、传输、分配和利用等方面得到了广泛应用。

3.1.1　三相交流电源

三相正弦电压是由三相发电机产生的,发电机主要由定子和转子两大部分构成。图 3-1 是三相交流发电机原理图。在发电机的定子上固定有三组结构、匝数完全相同的绕组,它们的空间位置相差 120°。每组绕组称为一相,它们的始端用 A、B、C 标记,末端用 X、Y、Z 标记。三相绕组的三个线圈均匀分布在定子铁芯圆表面的槽内,这样布置的定子绕组构成了三相对称的绕组。转动部分称为转子,转子通过运动在气隙中产生按正弦规律变化的磁感

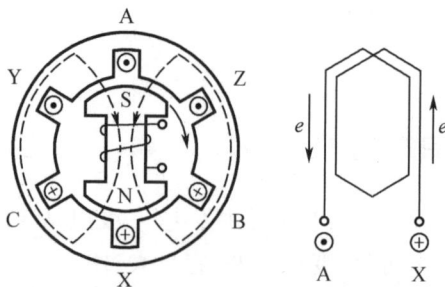

图 3-1　三相交流发电机原理图

应强度。转子通常是一对由直流电源供电的磁极,并且配以合适的极面形状。当转子磁极匀速转动时,在各绕组中都将产生正弦感应电压,它们的幅值相等、频率相同、相位互差 120°,相当于三个独立的正弦交流电压源。它们的正弦感应电压的瞬时值分别为

$$\begin{cases} u_A = u_{AX} = U_m \sin(\omega t) \\ u_B = u_{BY} = U_m \sin(\omega t - 120°) \\ u_C = u_{CZ} = U_m \sin(\omega t - 240°) = U_m \sin(\omega t + 120°) \end{cases}$$

对应的相量为

$$\begin{cases} \dot{U}_A = U \angle 0° \\ \dot{U}_B = U \angle -120° \\ \dot{U}_C = U \angle 120° \end{cases} \tag{3-1}$$

图 3-2 表示了式(3-1)的波形图和相量图。

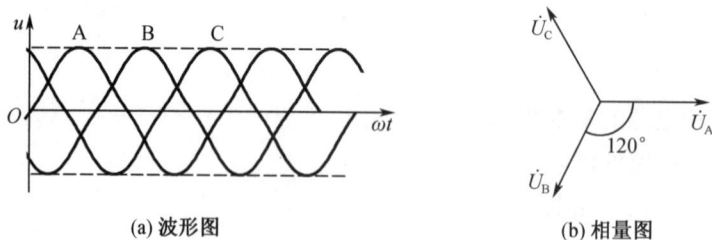

(a) 波形图　　　　　　　　　　(b) 相量图

图 3-2　三相电源电压的波形图和相量图

通过对三相电源的波形图和相量图分析得到,在任意瞬时对称三相电源的电压之和为零,即有

$$u_A + u_B + u_C = 0$$

$$\dot{U}_{A} + \dot{U}_{B} + \dot{U}_{C} = 0$$

三相电源可以向负载提供三相正弦交流电。三相正弦交流电出现正幅值的先后顺序,称为相序。相序是 A—B—C—A 时,称为正序或顺序;相序是 A—C—B—A 时,称为负序或逆序。

3.1.2 三相电源的连接方式

三相电源通常有星形(Y)连接和三角形(△)连接两种方式。

1. 三相电源的星形连接

如图 3-3 所示,把三相电源的三个负极性端连接在一起形成一个公共点 N,而从三相电源的正极性端 A、B、C 分别向外引出的三条输出线,就构成了三相电源的星形连接,此种连接的电源简称为星形电源。公共点 N 称为中性点或零点;从首端引出的输出线叫作端线、相线或火线,分别称为 A 线、B 线、C 线;从 N 点引出的线叫作零线或中线,如果中线接地,则该线又称为地线。对称三相电源是由三个等幅值、同频率、初相位依次相差 120° 的正弦电压源连接成的星形电源。

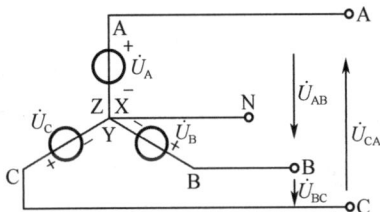

图 3-3 三相电源的星形连接

三相电源连接成星形时,可以得到两种电压:一种是端线与中线的电压,称为相电压,分别用 u_{A}、u_{B}、u_{C} 表示,其有效值用 U_{A}、U_{B}、U_{C} 表示,一般用 U_{p} 表示;另一种是任意两条端线之间的电压,称为线电压,分别用 u_{AB}、u_{BC}、u_{CA} 表示,其有效值用 U_{AB}、U_{BC}、U_{CA} 表示,一般用 U_{l} 表示。相电压的参考方向选定为自端线指向中线;线电压的参考方向,如 U_{AB},由 A 端线指向 B 端线。

由图 3-3 可知相电压的瞬时值为

$$\begin{cases} u_{A} = u_{AX} = \sqrt{2}\,U_{p}\sin(\omega t) \\ u_{B} = u_{BY} = \sqrt{2}\,U_{p}\sin(\omega t - 120°) \\ u_{C} = u_{CZ} = \sqrt{2}\,U_{p}\sin(\omega t + 120°) \end{cases} \tag{3-2}$$

它们对应的相量式为

$$\begin{cases} \dot{U}_{A} = U_{p}\angle 0° \\ \dot{U}_{B} = U_{p}\angle -120° \\ \dot{U}_{C} = U_{p}\angle 120° \end{cases} \tag{3-3}$$

且线电压与相电压之间的关系为

$$\begin{cases} \dot{U}_{AB} = \dot{U}_A - \dot{U}_B \\ \dot{U}_{BC} = \dot{U}_B - \dot{U}_C \\ \dot{U}_{CA} = \dot{U}_C - \dot{U}_A \\ \dot{U}_{AB} + \dot{U}_{BC} + \dot{U}_{CA} = 0 \end{cases} \tag{3-4}$$

从相量图可以看出

$$\frac{1}{2}U_1 = U_p\cos 30° = \frac{\sqrt{3}}{2}U_p$$

$$U_1 = \sqrt{3}\,U_p \tag{3-5}$$

则有

$$\begin{cases} \dot{U}_{AB} = \sqrt{3}\,\dot{U}_A \angle 30° \\ \dot{U}_{BC} = \sqrt{3}\,\dot{U}_B \angle 30° \\ \dot{U}_{CA} = \sqrt{3}\,\dot{U}_C \angle 30° \end{cases} \tag{3-6}$$

图 3-4 是对称星形电源线电压与相电压之间的相量关系。

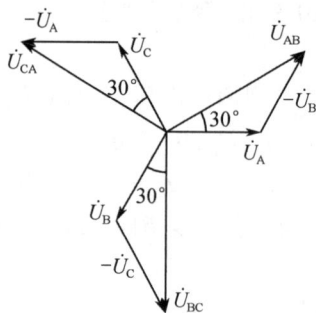

图 3-4 对称星形电源线电压与相电压之间的相量关系

三相电路中的电流有两种表示方式：$\dot{I}_{AN}$、$\dot{I}_{BN}$、$\dot{I}_{CN}$ 是流过各相电源的电流，称为相电流，其有效值一般用 I_p 表示；$\dot{I}_A$、$\dot{I}_B$、$\dot{I}_C$ 是流过端线的电流，称为线电流，其有效值一般用 I_1 表示。

对于星形连接的电路，线电流与相电流之间的关系为

$$\begin{cases} \dot{I}_A = \dot{I}_{AN} \\ \dot{I}_B = \dot{I}_{BN} \\ \dot{I}_C = \dot{I}_{CN} \end{cases} \tag{3-7}$$

式(3-5)和式(3-6)说明：对于对称星形电源，相电压对称时，线电压也一定依序对称，线电压的大小是相电压大小的 $\sqrt{3}$ 倍，即 $U_1 = \sqrt{3}\,U_p$，相位依次超前于对应相电压相位 30°。

式(3-7)说明:对于对称星形电源,线电流等于对应的相电流,大小相等,即 $I_l = I_p$,相位相同。

星形连接的三相电源可引出四根导线,即三根火线和一根零线,称为三相四线制,能为负载提供两种电压。若只有三根火线而没有零线,称为三相三线制,只能为负载提供一种电压。

2.电源的三角形连接

如果把对称三相电源首尾顺次相接,即 X 与 B、Y 与 C、Z 与 A 组成一回路,再从三个节点引出三条导线向外送电,如图 3-5 所示,就构成了三相电源的三角形连接。按三角形方式连接的电源简称三角形电源。这种连接方式只能是三相三线制。

由图 3-5 可知:三角形连接时的线电压等于相电压,但相电流不等于线电流。电源的三角形连接只能为负载提供一种电压。

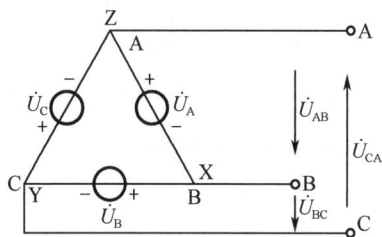

图 3-5　三相电源三角形连接

三角形电源的相电压和线电压之间的关系为

$$\begin{cases} \dot{U}_{AB} = \dot{U}_A \\ \dot{U}_{BC} = \dot{U}_B \\ \dot{U}_{CA} = \dot{U}_C \end{cases}$$

对称三相正弦电压的瞬时值之和为零,这样能保证在没有输出的情况下,在电源内部没有回路电流。但是,如果某一相的始端与末端接反,则会在回路中产生电流,例如

$$\dot{U} = \dot{U}_A + \dot{U}_B - \dot{U}_C = -2\dot{U}_C$$

这时,在三角形回路中,有一个电压大小等于两倍相电压的电源存在。由于绕组本身阻抗很小,回路将产生很大的环流,电源有烧毁的危险,这是绝对不允许的。实际电源的三相电动势不是理想的对称三相电动势,它们之和并不绝对等于零,故三相电源通常都连成星形,而不连成三角形。

任务 3.2　三相负载的连接

【任务目标】

(1)掌握三相负载的星形连接和三角形连接方式。

(2)掌握三相负载不同连接方式的特点。

(3)会连接三相负载并进行测试。

✤【任务内容】

三相负载的连接方式有两种,即星形连接和三角形连接。

3.2.1　对称负载的星形连接

把三相负载的一端连接到一个公共端点,另一端分别连到电源的三条端线上,这样的连接方式称为三相负载的星形连接。负载的公共端点称为负载的中性点,简称中点,用 N′表示。负载中点与电源中点的连线称为中线,两中点间的电压 $\dot{U}_{NN'}$ 称为中点电压。如图3-6所示,从 A′、B′、C′引出三根端线与三相电源相连。这样电源和负载间共需要四条导线,所以称为三相四线制星形连接。

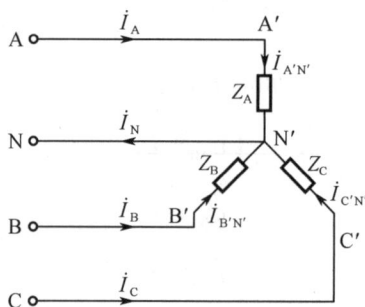

图3-6　三相负载的星形连接

三相负载的
星形和三角形
连接仿真实验

(1)负载电压
若忽略电源和导线内阻,由于中线的存在,各相负载电压等于电源的相电压,即

$$U_{A'N'} = U_{B'N'} = U_{C'N'} = U_p$$

(2)相电流和线电流

三相负载星形连接时,流经各相负载的电流称为相电流,分别用 $\dot{I}_{A'N'}$、$\dot{I}_{B'N'}$、$\dot{I}_{C'N'}$ 表示;流经端线的电流称为线电流,分别用 $\dot{I}_A$、$\dot{I}_B$、$\dot{I}_C$ 表示,方向如图3-6所示。显然三相负载星形连接时,线电流与相应的相电流相等,即

$$\begin{cases} \dot{I}_{A'N'} = \dot{I}_A = \dfrac{\dot{U}_{A'N'}}{Z_A} \\[2mm] \dot{I}_{B'N'} = \dot{I}_B = \dfrac{\dot{U}_{B'N'}}{Z_B} \\[2mm] \dot{I}_{C'N'} = \dot{I}_C = \dfrac{\dot{U}_{C'N'}}{Z_C} \end{cases} \tag{3-8}$$

（3）中线电流

流过中线的电流称为中线电流，用 $\dot{I}_N$ 表示，在图 3-6 所示的电流方向下，中线电流 $\dot{I}_N$ 为

$$\dot{I}_N = \dot{I}_A + \dot{I}_B + \dot{I}_C \tag{3-9}$$

若负载对称，电源也对称，则各相负载的电流幅值相等，相位依次相差 120°。线电流 $\dot{I}_A$、$\dot{I}_B$、$\dot{I}_C$ 为一组对称三相正弦量，$\dot{I}_N = 0$，此时，若将中线去掉，对电路没有任何影响。

例 3-1 星形连接对称负载各相阻抗 $Z = (6+j8)\,\Omega$，接于线电压 $U_l = 380$ V 的三相电源上，试求负载相电流及线电流。

解 星形连接时，每相负载两端的电压为电源的相电压，即

$$U_A = U_B = U_C = U_p = 220 \text{ V}$$

$$|Z| = \sqrt{R^2 + X^2} = \sqrt{6^2 + 8^2} = 10 \ \Omega$$

$$I_p = \frac{U_p}{|Z|} = \frac{220}{10} = 22 \text{ A}$$

$$I_l = I_p = 22 \text{ A}$$

3.2.2 对称负载的三角形连接

将三相负载的首尾依次连接，构成一个三角形，三个连接节点分别接电源的三条相线，如图 3-7（a）所示，就是负载的三角形连接。

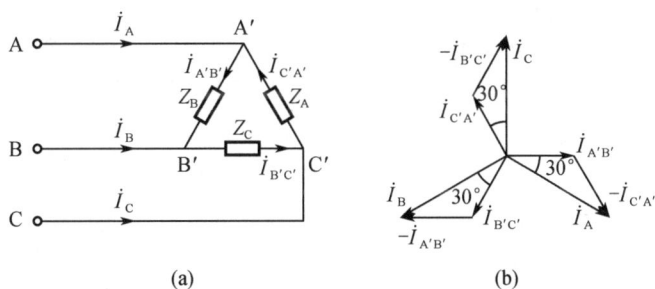

图 3-7 三相负载的三角形连接及线电流和相电流关系相量图

由图 3-7（a）可知，每相负载两端的相电压等于线电压。每相负载流过的电流为相电流，分别用 $\dot{I}_{A'B'}$、$\dot{I}_{B'C'}$、$\dot{I}_{C'A'}$ 表示，线电流为 $\dot{I}_A$、$\dot{I}_B$、$\dot{I}_C$。在图 3-7（a）所示的参考方向下，对 A′、B′、C′三点根据 KCL 有

$$\begin{cases} \dot{I}_A = \dot{I}_{A'B'} - \dot{I}_{C'A'} \\ \dot{I}_B = \dot{I}_{B'C'} - \dot{I}_{A'B'} \\ \dot{I}_C = \dot{I}_{C'A'} - \dot{I}_{B'C'} \end{cases} \tag{3-10}$$

式（3-10）对应的相量图如图 3-7（b）所示，当三相负载对称时，由相量图的计算可知

$$\begin{cases} \dot{I}_\text{A} = \dot{I}_\text{A'B'} - \dot{I}_\text{C'A'} = \sqrt{3}\ \dot{I}_\text{A'B'} \angle{-30°} \\ \dot{I}_\text{B} = \dot{I}_\text{B'C'} - \dot{I}_\text{A'B'} = \sqrt{3}\ \dot{I}_\text{B'C'} \angle{-30°} \\ \dot{I}_\text{C} = \dot{I}_\text{C'A'} - \dot{I}_\text{B'C'} = \sqrt{3}\ \dot{I}_\text{C'A'} \angle{-30°} \end{cases} \tag{3-11}$$

可见,三角形连接的三相负载的线电流也是一组对称三相正弦量,其有效值为相应的相电流的$\sqrt{3}$倍,即$I_\text{l} = \sqrt{3} I_\text{p}$,线电流的相位滞后于相应的相电流30°。

将三角形连接的三相负载看成一个广义节点,由 KCL 可知,$\dot{I}_\text{A} + \dot{I}_\text{B} + \dot{I}_\text{C} = 0$ 恒成立,与电流的对称无关。

3.2.3　三相电路的接线方式

三相负载采用哪种连接方法,取决于负载的额定电压和电源电压。当负载的额定电压等于电源的相电压时,采用星形连接方式;当负载的额定电压等于电源的线电压时,采用三角形连接方式。

三相电源和三相负载相互连接构成三相电路。根据电源与负载的接法不同,二者的连接方式理论上分为以下五种:

(1)Y–Y 连接方式,即电源 Y 形连接,负载 Y 形连接,无中线。

(2)Y–△ 连接方式,即电源 Y 形连接,负载△形连接。

(3)△–Y 连接方式,即电源△形连接,负载 Y 形连接。

(4)△–△ 连接方式,即电源△形连接,负载△形连接。

(5)Y_0–Y_0 连接方式,即电源 Y 形连接,负载 Y 连接形,有中线。Y_0–Y_0 连接方式称为三相四线制,即把 Y 形电源的中点与 Y 形负载的中点用一根导线连接起来。

从三相电源和三相负载之间的连接形式上看,三相电路可分为两类,即三相三线制和三相四线制。

(1)三相三线制

如果电源与负载之间只通过三根端线连接起来,则这种连接方式称为三相三线制。根据相电源和三相负载的基本连接方式可知,它们之间有 Y–Y、Y–△、△–Y、△–△ 等多种连接方式。如三相电动机、三相变压器等三相负载的三个接线端总与三根相线相连。对于三相电动机而言,负载的连接形式由其内部结构决定。

(2)三相四线制

如果三相电源和三相负载均接成星形,电源和负载的各相端点之间及中点之间均有导线连接,也就是说,电源与负载之间共用了四根导线,这种接法就是三相四线制,如 Y_0–Y_0 连接方式。在实际应用中,我国低压供电系统广泛采用三相四线制,这种供电系统可以向负载提供两种电压:线电压和相电压,分别为 380 V 和 220 V。

【任务实施】

连接三相照明电路并测试

1. 目的

(1) 掌握三相四线制电源线电压与相电压之间的幅值关系与相位关系。

(2) 掌握三相四线制负载平衡与不平衡时,相电流与中线电流之间的关系。

(3) 加深理解三相四线制中线的作用。

2. 设备及器件

(1) 三相交流电源(三相电源单元)。

(2) 交流电压表 2 只、交流电流表 3 只。

(3) 灯座 3 只(15 W/220 V)、白炽灯泡 3 只、40 W/220 V 白炽灯泡 1 只、电流插座 2 只、开关 2 个。

(4) 万用表。

(5) 双踪示波器。

3. 原理和电路

(1) A、B、C 三相电压在相位上互差 $120°$,相量图如图 3-8 所示。

线电压 U_l 为相电压 U_p 的 $\sqrt{3}$ 倍,即 $U_l = \sqrt{3}\,U_p$。在我国三相交流低压供电系统中,相电压 $U_p = 220$ V,线电压 $U_l = \sqrt{3}\,U_p = \sqrt{3} \times 220 = 380$ V。本实训装置为安全起见,将电压降为 $\dfrac{1}{\sqrt{3}}U_l$,即相电压 $U_l = 220$ V,$U_p = \dfrac{1}{\sqrt{3}}U_l = \dfrac{1}{\sqrt{3}} \times 220 = 127$ V。这一点请读者要特别注意。

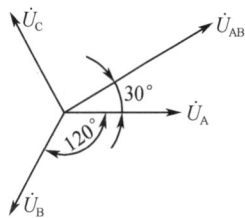

图 3-8 线电压与相电压的相量图

线电压 U_l 较对应的相电压 U_p($\dot{U}_{AB}$ 较 $\dot{U}_A$、$\dot{U}_{BC}$ 较 $\dot{U}_B$、$\dot{U}_{CA}$ 较 $\dot{U}_C$)超前 $30°$。相量图如图 3-8 所示。

(2) 三相四线制电路如图 3-9 所示。中线电流 $\dot{I}_0 = \dot{I}_A + \dot{I}_B + \dot{I}_C$,为三相电流的相量和。

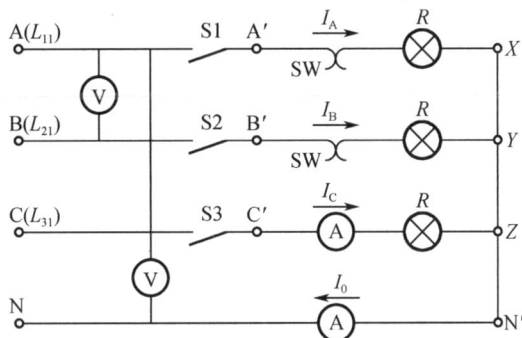

图 3-9 三相四线制电路

4. 测试步骤

(1)按图 3-9 完成接线,其中 S1 和 S2 用双刀开关代替,S3 采用按钮开关,白炽灯采用 15 W/220 V 灯泡,由于实训装置相电压为 127 V,所以灯泡亮度较暗,但能保证由于中线断线产生中性点位移而造成相电压过高时,不会烧坏灯泡。由于装置中交流数字电流表仅有 3 只,所以在 A 相与 B 相采用 2 个电流表插座 SW,共用一只电流表;2 只电压表分别测量相电压 U_A 与线电压 U_{AB}。

*(2)测量三相电源电压的幅值及其相位。

①用双踪示波器以 u_B 为参考波形,分别测量 u_A 与 u_B 电压的波形及 u_B 与 u_C 电压的波形,读出它们的最大值,记录它们的周期 T 及它们之间的相位差 φ(由时间换算成电角)(下同)。

②用双踪示波器测量线电压与相电压的幅值与相位差。在图 3-9 中,以 A 点为公共端,同时测量 u_{BA} 与 u_{NA},将它们的波形倒相,即为 u_{AB} 与 u_A,测出它们的最大值与相位差。

(3)测量三相负载在有中线和无中线(中线因故障断开)时,负载对称和不对称情况下,负载相电压 U_A、U_B、U_C,相电流 I_A、I_B、I_C,中线电流 I_N 及中性点位移电压 $U_{NN'}$,记录在表 3-1 中。

表 3-1　负载星形连接实训数据

中线连接	每相灯功率/W			负载相电压/V			负载电流/A			中线电流/A	中性点电压/V	灯亮度比较		
	A	B	C	$U_{AN'}$	$U_{BN'}$	$U_{CN'}$	I_A	I_B	I_C	I_N	$U_{NN'}$	A	B	C
有	15	15	15								—			
	15	40	15								—			
	15	断开	15								—			
无	15	15	15							—				
	15	40	15							—				
	15	断开	15							—				
	15	短路	15							—				

以上实训数据表明,在三相四线制供电线路中,中线是不允许断开的,更不允许在中线上加熔断器。

(4)根据双踪示波器上的观察结果,画出三相电源相电压的波形图(注明幅值与相位差的大小),画出 u_{AB} 及 u_A 的波形图,并在此基础上画出它们的相量图。

(5)由表 3-1 的数据,画出负载对称时,三相负载相电压与负载相电流及中线电流的相量图。

(6)由表 3-1 的数据分析负载不对称时,三相四线制供电系统中线断开所产生的严重后果,说明注意事项。

5. 注意事项

(1)本装置中三相 380/220 V 交流电源虽经隔离变压器后,以 220/127 V 低压供电,但仍然高于人体在一般条件下所能承受的安全电压 36 V,因此要求实训人员严格遵守电工实训安全操作规程,防止发生触电事故。

(2) 以 220/127 V 低压供电,确保不对称负载在中线断开时相电压偏高不会烧坏用电器。

任务 3.3　三相电路的分析与计算

【任务目标】

(1)掌握对称三相电路的分析与计算。
(2)了解不对称三相电路的分析与计算。
(3)会判别三相电路的相序。

【任务内容】

三相电路中的电源一般是对称的,但电路中的三相负载既可以是对称的也可以是不对称的,因此构成的三相电路有对称三相电路和不对称三相电路两种类型。下面分别讨论分析。

3.3.1　对称三相电路的分析与计算

1. 电源和负载为星形连接的对称三相电路

三相负载的星形连接是指负载的一端分别连到电源的三条相线上,另一端连到一个公共端点上,这个公共端点称为负载的中性点,简称中点。如果电源为星形连接,则负载中点与电源中点的连线称为中线。若电路中有中线连接,则可以构成三相四线制电路(Y_0-Y_0连接方式);若电路中没有中线连接,或电源端为三角形连接,则只能构成三相三线制电路。

各相负载的复阻抗相等的三相负载,称为对称三相负载。一般三相电动机、三相变压器都可以看成对称三相负载。图 3-10(a)所示的三相四线制电路,设每相负载阻抗为 Z,端线阻抗为 Z_L。由前两个任务的学习可知,星形连接的负载,其负载相电流等于线电流;若不考虑端线阻抗,则负载两端电压为电源相电压,电源线电压和相电压的关系为 $U_l=\sqrt{3}U_p$,线电压相位超前于对应相电压相位 30°。

图 3-10(a)中应用节点电压法,以 N 为参考点,列写节点电压 $\dot{U}_{N'N}$ 方程为

$$\dot{U}_{N'N}\left(\frac{1}{Z_N}+\frac{1}{Z+Z_L}+\frac{1}{Z+Z_L}+\frac{1}{Z+Z_L}\right)=\frac{\dot{U}_A}{Z+Z_L}+\frac{\dot{U}_B}{Z+Z_L}+\frac{\dot{U}_C}{Z+Z_L}=\frac{\dot{U}_A+\dot{U}_B+\dot{U}_C}{Z+Z_L}=0$$

所以

$$\dot{U}_{N'N}=0$$

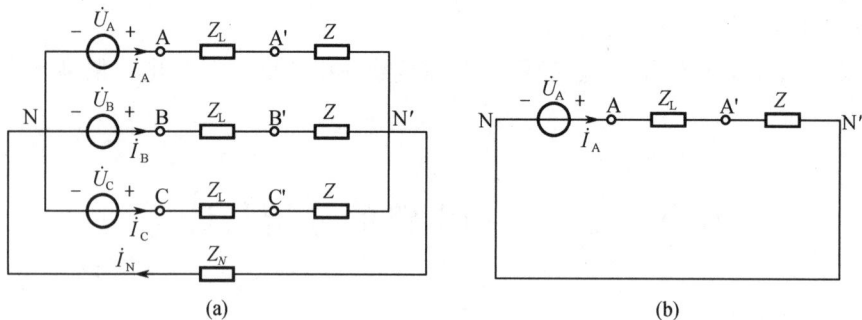

图 3-10　对称电路连接及 A 相计算图

可见,对称三相四线制两个对称中性点 N′ 和 N 之间的电压为零,也就是说,节点 N′ 和 N 等电位,中线相当于一根短路线,这样对各相电流、电压就可以分别计算。由于对称三相电路的电源和负载都是对称的,因此各相负载的相电流是对称的,幅值相等,相位依次相差 120°。只需要分析、计算其中任意一相,其余两相的电压和电流就可以根据对称关系直接写出,这种方法称为"归结为一相的计算方法"。

取出 A 相进行计算,如图 3-10(b)所示,A 相负载的相电流(等于线电流)为

$$\dot{I}_A = \frac{\dot{U}_A}{Z+Z_L}$$

其他两相的相电流为

$$\dot{I}_B = \dot{I}_A \angle -120° \qquad \dot{I}_C = \dot{I}_A \angle 120°$$

中线电流为

$$\dot{I}_N = \dot{I}_A + \dot{I}_B + \dot{I}_C = 0$$

在三相四线制的对称三相电路中,中线上的电流为零,可将中线断开,此时就成为三相三线制(Y-Y 连接方式)。对称三相三线制的分析方法与对称三相四线制相同。

例 3-2　三相发电机是星形接法,负载也是星形接法,发电机的相电压 $U_p = 1\ 000$ V,每相负载电阻均为 $R = 50$ kΩ,感抗均为 $X_L = 25$ kΩ。

试求:

(1)负载相电流;

(2)线电流;

(3)线电压。

解　负载阻抗的模值 $|Z| = \sqrt{R^2 + X_L^2} = \sqrt{50^2 + 25^2} = 55.9$ kΩ。

(1)相电流 $I_p = \dfrac{U_p}{|Z|} = \dfrac{1\ \text{kV}}{55.9\ \text{kΩ}} = 17.9$ mA;

(2)线电流 $I_l = I_p = 17.9$ mA;

(3)线电压 $U_l = \sqrt{3}\,U_p = 1\ 732$ V。

2. 三角形负载接到星形电源的对称三相电路

如图 3-11 所示,各相负载两端的电压等于电源的线电压,由任务 3.2 的学习可知,星

形电源的线电压有效值与相电压有效值关系为

$$U_{AB} = U_{BC} = U_{CA} = \sqrt{3}\, U_p$$

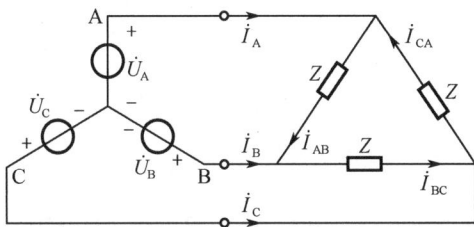

图 3-11 负载三角形连接的对称三相电路

在相位上,线电压超前于对应相电压30°。在忽略端线阻抗时,根据欧姆定律可知,负载相电流的有效值为

$$I_{AB} = I_{BC} = I_{CA} = \frac{\sqrt{3}\, U_p}{|Z|}$$

由负载三角形连接时的线电流和相电流之间的关系可得,线电流的有效值为

$$I_A = I_B = I_C = \sqrt{3}\, I_p = \frac{3 U_p}{|Z|}$$

若电源相电压的初相位已知,根据对称三相电路,可以写出线电流和相电流的相量式。

例 3-3 对称三相三线制的线电压 $U_1 = 100\sqrt{3}$ V,每相负载阻抗为 $Z = 10\angle 60°$ Ω,不考虑端线阻抗求负载为星形及三角形连接的两种情况下的电流。

解 负载星形连接时,相电压的有效值为

$$U_p = \frac{U_1}{\sqrt{3}} = 100 \text{ V}$$

设 $\dot{U}_A = 100\angle 0°$ V,线电流等于相电流,为

$$\dot{I}_A = \frac{\dot{U}_A}{Z} = \frac{100\angle 0°}{10\angle 60°} = 10\angle -60° \text{ A}$$

$$\dot{I}_B = \frac{\dot{U}_B}{Z} = \frac{100\angle -120°}{10\angle 60°} = 10\angle -180° \text{ A}$$

$$\dot{I}_C = \frac{\dot{U}_C}{Z} = \frac{100\angle 120°}{10\angle 60°} = 10\angle 60° \text{ A}$$

当负载为三角形连接时,负载相电压等于线电压,设 $\dot{U}_{AB} = 100\sqrt{3}\angle 0°$,负载中的相电流为

$$\dot{I}_{AB} = \frac{\dot{U}_{AB}}{Z} = \frac{100\sqrt{3}\angle 0°}{10\angle 60°} = 10\sqrt{3}\angle -60° \text{ A}$$

$$\dot{I}_{BC} = \frac{\dot{U}_{BC}}{Z} = \frac{100\sqrt{3} \angle -120°}{10 \angle 60°} = 10\sqrt{3} \angle -180° \text{ A}$$

$$\dot{I}_{CA} = \frac{\dot{U}_{CA}}{Z} = \frac{100\sqrt{3} \angle 120°}{10 \angle 60°} = 10\sqrt{3} \angle 60° \text{ A}$$

线电流为

$$\dot{I}_A = \sqrt{3} \dot{I}_{AB} \angle -30° = 30 \angle -90° \text{ A}$$

$$\dot{I}_B = \sqrt{3} \dot{I}_{BC} \angle -30° = 30 \angle -210° = 30 \angle 150° \text{ A}$$

$$\dot{I}_C = \sqrt{3} \dot{I}_{CA} \angle -30° = 30 \angle 30° \text{ A}$$

*3.3.2   不对称三相电路的分析与计算

在三相电路中,只要有一部分不对称就称之为不对称三相电路,通常三相电路的电源总是对称的,负载不对称。例如,对称三相电路的某一条端线断开,或某一相负载发生短路或开路,它就失去了对称性,成为不对称三相电路。对于不对称三相电路的分析,一般情况下,不能引用3.3.1节中介绍的归结为一相的计算方法,而要用其他方法求解。下面只简要地介绍由负载不对称而引起的一些特点。

图3-12所示的Y-Y连接电路中三相电源是对称的,但负载不对称。先讨论开关S打开(即不接中线)时的情况。用节点电压法,可以求得中性点电压:

$$\dot{U}_{N'N} = \frac{\dot{U}_{AN}/Z_A + \dot{U}_{BN}/Z_B + \dot{U}_{CN}/Z_C}{1/Z_A + 1/Z_B + 1/Z_C} = \frac{\dot{U}_{AN}Y_A + \dot{U}_{BN}Y_B + \dot{U}_{CN}Y_C}{Y_A + Y_B + Y_C}$$

式中 Y_A、Y_B、Y_C 分别为三相负载的导纳。由于负载不对称,$U_{NN'} \neq 0$,即负载中性点与电源中性点电位不同了。

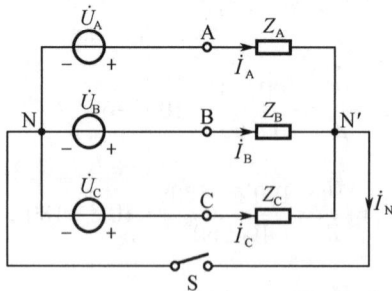

图3-12   不对称三相电路

根据基尔霍夫电压定律可以得到负载各相电压分别为

$$\dot{U}_A' = \dot{U}_A - \dot{U}_{N'N}$$

$$\dot{U}_B' = \dot{U}_B - \dot{U}_{N'N}$$

$$\dot{U}_C' = \dot{U}_C - \dot{U}_{N'N}$$

各相负载电流为

$$I_A = \dot{U}_A' Y_A$$

$$I_B = \dot{U}_B' Y_B$$

$$I_C = \dot{U}_C' Y_C$$

在电源对称的情况下,可以根据中性点位移的情况判断负载端不对称的程度。一方面,中性点位移较大会造成负载端的电压严重地不对称,从而可能使负载的工作不正常;另一方面,如果负载变动,中性点电压也会变动。

在图 3-12 中,合上开关 S(接上中线),如果中线阻抗 $Z_N \approx 0$,则可强使 N′ 点与 N 点等电位。尽管电路不对称,但在这个条件下,可强使各相保持独立性,各相的工作互不影响,因而对各相可以分别独立计算。能确保各相负载在相电压下安全工作,这就克服了无中线的缺点。因此,在负载不对称的情况下,中线的存在是非常重要的,它能起到保证安全供电的作用。

三相四线制容许负载不对称,中线的作用是至关重要的,一旦中线发生断路事故,四线制成为三线制,不对称的负载就可能导致相当严重的后果,因此,四线制必须保证中线的可靠连接,且也应尽可能使负载对称,以限制中线电流。为防止意外,中线上绝对不容许安装开关或者保险器。此外,如果中线电流过大,中线阻抗即使很小,其上的电压降也会引起中性点的位移。

【任务实施】

三相电路的相序判别

1. 目的

学会判别三相电路的相序。

2. 设备及器件

(1)三相交流电源(线电压为 220 V)。

(2)交流电压表 3 只。

(3)万用表 1 只。

(4)15 W/220 V 灯泡 2 只,灯座 2 个。

(5)电容 C_1(1.5 μF)与 C_2(4.0 μF)。

3. 内容及步骤

(1)任选某根端线与 C_1 相连,并设定该相为 A 相,其余两相分别接一个参数为 15 W/220 V 的白炽灯泡,按图 3-13 完成接线,三相开关为电源空气开关。

(2)合上三相开关 S,观察 B、C 两相灯泡的明暗程度,白炽灯较亮的一相为 B 相,白炽灯较暗的一相为 C

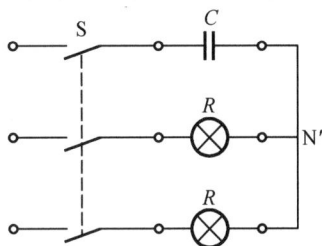

图 3-13　相序指示器电路图

相,这样,三相电源的相序(正序)就确定下来了。记录 A、B、C 三根端线的位置,测量三相电源各相电压 U_A、U_B、U_C,三相负载各相电压 $U_{AN'}$、$U_{BN'}$、$U_{CN'}$,以及电源中性点 N 与负载中性点 N′间的位移电压 U_{NN} 的数值,填表 3-2。

表 3-2　不对称负载采用三相三线制供电时各电压数值(一)　　　　单位:V

U_A	U_B	U_C	$U_{AN'}$	$U_{BN'}$	$U_{CN'}$	$U_{NN'}$

(3)断开开关 S,将电容器换成单元 C2,重做上述实验,将各电压记录于表 3-3 中。

表 3-3　不对称负载采用三相三线制供电时各电压数值(二)　　　　单位:V

U_A	U_B	U_C	$U_{AN'}$	$U_{BN'}$	$U_{CN'}$	$U_{NN'}$

(4)思考

将图 3-13 所示的相序指示器的电容器接 A 相,则灯泡较亮的是 B 相,灯泡较暗的是 C 相,请思考其指示相序的工作原理。

任务 3.4　三相照明电路的功率测量

【任务目标】

(1)掌握三相电路的有功功率、无功功率、视在功率的计算。
(2)会使用功率表测量三相电路的功率。

【任务内容】

3.4.1　三相电路的功率

三相电路可以看成三个单相电路的组合,因此,三相电路的有功功率、无功功率为各相电路有功功率、无功功率之和。

1.有功功率

设 A、B、C 三相负载相电压的有效值分别为 U_A、U_B、U_C,三相负载电流的有效值为 I_A、I_B、I_C,三相负载相电压与相电流的相位差分别为 φ_A、φ_B、φ_C,则三相电路的有功功率表示为

$$P = P_A + P_B + P_C = U_A I_A \cos \varphi_A + U_B I_B \cos \varphi_B + U_C I_C \cos \varphi_C \qquad (3-12)$$

三相电路有功功率测量仿真实验

在对称三相电路中,$U_A=U_B=U_C=U_p$,$I_A=I_B=I_C=I_p$,$\varphi_A=\varphi_B=\varphi_C=\varphi$,所以

$$P=3U_pI_p\cos \varphi \tag{3-13}$$

当电源为星形连接、负载为星形连接时,有

$$U_p=\frac{1}{\sqrt{3}}U_1,I_p=I_1$$

于是

$$P=3U_pI_p\cos \varphi=3\frac{1}{\sqrt{3}}U_1I_1\cos \varphi=\sqrt{3}U_1I_1\cos \varphi$$

当电源为星形连接、负载为三角形连接时,有

$$U_p=U_1,I_p=\frac{1}{\sqrt{3}}I_1$$

于是

$$P=3U_pI_p\cos \varphi=3U_1\frac{1}{\sqrt{3}}I_1\cos \varphi=\sqrt{3}U_1I_1\cos \varphi$$

即无论是星形连接还是三角形连接的负载,只要三相电路对称,一定有

$$P=\sqrt{3}U_1I_1\cos \varphi \tag{3-14}$$

值得注意的是,式中,U_1、I_1 是线电压和线电流;φ 是相电压与相电流之间的相位差,也是每相负载的阻抗角。在工程实际中,设备铭牌上所标的额定电压和额定电流都是线电压和线电流。由于线电压和线电流比较容易测量,因此一般采用式(3-14)计算三相电路的有功功率。

2. 无功功率

在三相电路中,三相电源的无功功率也等于三相负载的无功功率,即等于各相无功功率之和,表示如下:

$$Q=Q_A+Q_B+Q_C=U_AI_A\sin \varphi_A+U_BI_B\sin \varphi_B+U_CI_C\sin \varphi_C \tag{3-15}$$

同有功功率分析过程一样,不管负载以哪种方式连接,对称三相电路都有

$$Q=\sqrt{3}U_1I_1\sin \varphi \tag{3-16}$$

3. 视在功率

与单相电路相同,三相电路的视在功率可以表示为

$$S=\sqrt{P^2+Q^2} \tag{3-17}$$

而在对称三相电路中,有

$$S=3U_pI_p=\sqrt{3}U_1I_1 \tag{3-18}$$

需要注意的是,一般三相电路的视在功率不等于各相视在功率之和。

在实际中,线电流的测量比较容易,因此,三相视在功率常用线电流 I_1 和线电压 U_1 来计算。

例 3-4　星形连接对称负载各相阻抗 $Z=(6+j8)$ Ω,接于相电压 $U_p=220$ V 的三相电源上,求解此三相电路的有功功率、无功功率和视在功率。

解　负载星形连接时

$$I_1 = I_p = \frac{U_p}{Z} = 22\text{A}$$

$$U_1 = \sqrt{3}\, U_p = 380 \text{ V}$$

$$\cos\varphi = \frac{R}{|Z|} = 0.6 \quad \sin\varphi = \frac{X}{|Z|} = 0.8$$

$$P = \sqrt{3}\, U_1 I_1 \cos\varphi = \sqrt{3} \times 380 \times 22 \times 0.6 = 8\,688 \text{ W}$$

$$Q = \sqrt{3}\, U_1 I_1 \sin\varphi = \sqrt{3} \times 380 \times 22 \times 0.8 = 11\,584 \text{ var}$$

$$S = \sqrt{P^2 + Q^2} = \sqrt{3}\, U_1 I_1 = \sqrt{3} \times 380 \times 22 = 14\,480 \text{ V} \cdot \text{A}$$

国产电表的发展

  1958 年,我国自行设计制造了 5A 单相电能表,并投入批量生产,这在一定程度上满足了当时社会对于电表的迫切需求。虽然单相电表国产化获得了突破,但国内三相电表在一段时期内仍然依赖进口。三相电表的缺位,严重地限制了我国电力事业的发展。1959 年,电力表计工场(国家电网上海市电力公司电力科学研究院计量中心前身)成功改装了 500 多只三相无功表计,帮助上海渡过了“电表荒”的难关。1976 年,电力表计工场开展三相试验台的研究升级,为三相电表的国产化做准备。三相试验台是专门为三相电表进行准确度检定的装置,它能够检验新电表是否能按照设计要求准确计量电费。由于该领域国内尚处空白,电力表计工场的各位师傅夜以继日地翻阅、研究找到的外文资料,无论是哪国的论文,只要是和电表计量有关,他们都用字典一个字母一个字母地“啃”下来。大家坚持不懈地奋力攻关一年后,电力表计工场终于成功打造出两台国产 0.2 级三相电能表检定装置,为三相电表的大规模国产化铺平了道路。自 1986 年起,86 系列三相电表逐渐在全国电表应用中成为主流,到 1988 年底,上海 92% 的在用电能表已更新为国产货。见证了国产电表成长的“三相电能表检定装置”也获得了上海市重大科学技术成果奖。

【任务实施】

测量三相电路的功率

1. 目的

(1)学会用二表法测定三相负载的功率。

(2)学会用功率因数表测定三相三线制平衡负载的功率因数。

2. 设备及器件

(1)三相交流可调电源(具有三相电压显示)。

(2)功率表 3 只。

(3)万用表 1 只。

(4)15 W/220 V 灯泡 3 只。

3. 原理及电路

无论三相电路是否对称,三相电路的有功功率都等于各相有功功率之和,即

$$P=P_A+P_B+P_C$$

用三块功率表将每相有功功率测量出来并相加的方法,称为三表法,如图 3-14、图 3-15 所示。

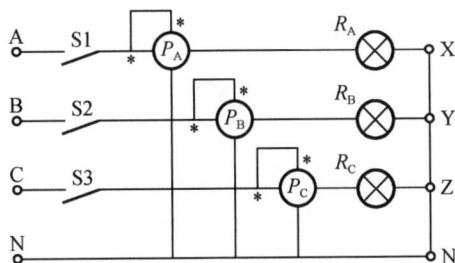

图 3-14　三表法测量三相四线制负载星形连接的有功功率

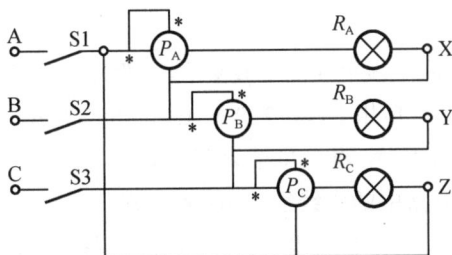

图 3-15　三表法测量三相负载三角形连接的有功功率

在三相三线制电路当中,无论电路是否对称,都可以用两块功率表来测量三相电路的总有功功率,该法称为二表法,如图 3-16、图 3-17 所示。

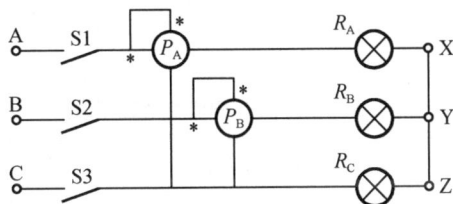

图 3-16　二表法测量对称负载星形连接的有功功率

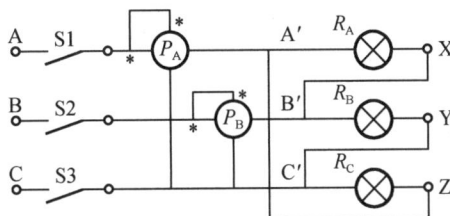

图 3-17　二表法测量三相负载三角形连接的有功功率

证明如下(用瞬时功率来证明):

设两个功率表的读数分别为 p_1、p_2,则三相瞬时功率为

$$p(t)=p_A(t)+p_B(t)+p_C(t)$$
$$=u_A i_A+u_B i_B+u_C i_C \qquad (3-20)$$

由于三相三线制中有

$$i_A+i_B+i_C=0$$

所以

$$i_C=-i_A-i_B$$

代入式(3-20)中,得

$$p(t)=u_A i_A+u_B i_B+u_C(-i_A-i_B)$$
$$=(u_A-u_C)i_A+(u_B-u_C)i_B$$
$$=u_{AC} i_A+u_{BC} i_B$$
$$=p_1+p_2$$

证毕。

4. 内容及步骤

(1)先将三相可调电源调至线电压为 220 V,然后断开开关,按图 3-14 完成接线。三个灯泡分别为 A 相 15 W/220 V,B 相 15 W/220 V,C 相 15 W/220 V,形成三相对称电路。接通电源,采用三表法测量有功功率,将测量结果填入表 3-4。

(2)断开开关,将上述电路中的中线拆除,形成三相三线制星形对称电路,按图 3-16 接线,采用两表法测量有功功率。合上三相开关,将测量结果填入表 3-4。

(3)断开开关,按图 3-15 完成接线。三个灯泡分别为 A 相 15 W/220 V,B 相 15 W/220 V,C 相 15 W/220 V,形成三角形连接的三相对称电路。接通电源,采用三表法测量有功功率,将测量结果填入表 3-4。

(4)断开开关,按图 3-17 完成接线。三个灯泡分别为 A 相 15 W/220 V,B 相 15 W/220 V,C 相 15 W/220 V,形成三角形连接的三相对称电路。采用二表法测量有功功率,接通电源,将测量结果填入表 3-4。

表 3-4　三相电路有功功率测量

供电方式	每相灯功率/W			二表法		三表法		
	A	B	C	P_1	P_2	P_A	P_B	P_C
三相四线制 Y 连接	15	15	15	—	—			
三相三线制 Y 连接	15	15	15			—	—	—
三相三线制 △ 连接	15	15	15	—	—			
	15	15	15			—	—	—

5. 注意事项

(1)在本装置中,三相电源 380 V/220 V 交流电虽经隔离变压器后,以 220 V/127 V 低

电压供电,但仍然高于人体在一般条件下所能承受的安全电压 36 V,因此要求实训人员严格遵守电工实训安全操作规程,防止发生触电事故。

(2)由于供电电源的线电压为 220 V,所以灯泡接成星形时每相相电压低于额定电压值,亮度比较低,而接成三角形时相电压为 220 V,灯泡的亮度正常。

(3)接线时要注意将交流功率表电压线圈和电流线圈的 * 号端接在电源端线一侧。

(4)图 3-16、图 3-17 是以 C 端线为二表法的公共端线的(也可以 A 端线或 B 端线为公共端线)。无论选择哪根公共端线,都必须注意公共端线上不能接功率表。

【项目小结】

1. 三相电路是由三相电源、三相线路和三相负载组成的电路的总称。对称三相电路是三相电源的电压的振幅、频率相等,相位彼此相差 120°。

2. 三相电路中的三相电源和三相负载有星形和三角形两种连接方式。

设对称三相电源是星形连接的,相电压为

$$\dot{U}_A = U_p\angle 0°,\quad \dot{U}_B = U_p\angle -120°,\quad \dot{U}_C = U_p\angle 120°$$

为了方便,有时也可以把它看成三角形连接的,相电压之间的关系为

$$\dot{U}_{AB} = \dot{U}_A - \dot{U}_B = \sqrt{3}\,U_p\angle 30°$$

$$\dot{U}_{BC} = \dot{U}_B - \dot{U}_C = \sqrt{3}\,U_p\angle -90°$$

$$\dot{U}_{CA} = \dot{U}_C - \dot{U}_A = \sqrt{3}\,U_p\angle 150°$$

3. 当对称三相电路中的三相负载做星形连接时:

$I_l = I_p$　　　　负载端线电流与相电流相同。

$U_l = \sqrt{3}\,U_p$　　　负载端线电压与相电压相差 $\sqrt{3}$ 倍,且线电压超前于相电压 30°。

4. 当对称三相电路中的三相负载做三角形连接时:

$U_l = U_p$　　　　负载端线电压与相电压相同。

$I_l = \sqrt{3}\,I_p$　　　负载端线电流与相电流相差 $\sqrt{3}$ 倍,且线电流滞后于相电流 30°。

5. 三相电路功率

对称三相电路的有功功率为

$$P = 3U_pI_p\cos\varphi = 3\frac{1}{\sqrt{3}}U_lI_l\cos\varphi = \sqrt{3}\,U_lI_l\cos\varphi$$

对称三相电路的无功功率为

$$Q = \sqrt{3}\,U_lI_l\sin\varphi$$

对称三相电路的视在功率为

$$S = 3U_pI_p = \sqrt{3}\,U_lI_l$$

✣【项目训练】

一、选择

1.(多选)下列有关三相正弦交流电路的电压和电流的说法中正确的是(   )。

A. 无论对称与否,三相三线制电路中三个线电流的相量之和一定等于零

B. 无论是星形连接,还是三角形连接,三相电路中三个线电压的相量之和一定等于零

C. 无论有无中线,无论中线阻抗为何值,在对称的 Y–Y 三相系统中,负载中性点与电源中性点之间的电压都等于零

D. 对称的三相四线制电路中,在任一时刻,中线电流一定等于零

2.(多选)下列关于三相正弦交流电路中的线电压与相电压、线电流与相电流之间的关系的说法中正确的是(   )。

A. 电源或负载做星形连接时,线电压的有效值一定等于相电压的有效值的$\sqrt{3}$倍

B. 电源或负载做星形连接时,线电流的瞬时值总是等于相应的相电流的瞬时值

C. 电源或负载做三角形连接时,线电压的瞬时值总是等于相应的相电压的瞬时值

D. 电源或负载做三角形连接时,线电流的有效值一定等于相电流的有效值的$\sqrt{3}$倍

二、计算分析题

1. 三相交流电源做星形连接时,若相电压为 220 V,线电压为多少? 若线电压为 220 V,相电压为多少?

2. 对称三相电源的三相绕组做星形连接时,设线电压 $u_{AB} = 380\cos(\omega t + 30°)$ V,试写出相电压 u_A 的三角函数式及相量式。

3. 三相电路的连接方式有几种? 试画出这几种连接方式的电路图。

4. 三相四线制电路中,电源线的中线上规定不得加装保险丝,这是为什么?

5. 星形连接的对称三相负载,每相负载的阻抗 $Z = (20+j15)$ Ω,接在线电压为 380 V 的对称三相电源上,试求负载的相电流、线电流、有功功率、无功功率和视在功率。

6. 对称三相电阻炉做三角形连接,每相电阻 $R = 19$ Ω,接在线电压为 380 V 的对称三相电源上,试求负载的相电流、线电流和功率,并画出各相电流、电压的相量图。

7. 对称三相四线制电路,对称三相负载做三角形连接,每相负载的阻抗 $Z = (6+j8)$ Ω,线电压为 380 V,试求负载的相电流、线电流、有功功率、无功功率和视在功率。

项目4 三相异步电动机及其控制电路的连接与测试

【项目描述】

在现代企业生产与民用生活中,三相异步电动机能将电能转换为机械能。其作为电气化系统的动力,应用十分广泛。随着自动控制和计算机技术的发展,电力拖动系统很容易实现生产过程的自动化和远程操控,从而使生产机械及其性能得到优化配置,大大提高生产效率。电动机若要按照一定的要求进行运转,需要通过控制电路来实现,这些控制电路由低压控制电器组成。为了满足运行需要和加工工艺的要求,必须设计适当的电气自动控制电路,实现电动机启动、停止、正反转和调速等运行状态的切换控制。本项目主要介绍常用低压电器、三相异步电动机及其基本控制电路。

【项目目标】

知识目标:
(1)了解常用低压电器的基本用途。
(2)熟悉三相异步电动机和直流电机的结构与铭牌数据。
(3)理解三相异步电动机和直流电机的工作原理。
(4)掌握安全用电的常识和触电的原因及处理方法。
技能目标:
(1)认识常见低压电器。
(2)会连接三相异步电动机长动控制线路。
(3)会连接三相异步电动机正反转控制线路。

任务 4.1 常用低压电器的认识

【任务目标】

(1)理解常用低压电器的工作原理。
(2)掌握常用低压电器的选择、接线及使用场合。

（3）熟悉各低压电器的电路符号。

（4）能够初步正确选用常用低压控制电器。

（5）能够安装和维护低压电器。

【任务内容】

4.1.1　学习低压电器的基本知识

1. 低压电器的分类

凡根据外界的电信号或非电信号自动地或手动地对电路实现接通、断开控制,连续地或断续地改变电路参数,实现对电路或非电对象的切换、控制、保护、检测、变换、调节等作用的电气设备,都称为电器。电器根据其工作电压分为低压电器和高压电器。低压电器一般为交流电压在 1 000 V 以下、直流电压在 1 500 V 以下的电器。低压电器种类繁多,结构各异,常用低压电器的分类如图 4-1 所示。

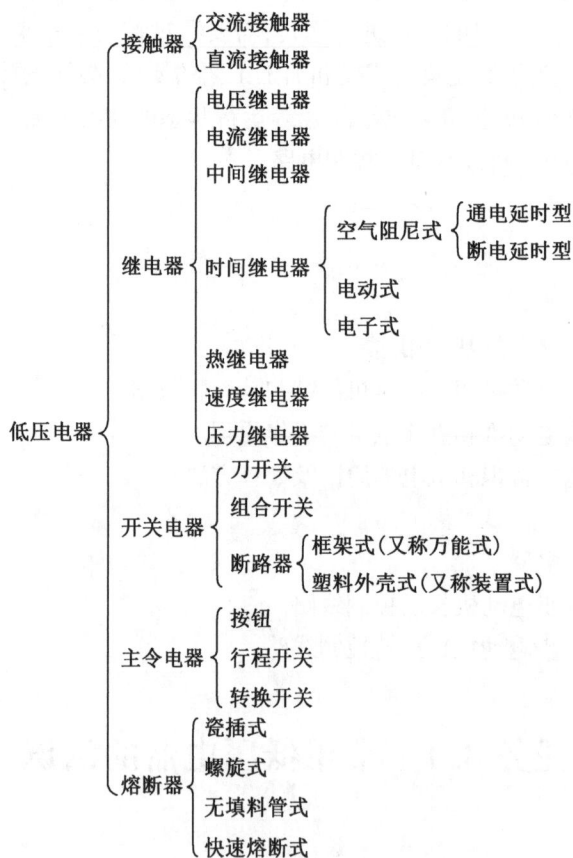

图 4-1　常用低压电器的分类

2. 低压电器的基本组成

从低压电器各组成部分的作用来区分,低压电器一般可分为三个基本组成部分:感受部分、执行部分、灭弧机构。

(1)感受部分

它用来感受外界信号并根据外界信号做出特定的反应或动作。不同的低压电器的感受部分结构不同,对于手动电器来说,操作手柄就是感受部分;而对于电磁式电器而言,感受部分一般是指电磁机构。

(2)执行部分

它根据感受机构的指令对电路进行"通断"操作。对电路实行"通断"控制的工作一般由触点来完成,所以执行部分一般是指电器的触点。

(3)灭弧机构

触点在一定条件下断开电流时往往会伴随着电弧或电火花,电弧或电火花对电流的通断和触点的使用寿命都有极大的影响,所以对于触点通断电流时所产生的电弧一定要及时熄灭。用于熄灭电弧的机构称为灭弧机构。

3. 低压电器的主要性能参数

电器要可靠地接通和分断被控电路,而不同的被控电路工作在不同电压或电流等级、不同通断频率程度及不同性质负载的情况下,对电器提出各种技术要求。为了正确、可靠、经济地使用电器,就必须有一套用于衡量电器性能优劣的技术指标。电器主要的技术参数有:额定绝缘电压、额定工作电压、额定发热电流、额定工作电流、通断能力、电气寿命和机械寿命等。

(1)额定绝缘电压

额定绝缘电压是指电器所能承受的最高工作电压。它是由电器的结构、材料、耐压等诸多因素决定的名义电压值。

(2)额定工作电压

额定工作电压是指在规定条件下,能保证电器正常工作的电压值,通常指主触点的额定电压。有电磁机构的电器还规定了线圈的额定电压。

(3)额定发热电流

在规定条件下,电器长时间工作时,各部分的温度不超过极限值时所能承受的最大电流值称为额定发热电流。

(4)额定工作电流

电器在规定的使用条件下,能保证其正常工作时的电流值称为额定工作电流。规定的使用条件是指电压等级、电网频率、工作制、使用类别等在某一规定的参数下。同一电器在不同的使用条件下,有着不同额定电流等级。

(5)通断能力

通断能力是指低压电器在规定的使用条件下,能可靠地接通和分断的最大电流。通断能力与电器的额定电压、负载性质、灭弧方法等有着很大的关系。

(6)电气寿命

电气寿命是指低压电器在规定条件下,在不需要维修或更换器件时带负载操作的次数。

（7）机械寿命

机械寿命是指低压电器在不需维修或更换器件时所能承受的空载操作的次数。

4.1.2　认识开关电器

1. 刀开关

刀开关也称为闸刀开关,是一种手动电器,用来接通和断开电路,一般只作为隔离开关使用,也用来非频繁地接通和分断容量不太大的低压供电和配电电路及小容量负载电路,可用于小功率电动机不频繁地直接启动和断开的控制。

（1）开启式负荷开关

开启式负荷开关又称为瓷底胶盖闸刀开关。它由刀开关和熔断器组合而成,其实物图、结构图和图形符号如图 4-2 所示。这种开关因无灭弧装置而易被电弧烧坏,因此它不适合带负载接通或分断电路。但其因结构简单,价格低廉,常用作照明电路的电源开关,也可用于 5.5 kW 以下三相感应电动机不频繁地启动和停止的控制。在拉闸与合闸时动作要果断迅速,以有利于迅速灭弧,减少刀片和触点的灼损。开启式负荷开关常见型号有 HK1、HK2 等系列。

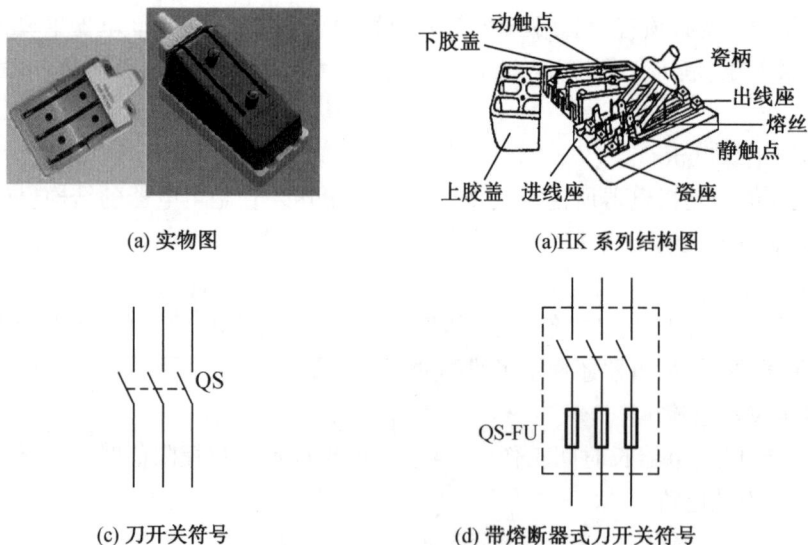

(a) 实物图　　　　　　　　(a)HK 系列结构图

(c) 刀开关符号　　　　　　(d) 带熔断器式刀开关符号

图 4-2　开启式负荷开关

在选择胶盖闸刀开关时,应满足如下要求：

①对于普通负载,可按闸刀开关的额定电流不小于负载的额定电流来选择。

②对于电动机,由于有较大的启动电流,所以选择开关额定电流应不小于电动机额定电流的 3 倍。

胶盖闸刀开关在安装和使用时应注意以下事项：

①电源进线应接在静触点一边的进线端上,用电设备或负载应接在动触点一边的出线端上,使得开关断开时,闸刀和熔丝均不带电,以保证更换熔丝时的人身安全。

②安装刀开关时,应保证刀开关在合闸状态下手柄向上,绝不能倒装或平装,以防止闸刀松动落下时造成误合闸。

(2)封闭式负荷开关

封闭式负荷开关又称为铁壳开关,其实物图、结构图如图4-3所示。

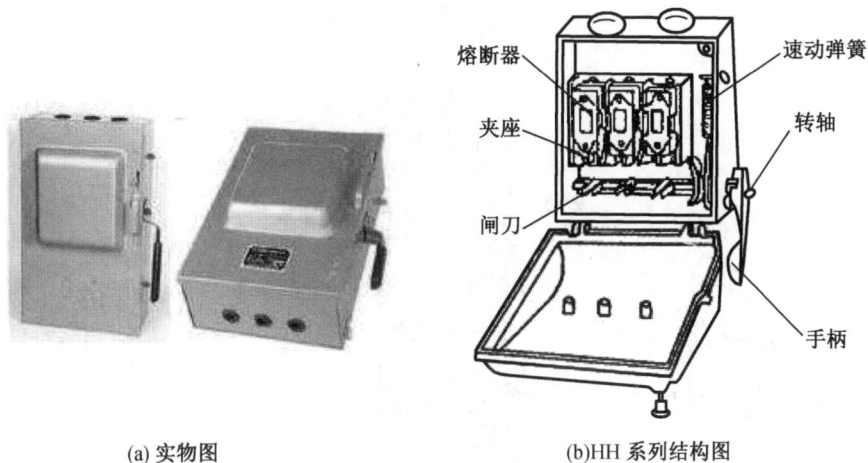

(a) 实物图　　　　　　　　　　　　(b)HH 系列结构图

图 4-3　铁壳开关

铁壳开关与闸刀开关基本相同,但在铁壳开关内装有速动弹簧。它的作用是使闸刀快速接通和断开,以消除电弧。另外,在铁壳开关内还设有联锁装置,即在闸刀闭合状态时,开关盖不能开启,以保证安全。铁壳开关的型号有HH10、HH11 等系列。

在选择铁壳开关时,应满足如下要求:

①对于电热和照明电路,铁壳开关可以根据其额定电流来选择。对于电动机,开关额定电流可选电动机额定电流的 1.5 倍左右。

②使用铁壳开关时应注意外壳要可靠接地,以防止因漏电而造成触电事故。

2.组合开关

组合开关又称为转换开关,其实物、结构图和图形符号如图4-4所示。它的刀片(动触片)是转动的,能组成各种不同的线路。动触片装在有手柄的绝缘方轴上,方轴可 90°旋转,动触片随方轴的旋转使其与静触片接通或断开。它的型号有 HZ5、HZ10、HZ15 等系列。

转换开关的特点是结构紧凑,体积较小。在机床电气控制系统中多用作电源开关,一般不用于带负载接通或断开电源,而是用于在启动前空载接通电源,或在应急、检修和长时间停用时空载断开电源。转换开关也可用于 5.5 kW 以下小容量电动机的启停和正反转控制,以及机床照明电路中的开关控制。转换开关应根据电源种类、电压等级、所需触点数和额定电流进行选用。

3.低压断路器

低压断路器又称为自动空气开关,它既能带负荷通断电路,又能在短路、过负荷和低电压(或失压)等故障情况下自动跳闸。它主要在不频繁操作的低压配电线路或开关柜(箱)中作为电源开关使用。其特点是动作后不需要更换元件,电流值可随时整定,工作可靠,运行安全,切流能力大,安装使用方便。

　　低压断路器按极数分为单极、双极、三极和四极;按灭弧介质分为空气式和真空式;按动作速度分为快速型和一般型;按结构形式分为塑料外壳式和万能式。低压断路器的实物和图形符号如图 4-5 所示。DW 系列为万能式,如 DW10、DW15、DW17 等;DZ 系列为塑壳式,如 DZ5、DZ10、DZ12、DZ15 等。

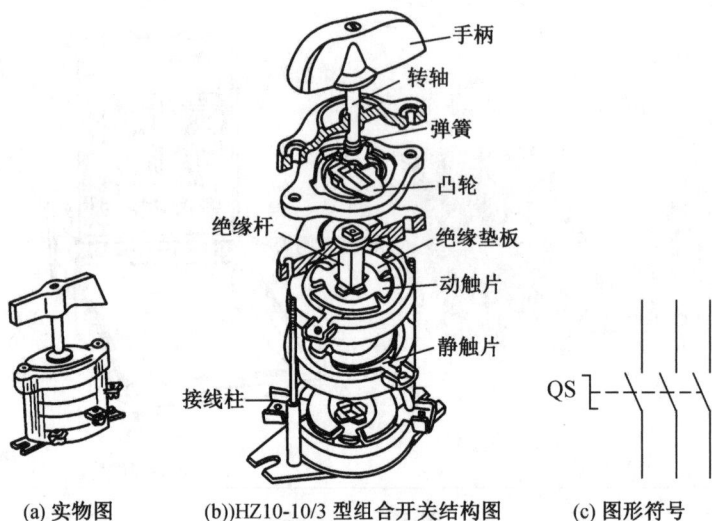

手柄
转轴
弹簧
凸轮
绝缘杆
绝缘垫板
动触片
静触片
接线柱

QS

(a) 实物图　　(b))HZ10-10/3 型组合开关结构图　　(c) 图形符号

图 4-4　组合开关

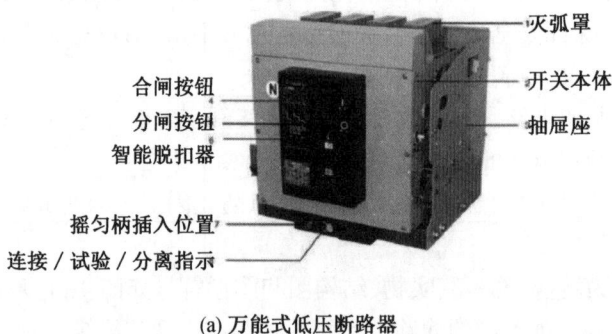

灭弧罩
合闸按钮
分闸按钮
智能脱扣器
开关本体
抽屉座
摇勾柄插入位置
连接 / 试验 / 分离指示

(a) 万能式低压断路器

QF

(b)DZ47-63 系列低压断路器（塑料外壳式）　　(c) 图形符号

图 4-5　低压断路器

　　(1)低压断路器的安装注意事项

　　安装前:应检查外观、技术指标、绝缘电阻,并清除灰尘和污垢,擦净极面上的防锈油脂。

安装时：

①断路器底板应垂直于水平位置,固定后,断路器应安装平整,不应有附加机械应力;

②电源进线应接在断路器的上母线上,而接往负荷的出线则应接在下母线上;

③为防止发生飞弧,安装时应考虑到断路器的飞弧距离,并注意到在灭弧室上方接近飞弧距离处不跨接母线;

④设有接地螺钉的产品,均应可靠接地。

（2）低压断路器的工作原理

低压断路器工作原理图如图 4-6 所示。工作原理如下：

①当手柄推上后,主触头 2 闭合,传动杆 3 被锁扣 4 钩住,电路接通。

②如果主电路出现过电流现象,则电流脱扣器 5 的衔铁吸合,顶杆将锁扣 4 顶开,主触头在分闸弹簧 1 的作用下复位,断开主电路,起到短路保护作用;

③如果出现过载现象,热脱扣器 6 将锁扣 4 顶开;

④如果出现欠压(或失压)现象,欠压失压脱扣器 7 将锁扣 4 顶开;

⑤分励脱扣器 8 可由操作人员控制,使低压断路器跳闸。

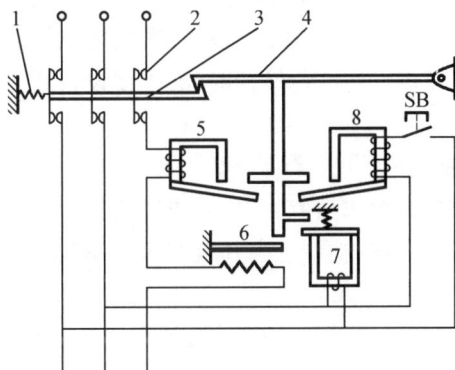

1—分闸弹簧;2—主触头;3—传动杆;4—锁扣;5—电流脱扣器;
6—热脱扣器;7—欠压失压脱扣器;8—分励脱扣器。

图 4-6　低压断路器工作原理图

4.1.3　认识主令电器

主令电器是用来接通和分断控制电路以发号施令的电器,它广泛应用于各种控制线路中。主令电器的种类繁多,主要有控制按钮、行程开关、万能转换开关、接近开关和主令控制器等。下面我们学习前三种。

1. 控制按钮

控制按钮是一种手动操作且一般可以自动复位的主令电器,它适用于交流电压 500 V或直流电压 400 V 以下,电流不大于 5 A 的电路中,一般情况下它不用来直接操纵主电路的通断,而是在控制电路中发出"指令",通过控制接触器、继电器等自动电器来完成主电路的通断;按钮也用于电气控制线路的联锁。常用的按钮有 LA10、LA18、LA19、LA25 等系列。

按钮的实物图、结构示意图和图形符号如图 4-7 所示。

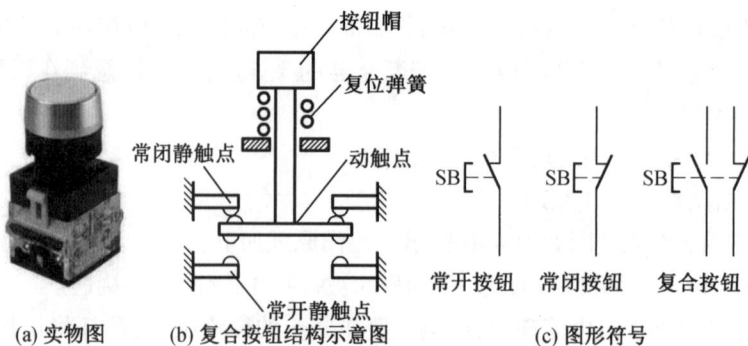

(a) 实物图　(b) 复合按钮结构示意图　(c) 图形符号

图 4-7　控制按钮

按钮安装应牢固,接线应可靠,布置整齐,排列合理。按钮的选择主要根据使用场合、触点数和颜色等来确定。

工作中为便于识别不同作用的按钮,避免误操作,《机械电气安全　机械电气设备　第1 部分:通用技术条件》(GB/T 5226.1—2019)对其颜色规定如下:

(1)停止和急停按钮:红色。按红色按钮时,必须使设备断电、停车。

(2)启动按钮:绿色。

(3)点动按钮:白、灰或黑色。

(4)启动与停止交替按钮:优选颜色为白、灰或黑色,不得使用红、黄和绿色。

(5)复位按钮:应为蓝、白、灰或黑色;当其兼有停止作用时,优先选用黑色。

2. 行程开关

行程开关又称为限位开关,是利用生产机械某些运动部件的碰撞来发出控制指令,以控制生产机械的运动方向或行程的主令电器。行程开关的实物图、图形符号如图 4-8 所示。结构示意图如图 4-9 所示。

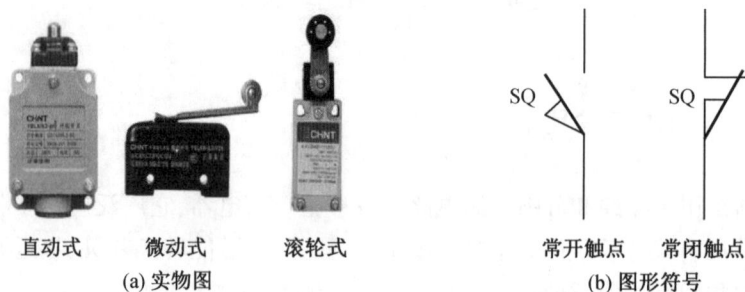

直动式　微动式　滚轮式
(a) 实物图

常开触点　常闭触点
(b) 图形符号

图 4-8　行程开关

行程开关应牢固安装在安装板和机械设备上,不得有晃动现象。安装时,应将挡块和传动杆及滚轮的安装距离调整到适当的位置上。使用中,有些行程开关经常动作,所以安装的螺钉容易松动而造成控制失灵。有时行程开关由于灰尘或油类进入而不灵活,甚至接不通电路。因此,应对行程开关进行定期检查,除去油垢及粉尘,清理触点,经常检查动作是否可靠,及时排除故障。

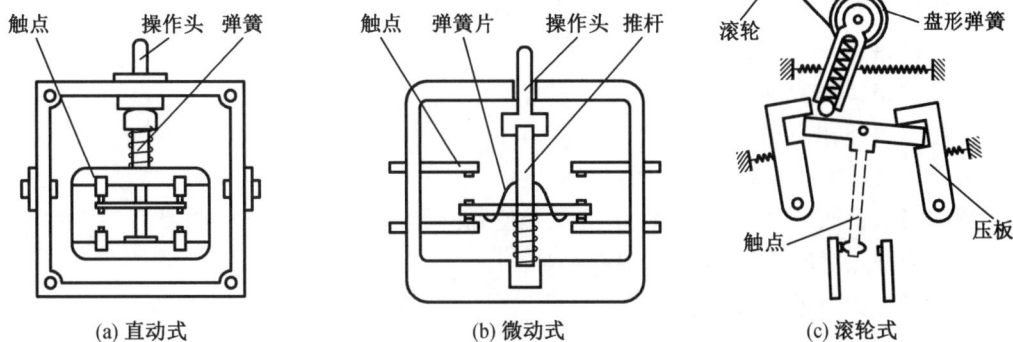

(a) 直动式　　　　　　　　(b) 微动式　　　　　　　(c) 滚轮式

图 4-9　行程开关结构示意图

直动式行程开关特点:结构简单、成本低,但触点的运行速度要取决于挡铁移动的速度。若挡铁移动速度太慢,则触点就不能瞬时切断电路,会使电弧或电火花在触点上滞留时间过长,易使触点损坏。这种开关不适用于移动速度小于 0.4 m/min 的场合。

微动式行程开关的特点是有储能动作机构,触点动作灵敏,速度快,与挡铁的运行速度无关;缺点是触点电流容量小、操作头的行程短,使用时操作头部分容易损坏。

滚轮式行程开关具有触点电流大、动作迅速,操作头动作行程大等特点,主要用于低速运行的机械。

3. 万能转换开关

万能转换开关可同时控制许多条通断要求不同的电路,而且具有多个挡位,广泛用于各种控制线路的转换和电气测量仪器的转换,也可用于小容量异步电动机的启动、调速和换向控制,还可用于配电装置线路的转换及遥控等。由于其换接的电路多,用途广,故有"万能"之称。万能转换开关以手柄旋转的方式进行操作。万能转换开关的实物图、触点通断展开图和触点通断表如图 4-10 所示。常用的万能转换开关有 LW5、LW6 系列。

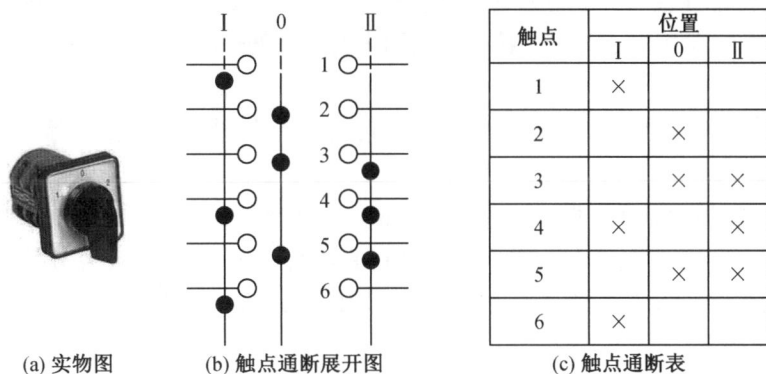

触点	位置		
	Ⅰ	0	Ⅱ
1	×		
2		×	
3		×	×
4	×		×
5		×	×
6	×		

(a) 实物图　　　(b) 触点通断展开图　　　(c) 触点通断表

图 4-10　万能转换开关

万能转换开关触点通断展开图说明：

纵向虚线表示手柄位置，图 4-10(b)中有Ⅰ、0、Ⅱ三个位置；

横向空心圆圈表示触点对数，图 4-10(b)中有 6 对触点；

纵横交叉处黑圆点为手柄在此位置对应的触点接通；

Ⅰ位：1、4、6 触点通；

0 位：2、3、5 触点通；

Ⅱ位：3、4、5 触点通。

万能转换开关触点通断表说明：

横向表示手柄位置，表中有Ⅰ、0、Ⅱ三个位置；

纵向为触点对数，图 4-10(c)中有 6 对；

×：手柄在此位置接通的触点；

Ⅰ位：1、4、6 触点通；

0 位：2、3、5 触点通；

Ⅱ位：3、4、5 触点通。

4.1.4 认识接触器

接触器是一种可对交、直流主电路及大容量控制电路做频繁通、断控制的自动切换电器。接触器按其主触点通过电流的性质，可分为交流接触器和直流接触器。两者在具体结构上有差别，但主要结构都是触点系统、电磁机构和灭弧装置。下面仅以交流接触器为例。

交流接触器的实物图、外形图和结构示意图如图 4-11 所示。交流接触器的图形符号如图 4-12 所示。目前，我国常用的交流接触器主要有 CJ20、CJX1、CJX2、CJ12 和 CJ10 等系列，引进产品中应用较多的有施耐德公司的 LC1D/LP1D 系列等。

1. 交流接触器主要结构说明

(1)触点系统

接触器的触点用来接通和断开电路。触点分为主触点和辅助触点两种。主触点用来通断电流较大的主电路，一般由接触面较大的常开触点组成；辅助触点用来通断电流较小的控制电路，由常开触点和常闭触点成对组成。常开触点是指当接触器线圈未通电时处于断开状态的触点；常闭触点是指当接触器线圈未通电时处于接通状态的触点。

(2)电磁机构

电磁机构的作用是操纵触点的闭合和分断，它由铁芯、线圈和衔铁三部分组成。

(3)灭弧装置

交流接触器的触点在分断大电流时，通常会在动、静触点之间产生很强的电弧。电弧的产生，一方面会烧伤触点，另一方面会使电路的切断时间延长，甚至会引起其他事故。因此，灭弧是接触器必须要采取的措施。一般采用的灭弧方法有双断口触点灭弧、电动力灭弧和灭弧栅灭弧等。

2. 交流接触器的基本工作原理

接触器的线圈和静铁芯固定不动。当线圈得电时，铁芯线圈产生电磁吸力，将动铁芯吸合，由于动触点与铁芯固定在同一根轴上，因此动铁芯带动动触点运动，与静触点接触，使电路接通。当线圈断电时,吸力消失,动铁芯依靠反作用弹簧的作用而复位,动触点断开,电路被切断。

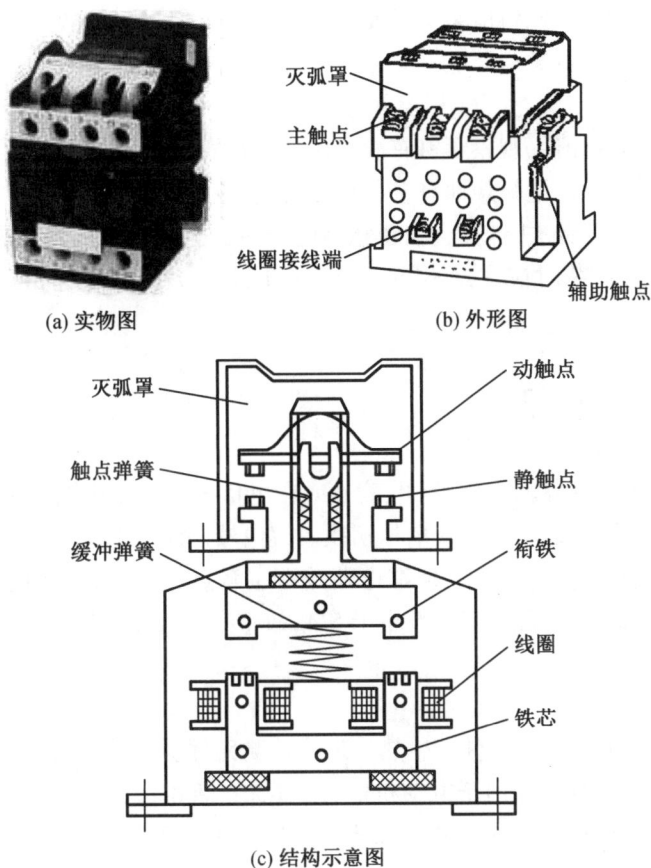

(a) 实物图　　　　　　　　　(b) 外形图

(c) 结构示意图

图 4-11　交流接触器

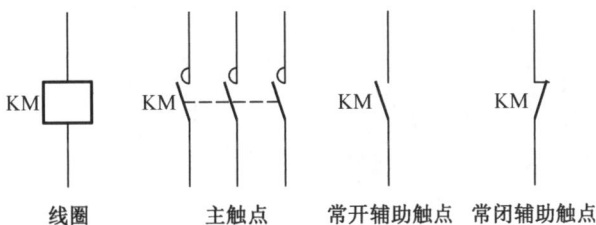

线圈　　　　主触点　　常开辅助触点　常闭辅助触点

图 4-12　交流接触器图形符号

3. 接触器的安装使用

(1)安装前的检查

检查接触器铭牌与线圈的技术数据是否符合控制线路的要求;检查接触器的外观,应无机械损伤;各活动部分要动作灵活,无卡滞现象;搁置已久或新近购置的接触器,要把铁芯上的铁锈和防锈油擦干净,以免油污的黏性影响接触器的释放;检查接触器在 85% 额定电压时能否正常动作,在失压或欠压时能否释放;检测接触器的绝缘电阻。

(2)安装注意事项

接触器一般应安装在垂直的平面上,倾斜度不超过 5°;注意要留有适当的飞弧空间,以免烧坏相邻电器;安装孔的螺钉应装有弹簧垫圈和平电圈,并拧紧螺钉以防松脱或振动;注意不要有零件落入电器内部。

(3)日常维护

定期检查接触器的元件,观察螺钉有没有松动,可动部分是不是灵活,对有故障的元件应及时处理;当触点表面因电弧烧蚀有金属颗粒时,应及时清除,但银触点表面的黑色氧化银的导电能力很好,不要锉去,锉掉会缩短触点的寿命。当触点磨损到只剩 1/3 时,则应更换;灭弧罩往往较脆,拆装时应注意不要碰碎。不允许将灭弧罩去掉,否则容易发生电流短路。

4.1.5　认识继电器

继电器是一种根据外界输入信号(电信号或非电信号)来控制电路接通或断开的一种自动电器,主要用于控制、线路保护或信号切换。继电器的结构和工作原理与接触器相似,也是由电磁机构和触点系统组成的,但继电器没有主触点,其触点不能用来接通和分断负载电路,而均接于控制电路,且电流一般小于 5 A,故不必设灭弧装置。继电器的种类很多,我们只学习其中的几种。

1. 热继电器

热继电器是电流通过发热元件产生热量来使检测元件受热弯曲,推动执行机构动作的一种保护电器。热继电器主要用于电动机的过载保护、断相保护、电流的不平衡运行保护及其他电气设备发热状态的控制。热继电器的实物图和图形符号如图 4-13 所示。热继电器的外形图和结构示意图如图 4-14 所示。目前我国生产并广泛使用的热继电器主要有JR16、JR20 系列,引进产品有 T、3UA、LR2D 等系列。

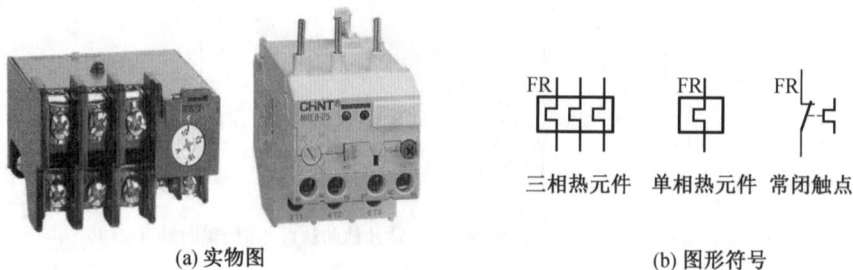

(a) 实物图　　　　　　　　　　　　　　(b) 图形符号

图 4-13　热继电器

(1)热继电器的工作原理

如图 4-15 所示,主双金属片和补偿双金属片都由两种膨胀系数不同的金属片焊压而成。双金属片与加热元件串接在负载电路中,当电路电流增加时,温度升高,由于两种金属受热弯曲率不同,它们会向一边变形弯曲。补偿双金属片是为了进一步保证热继电器的动作精度而设的,即补偿环境温度对双金属片的影响。当主电路发生过载时,过载电流使电阻丝发热过量,引起双金属片受热弯曲,推动导板移动。导板又推动补偿双金属片,使推杆绕轴转动,又推动了动触点连杆,使动触点与静触点分开,使负载控制电路被切断,主电路断电,起到保护作用。热继电器具有反时保护特性,即通过电流越大,动作时间越短。热继电器动作后,需经过一段时间冷却,方可恢复原位,有手动复位和自动复位两种。动作电流的整定是通过旋钮调整导板和补偿双金属片的距离,即改变导板的行程进行调整。

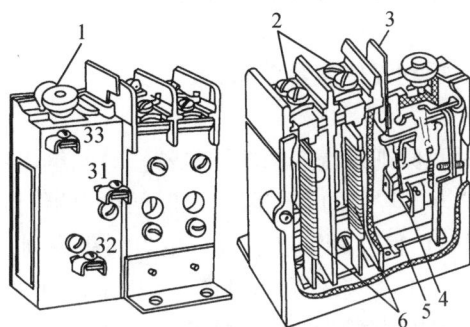

1—电流整定装置;2—主电路接线柱;3—复位按钮;4—常闭触点;5—动作机构;6—热元件。

图 4-14 热继电器的外形图和结构示意图

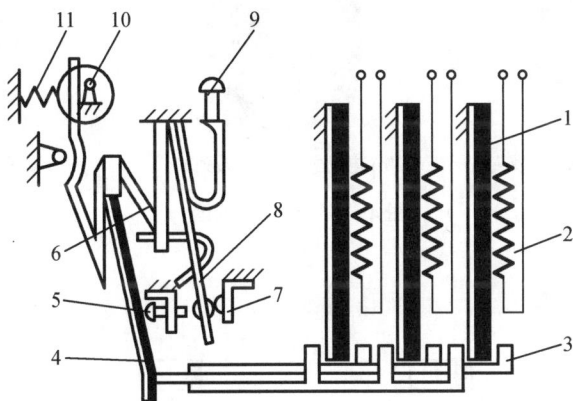

1—主双金属片;2—电阻丝;3—导板;4—补偿双金属片;5—螺钉;6—推杆;
7—静触点;8—动触点;9—复位按钮;10—调节凸轮;11—弹簧。

图 4-15 热继电器工作原理图

(2)热继电器的选用

①类型的选择:当电动机绕组是 Y 接法时,选用两相结构或三相结构的热继电器;如果电动机绕组是△接法时,采用三相结构带断相保护的热继电器。

②整定电流的选择:一般情况下,热元件的整定电流为电动机额定电流的 0.95~1.05 倍;若电动机拖动的是冲击性负载或启动时间较长及拖动设备不允许停电的场合,热继电器的整定电流可取电动机额定电流的 1.1~1.5 倍;若电动机过载能力较差,热继电器的整定电流可取电动机额定电流的 0.6~0.8 倍。

（3）热继电器的安装与维护

①安装方向必须与产品说明书中规定的方向相同,误差不超过5°。当它与其他电器安装在一起时,应注意将其安装在其他发热电器的下方,以免受到其他电器发热的影响。

②整定电流必须按电动机的额定电流进行整定,绝对不允许弯折双金属片。

③置于手动复位的位置上,若需要自动复位时可将复位调节螺钉以顺时针方向向里旋紧。

④进、出线的连接导线应按电动机的额定电流正确选择导线的截面积,尽量采用铜导线。

⑤自动复位需要5 min,手动复位需要2 min。

2.时间继电器

时间继电器是一种按时间原则进行控制的继电器。时间继电器种类很多,常用的有空气阻尼式、电动式和电子式等。常用的空气阻尼式时间继电器有JS7-A、JS23等系列。常用的电动式时间继电器有JS11、JS17系列和引进产品7PR等系列。常用的电子式时间继电器有JS20、JS13、JS14、JS14P、JS15等系列和引进产品ST、HH、AR等系列。时间继电器的实物图如图4-16所示。时间继电器的图形符号如图4-17所示。下面以空气阻尼式为例介绍时间继电器的工作原理。

(a) 空气阻尼式（JS7-A 系列）　(b) 电动式（JS11 系列）　(c) 电子式（ST3P 系列）

图4-16　时间继电器

(a) 线圈一般符号　(b) 通电延时线圈　(c) 断电延时线圈　(d) 延时闭合常开触点

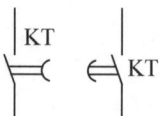

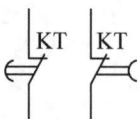

(e) 延时断开常闭触点　(f) 延时断开常开触点　(g) 延时闭合常闭触点　(h) 瞬时常开触点　(i) 瞬时常闭触点

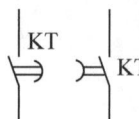

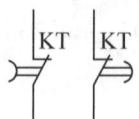

图4-17　时间继电器的图形符号

（1）空气阻尼式时间继电器的工作原理

空气阻尼式时间继电器是利用空气阻尼作用而达到延时目的的,它有通电延时型与断电延时型两种。空气阻尼式时间继电器由电磁系统、触点系统、空气室及传动机构等部分

组成,图4-18所示为空气阻尼式时间继电器的原理结构图。通电延时型继电器的动作过程如下:

当线圈通电时,衔铁克服复位弹簧的阻力与固定铁芯立即吸合,活塞杆使橡皮膜也向上运动,但受到进气孔进气速度的限制。这时橡皮膜下面形成空气稀薄的空间,与橡皮膜上面的空气形成压力差,对活塞的移动产生阻尼作用。空气由进气孔进入气囊,经过一段时间,活塞才能完成全部行程而压动微动开关,使常闭触点延时断开,常开触点延时闭合。旋动调节螺钉改变了进气孔的大小,能够调节延时时间的长短,从而达到调节延时时间长短的目的。微动开关在衔铁吸合后,通过推板立即动作,使常闭触点瞬时断开、常开触点瞬时闭合。

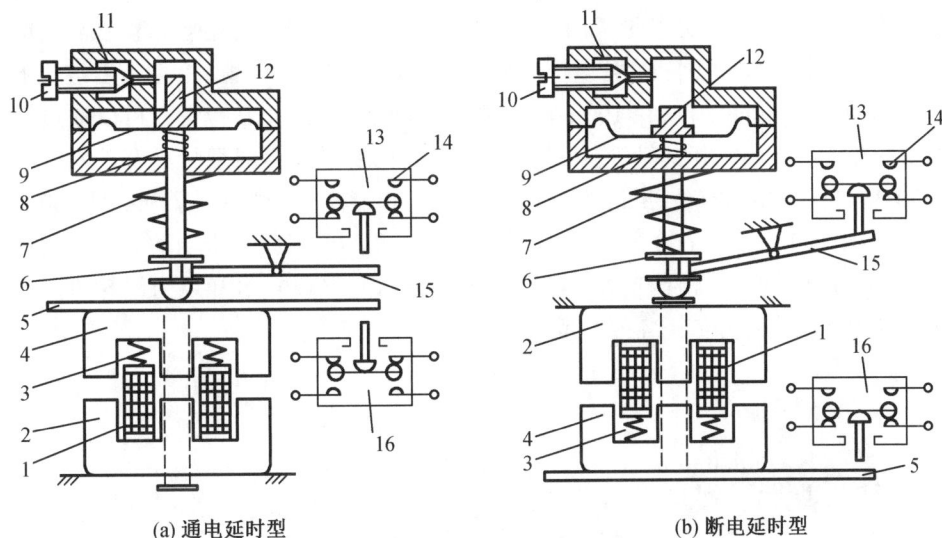

(a) 通电延时型　　　　　　　　　　　(b) 断电延时型

1—线圈;2—静铁芯;3,7—弹簧;4—衔铁;5—推板;6—顶杆;8—弹簧;
9—橡皮;10—螺钉;11—进气孔;12—活塞;13,16—微动开关;14—延时触点;15—杠杆。

图4-18　JS7-A系列空气阻尼式时间继电器工作原理结构图

当线圈断电时,衔铁释放,橡皮膜下方空气塞处的空气通过活塞肩部所形成的单向阀迅速排放,使微动开关迅速复位。

通过改变电磁机构在继电器上的安装方向可以获得断电延时。

总之,空气阻尼式时间继电器工作方式可以简单总结如下:

通电延时型:线圈通电,延时一定时间后延时触点才闭合或断开;线圈断电,触点瞬时复位。

断电延时型:线圈通电,延时触点瞬时闭合或断开;线圈断电,延时一定时间后延时触点才复位。

(2)时间继电器的选择

①时间继电器的延时性质,即通电延时或断电延时的选择应满足控制电路的要求。

②在要求不高的场合,宜采用价格低廉的JS7-A系列空气阻尼式时间继电器;在要求很高或延时很长的场合,可选用电动式时间继电器;一般情况可考虑选用晶体管式时间继电器。

③根据控制电路电压等级来选择吸引线圈的额定电压。

（3）时间继电器的安装

①安装方向必须与产品说明书中规定的方向相同,误差不超过5°。

②通电延时和断电延时的时间应在整定时间范围内,安装时根据需要进行调整,并在试车时校正。

③通电延时型和断电延时型可在整定时间内自行调换。

④时间继电器金属底板上的接地螺钉必须与接地线可靠连接。

3. 速度继电器

速度继电器是转速到达一定的速度或低于一定的速度,使触点动作的继电器。速度继电器有两种:一种是机械式速度继电器,直接将机器轴或电机轴的转速取出来,以推动触点的离合,是用离心力使触点动作的,如JY1、JFZO型。另一种是电子式速度继电器,它能将反映机器轴或电机轴转速的电平取出,以推动触点的离合,如JMP-S型。一般速度继电器的转轴在130 r/min左右即能动作,在100 r/min时触头即能恢复到正常位置。可以通过螺钉的调节来改变速度继电器动作的转速,以适应控制电路的要求。不同型号具有不同的工作范围,如JY1型可在700~3 600 r/min范围内可靠地工作;JFZO-1型适用于300~1 000 r/min;JFZO-2型适用于1 000~3 600 r/min。速度继电器主要用于三相异步电动机反接制动的控制电路中,也可以用来监测船舶、火车的内燃机引擎,以及气体、水和风力涡轮机。速度继电器的实物图和图形符号如图4-19所示。

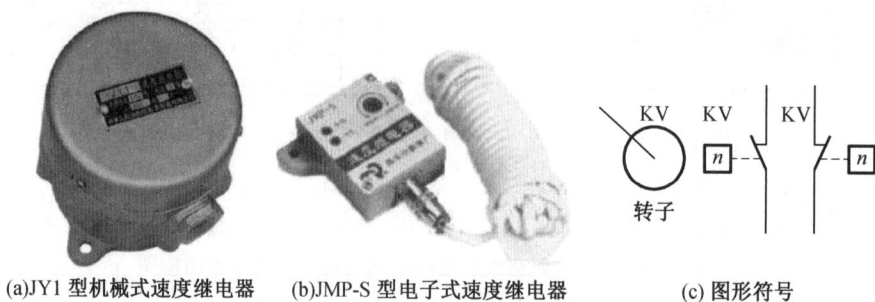

(a)JY1型机械式速度继电器   (b)JMP-S型电子式速度继电器   (c) 图形符号

图4-19   速度继电器

速度继电器的工作原理如下:

速度继电器是根据电磁感应原理制成的,其结构示意图如图4-20所示。速度继电器主要由三部分组成:转子、定子和触点。当电动机旋转时,与电动机同轴的速度继电器转子也随之旋转,此时笼型导条就会产生感应电动势和电流,此电流与磁场作用产生电磁转矩,圆环10带动摆杆8在此电磁转矩的作用下顺着电动机偏转一定角度,使速度继电器的常闭触点断开、常开触点闭合。当电动机反转时,就会使另一对触点动作。当电动机转速下降到一定数值时,电磁转矩减小,返回杠杆7使摆杆8复位,各触点也随之复位。

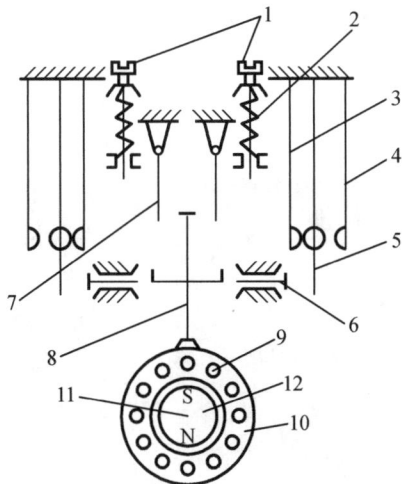

1—调节螺钉;2—反力弹簧;3—常闭触点;4—常开触点;5—动触点;6—推杆;
7—返回杠杆;8—摆杆;9—笼型导条;10—圆环;11—转轴;12—永磁转子。

图4-20　速度继电器的结构示意图

4.1.6　认识熔断器

　　熔断器是一种最简单有效的保护电器。在使用时,熔断器串接在所保护的电路中,作为电路及用电设备的短路和严重过载保护,主要用作短路保护。熔断器主要由熔体(俗称保险丝)和安装熔体的熔管(或熔座)两部分组成。熔体由易熔金属材料铅、锌、锡、银、铜及其合金制成,通常制成丝状和片状。熔管是装熔体的外壳,由陶瓷、绝缘钢纸制成,在熔体熔断时兼有灭弧作用。熔断器的文字、图形符号如图4-21所示。

**图4-21　熔断器
文字、图形符号**

　　低压熔断器熔体选用原则:
　　①一般照明线路:熔体额定电流≥负载工作电流;
　　②单台电动机:熔体额定电流为1.5~2.5倍电动机额定电流;但对不经常启动而且启动时间不长的电动机系数可选得小一些,主要以启动时熔体不熔断为准;
　　③多台电动机:熔体额定电流为1.5~2.5倍最大电机的额定电流与其余电机的额定电流之和。
　　熔断器可分为磁插式熔断器、螺旋式熔断器、管式熔断器和快速熔断器等。
　　1. 磁插式熔断器
　　磁插式熔断器实物图和结构示意图如图4-22所示。因为磁插式熔断器具有结构简单、价格较低、外形小、更换熔丝方便等优点,所以它被广泛地用于中、小容量的控制系统中,多用于低压分支电路的短路保护。磁插式熔断器的型号有RC1A系列等。
　　2. 螺旋式熔断器
　　螺旋式熔断器的实物图和结构示意图如图4-23所示。在熔断管内装有熔丝,并填充石英砂,作熄灭电弧之用。熔断管口有色标,以显示熔断信号。当熔断器熔断的时候,色标被反作用弹簧弹出后自动脱落,通过瓷帽上的玻璃窗口可看见。螺旋式熔断器多用于机床电气控制线路的短路保护。

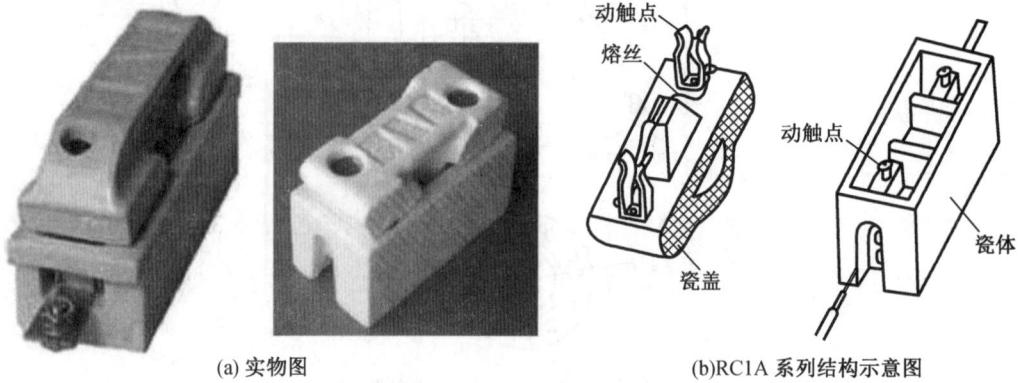

(a) 实物图　　　　(b)RC1A 系列结构示意图

图 4-22　磁插式熔断器

(a) 实物图

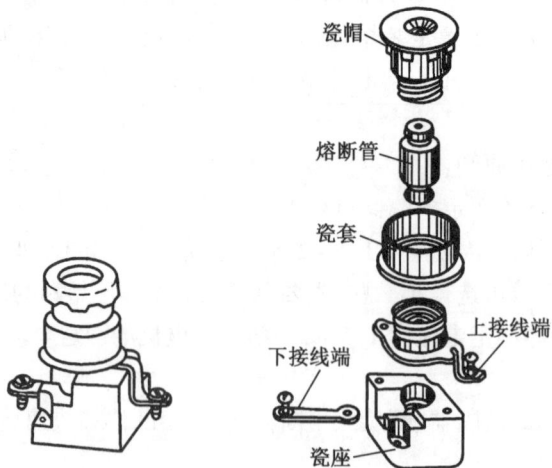

(b)RL1 系列结构示意图

图 4-23　螺旋式熔断器

螺旋式熔断器的型号有 RL1、RL7 等系列。

3. 管式熔断器

管式熔断器分为无填料式管式熔断器和有填料式管式熔断器两类。

(1)无填料式管式熔断器

无填料式管式熔断器实物图和结构示意图如图 4-24 所示。无填料式管式熔断器 RM10 系列的熔体为截面宽窄不均匀的锌片,当短路电流通过熔体时,它的狭颈部首先立即熔断,中间大块熔体掉下,造成较大的电弧间隙,有利于灭弧。同时,反白管内壁在电弧高温下产生高压气体,使电弧迅速熄灭。其分断能力最大可达 10~12 kA。无填料式管式熔断器多用于低压电网、成套配电设备的保护。

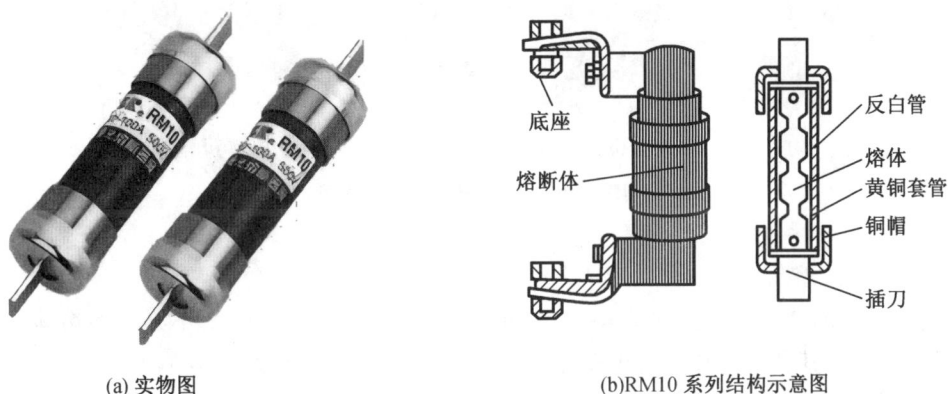

(a) 实物图　　　　　　　　　　　　(b)RM10 系列结构示意图

图 4-24 无填料式管式熔断器(a)

(2)有填料式管式熔断器

有填料式管式熔断器的实物图和结构示意图如图 4-25 所示。有填料式管式熔断器是一种分断能力较大的熔断器,熔管内填满石英砂作灭弧用,主要用于要求分断较大电流的场合。其常应用在具有较大短路电流的电力输配电系统中,常用的型号有 RT12、RT14、RT15、RT17 等系列。

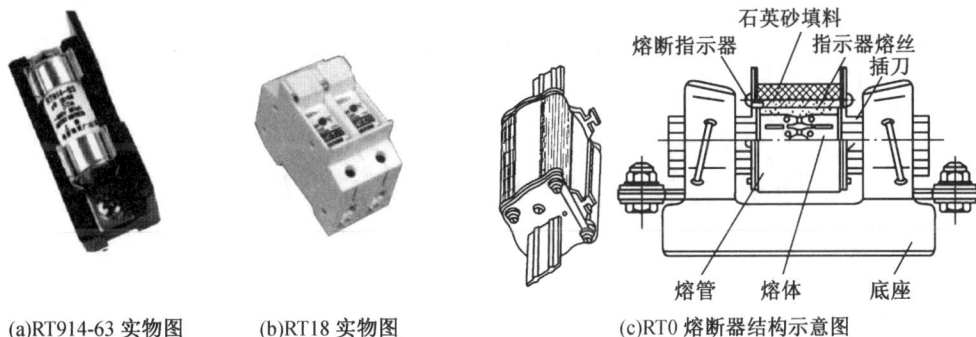

(a)RT914-63 实物图　　　(b)RT18 实物图　　　(c)RT0 熔断器结构示意图

图 4-25　有填料式管式熔断器

4. 快速熔断器和自复式熔断器

（1）快速熔断器

快速熔断器的实物图如图 4-26 所示。其主要用于半导体功率器件或变流装置的短路保护。由于半导体元件的过载能力很差，只能在极短时间内（ms 级）承受较大的过载电流，因此要求短路保护具有快速熔断的特性。常用快速熔断器有 RS 和 RLS 系列。必须注意：快速熔断器的熔体不能用普通的熔体来代替，因为普通的熔体不具有快速熔断的特性。

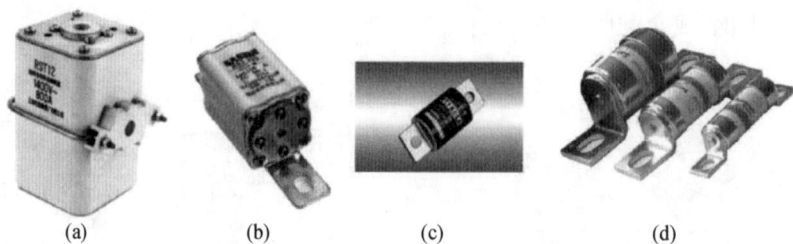

(a)   (b)   (c)   (d)

图 4-26   快速熔断器的实物图

（2）自复式熔断器

自复式熔断器的实物图如图 4-27 所示。其特点是能重复使用，不必更换熔体。其熔体采用金属钠，其利用它常温时电阻很小，高温汽化时电阻值骤升，故障消除后温度下降，气态钠回归固态钠，良好导电性恢复的特性制作而成。

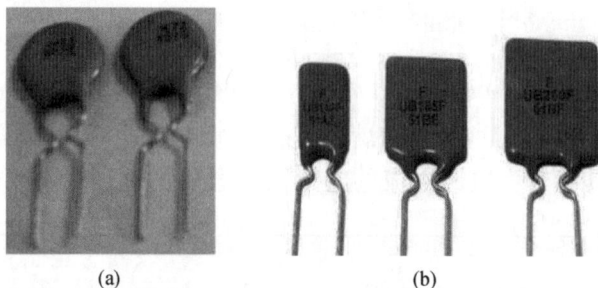

(a)   (b)

图 4-27   自复式熔断器的实物图

任务 4.2   电动机的结构与工作原理

【任务目标】

（1）掌握三相异步电动机的结构，理解其工作原理。

（2）熟悉三相异步电动机的铭牌数据和技术参数。

（3）了解直流电动机及其他电动机的结构和原理。

（4）能够识读电动机铭牌。

【任务内容】

4.2.1　认识三相异步电动机

三相异步电动机的实物图如图 4-28 所示。三相异步电动机由定子和转子两部分构成,定子和转子之间留有一定的气隙。定子和转子都有铁芯和绕组。其中转子分为鼠笼型和绕线型两种结构,因此三相异步电动机分为笼型三相异步电动机和绕线型三相异步电动机。

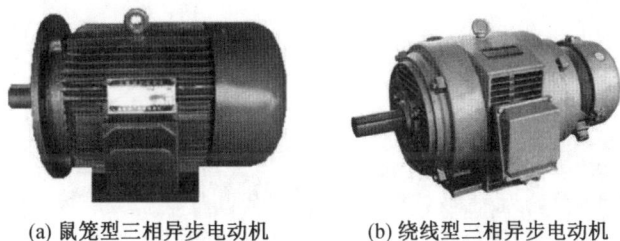

(a) 鼠笼型三相异步电动机　　(b) 绕线型三相异步电动机

图 4-28　三相异步电动机的实物图

1. 三相异步电动机的结构

三相异步电动机的内部结构示意图如图 4-29 所示。三相笼型异步电动机的组成部件图如图 4-30 所示。

定子　　机座

转子　　转轴

风扇

轴承　　接线盒

图 4-29　三相异步电动机的内部结构示意图

(1)定子

定子由定子铁芯、定子绕组和机座三部分组成。三相异步电动机定子结构图如图 4-31 所示,三相异步电动机的定子结构分解图如图 4-32 所示。定子的作用是利用定子绕组的励磁电流产生旋转磁场和作为电动机的机械支撑。

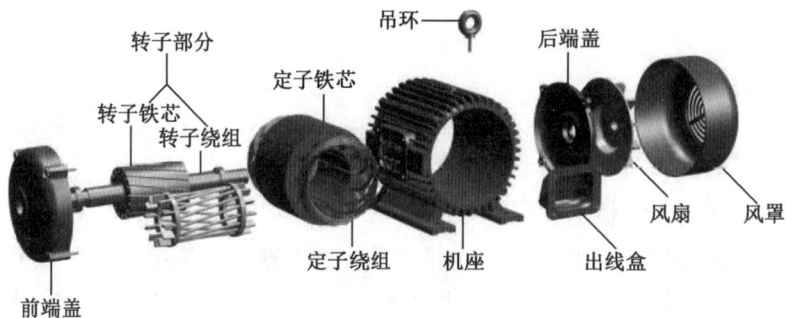

图 4-30　三相鼠笼型异步电动机的组成部件图

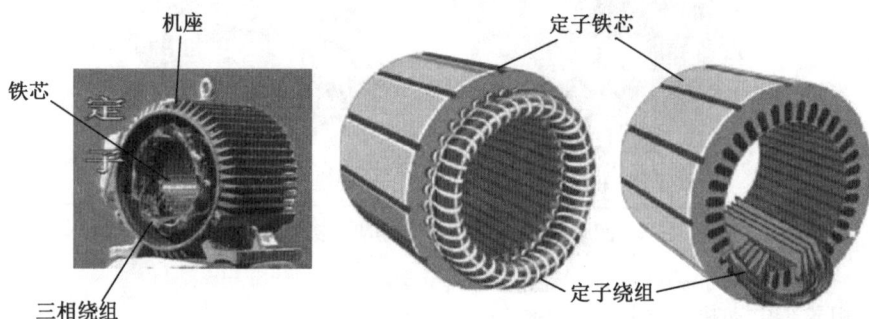

图 4-31　三相异步电动机的定子结构图

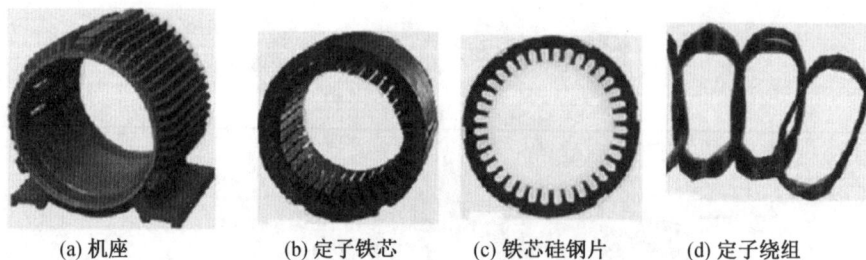

(a) 机座　　　　(b) 定子铁芯　　　(c) 铁芯硅钢片　　(d) 定子绕组

图 4-32　三相异步电动机的定子结构分解图

①定子铁芯。定子铁芯是电动机磁通的通路,定子铁芯是用 0.35~0.5 mm 厚,彼此绝缘,导磁性良好的硅钢片叠压而成。在定子铁芯的内圆上冲有均匀分布的槽,如图 4-32(b)(c)所示。槽内嵌放三相定子绕组。定子绕组中通入三相交流电,为电动机产生旋转磁场。

②定子绕组。定子绕组是电动机的电路部分,是由高强度漆包铜线绕制成的三相对称绕组,并按一定的空间角度嵌入定子铁芯槽中,如图 4-31 和 4-32(d)所示。绕组与铁芯之间垫放有绝缘材料使其彼此绝缘。定子三相绕组的结构完全对称且独立绝缘,每相绕组有两个引出线端,一个叫首端,分别标为 U_1、V_1、W_1,另一个叫末端,分别标为 U_2、V_2、W_2,如图

4-33所示。定子三相绕组的六个出线端都引至接线盒上,根据需要接成星形或三角形。

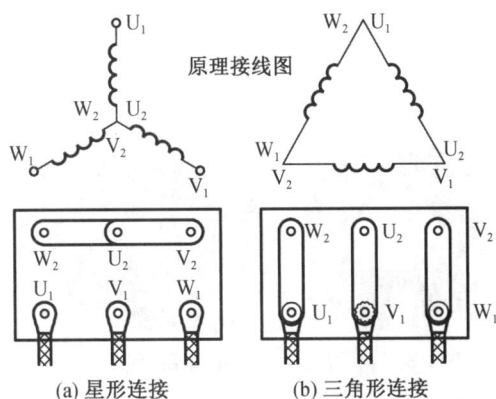

图4-33 定子三相绕组出线端的连接

③机座。机座通常为铸铁件,作用是固定定子铁芯和绕组,并通过两侧的端盖和轴承来支承转子,同时可保护整台电动机的电磁部分和帮助散热。

(2)转子

转子由转子铁芯、转子绕组和转轴三部分组成,鼠笼型转子如图4-34所示,绕线型转子如图4-35所示。转子的作用是利用转子绕组切割磁力线产生感应电动势而实现能量转换。

图4-34 鼠笼型转子

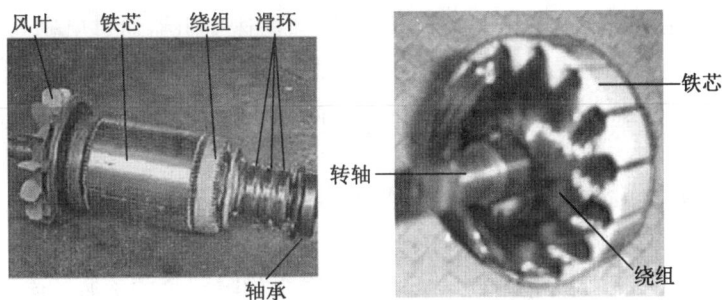

图4-35 绕线型转子

①转子铁芯。转子铁芯一方面作为磁路的一部分,另一方面用来安放转子绕组。转子铁芯是由厚 0.35~0.50 mm、彼此绝缘的圆形硅钢片叠压成的圆柱体,并紧固在转轴上。转子铁芯外表面上冲有均匀分布的线槽,如图 4-36(a)(b)所示。

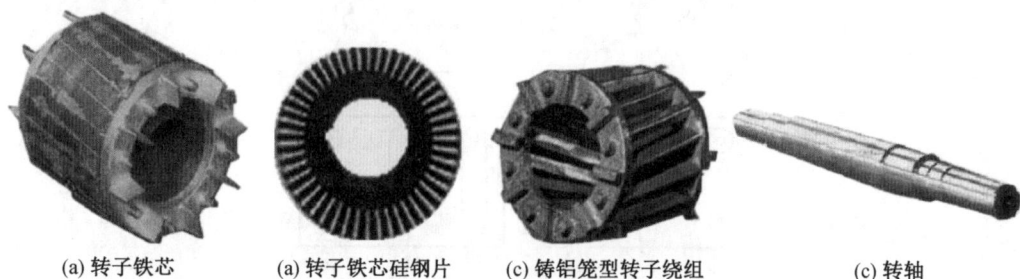

(a) 转子铁芯   (a) 转子铁芯硅钢片   (c) 铸铝笼型转子绕组   (c) 转轴

图 4-36 三相异步电动机转子结构分解图

②转子绕组。转子绕组构成电动机电路的另一部分,切割定子旋转磁场,产生感应电动势,并在旋转磁场的作用下受力而使转子转动。转子绕组分为绕线型和笼型两种,相应异步电动机也分为绕线型异步电动机和笼型异步电动机。

鼠笼型转子绕组是在转子铁芯槽内插入铜条,两端再用两个铜环焊接而成的。若把铁芯拿出来,整个转子绕组外形很像一个鼠笼,故称鼠笼型转子。对于中小功率的电机,目前常用铸铝工艺把鼠笼型绕组及冷却用的风扇叶片铸在一起。鼠笼型转子绕组因此有铜条和铸铝两种形式,其结构示意图如图 4-37 所示。

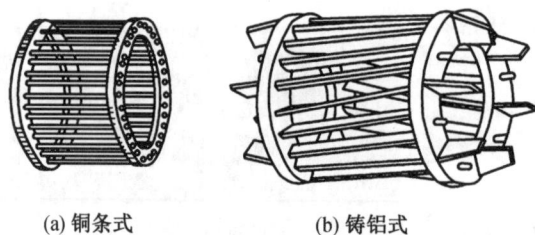

(a) 铜条式   (b) 铸铝式

图 4-37 鼠笼型转子绕组的结构示意图

绕线型转子绕组的形式与定子绕组基本相同,三个绕组的末端连接在一起构成星形连接,三个始端连接在三个铜集电环上,启动变阻器和调速变阻器通过电刷与集电环和转子绕组相连接,以便调节转速或改变电动机的启动性能,其绕线三转子绕组示意图如图 4-38 所示。绕线型异步电动机由于结构复杂、价位较高,所以通常用于启动性能或调速要求高的场合。

③转轴。转轴用来固定转子铁芯和传递机械功率,一般用中碳钢制成。

2. 三相异步电动机的工作原理

三相异步电动机通入三相交流电流之后,在定子绕组中将产生旋转磁场,此旋转磁场将在闭合的转子绕组中感应出电流,从而使转子转动起来。

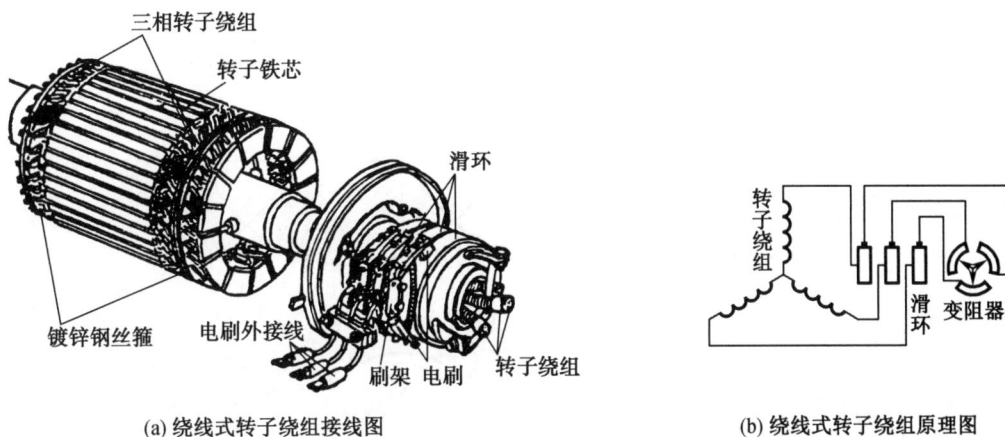

(a) 绕线式转子绕组接线图 (b) 绕线式转子绕组原理图

图 4-38 绕线式转子绕组示意图

（1）旋转磁场的产生

三相异步电动机定子绕组是空间对称的三相绕组，即 U_1-U_2、V_1-V_2 和 W_1-W_2，空间位置相隔 120°。若将它们做星形连接，如图 4-39 所示，将 U_2、V_2、W_2 连在一起，U_1、V_1、W_1 分别接三相对称电源的 U、V、W 三个端子，就有三相对称电流流入对应的定子绕组，即

$$i_U = I_m \sin \omega t$$
$$i_V = I_m \sin(\omega t - 120°)$$
$$i_W = I_m \sin(\omega t + 120°)$$

其波形如图 4-40 所示。

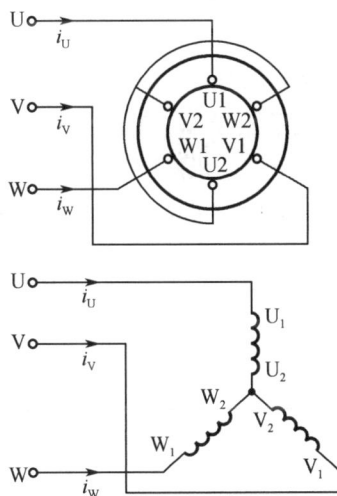

图 4-39 三相定子绕组的连接

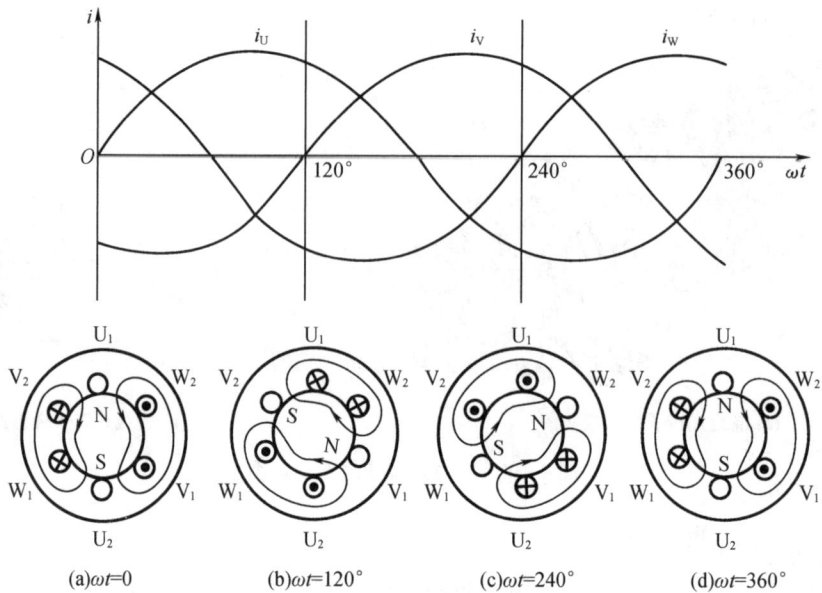

图 4-40   一对磁极的旋转磁场及对应波形

由波形图可看出：

①在 $\omega t = 0$ 时刻，$i_U = 0$；i_V 为负值，说明 i_V 的实际电流方向与参考方向相反，即从 V_2 流入(用⊗表示)，从 V_1 流出(用⊙表示)；i_W 为正值，说明实际电流方向与 i_W 的参考方向相同，即从 W_1 流入(用⊗表示)，从 W_2 流出(用⊙表示)。根据右手定则，可判断出转子铁芯中磁力线的方向是自上而下的，相当于定子内部是 N 极在上、S 极在下的一对磁极在工作，如图 4-40(a)所示。

②当 $\omega t = 120°$ 时，i_U 为正值，电流从 U_1 流入(用⊗表示)，从 U_2 流出(用⊙表示)；$i_V = 0$；i_W 为负值，电流从 W_2 流入(用⊗表示)，从 W_1 流出(用⊙表示)。合成磁场如图 4-40(b)所示，从图中可以看出，合成磁场在空间上沿顺时针方向转过了 120°。

③当 $\omega t = 240°$ 时，同理，合成磁场如图 4-40(c)所示，从图中可以看出，它又沿顺时针方向转过了 120°。

④当 $\omega t = 360°$ 时的磁场与 $\omega t = 0$ 时刻相同，合成磁场沿顺时针方向又转过了 120°，N、S 磁极回到 $\omega t = 0$ 时刻的位置，如图 4-40(d)所示。

综上所述，当三相交流电变化一周时，合成磁场在空间上正好转过一周。若三相交流电不断变化，则产生的合成磁场在空间不断转动，形成旋转磁场。

(2)旋转磁场的转速和转向

一对磁极的旋转磁场电流每交变一次，磁场就旋转一周。设电源的频率为 f_1，即电流每秒钟变化 f_1 次，磁场每秒钟转 f_1 圈，则旋转磁场的转速 $n_1 = f_1$(r/s)，习惯上用每分钟的转数来表达转速，即 $n_1 = 60f_1$(r/min)。两对磁极的旋转磁场，电流每变化 f_1 次，旋转磁场转 $f_1/2$ 圈，即旋转磁场的转速为 $n_1 = 60f_1/2$(r/min)。依次类推，p 对磁极的旋转磁场，电流每交变一次，磁场就在空间转过 $1/p$ 周，因此，转速应为

$$n_1 = \frac{60f_1}{p} \qquad\qquad (4-1)$$

旋转磁场的转速 n_1 也称为同步转速,由式(4-1)可知,它取决于电源频率和旋转磁场的极对数。我国的工频为 50 Hz,因此,磁极对数与同步转速的关系如表 4-1 所示。

表 4-1　磁极对数与同步转速对照表

项目	内容				
磁极对数 p	1	2	3	4	5
同步转速 $n_1/(\text{r/min})$	3 000	1 500	1 000	750	600

异步电动机旋转磁场的转速与电源频率成正比,与电机的磁极对数(出厂时就已经确定)成反比。显然,改变电机的磁极对数,可以得到不同的转速。

旋转磁场的转向是由通入定子绕组的三相电源的相序决定的。由图 4-39 可知,定子绕组中电流的相序按顺序 U—V—W 排列,旋转磁场按顺时针方向旋转。如果将三相电源中的任意两相对调,如将 V 和 W 两相互换,则定子绕组中的电流相序为 U—W—V,应用前面讲的分析方法,旋转磁场的方向也相应地改变为逆时针方向。

(3)转子的转动原理

图 4-41 为三相异步电动机转子转动原理示意图,为简单起见,图中用一对磁极来进行分析。

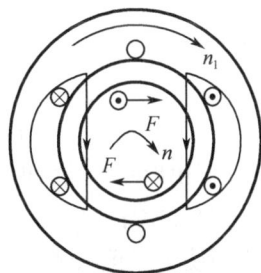

图 4-41　三相异步电动机转子转动原理示意图

①电生磁。三相定子绕组中通入交流电后,便在空间产生旋转磁场。

②磁生电。在旋转磁场的作用下,转子将做切割磁力线的运动而在其两端产生感应电动势,感应电动势的方向可根据右手定则来判断。由于转子本身为一闭合电路,所以在转子绕组中将产生感应电流,称为转子电流。电流方向与电动势的方向一致,即上面流出,下面流进。

③电磁力。转子电流在旋转磁场中受到电磁力的作用,其方向可由左手定则来判断,上面的转子导条受到向右的力的作用,下面的转子导条受到向左的力的作用。电磁力对转子的作用称为电磁转矩。在电磁转矩的作用下,转子就沿着顺时针方向转动起来,显然转子的转动方向与旋转磁场的转动方向一致。

虽然转子的转动方向与旋转磁场的转动方向一致,但转子的转速 n 永远达不到旋转磁场的转速 n_1,即 $n<n_1$。这是因为,若转子的转速等于旋转磁场的转速,则转子与磁场间不存在相对运动,即转子绕组不切割磁力线,转子电流、电磁转矩都将为零,转子根本转动不起来,因此转子的转速总是低于同步转速。正是由于转子转速与同步转速间存在一定的差值,故将这种电动机称为异步电动机。又因为异步电动机是以电磁感应原理为工作基础的,所以异步电动机又称为感应电动机。

为了更清楚地分析异步电动机的工作过程,需要引入转差率 s 这个参数:

$$s = \frac{n_1 - n}{n_1} \tag{4-2}$$

转差率是用来表示转子转速与同步转速之差的相对程度的一个物理量,其中 $n_1 - n$ 为转速差。当定子绕组接通电源启动的瞬间,转子转速 $n = 0$,此时 $s = 1$,转差率最大;稳定运行以后,电机的转速 n 比较接近同步转速 n_1,此时 s 很小,额定转差率为 $0.01 \sim 0.08$;空载时,转子转速可以很接近同步转速,即 $s \approx 0$,但 $s = 0$ 的情况在实际运行时是不存在的。可以看出,电动机的转差率随着电动机转速的升高而减小。

例 4-1　一台三相异步电动机,其极对数是 2,电源频率为工频,若转差率 $s = 0.02$,则该电机的转速是多少?

解　首先求同步转速

$$n_1 = \frac{60 f_1}{p} = \frac{60 \times 50}{2} = 1\ 500\ \text{r/min}$$

因为

$$s = \frac{n_1 - n}{n_1}$$

所以

$$n = n_1(1 - s) = 1\ 500 \times (1 - 0.02) = 1\ 470\ \text{r/min}$$

3. 三相异步电动机的铭牌及其数据

每台三相异步电动机的外壳上都有一块铭牌,上面标示着这台电动机的主要技术数据,以便使用者正确选用和维护电动机。图 4-42 为某台三相异步电动机的铭牌。

三相异步电动机		
型号　Y100L1-4		接法　△/Y
功率　2.2 kW		工作方式　S_1
电压　220/380 V		绝缘等级　H
电流　8.6/5 A		温升　70 ℃
转速　1 430 r/min		质量　34 kg
频率　50 Hz		编号
	××电机厂　　出厂日期	

图 4-42　三相异步电动机的铭牌

(1) 型号

型号表示电动机的结构形式、机座号和极数。例如,Y100L1-4 中的 Y 表示鼠笼型异步电动机(YR 表示绕线型异步电动机);100 表示机座中心高为 100 mm;L 表示长机座(S 表示短机座,M 表示中机座);1 为铁芯长度代号;4 表示 4 极电动机。

各类常见电动机的产品名称代号及其意义如下:

YR——绕线型三相异步电动机;

YB——防爆型异步电动机;

YZ——起重、冶金用异步电动机;

YQ——高启动转矩异步电动机；

YD——多速三相异步电动机。

（2）额定电压 U_N

额定电压是电动机定子绕组应加线电压的额定值，有些异步电动机铭牌上标有 220/380 V，相应的接法为△/Y。它说明当电源线电压为 220 V 时，电动机定子绕组应接成三角形；当电源线电压为 380 V 时，应接成星形。

（3）额定电流 I_N

额定电流是指电动机在额定运行时，定子绕组的线电流。

（4）额定转速 n_N

额定转速是指电动机额定运行时的转速。

（5）额定频率 P_N

额定功率为电动机在额定状态下运行时，转子轴上输出的机械功率，单位为 kW。

（6）额定频率 f_N

额定频率是指电动机在额定运行时的交流电源的频率。我国工频为 50 Hz。

（7）工作方式

工作方式是指电动机的运行状态。根据发热条件可分为三种：

S_1 表示连续工作方式，允许电机在额定负载下连续长期运行；

S_2 表示短时工作方式，在额定负载下只能在规定时间短时运行；

S_3 表示断续工作方式，可在额定负载下按规定周期性重复短时运行。

（8）绝缘等级

绝缘等级是由电动机所用的绝缘材料决定的。按耐热程度不同，将电动机的绝缘等级分为 A、E、B、F、H、C 等几个等级，它们允许的最高温度如表 4-2 所示。

表 4-2　电动机的绝缘等级

项目	内容					
绝缘等级	A	E	B	F	H	C
最高允许温度/℃	105	120	130	155	180	>180

（9）温升

温升是指在规定的环境温度下，电动机各部分允许超出的最高温度。通常规定的环境温度是 40 ℃，如果电动机铭牌上的温升为 70 ℃，则允许电机的最高温度可以是 40+70＝110 ℃。显然，电动机的温升取决于电动机的绝缘材料的等级。电动机在工作时，所有的损耗都会使电机发热，温度上升。在正常的额定负载范围内，电动机的温度是不会超出允许温升的，绝缘材料可保证电动机在一定期限内可靠工作。如果超载，尤其是故障运行，则电动机的温升超过允许值，电动机的寿命将受到很大的影响。

4.2.2　认识直流电动机

直流电动机的调速性能较好,启动转矩大,因此,对调速要求较高的生产机械(如龙门刨床、镗床以及有关数控装置等)或者需要较大启动转矩的生产机械(如起重机械、电力牵引设备等)往往采用直流电动机来驱动。直流电动机的实物图如图4-43所示。

(a)　　　　　　　　　　　(b)

图4-43　直流电动机的实物图

1.直流电动机的结构

直流电动机主要由定子和转子两大部分组成,定子与转子之间有很小的气隙。其结构示意图如图4-44所示。

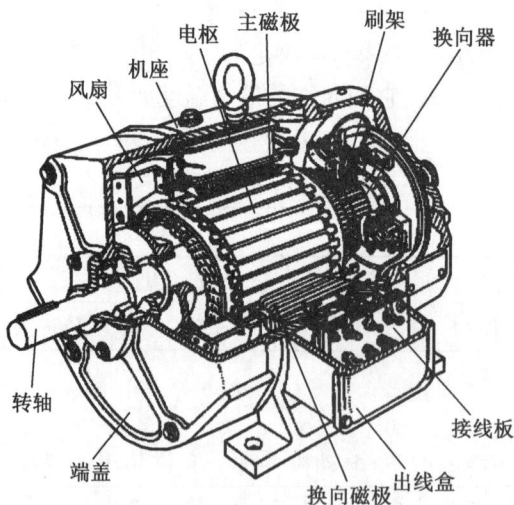

图4-44　直流电动机的结构示意图

(1)定子

定子是电动机中静止不动的部分。定子的作用是利用定子绕组的励磁电流产生磁场和做电机的机械支撑,由主磁极、换向极、机座、端盖、轴承和电刷等装置组成。定子结构如图4-45所示。

①机座:电动机磁路的一部分,还起支撑和固定作用。

机座用来放置主磁极和换向磁极,同时它也是磁路的一部分,起导磁作用,用铸铁或铸钢制成。机座的两边各有一个端盖,端盖的中心是空的,用以装转轴。

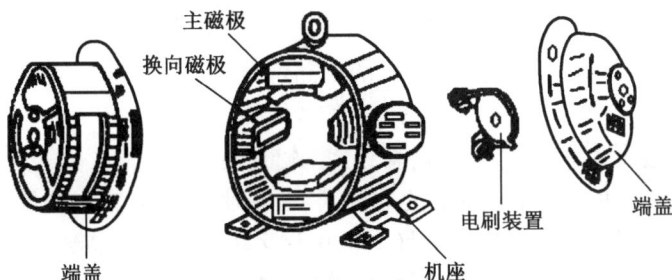

图 4-45 直流电动机的定子

②主磁极:产生恒定的气隙磁通。

主磁极由磁极铁芯和励磁绕组组成,可以是一对、两对、三对等。当励磁绕组通以直流电时,产生恒定的磁场,改变电源电流的极性即可改变磁场的方向。主磁极铁芯一般都采用电磁铁,由直流电流来励磁。只有小直流电机的主磁极才用永久磁铁,这种电机称为永磁直流电机。

③换向磁极:改善换向。

换向磁极由换向磁极铁芯和绕组构成,与主磁极交替放置。它的作用是产生附加磁场,改善换向性能。1 kW 以下的直流电机一般换向磁极的个数较少或不装换向磁极,超过1 kW 的直流电动机都装换向磁极。

④电刷装置:与换向片配合,完成直流与交流的互换。

电刷装置的作用是把转子电路与外电路连接起来,由电刷、刷盒、铜丝辫、压紧弹簧等构成。电刷架装在端盖上,可以移动,用以调整电刷的位置。

⑤前、后端盖:用来安装轴承和支撑整个转子。

(2)转子

直流电动机的转子习惯上称为电枢,是电动机的旋转部分,如图 4-46 所示。转子的作用是利用转子绕组切割磁力线产生感应电动势而实现能量转换,它由电枢铁芯、电枢绕组、换向器、转轴和风扇等组成。

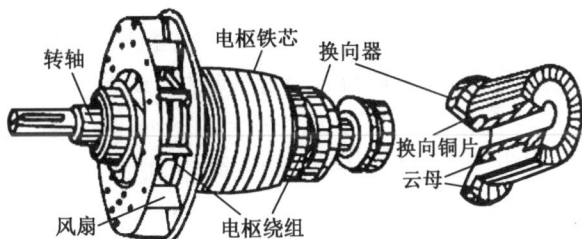

图 4-46 直流电动机的转子

①电枢铁芯:主磁路的一部分,放置电枢绕组。

电枢铁芯与交流电动机一样,也是用硅钢冲压成片叠成的,冲片之间要相互绝缘,表面有许多均匀分布的槽,用来嵌放电枢绕组。电枢铁芯是整个磁路的一部分。

②电枢绕组:由带绝缘的导线绕制而成,是电路部分。

电枢绕组由多个线圈按一定的规律连接起来,嵌放在电枢铁芯的槽内,线圈的两端与换向器按规律连接。电枢绕组是直流电机的电路部分,用来产生感应电动势、感应电流和电磁转矩。

③换向器:与电刷装置配合,完成直流与交流的互换。

换向器是直流电机一个比较重要的部件,装在转轴的一端,它与电刷一起将外加的直流电变换成交流电,提供给转子电路。换向器由许多铜质换向片叠成圆柱体,每个换向片套在云母绝缘套筒中,所有套有云母绝缘套的换向片嵌放在金属套筒中,固定成一个整体后浇铸成型。

④转轴:用来传递转矩。

⑤风扇:用来降低电动机在运行中的温升。

2. 直流电动机的工作原理

直流电动机与交流电动机转动原理大致相似,也是基于电磁感应的原理,使得转轴受到安培力的作用旋转起来。

(1)转动原理

我们以最简单的电动机模型来说明电动机的转动原理。如图 4-47 所示,N、S 为一对主磁极,通过直流电源励磁产生恒定磁场,励磁绕组未画出。电枢绕组只画了一个线圈,1、2 为两个换向片,与电枢绕组相连,A、B 两个电刷与外电路相连。

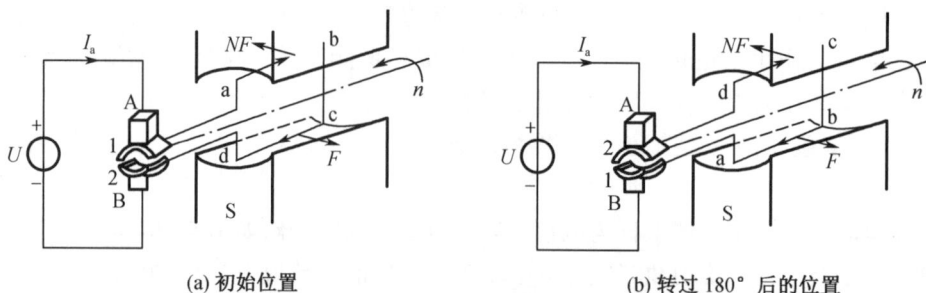

(a) 初始位置   (b) 转过 180° 后的位置

图 4-47   直流电动机的转动原理图

直流电动机接通直流电源之后,电刷两端加了一个直流电压,A 刷为正,B 刷为负,换向片 1 与 A 刷相接触,直流电流 I_a 从 A 刷流入,经换向片 1、线圈 abcd、换向片 2 和电刷 B 流出,形成一个回路。利用左手定则,可以判断电枢绕组的 ab 边和 cd 边都受到电磁力的作用,如图 4-47(a) 所示,ab 边受到的力向左,cd 边受到的力向右,这一对力对电枢产生电磁力矩,使得电枢沿逆时针方向转动起来。

电枢转了 180°之后,如图 4-47(b) 所示,ab 边在下,cd 边在上,因为电刷不动,换向片与电枢一起转动,所以此时换向片 1 转到下方与 B 刷相接触,换向片 2 转到上方与 A 刷相接触,电源电流 I_a 从正极性端到 A 刷,经换向片 2、线圈 dcba、换向片 1,从电刷 B 流出,形成一个回路,此时,电枢绕组中的电流已经反向,根据左手定则可以判断,电枢的电磁转矩不变,仍然是逆时针方向,所以转轴旋转方向不变。以上分析表明,电刷和换向器的作用是将电源的直流电及时转换成交流电送给电枢绕组,以保证电枢的电磁转矩方向不变,电动机按一定方向旋转。

（2）励磁方式

直流电动机在工作时,电枢绕组通过电刷外接直流电枢电源,用以产生电枢电流;励磁绕组也要通入直流励磁电源,用以产生主磁场,这两个方面协调工作,使得电枢获得一个电磁转矩转动起来。电枢绕组和励磁绕组可以共用一个电源,也可以采用两个电源单独供电。即使是采用一个电源供电,也有不同的连接方式。励磁绕组与电源的连接方式被称为励磁方式。按照不同的励磁方式,直流电动机可以分为他励、并励、串励和复励四种。直流电动机的励磁方式如图 4-48 所示。

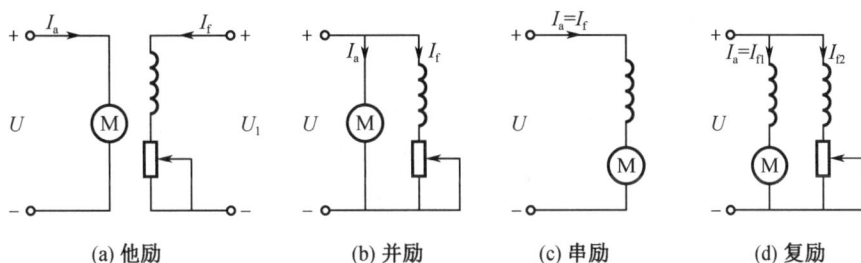

图 4-48　直流电动机的励磁方式

①他励直流电动机:励磁线圈与转子电枢的电源分开。

励磁绕组与电枢绕组采用两个电源供电,各有各的电源开关,没有直接的电联系,如图 4-48（a）所示,电枢电流 I_a 由电枢端电压 U 决定,而励磁电流 I_f 由励磁绕组端电压 U_1 决定。

②并励直流电动机:励磁线圈与转子电枢并联到同一电源上。

励磁绕组和电枢绕组并联,采用同一个电源 U 供电,由一个开关控制,如图 4-48（b）所示。其特点是励磁绕组的电压即为电枢电压,电源电流为电枢电流 I_a 与励磁电流 I_f 之和。为了降低损耗,并励直流电动机的励磁电流一般较小,约为电枢电流的 5%;为保证足够的磁通,励磁绕组一般导线较细,匝数多,电阻大。

③串励直流电动机:励磁线圈与转子电枢串联到同一电源上。

励磁绕组与电枢绕组串联之后,外接一个直流电源,由一个开关控制,如图 4-48（c）所示。其特点是励磁电流 I_f 与电枢电流 I_a 相同,这个电流一般较大,所以串励直流电动机的励磁绕组导线较粗,匝数少,电阻小。

④复励直流电动机:励磁线圈与转子电枢的连接有串有并,接在同一电源上。

这种电动机中既有串励又有并励,一部分励磁绕组与电枢绕组串联,另一部分励磁绕组再与电枢绕组并联,如图 4-48（d）所示。其特点是电动机的主磁通由这两个励磁绕组共同产生。

3. 直流电动机的铭牌及其数据

每台直流电动机的外壳上都有一个铭牌,上面标有该电机的技术数据,主要包括其型号和额定值,如图 4-49 所示。

```
                  直流电动机
型号      Z4-200-21    功率    75 kW    电压      440 V
额定转速  1 500 r/min  电流    188 A    励磁方式  他励
定额      S1           重量    515 kg   绝缘等级  F
产品编号
                    ××电机厂    ×年×月
```

图 4-49   直流电动机铭牌

(1)型号

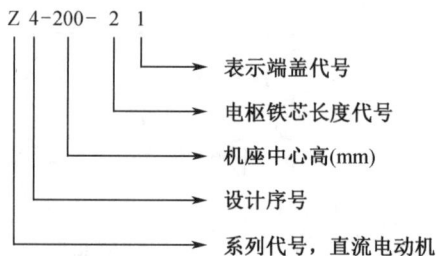

(2)额定功率 $P_N = 75$ kW,指轴上输出机械功率的额定值。

(3)额定电压 $U_N = 440$ V,指输入到直流电动机两端的允许电压。

(4)额定电流 $I_N = 188$ A,指电动机轴上带额定负载时的输入电流。

(5)额定转速 $n_N = 1\ 500$ r/min,指电压、电流和输出功率为额定值时的转速。

(6)励磁方式指励磁绕组的供电方式:他励、并励、串励和复励。

(7)定额即工作制,也就是电动机的工作方式,如连续(S1)。

(8)绝缘等级指直流机制造时所用的绝缘材料耐热等级,一般有 B、F、H、C。

4.2.3   认识其他电动机

1. 认识单相异步电动机

单相异步电动机是由单相交流电源供电的一种感应式电动机。它具有结构简单、成本低廉、运行可靠及维修方便等一系列优点,特别是因为它可以直接使用市电,所以广泛地应用于各行各业和日常生活中,如家用电器中的电扇、电冰箱、洗衣机等,以及实验室的很多仪器、各种电动小型工具等。但与同功率的三相异步电动机相比,单相电动机的体积较大,运行性能差,因此只能做成几十到几百瓦的小功率电机。

从构造上看,单相电动机和笼型异步电动机差不多,其转子也是笼型结构,定子绕组嵌放在定子铁芯槽内。所不同的是三相电动机有三相绕组,而单相电动机只有一相绕组。

由于单相电动机只有一相绕组,因此当绕组通过正弦交流电时,只能产生脉动磁场。即脉动磁场随交流电流的变化在方向和大小上按正弦规律进行变化,并不旋转,所以在转子上不能产生感应电流,也不能产生电磁转矩,电动机也就不能旋转。

为了产生一个旋转磁场,在定子上另装一个空间位置不同于主绕组的启动绕组,而且启动绕组的电流在时间相位上也不同于主绕组。根据获得旋转磁场的方式不同,可分为分相法和罩极法,单相电动机也可由此进行相应的分类,即分相式单相电动机和罩极式单相异步电动机。单相异步电动机实物图如图 4-50 所示。

(a) 电容分相式　　　　　(b) 电阻分相式　　　　　(c) 罩极式

图 4-50　单相异步电动机

2. 认识控制电机

控制电机作为自动控制系统中非常重要的控制单元,用于实现各自的控制任务,其主要任务是转换和传递控制信号,要求有较高的控制性能,如要求反应快、精度高、运行可靠等。

(1)认识步进电动机

步进电动机是一种利用电磁铁作用原理,将脉冲信号转换为线位移或角位移的电动机。用专用的驱动电源向步进电动机供给一系列有一定规律的电脉冲信号,每输入一个电脉冲,步进电动机就前进一步,其角位移与脉冲数成正比,电动机转速与脉冲频率成正比,而且转速和转向与各相绕组的通电方式有关,因此,改变电脉冲的频率大小和通电相序,就可控制步进电动机的转速和转向,实现宽广范围内速度的无级平滑控制。步进电动机的实物图如图 4-51 所示。

图 4-51　步进电动机

(2)认识伺服电机

伺服电机是将输入的电压控制信号转换为轴上输出的角位移和角速度,驱动控制对象,故伺服电动机又称为执行电动机。伺服电动机用来驱动控制对象动作,其转矩和转速受输入信号电压控制。当信号电压的大小和极性发生变化时,电动机的转速和转动方向将及时而准确地随之变化,故输入的电压信号又称为控制信号或控制电压。伺服电动机依工作电源性质分为交流伺服电动机和直流伺服电动机。伺服电动机的实物图如图 4-52 所示。

图 4-52　伺服电动机

登上月球的超声电机

大家都知道"嫦娥三号"成功登月,对搭载的"玉兔"探月车也印象深刻。可"玉兔"探测器的关键部件——超声电机,大家就不一定知道了。它的研制者是湖南衡阳人,中科院院士赵淳生。这台电机只有 46 g,相当于一枚鸡蛋的质量,但研制它却整整花了 20 年。

20 世纪 80 年代,赵淳生院士在法国取得博士学位,跨国公司高薪挽留他,在当时的出国热潮中,他选择了逆流而行,回国;1992 年,赵淳生在麻省理工学院做访问学者,凭着自己的研究实力,成为学术权威。这时他的女儿女婿在美国大公司就职,老伴也在美国带孙子,一家人其乐融融,可他还是选择了回国。

这究竟是为什么? 赵淳生说:祖国高于一切。"祖国有需要,我必须回去。"当他说出自己的决定,家人坚决反对。"您都 56 了,还从零开始,还搞什么超声电机,风险太大! 不行,坚决不行!"

回国之路阻力重重。他被停发了访问学者的工资,并被限制进入实验室,甚至受到人身恐吓。可这一切都没有改变赵淳生回国的决心,他说服家人,想方设法从波士顿辗转香港回到南京。

回国后,赵淳生来到母校南京航空航天大学,义无反顾地走上了超声电机的研发之路。千万次的实验,失败了再来,成功了又往前走。就在科研取得突破性成果的时候,赵淳生病倒了,诊断为肺癌早期。那一刻,赵淳生感受到了死亡的威胁,他担心超声机电可能会夭折在自己手里。

"我不能就这样倒下",赵淳生坦然走进手术室。肺叶,切除三分之一。一个月后复查,又发现了胃癌,再次手术,胃,切除三分之二。肿瘤专家刘福坤教授回忆他接收的这位特殊病人,依然记得很清楚:"还没拆线,他又坐在病床上,搞他的研究。"

在病床上,赵淳生吃力地打着电话指导学生实验,忍着伤痛一笔一画艰难地用手写国家自然科学基金重点项目申请书。而接下来的 6 次化疗,又让赵淳生消瘦了整整 26 斤。妻子和女儿心疼地问他,"你到底是要命还是要超声电机?"赵淳生坚定地回答,"命当然要,超声电机,我也要。"

作为我国超声电机领域的奠基者和开拓者,赵淳生的执着与韧劲,源自他独特的人生经历。1 岁时,父亲在革命战争中血染疆场,9 岁那年,母亲因病去世,赵淳生成了孤儿,是党组织收养了他,资助他完成学业。他常说:我这条命是党给的,我能做的就是为科研奋斗。赵淳生的办公室里挂有一幅字——贵在坚持。他说,好在生病时也没耽误工作,坚持下来了。"我们是全世界第一个把超声电机用到月球上的国家。"说这句话的时候,他一脸的笑,一脸的自豪。在西安举行的微特电机论坛上,赵淳生介绍了超声电机的最新进展:在医疗领域,最小的超声电机只有2 mm,可进入血管移动手术。在智能机器人领域,超声电机将是核心部件。

让我们永远记住这位湖湘老人——赵淳生!

任务4.3　三相异步电动机的基本控制

【任务目标】

(1)掌握三相异步电动机启动控制电路的原理。
(2)掌握三相异步电动机正反转控制电路的原理。
(3)学会根据控制电路图画接线图。
(4)能够读懂接线图,并根据接线图进行连接配线。
(5)学会根据线路的实际情况选用器件。

【任务内容】

4.3.1　三相异步电动机的点动、长动控制

1. 识读点动、长动控制原理图
(1)三相异步电动机点动控制线路及其工作原理

实际生产中,生产机械常需点动控制,如机床调整对刀和刀架、立柱的快速移动等。所谓点动,是指按下启动按钮,电动机转动;松开按钮,电动机停止转动。点动控制线路如图4-53所示。

三相异步电动
机点动、长动
控制仿真实验

它由刀开关 QS,熔断器 FU_1、FU_2,按钮 SB,接触器 KM 和电动机 M 组成。线路可分成主电路和控制电路两大部分。左面由开关、熔断器、接触器的主触点、热继电器的热元件组成的部分称为主电路,主电路中的各部分与被控制电动机相串联。右面由按钮、接触器线圈、热继电器常闭触点组成的部分为控制电路,接在两相之间。控制电路中的电流较小。当电动机需要点动时,先合上开关 QS,再按下按钮 SB,使接触器 KM 的吸引线圈通电,铁芯吸合,于是接触器的三对主触点闭合,电动机与电源接通而运转。松开按钮 SB 后,接触器 KM 的线圈失电,动铁芯在弹簧力作用下释放复位,主触点 KM 断开,于是电动机停转。简单总结如下:

合上开关 QS,则有:

启动:按下按钮 SB→KM 线圈通电吸合→KM 主触点闭合→电动机 M 运转。

停止:松开按钮 SB→KM 线圈断电释放→KM 主触点断开→电动机 M 停转。

(2)三相异步电动机长动控制线路及其工作原理

大多数生产机械需要连续工作,例如水泵、通风机、机床等,如仍采用点动控制电路,则需要操作人员一直按着按钮来工作,这显然不符合实际生产的要求。为了使电动机在按钮按过以后能保持连续运转,需用接触器的一副常开触点与按钮并联,如图 4-54 所示。

当按下启动按钮 SB₂ 以后,接触器线圈 KM 通电,其主触点 KM 闭合,电动机运转。同时辅助触点 KM 也闭合,它给线圈 KM 另外提供了一条通路,因此按钮松开后线圈能保持通电,电动机便可连续运行。接触器用自己的常开辅助触点"锁住"自己的线圈电路,这种作用称为自锁,此时该触点称为自锁触点。这时的按钮 SB₂ 已不再起点动作用,故改称它为启动按钮。另外,电路中还串接了一个停止按钮 SB₁,当需要电动机停转时,按下 SB₁ 使常闭触点断开,线圈 KM 失电,主触点和自锁触点同时断开,电动机便停转。简单总结如下:

合上电源开关 QS,则有:

启动:按下启动按钮 SB₂→KM 线圈通电吸合→KM 常开辅助触点闭合自锁,同时 KM 主触点闭合→电动机 M 连续运转。

停止:按下停止按钮 SB₁→KM 线圈断电释放→KM 常开辅助触点断开,同时 KM 主触点断开→电动机 M 停转。

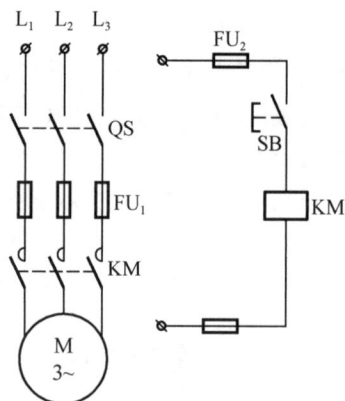

图 4-53　点动控制线路

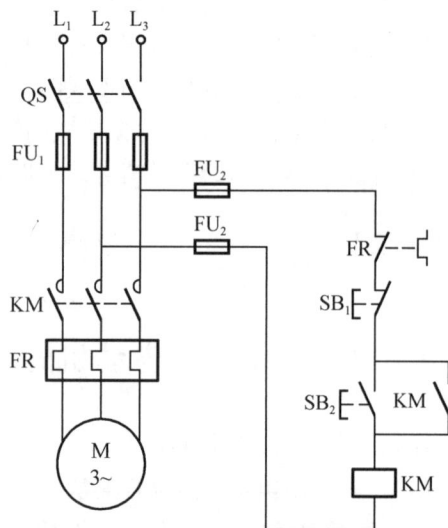

图 4-54　长动控制线路

在图 4-54 所示的电路中,刀开关 QS 作为隔离开关使用,当需要对电动机或电路进行检查、维修时,用它来隔离电源,确保操作安全。隔离开关一般不能用于带负载切断或接通电源。启动时应先合上 QS,再按启动按钮 SB₂;断电时则应先按停止按钮 SB₁,再断开 QS。熔断器 FU 在电路中起短路保护作用,一旦发生短路事故,熔丝熔断,切断电源,电动机立即停转。热继电器 FR 在电路中起过载保护作用,当发生过载事故时,热继电器 FR 的常闭点断开,控制电路断电,交流接触器 KM 线圈断电,其常开主触点断开,电动机停转。

此电路还具有零压保护和欠压保护,即在停电或电压过低时,接触器线圈的电磁吸力消失或不足,使主触点断开,切断了电动机的电源,同时也使自锁触点断开。而当电源恢复正常时,必须再按启动按钮才能使电动机重新启动。如果使用手动刀开关控制,则当电源恢复时,电动机会自行启动,可能造成人身和设备事故。

2.学习电气图绘制、识读的基本知识

(1)电气原理图

电气原理图表示电路的工作原理、各电气元件的作用和相互关系,而不考虑电路元器件的实际安装位置和实际连线情况。如图4-55所示为三相异步电动机的长动控制线路原理图。

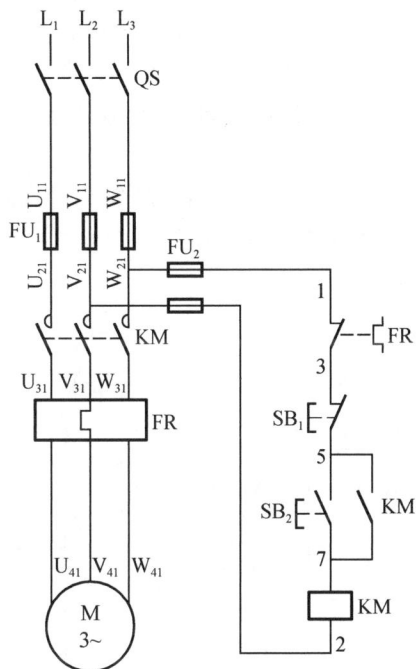

图4-55　长动控制线路原理图

绘制原则:

①线路分为主电路和控制电路。电动机的通路为主电路,接触器吸引线圈的通路为控制电路。此外还有信号电路、照明电路等。主电路画在左侧,用粗实线绘出;控制电路画在右侧,用细实线绘出。

②同一电气元件的各导电部件(如线圈和触点)通常不画在一起,但需用同一文字符号标明,例如接触器的主触点通常画在主电路中,而吸引线圈和辅助触点则画在控制电路中,但它们都用KM表示;同种类电气元件,可在文字符号后面加数字序号下标或其他字母下标以示区别,例如两个接触器分别用KM_1、KM_2表示,或用KM_F、KM_R表示。

③所有电气元件的触点均按"常"态绘出。对接触器和各种继电器,常态是指未通电时的状态;对按钮、行程开关等,则是指未受外力作用时的状态。

④主电路标号由文字符号和数字组成。如三相交流电源引入线用L_1、L_2、L_3标号,电源开关后的三相主电路分别标U、V、W。

⑤控制电路标号由三位或三位以下数字组成。交流控制电路一般以主要压降元件(如线圈)为分界,横排时,左侧用奇数,右侧用偶数;竖排时,上面用奇数,下面用偶数。直流控制电路中,电源正极按奇数标号,负极按偶数标号。

识读步骤：

在阅读电气原理图以前,必须对控制对象有所了解,尤其对于液压(或气压)、电配合得比较密切的生产机械,单凭电气线路图往往不能完全看懂其控制原理,只有了解了有关的机械传动和液压(气压)传动后,才能搞清全部控制过程。

阅读电气原理图的步骤是一般先看主电路,再看控制电路,最后看显示及照明等辅助电路。先看主电路有几台电动机,各有什么特点,例如是否有正反转,采用什么方法启动,有无调速和制动等;看控制电路时,一般从主电路的接触器入手,按动作的先后次序一个一个分析,搞清楚它们的动作条件和作用。控制电路一般都由一些基本环节组成,阅读时可把它们分解出来,先进行局部分析,再完成整体分析。此外还要看电路中有哪些保护环节。

(2)电气安装接线图

电气安装接线图表示电气元件在设备中的实际安装位置和接线情况。三相笼型异步电动机长动控制线路安装接线图如图4-56所示。

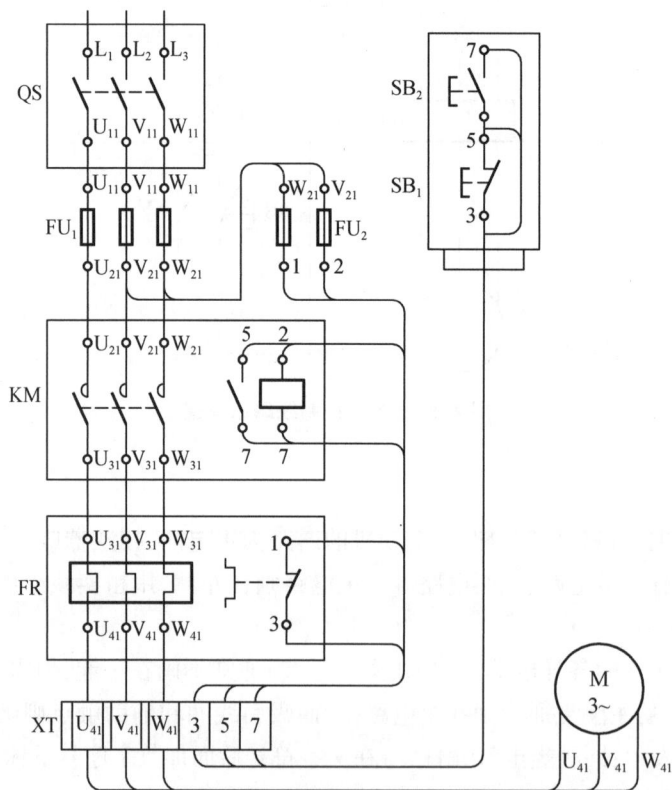

图4-56　三相笼型异步电动机长动控制线路安装接线图

绘制原则：

①同一电气元件的各部件必须画在一起。各电气元件在图中的位置,应与实际安装位置一致。

②不在同一控制柜或配电屏上的电气元件的电气连接必须通过端子排(XT)进行。电气元件的文字符号及端子排的编号应与原理图一致。

③走向相同的多根导线可用单线表示。

④在专门的电气接线图上应标明连接导线的规格、型号、根数和穿线管的尺寸,如图4-57所示。

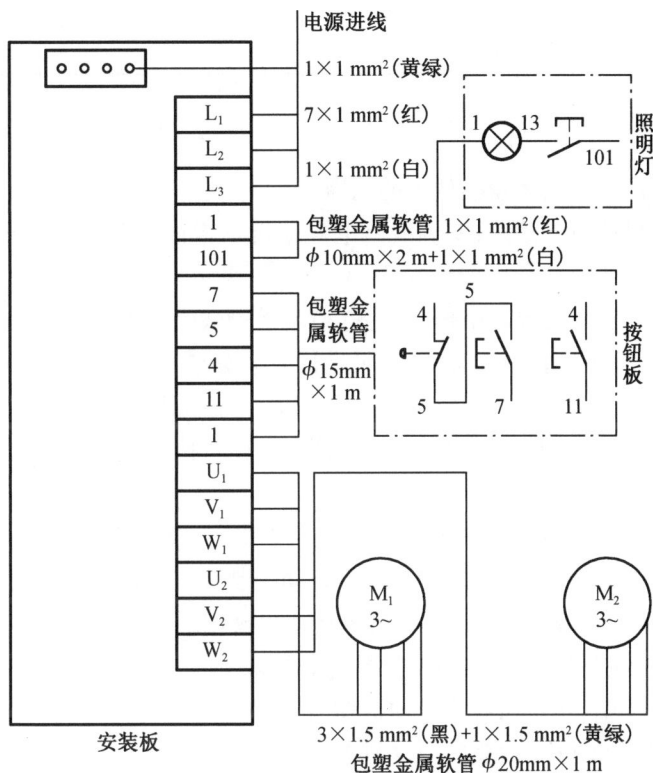

图4-57 某设备的电气接线图

⑤对于控制装置的外部连接线应在图上或用接线来表示清楚,并标明电源引入点。

【任务实施1】

三相笼型异步电动机点动、长动控制实训

1. 目的

(1)通过对三相笼型异步电动机点动控制和长动控制线路的实际安装接线,掌握由电气原理图变换成安装接线图的知识。

(2)通过实训进一步加深理解点动控制和长动控制的特点。

(3)熟悉常用电工工具的种类和基本使用方法。

2. 器材及设备

万用表、剥线钳、验电笔、电工刀、三相异步电动机、按钮开关、交流接触器、热继电器、导线、配线板、接线端子排、三相四线电源、熔断器,若有DDSZ-1(电机及电气控制实验装置)实训装置,则准备表4-3中挂件。

表 4-3　DDSZ-1 实训装置挂件

序号	型号	名称	数量
1	DJ24	三相鼠笼异步电动机(△/220 V)	1件
2	D61	继电接触控制挂箱(一)	1件
3	D62	继电接触控制挂箱(二)	1件

3. 内容及步骤

(1)认识 DDSZ-1 实训装置挂件上的电器。

(2)笼型电动机接成△接法;实训线路电源端接三相自耦调压器输出端 U、V、W,供电线电压为 220 V。

(3)在 DDSZ-1 实训装置上根据图 4-53 点动控制线路原理图连接电路。

(4)接好线路,经指导教师检查后,方可进行通电操作。

①开启控制屏电源总开关,按启动按钮,调节调压器输出,使输出线电压为 220 V。

② 按启动按钮 SB,对电动机 M 进行点动操作,比较按下按钮 SB 与松开按钮 SB 时电动机和接触器的运行情况。

③实训完毕,按控制屏上的停止按钮,切断实验线路三相交流电源。

(5)在 DDSZ-1 实验装置上根据图 4-55 长动控制线路原理图连接电路。

(6)接好线路经指导教师检查后,方可进行通电操作。

①按控制屏启动按钮,接通 220 V 三相交流电源。

②按启动按钮 SB1,松手后观察电动机 M 是否继续运转。

③按停止按钮 SB2,松手后观察电动机 M 是否停止运转。

④按控制屏停止按钮,切断实验线路三相电源,拆除控制回路中自锁触点 KM,再接通三相电源,启动电动机,观察电动机及接触器的运转情况,从而验证自锁触点的作用。

⑤实训完毕,将自耦调压器调回零位,按控制屏停止按钮,切断实验线路的三相交流电源。

(7)用万用表欧姆挡检查各电器线圈、触点是否完好。

(8)在配线板上根据图 4-56 并配合图 4-55 连接实际电路。要求元件安装牢固,导线长度适中。

(9)接好线路,经指导教师检查后,通电并观察电机运转情况。

4. 注意事项

(1)接线要求牢固、整齐、清楚、安全可靠。

(2)操作时要胆大心细,不许用手触及各电气元件的导电部分及电动机的转动部分,以免触电及意外损伤。

4.3.2　三相异步电动机的正、反转控制

生产上有许多设备需要正、反两个方向的运动,例如机床主轴的正转和反转,工作台的前进和后退,吊车的上升和下降等,都要求电动机能够正、反转。我们知道,为了实现三相

异步电动机的正、反转,只要将接到电源的三根连线中的任意两根对调即可。因此,可利用两个接触器和三个按钮组成正、反转控制电路,如图 4-58(a)所示。

图 4-58(a)中,KM$_1$ 为正转接触器,KM$_2$ 为反转接触器,SB$_2$ 为正转按钮,SB$_3$ 为反转按钮。正转接触器 KM$_1$ 的三对主触头把电动机按相序 L$_1$—U$_1$、L$_2$—V$_1$、L$_3$—W$_1$ 与电源相接;反转接触器 KM$_2$ 的三对主触头把电动机按相序 L$_3$—U$_1$、L$_2$—V$_1$、L$_1$—W$_1$ 与电源相接。因此,当按下正转按钮 SB$_2$ 时,KM$_1$ 接通并自锁,电动机正转;如果按下反转按钮 SB$_3$,则 KM$_2$ 接通并自锁,电动机反转。当按下停止按钮 SB$_1$ 时,接触器释放,电动机停转。接触器联锁正、反转控制线路的动作原理简单总结如下:

合上 QS,则有:

(1)正转控制:按一下 SB$_2$→KM$_1$ 线圈通电吸合并自、互锁→KM$_1$ 主触点闭合→电动机 M 正转。

(2)反转控制:先按下 SB$_1$→KM$_1$ 线圈断电释放→KM$_1$ 主触点断开→电动机 M 停转→再按下 SB$_3$→KM$_2$ 线圈通电吸合并自、互锁→KM$_2$ 主触点闭合→电动机 M 反转。

从主电路可以看出,KM$_1$ 和 KM$_2$ 的主触头是不允许同时闭合的,否则会发生相间短路,因此要求在各自的控制电路中串接入对方的常闭辅助触头。当正转接触器 KM$_1$ 的线圈通电时,其常闭触头断开,即使按下 SB$_3$ 也不能使 KM$_2$ 线圈通电;同理,当 KM$_2$ 的线圈通电时,其常闭触头断开,也不能使 KM$_1$ 线圈通电。这两个接触器利用各自的触头封锁对方的控制电路,称为互锁。这两个常闭触头称为互锁触头。控制电路中加入互锁环节后,就能够避免两个接触器同时通电,从而防止相间短路事故的发生。

图 4-58(a)电路中,当电动机正转时,如要使其反转,必须先按停止按钮 SB$_1$,令 KM$_1$ 失电,常闭触头 KM$_1$ 闭合,然后按下 SB$_3$,才能使 KM$_2$ 得电,电动机反转。如果不按 SB$_1$ 而直接按 SB$_3$,将不起作用。反之,由反转改为正转也要先按停止按钮。这种操作方式适用于大功率电动机及一些频繁正、反转的电动机。因为电动机如果由正转直接变为反转或由反转直接变为正转,在换接瞬间,其转差率 S 接近等于 2,不仅会引起很大的电流冲击,而且会造成相当大的机械冲击。

如果频繁正、反转,会使热继电器动作,故对大功率电动机及一些频繁正、反转的电动机一般应先按停止按钮,待转速下降后再反转。图 4-58(a)所示的控制电路能防止因操作失误而造成直接正、反转。但是对于一些功率较小的允许直接正、反转的电动机,采用这种电路会使操作不方便,为此可采用复合互锁的控制电路,如图 4-58(b)所示。

当电动机正转时,按下反转按钮 SB$_3$,它的常闭触头断开,使正转接触器线圈 KM$_1$ 断电;同时它的常开触头闭合,使反转接触器线圈 KM$_2$ 通电,于是电动机由正转直接变为反转。同理,按下 SB$_2$ 可以使电动机由反转改为正转,操作比较方便。

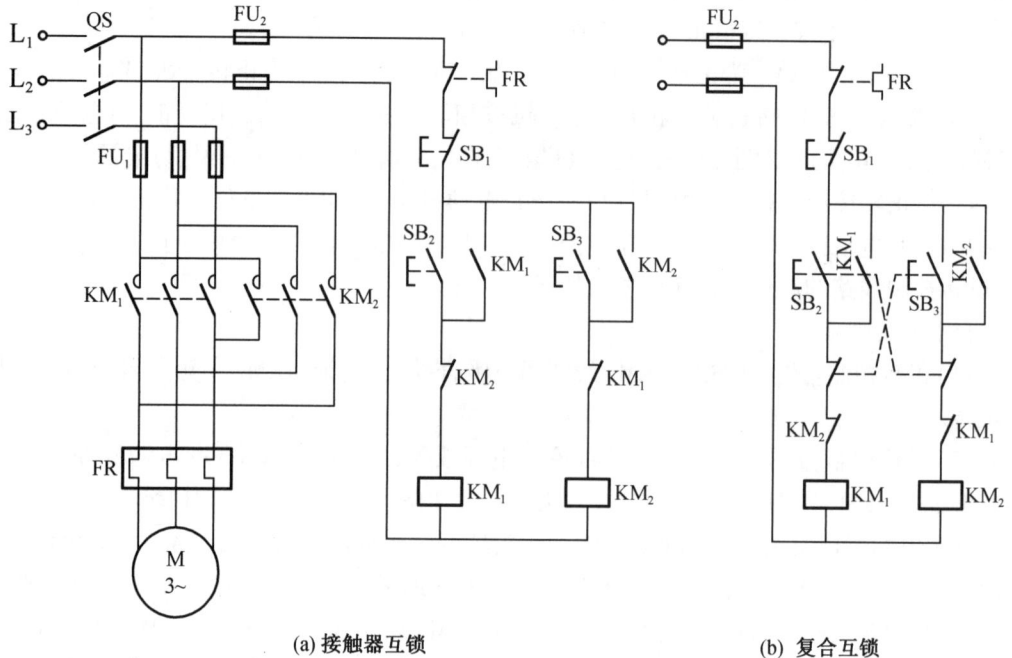

(a) 接触器互锁　　　　　　　　　　(b) 复合互锁

图 4-58　三相异步电动机正、反转控制电路原理图

【任务实施 2】

三相笼型异步电动机的正、反转控制实训

1. 目的

(1)掌握三相异步电动机正、反转控制电路的工作原理。

(2)掌握三相异步电动机正、反转控制电路的接线及接线工艺。

(3)掌握常用电工工具和电工仪表的使用方法。

2. 设备及器材

万用表、剥线钳、验电笔、电工刀、三相异步电动机、按钮开关、交流接触器(2 个)、热继电器、导线、配线板、接线端子排、三相四线电源、熔断器,若有 DDSZ-1 实训装置则准备表4-4 中挂件。

表 4-4　DDSZ-1 实训装置挂件

序号	型号	名称	数量
1	DJ24	三相鼠笼异步电动机(△/220 V)	1 件
2	D61	继电接触控制挂箱(一)	1 件
3	D62	继电接触控制挂箱(二)	1 件

3. 内容及步骤

(1)查看 DDSZ-1 实训装置上挂件是否符合本次实训要求。

(2)笼型电动机接成△接法;实训线路电源端接三相自耦调压器输出端 U、V、W,供电线电压为 220 V。

(3)在 DDSZ-1 实训装置上根据图 4-58 正、反转控制线路原理图连接电路。

(4)接好线路,经指导教师检查后,方可进行通电操作。

①开启控制屏电源总开关,按启动按钮,调节调压器输出,使输出线电压为 220 V。

②按照各种不同顺序分别按下 SB_1、SB_2 和 SB_3,观察是否符合线路功能的要求。

③实训完毕,按控制屏停止按钮,切断实训线路三相交流电源。

(5)用万用表欧姆挡检查各电器线圈、触点是否完好。

(6)在配线板上根据图 4-58 设计三相笼型异步电动机正、反转控制线路安装接线图。

(7)在配线板上按照设计的安装接线图连接电路。要求元件安装牢固,导线长度适中。

(8)接好线路,经指导教师检查后,通电并观察电动机运转情况。

4. 注意事项

(1)导线裸露部分严防碰到一起。

(2)不许用手触及各电气元件的导电部分及电动机的转动部分,以免触电及意外损伤。

*4.3.3 三相异步电动机的多地、顺序和行程控制

1. 多地控制

多地控制是指在两地或两个以上地点进行的控制操作。例如有些生产机械,特别是大型机械,为了操作方便,常常希望可以在两个地点进行同样的控制操作,即所谓两地控制。

为了达到从两地同时控制一台电动机的目的,必须在另一地点再装一组启动和停止按钮。这两组启停按钮接线的方法必须是:启动按钮要相互并联,停止按钮要相互串联。

图 4-59 为两地控制的控制线路,它可以分别在甲、乙两地控制接触器 KM 的通断,其中甲地的启停按钮为 SB_{11} 和 SB_{12},乙地为 SB_{21} 和 SB_{22},因而实现了两地控制同一台电动机的目的。

对三地或多地控制,只要把各地的启动按钮并联,停止按钮串联就可以实现。推广之,多地控制的原则是凡是常开触点应并联,常闭触点要串联。

2. 顺序控制

具有多台拖动电动机的生产机械常有各台电动机顺序启停要求。例如拖动压缩机的主电动机通常必须在为其鼓风的通风电动机运转后才能启动运行,通风电动机则必须在主电动机停车后才能停止运行。图 4-60 所示电路能满足启动时 M_1 先于 M_2 顺序启动,停止时 M_2 先于 M_1 顺序停止的要求。

如图 4-60 所示,在 M_2 的接触器 KM_2 线圈电路中串联 M_1 的接触器常开辅助触点 KM_1,亦即只有在接触器 KM_1 吸合,M_1 启动运转后,启动 M_2 才有可能,这样仅满足了 M_1 先于 M_2 的顺序启动要求。此外,在 M_1 的停止按钮 SB_1 的两端并接接触器 KM_2 的常开触点。这样当接触器 KM_2 吸合,M_2 运转时,M_1 的停止按钮被短接,亦即在 M_2 运行期间,SB_1 失去了停止功能,只有当接触器 KM_2 释放,M_2 停车后,SB_1 才恢复停止功能,这样便满足了 M_2

先于 M_1 的顺序停止要求。

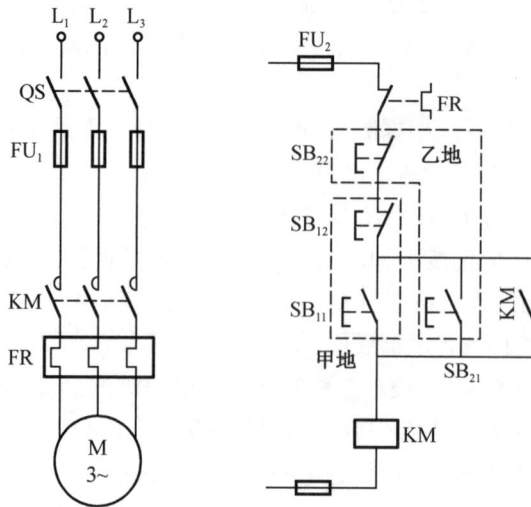

图 4-59 两地控制线路

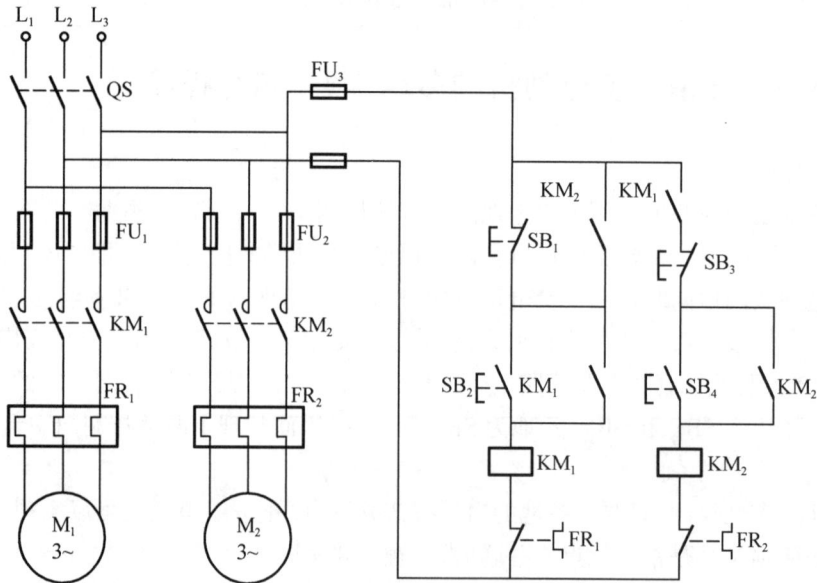

图 4-60 两台电动机顺序起停控制

3. 行程控制

某些生产机械如万能铣床要求工作台在一定距离内能自动往复运动,以便对工件连续加工。为实现这种自动往复行程控制(图 4-61),可将行程开关 SQ_1 和 SQ_2 安装在机床床身的左右两侧,将撞块 A、B 装在工作台上,将行程开关 SQ_1 的常开触头与反转按钮 SB_3 并联,将行程开关 SQ_2 的常开触头与正转按钮 SB_2 并联,如图 4-61 所示。工作台的行程可通过移动撞块的位置来调节,以适应加工零件的不同要求。SQ_3 和 SQ_4 用来作限位保护,即限制工作台的极限位置。

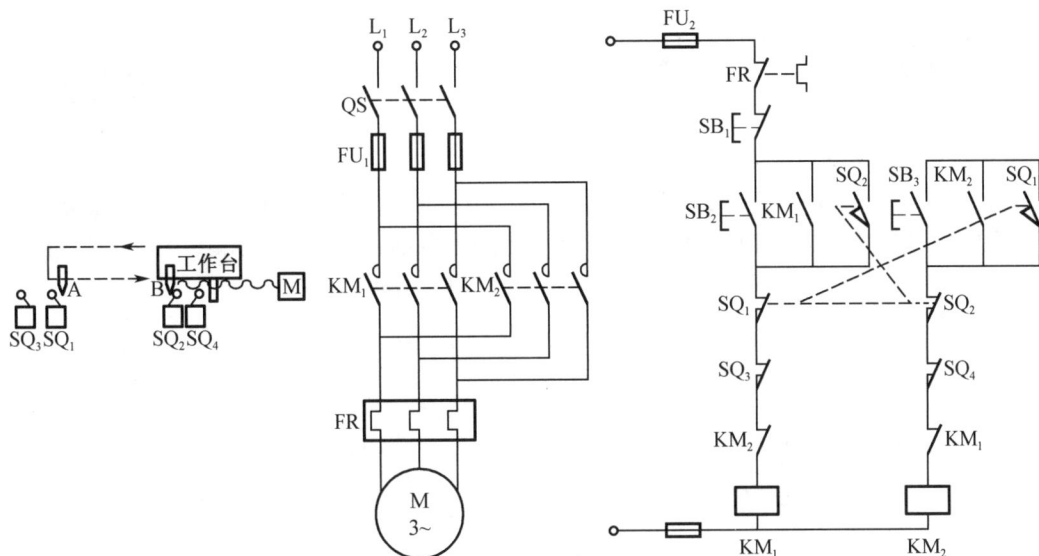

图 4-61　自动往复行程控制

　　先合上电源开关 QS,按一下 SB₁,KM₁ 线圈通电吸合并自、互锁,同时 KM₁ 主触点闭合,电动机 M 正转,工作台左移。当电动机正转带动工作台向左运动到 SQ₁ 时,撞块 A 碰撞行程开关 SQ₁,一方面使其常闭触头断开,使电动机先停转,另一方面也使其常开触头闭合,相当于自动按了反转按钮 SB₃,使电动机反转带动工作台向右运动。这时撞块 A 离开行程开关 SQ₁,其触头自动复位。由于接触器 KM₂ 自锁,故电动机继续带动工作台右移,当移动到 SQ₂ 时,撞块 B 碰到行程开关 SQ₂,一方面使其常闭触头断开,使电动机先停转,另一方面其常开触头又闭合,相当于按下正转按钮 SB₂,使电动机正转,带动工作台左移。如此往复不已,直至按下停止按钮 SB₁ 才会停止。

*4.3.4　三相异步电动机的启动、调速与制动

1. 启动控制

　　异步电动机通电后,从静止状态到稳定运行状态的过渡过程称为启动。鼠笼型异步电动机的启动方法有直接启动和降压启动两种。电动机的启动方法,取决于供电系统容量、电动机的容量和结构、负载情况及启动频繁程度而定。

　　直接启动又称为全压启动,启动时将电动机的额定电压通过刀开关或接触器直接接到电动机的定子绕组上进行启动。直接启动最简单,不需附加的启动设备,启动时间短。只要电网容量允许,应尽量采用直接启动。但这种启动方法启动电流大,一般只允许小功率的异步电动机($P_N \leqslant 7.5$ kW)进行直接启动;对大功率的异步电动机,应采取降压启动,即启动时将电源电压适当降低,启动完毕再将电压恢复到额定值运行,以减小启动电流对电网和电动机本身的冲击。

　　降压启动的方法有:定子绕组串电阻降压启动、Y-△换接降压启动、自耦变压器降压启动、延边三角形降压启动等。我们仅以三相笼型异步电动机的 Y-△换接降压启动为例:额

定运行为三角形接法且容量较大的电动机,启动时绕组做星形连接,待转速升高到一定值时,改为三角形连接,直到稳定运行。

如图 4-62 所示为一种典型的时间继电器自动切换的 Y/△降压启动控制线路,其工作原理分析如下:

先合上电源开关 QS,则有

启动:按一下 SB_1→KM 线圈通电并自锁→KM_Y、KT 线圈通电→延时开始,且 KM_Y 线圈通电并互锁→电动机 M 在 Y 接法下启动→延时时间到→KM_Y 线圈先断电,$KM_△$ 线圈后通电并自、互锁→电动机在△接法全压运行。

Y/△降压启动仿真实验

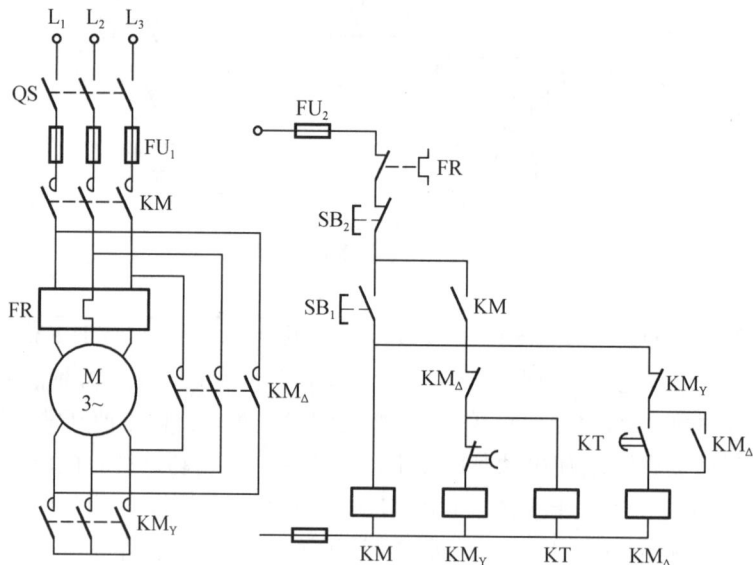

图 4-62　时间继电器自动切换的 Y/△降压启动控制

停止:按一下 SB_2→KM、$KM_△$ 线圈断电→电动机 M 停止。

2. 调速控制

调速是指在同一负载下人为改变电动机的转速。由前面所学可知,电动机的转速为

$$n = (1-s)\,n_1 = (1-s)\,\frac{60f_1}{p}$$

因此,要改变电动机的转速,有三种方式:变频调速、变极调速和变转差率调速。

变频调速是指通过改变电源的频率从而改变电动机转速。它采用一套专用的变频器来改变电源的频率以实现变频调速。变频器本身价格较贵,是一种较理想的调速方法。近年来,随着电力电子技术的发展,交流电动机采用这种方式进行调速越来越普遍。

变极调速是指通过改变异步电动机定子绕组的接线以改变电动机的磁极对数从而实现调速的方法。由上式可知,改变电动机的磁极对数,可以改变电动机的转速。但由电动机的工作原理可知,电动机的磁极对数总是成倍增长的,所以电动机的转速也就阶段性上升,无法实现。鼠笼式异步电动机转子的极数能自动与定子绕组的极数相适应,所以一般鼠笼式异步电动机采用这种方法调速。异步电动机可以通过改变电动机的定子绕组接法来实现变极调速,也可以通过在定子上安装不同的定子绕组来实现调速,这种能改变定子

磁极对数的电动机又称为多速电动机。变极调速方式转速的平滑性差,但它经济、简单,且机械特性硬,稳定性好,所以许多工厂的生产机械一般采用这种方法和机械调速协调进行调速。

在绕线式异步电动机中,可以通过改变转子电阻来改变转差率,从而改变电机的速度。下面仅以变极调速控制为例。

(1)双速异步电动机定子绕组的连接

双速异步电动机定子绕组的连接图如图 4-63 所示。

图 4-63(a):出线端 U_1、V_1、W_1 接电源,U_2、V_2、W_2 端子悬空,绕组为三角形接法,每相绕组两个线圈串联,成四个极,磁极对数 $P=2$,同步转速 $n=1\,500$ r/min,电动机为低速。

图 4-63(b):出线端 U_1、V_1、W_1 短接,而 U_2、V_2、W_2 接电源,绕组为双星形连接,每相绕组两个线圈并联,成两个极,磁极对数 $P=1$,同步转速 $n=3\,000$ r/min,电动机为高速。

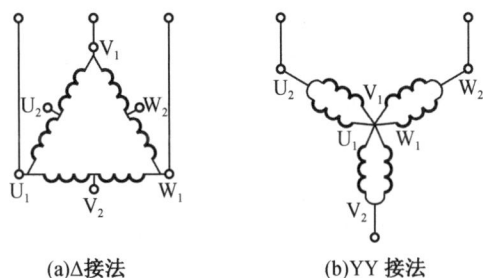

(a)Δ接法　　(b)YY 接法

图 4-63　双速异步电动机三相定子绕组 Δ/YY 接线图

(2)用按钮控制的双速电动机高、低速控制线路

用按钮控制的双速电动机高、低速控制线路如图 4-64 所示。

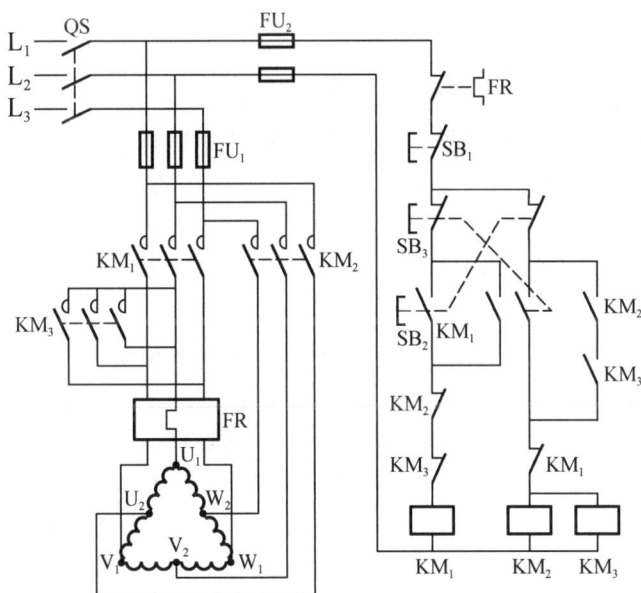

图 4-64　用按钮控制的双速电动机高、低速控制线路

线路工作过程：

①低速运转

合上QS → 按下SB$_2$ → KM$_1$线圈通电 —→ KM$_1$自锁触点闭合自锁
　　　　　　　　　　　　　　　　—→ KM$_1$主触点闭合→电动机绕组接成△，低速运转
　　　　　　　　　　　　　　　　—→ KM$_1$主触触点分断，对KM$_2$、KM$_3$互锁

②高速运转

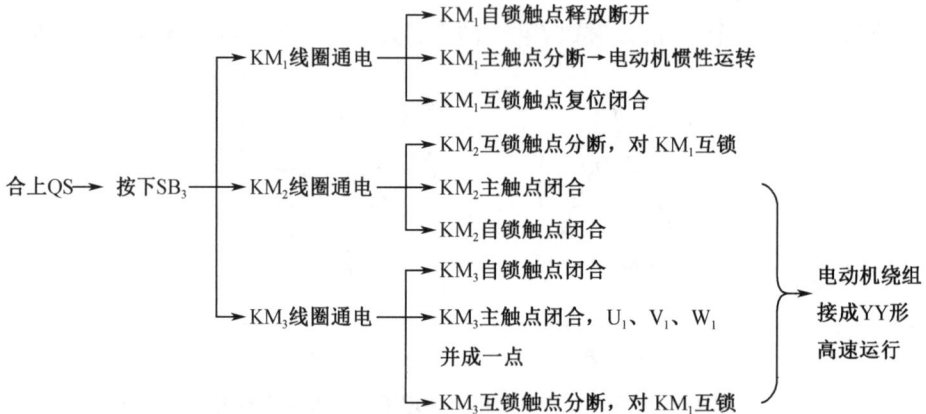

合上QS → 按下SB$_3$ —→ KM$_1$线圈通电 —→ KM$_1$自锁触点释放断开
　　　　　　　　　　　　　　　　　　 —→ KM$_1$主触点分断→电动机惯性运转
　　　　　　　　　　　　　　　　　　 —→ KM$_1$互锁触点复位闭合
　　　　　　　 —→ KM$_2$线圈通电 —→ KM$_2$互锁触点分断，对 KM$_1$互锁
　　　　　　　　　　　　　　　　　　 —→ KM$_2$主触点闭合
　　　　　　　　　　　　　　　　　　 —→ KM$_2$自锁触点闭合
　　　　　　　 —→ KM$_3$线圈通电 —→ KM$_3$自锁触点闭合
　　　　　　　　　　　　　　　　　　 —→ KM$_3$主触点闭合，U$_1$、V$_1$、W$_1$并成一点
　　　　　　　　　　　　　　　　　　 —→ KM$_3$互锁触点分断，对 KM$_1$互锁

电动机绕组接成YY形高速运行

3. 制动控制

在生产机械中,电动机断开电源后,由于惯性作用,不会马上停止转动,需要一段时间才能停下来。因为停机的时间太长,影响生产率,同时还会造成停机位置不准确,工作不安全,所以有必要对电动机实现制动控制。

制动就是给电动机一个与它旋转方向相反的转矩,使它迅速停下来。制动的方法有机械制动和电气制动两种。机械制动是利用机械装置使电动机在断电后迅速停止的方式,最常用的是电磁抱闸。电气制动是通过电路的转换或改变供电条件使其产生与实际运转方向相反的电磁转矩——制动力矩,迫使电动机迅速停止转动。电气制动又包括反接制动、能耗制动、再生制动等。

反接制动实质是改变异步电动机定子绕组中的三相电源相序,产生与转子转动方向相反的转矩,迫使电动机迅速停转。

能耗制动是停车时在切除三相交流电源的同时,将一直流电源接入电动机定子绕组的任意两相,以获得大小和方向不变的恒定磁场,从而产生一个与电动机原转矩方向相反的电磁转矩以实现制动。当电动机转速下降到零时,再切除直流电源。

再生制动又叫回馈制动,适用于电动机转子转速 n 高于同步转速 n_1 的场合。原理是:电动机转子转速 n 与定子旋转磁场的旋转方向相同,且转子转速比旋转磁场的转速高,即 $n>n_1$。转子绕组切割旋转磁场,产生感应电流的方向与原来电动机状态相反,则电磁转矩方向也与转子旋转方向相反,电磁转矩变为制动转矩,使重物不致下降太快。

下面仅以反接制动为例。

电源反接制动是将运行中的电动机电源反接,以改变电动机定子绕组中的电源相序,从而使定子绕组的旋转磁场反向,转子受到与原旋转方向相反的制动力矩而迅速停转,使电动机转速迅速下降而实现制动。当电源反接制动到转子转速接近零时,如不及时切断电源,则电动机将会反向启动。为此,必须在反接制动中采取一定的措施,保证当电动机的转速被制动到接近零时迅速切断电源,防止反向启动。在一般的电源反接制动控制线路中,我们经常利用速度继电器来反映电动机主轴的转速,以实现自动控制。

单向运行的电源反接制动控制线路如图 4-65 所示。由于反接制动时,旋转磁场与转子的相对转速很高,感应电动势很大,所以转子电流比直接启动时的电流还大。反接制动电流一般是电动机额定电流的 10 倍左右,故在主电路中串联电阻 R 以限制反接制动电流。图中 KM_1 为正转运行接触器,KM_2 为反转运行接触器,速度继电器 KV 与电动机 M 用虚线相连表示同轴。其工作原理分析如下:

先合上电源开关 QS,则有

单向启动:按一下 $SB_1 \to KM_1$ 线圈通电并自、互锁 $\to$ 电动机 M 启动运转,n 升至一定值时其常开触点闭合为制动做准备。

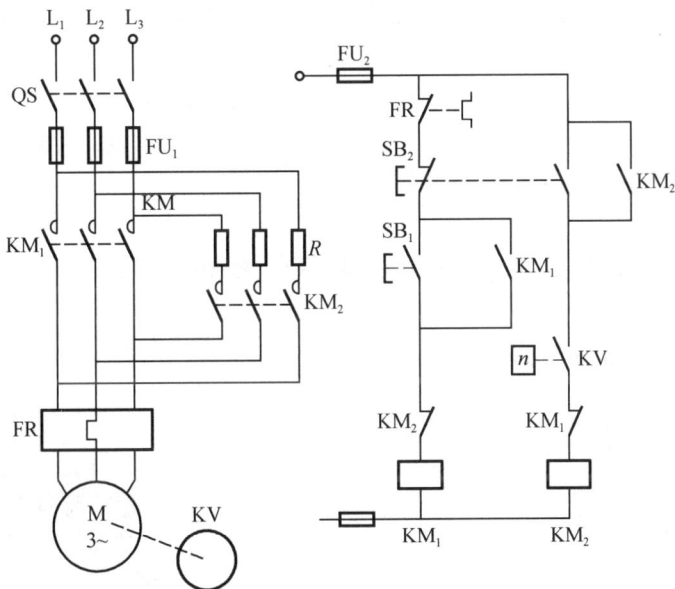

图 4-65 单向运行的电源反接制动控制线路

反接制动:按一下 $SB_2 \to KM_1$ 线圈断电,KM_2 线圈通电并自、互锁 $\to$ 电动机 M 串 R 反接制动,n 降至一定值时其常开触点断开 $\to KM_2$ 线圈断电 $\to$ 电动机 M 脱离电源,制动结束。

*任务 4.4   用兆欧表测量电气设备的绝缘电阻

【任务目标】

(1)了解指针式和数字式兆欧表。

(2)会用指针式兆欧表和数字式兆欧表测量电气设备的绝缘电阻。

【任务内容】

在电气设备中,例如电动机、家用电器,它们能正常运行的条件之一就是其绝缘材料的绝缘程度好,即绝缘电阻的数值大。当受热和受潮时,绝缘材料老化,其绝缘电阻降低,从而造成电气设备漏电或短路事故的发生。为了避免事故发生,就要求经常测量各种电气设备的绝缘电阻,判断其绝缘程度是否满足设备需要。绝缘电阻一般数值较高(一般为兆欧级),在低电压下的测量值不能反映在高电压条件下工作的真正绝缘电阻值,需要用兆欧表,俗称摇表来测量。兆欧表是测量绝缘电阻最常用的仪表。它在测量绝缘电阻时本身就有高电压电源,这就是它与普通测电阻仪表的不同之处。兆欧表的种类很多,下面仅以指针式和数字式兆欧表的两种型号为例。

4.4.1   用指针式兆欧表测量电气设备的绝缘电阻

指针式兆欧表的实物图如图 4-66 所示。它由一个手摇发电机、表头和三个接线柱(即线路端 L、接地端 E、屏蔽端 G,屏蔽端也叫保护环)组成。

指针式兆欧表的选用原则如下:

1. 额定电压等级的选择

高压电气设备绝缘电阻要求高,须选用电压高的兆欧表进行测试;低压电气设备内部绝缘材料所能承受的电压不高,为保证设备安全,应选择电压

图 4-66   ZC25B-3 指针式兆欧表

低的兆欧表。一般情况下,额定电压在 500 V 以下的设备,应选用 500 V 或 1 000 V 的兆欧表;额定电压在 500 V 以上的设备,选用 1 000~2 500 V 的兆欧表。

2. 电阻量程范围的选择

选择兆欧表的原则是不使测量范围过多地超出被测绝缘电阻的数值,以免因刻度较粗而产生较大的读数误差。另外还要注意有些兆欧表的起始刻度不是零,而是 1 MΩ 或 2 MΩ。这种兆欧表不宜测量处于潮湿环境中的低压电气设备的绝缘电阻,因为在这种环境中的设备绝缘电阻较小,有可能小于 1 MΩ,在仪表上读不到读数,容易误认为绝缘电阻为 1 MΩ 或为零值。兆欧表的表盘刻度线上有两个小黑点,小黑点之间的区域为准确测量区域。所以在选表时应使被测设备的绝缘电阻值在准确测量区域内。

【任务实施1】

用指针式兆欧表测量电气设备的绝缘电阻

1. 目的

会用指针式兆欧表测量电气设备的绝缘电阻。

2. 器材及设备

(1)指针式兆欧表一块。

(2)需要测量的电气设备。

3. 内容及步骤

(1)测量前将被测设备电源切断,并对地短路放电。绝不能让设备带电进行测量,以保证人身和设备的安全。对可能感应出高压电的设备,必须在消除这种可能性后,才能进行测量。

(2)被测物表面要清洁,减少接触电阻,确保测量结果的正确性。

(3)测量前将兆欧表进行一次开路和短路试验,检查兆欧表是否良好。即在兆欧表未接上被测物之前,摇动手柄使发电机达到额定转速(120 r/min),观察指针是否指在标尺的"∞"位置。将接线柱"线(L)"和"地(E)"短接,缓慢摇动手柄,观察指针是否指在标尺的"0"位。如指针不能指到该位置,表明兆欧表有故障,应检修后再用。

(4)兆欧表使用时放在平稳、牢固的地方,且远离大的外电流导体和外磁场。

(5)正确接线。兆欧表上一般有三个接线柱,其中L接在被测物和大地绝缘的导体部分,E接被测物的外壳或大地。G接在被测物的屏蔽上或不需要测量的部分。测量电动机等设备绝缘电阻时,一般只用"L"和"E"端,如图4-67(b)所示。但在测量电缆对地的绝缘电阻或被测设备的漏电流较严重时,就要使用"G"端,并将"G"端接屏蔽层或外壳,如图4-67(a)、(c)所示。

(a) 测量导线对地绝缘　　(b) 测量电动机绝缘　　(c) 测量电缆缆心对地绝缘

图 4-67　兆欧表的接线

注意:当用兆欧表摇测电气设备的绝缘电阻时,一定要注意"L"和"E"端不能接反。正确的接法是:"L"端钮接被测设备导体,"E"端钮接地的设备外壳,"G"屏蔽端接被测设备的绝缘部分。假如将"L"和"E"接反了,流过绝缘体内及表面的漏电流经外壳汇集到地,由地经"L"流进测量线圈,使"G"失去屏蔽作用而给测量带来很大误差。另外,因为"E"端内部引线同外壳的绝缘程度比"L"端与外壳的绝缘程度要低,当兆欧表放在地上使用,采用正确接线方式时,"E"端对仪表外壳和外壳对地的绝缘电阻,相当于短路,不会造成误差;而当"L"与"E"接反时,"E"对地的绝缘电阻同被测绝缘电阻并联,而使测量结果偏小,给测量带来较大误差。

（6）测量。线路接好后，将兆欧表置于水平位置，按顺时针方向转动摇把，摇动的速度应由慢变快。摇把转动时其端钮间不许短路，若发现指针指零说明被测绝缘物可能发生了短路，这时就不能继续摇动摇把，以防表内线圈发热损坏。当转速达到 120 r/min 左右时（ZC25 型），保持匀速转动，1 min 后读数，并且要边摇边读数，不能停下来读数。

（7）读数完毕，将被测设备放电。放电方法是将测量时使用的地线从兆欧表上取下来与被测设备短接一下即可（不是兆欧表放电）。

4. 注意事项

（1）禁止在雷电时或高压设备附近测绝缘电阻，只能在设备不带电，也没有感应电的情况下测量。

（2）摇测过程中被测设备上不能有人工作。

（3）接线柱与被测物之间连接导线不能用绞线，应分开单独连接，不致因绞线绝缘不良而影响读数。

（4）兆欧表未停止转动时或被测设备放电之前严禁用手触及。拆线时，也不要触及引线的金属部分。

（5）测量结束时对于大电容设备要放电。

（6）兆欧表接线柱引出的测量软线绝缘应良好，两根导线之间和导线与地之间应保持适当距离，以免影响测量精度。

（7）为了防止被测设备表面泄漏电阻，使用兆欧表时应将被测设备的中间层（如电缆壳芯之间的内层绝缘物）接于保护环。

4.4.2　用数字式兆欧表测量电气设备的绝缘电阻

UT513 系列数字兆欧表由中大规模集成电路组成。实物图如图 4-68 所示。每种机型有四个电压等级，与指针式兆欧表一样有三个接线端子：L、E、G。工作原理为：由机内电池作为电源经 DC/DC 变换产生的直流高压由"E"端出来，经被测试设备到达"L"端，从而产生一个从"E"到"L"端的电流，经过 I/V 变换和除法器完成运算直接将被测的绝缘电阻值由 LCD 显示出来。

1. 数字兆欧表的特点

（1）不需人力做功，由电池供电，量程可自动转换。

（2）采用面板操作和 LCD 显示使得测量十分方便和迅捷。

图 4-68　UT513 数字兆欧表

（3）输出短路电流可直接测量，不需带载测量进行估算。

2. 数字兆欧表 UT513 功能键介绍

（1）ON/OFF

按 ON/OFF 一秒开机，再按一次关机。

（2）CLEAR

短按打开或关闭背光源,长按擦除存储数据。

(3)E-STOP

复位关机应急键,在出现死机后没办法关闭电源的情况下按此键。

(4)SAVE

存储当前液晶数据。当存储数据个数显示为 18 时,液晶屏会显示 FULL 符号,表示存储器满,须按 CLEAR 键擦除存储器内的数据才可以存储下一组数据。

(5)LOAD(无高压输出时此功能有效)

按一次,读第一组存储数据,再按一次退出 LOAD 操作。

(6)▲

当绝缘电阻测量无测试电压输出时,▲为测试电压上挡选择键。当 LOAD 操作时,▲为上调下一组数据选择键。

(7)▼

当绝缘电阻测量无测试电压输出时,▼为测试电压下挡选择键。当 LOAD 操作时,▼为下调下一组数据选择键。

(8)◄

①当定时测量绝缘电阻或测量极化指数时,用来递减设置时间。

②当比较功能测量绝缘电阻时,用来递减设置电阻比较值。

③当极化指数测量结束时,循环显示极化指数、TIME2 绝缘电阻值和 TIME1 绝缘电阻值。

(9)►

①当定时测量绝缘电阻或测量极化指数时,用来递增设置时间。

②当比较功能测量绝缘电阻时,用来递增设置电阻比较值。

③当极化指数测量结束时,循环显示极化指数、TIME2 绝缘电阻值和 TIME1 绝缘电阻值。

(10)USB

启动和停止仪器采样数据往电脑上传输。

(11)COMP

绝缘电阻测量比较功能测量,开机时,比较值预设为 10 MΩ。

(12)TIME

每按一次,循环设置绝缘电阻测量模式:连续测量→定时器测量→极化指数测量。

(13)TEST

用作开启和关闭绝缘电阻测试电压。

(14)IR

绝缘电阻测量功能。

(15)DCV

直流电压测量功能。

(16)ACV

交流电压测量功能。

✤【任务实施2】

用数字兆欧表测量电气设备的绝缘电阻

1. 目的

会用指针式兆欧表测量电气设备的绝缘电阻。

2. 器材及设备

(1) UT513 系列数字兆欧表一块。

(2) 需要测量的电气设备。

3. 内容及步骤

(1) 接线

测量绝缘电阻时,线路端"L"与被测物同大地绝缘的导电部分相接,接地端"E"与被测物体外壳或接地部分相接,屏蔽端"G"与被测物体保护遮蔽部分相接或其他不参与测量的部分相接,以消除表泄漏所引起的误差。测量电气产品的元件之间绝缘电阻时,可将"L"和"E"端接在任一组线头上进行。如测量发电机相间绝缘时,三组可轮流交换,空出的一相应安全接地。

(2) 测量

开启电源开关"ON",选择所需电压等级,轻按一下,指示灯亮代表所选电压挡,轻按一下高压启停键,高压指示灯亮,LCD 显示的稳定数值即为被测的绝缘电阻值,关闭高压时只需再按一下高压键,关闭整机电源时按一下电源开关"OFF"。

启动高压后,机内定时器开始工作,一分钟时仪表自动报警 5 s,此时数值被锁定,便于计算吸收比[在同一次试验中,摇测 60 s 时的绝缘电阻值与 15 s 时的绝缘电阻值之比。测量吸收比的目的是发现绝缘受潮 60 s(R)/15 s(R)>1.3]。

4. 注意事项

(1) 存放保管兆欧表时,应注意环境温度和湿度,应放在干燥通风的地方,要防尘、防潮、防震、防酸碱及腐蚀气体。

(2) 被测物体为正常带电体时,必须先断开电源,然后测量,否则会危及人身及设备安全。"E"和"L"端子之间开启高压后有较高的直流电压,在进行测量操作时人体各部分不可触及。

(3) UT513 系列数字兆欧表配有可充电电池组。当机内可充电电池组电压低于 7.2 V 时,表头左上角显示欠压符号"←"。提示要及时对机内电池组充电 8 h 左右,直至面板上充电指示灯变暗以至熄灭。仪表长期不用时,应定期对可充电池组进行充电维护。

【项目小结】

1. 凡根据外界的电信号或非电信号自动地或手动地对电路实现接通、断开控制,连续地或断续地改变电路参数,实现对电路或非电对象的切换、控制、保护、检测、变换、调节等作用的电气设备,都称为电器。低压电器一般为交流电压 1 000 V 以下,直流电压 1 200 V 以下的电器。常用的低压电器有刀开关、组合开关、低压断路器、控制按钮、接触器、继电器、熔断器等。

2. 刀开关也称闸刀开关,是一种手动电器,用来接通和断开电路,一般只作隔离开关使用,也用来非频繁地接通和分断容量不太大的低压供电和配电电路及小容量负载电路,可用于小功率电动机不频繁地直接启动、断开。

3. 低压断路器又称自动空气开关,它的作用是既能带负荷通断电路,又能在短路、过载和低电压(或失压)等故障情况下自动跳闸。它主要用在不频繁操作的低压配电线路或开关柜(箱)中作为电源开关使用。其特点是动作后不需要更换元件,电流值可随时整定,工作可靠,运行安全,切流能力大,安装使用方便。

4. 接触器是一种可对交、直流主电路及大容量控制电路作频繁通、断控制的自动切换电器。接触器的线圈和静铁芯固定不动。当线圈得电时,铁芯线圈产生电磁吸力,将动铁芯吸合,由于动触头与铁芯固定在同一根轴上,因此动铁芯带动动触头运动,与静触头接触,使电路接通。当线圈断电时,吸力消失,动铁芯依靠反作用弹簧的作用而复位,动触头断开,电路被切断。

5. 继电器的结构和工作原理与接触器相似,也是由电磁机构和触点系统组成的,但继电器没有主触点,其触点不能用来接通和分断负载电路,而均接于控制电路,且电流一般小于 5 A,故不必设灭弧装置。常用的继电器有热继电器、时间继电器、速度继电器,各类继电器在不同信号下动作,以控制各类控制电路。

6. 熔断器是一种最简单有效的保护电器,串接在所保护的电路中,作为电路及用电设备的短路保护和严重过载保护,主要用作短路保护。

7. 三相异步电动机由定子和转子两部分构成,定子和转子之间留有一定的空气隙。定子和转子都有铁芯和绕组。三相异步电动机分为笼型三相异步电动机和绕线式三相异步电动机。

8. 三相定子绕组中通入交流电后,便在空间产生旋转磁场。在旋转磁场的作用下,转子将做切割磁力线的运动而在其两端产生感应电动势,在转子绕组中将产生感应电流,称为转子电流,转子电流在旋转磁场中受到电磁力的作用,电磁力对转子的作用称为电磁转矩。在电磁转矩的作用下,转子就沿着顺时针方向转动起来,显然转子的转动方向与旋转磁场的转动方向一致。

9. 转差率 s 是用来表示转子转速与同步转速之差的相对程度的一个物理量,其中 n_1-n 为转速差。

$$s=\frac{n_1-n}{n_1}$$

10. 直流电动机主要由定子和转子两大部分组成,定子与转子之间有很小的气隙。按照不同的励磁方式,直流电动机可以分为他励、并励、串励和复励四种。

11. 控制电机作为自动控制系统中非常重要的控制单元,用于实现各自的控制任务,其主要任务是转换和传递控制信号,要求有较高的控制性能。常用的控制电机有步进电机和伺服电机等。

12. 用常用低压电器可以组成电动机的控制电路,实现预定的控制功能,主要的控制有电动机的点动长动控制、正反转控制,以及电动机的启动、调速和制动。无论控制电路复杂还是简单,在阅读电气原理图时都需要按照一定步骤进行,一般先看主电路,再看控制电路,最后看显示及照明等辅助电路。

【项目训练】

1. 刀开关有什么作用?

2. 对于控制按钮的颜色有哪些规定?

3. 交流接触器的主要结构包括哪几部分? 各自的作用是什么?

4. 什么是接触器? 接触器由哪几部分组成? 各自的作用是什么?

5. 熔断器主要由哪两部分构成? 熔断器在电路中主要起什么作用?

6. 三相异步电动机的主要结构是什么? 它是如何分类的?

7. 试叙述三相异步电动机的转动原理。

8. 一台三相四极 50 Hz 异步电动机,已知额定转速为 1 440 r/min,求额定转差率 s_N。

9. 某三相异步电动机,定子电压的频率 $f_1 = 50$ Hz,极对数是 1,转差率 $s = 0.02$,求同步转速 n_1 及转子转速 n。

10. 直流电动机按照不同的励磁方式分为哪几种?

11. 已知两台电动机 M_1 和 M_2 的顺序控制主电路与图 4-60 中的主电路相同。根据下列要求,试分别设计出能实现两台电动机顺序启停的控制电路:

(1)M_1 启动后 M_2 才能启动,M_1 和 M_2 同时停止;

(2)M_1 启动后 M_2 才能启动,M_1 和 M_2 可以单独停止;

(3)M_1 启动后 M_2 才能启动,M_2 停止后 M_1 才能停止。

12. 三相异步电动机降压启动的方法有哪些?

13. 要改变电动机的转速有哪几种方式? 依据是什么?

14. 什么是机械制动? 机械制动最常用的方式是什么? 什么是电气制动? 电气制动包括哪些方式?

15. 兆欧表的主要用途是什么?

项目 5　常用半导体器件的识别与检测

【项目描述】

本项目学习模拟电子技术相关知识和技能。半导体器件是构成各种电子电路的基本元件,包括二极管、三极管、场效应晶体管等。本项目从半导体基础知识和 PN 结入手,介绍二极管、三极管及场效应晶体管的结构、符号、主要参数,以及半导体二极管和三极管的识别与检测方法。

【项目目标】

知识目标:
(1)掌握二极管、三极管、场效应晶体管的基本特性、主要参数及电路符号。
(2)了解二极管、三极管、场效应晶体管的主要应用。
技能目标:
(1)能够用万用表检测二极管、三极管等器件的极性及质量。
(2)能正确使用二极管、三极管、场效应晶体管。

任务 5.1　二极管的识别与检测

【任务目标】

(1)了解半导体的基础知识、PN 结的形成与特点。
(2)认识二极管的结构和单向导电性。
(3)了解二极管的主要应用。
(4)能够判别二极管的极性和质量好坏。

【任务内容】

5.1.1　半导体基础知识

1. 自然界物质的分类

在自然界中存在着许多不同的物质,根据其导电性能的不同大体可分为导体、绝缘体和半导体三大类。通常将很容易导电、电阻率小于 $10^{-4}\ \Omega \cdot cm$ 的物质称为导体,例如铜、铝、银等金属材料;将很难导电、电阻率大于 10^{10} $\Omega \cdot cm$ 的物质称为绝缘体,例如塑料、橡胶、陶瓷等材料;将导电能力介于导体和绝缘体之间、电阻率在 $10^{-4} \sim 10^{10}$ $\Omega \cdot cm$ 范围内的物质称为半导体。常用的半导体材料是硅(Si)和锗(Ge),它们的最外层都有四个价电子,都是四价元素。

2. 半导体材料及特性

用半导体材料制作电子元器件,不是因为它的导电能力介于导体和绝缘体之间,而是由于其导电能力会随着温度的变化、光照或掺入杂质的多少发生显著的变化,这就是半导体不同于导体的特殊性质。

(1)热敏性

热敏性就是半导体的导电能力随着温度的升高而迅速增加。半导体的电阻率对温度的变化十分敏感。利用这种热敏效应,半导体可制成各种热敏元件。

(2)光敏性

半导体的导电能力随光照的变化有显著改变的特性叫作光敏性。自动控制中用的光电二极管和光敏电阻,就是利用光敏特性制成的。

(3)杂敏性

在纯净的半导体中适当掺入微量有用杂质,它的导电能力将会大大增加。利用这一特性,可以制造出不同性能、不同用途的半导体器件。

3. 本征半导体

将纯净的半导体经过一定的工艺过程制成单晶体,即为本征半导体。由于相邻原子间的距离很小,因此相邻两个原子的一对最外层电子(即价电子)不但各自围绕自身所属的原子核转动,而且出现在相邻原子所属的轨道上,成为共用电子,这样的组合称为共价键结构,如图 5-1 所示。图中标有"+4"的圆圈表示除价电子外的正离子。

本征半导体在热力学温度 $T=0$ K(-273 ℃)并且无外部激发能量时,每个价电子都处于最低能态,价电子没有能力脱离共价键的束缚,没有能够自由移动的带电粒子,这时的本征半导体被认为是绝缘体。

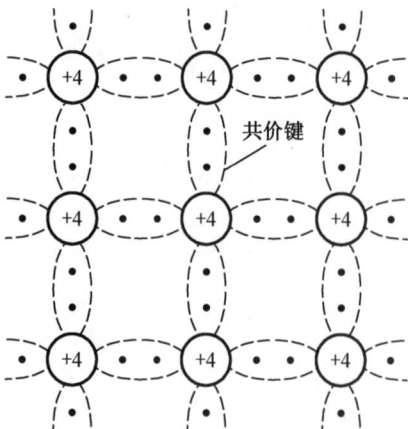

图 5-1　本征半导体结构示意图

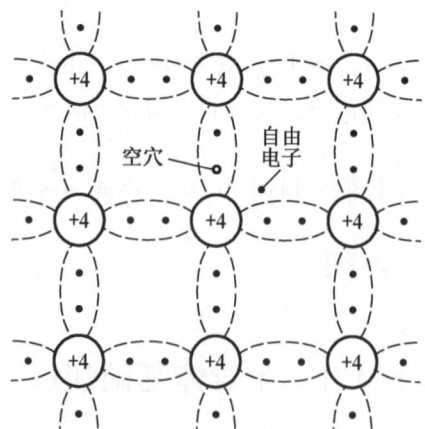

图 5-2　本征半导体中的自由电子和空穴

　　当价电子在外部能量(如温度升高、光照)作用下,一部分价电子脱离共价键的束缚成为自由电子,同时在原来的共价键中留下一个空位,这个空位叫空穴,空穴与自由电子是成对出现的,如图 5-2 所示,每形成一个自由电子,同时就会出现一个空穴,这种现象称为本征激发。

　　原子失去价电子后带正电(即正离子),有空穴的正离子会吸引相邻原子中的电子来填补这个空穴,于是在失去一个价电子的相邻原子的共价键中又出现另一个空穴。如此持续下去,空穴便朝着与电子相反的方向移动。自由电子和空穴在运动中相遇时会重新结合而成对消失,这种现象称为复合。

　　在无外电场作用的情况下,当温度一定时,自由电子和空穴的产生与复合将达到动态平衡,自由电子和空穴的浓度一定。

　　在外电场作用下,自由电子和空穴将做定向运动,这种现象称为漂移,所形成的电流称为漂移电流。自由电子又叫电子载流子,空穴又叫空穴载流子。因此,半导体中有自由电子和空穴两种载流子参与导电,分别形成电子电流和空穴电流,这就是本征半导体的导电机理。在常温下,本征半导体载流子浓度很低,因此导电能力很弱。

　　4. PN 结及其单向导电特性

　　通过扩散工艺,在本征半导体中掺入少量合适的杂质元素,便可得到杂质半导体。

　　(1)P 型半导体

　　如果在本征半导体中掺入微量三价元素,如硼(B)、铟(In)等,在与周围四个半导体原子形成共价键时,每个杂质元素都可以提供一个空穴,因此在半导体内就产生了大量空穴,这种半导体叫作 P 型半导体,如图 5-3(a)所示。

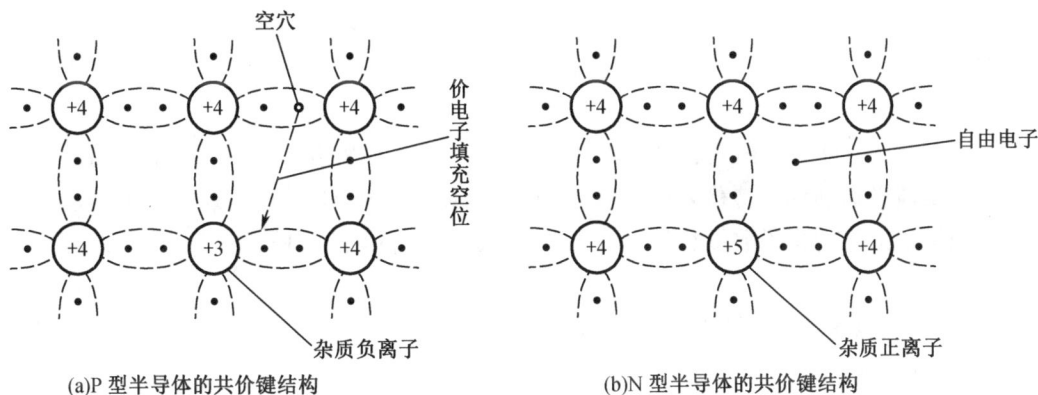

(a)P 型半导体的共价键结构　　　　　　　(b)N 型半导体的共价键结构

图 5-3　杂质半导体

　　在 P 型半导体中,空穴是多数载流子,简称"多子",电子是少数载流子,简称"少子"。但整个 P 型半导体是呈现电中性的。P 型半导体在外界电场作用下,空穴电流远大于电子电流。P 型半导体是以空穴导电为主的半导体,所以它又被称为空穴型半导体。

　　(2)N 型半导体

　　如果在本征半导体中掺入微量五价元素,如磷(P)、砷(As)等,其中杂质元素的四个价电子与周围的四个半导体原子形成共价键,第五个价电子很容易脱离原子的束缚成为自由电子,因此在半导体内会产生许多自由电子,这种半导体叫作 N 型半导体,如图 5-3(b)

所示。

在 N 型半导体中,自由电子数远大于空穴数,所以 N 型半导体的多子是自由电子,少子是空穴。但整个 N 型半导体是呈现电中性的。N 型半导体在外界电场作用下,电子电流远大于空穴电流。N 型半导体是以电子导电为主的半导体,所以它又被称为电子型半导体。

半导体中多子的浓度取决于掺入杂质的多少,少子的浓度与温度有密切的关系。

(3)PN 结的形成

采用不同的掺杂工艺,将一块半导体的一半形成 P 型半导体,另一半形成 N 型半导体,则在它们的交界处会形成一个特殊区域,称为 PN 结。

在 P 型和 N 型半导体的交界面两侧,由于自由电子和空穴的浓度相差悬殊,所以 N 区中的多数载流子自由电子要向 P 区扩散,同时 P 区中的多数载流子空穴也要向 N 区扩散,并且当电子和空穴相遇时,将发生复合而消失,如图 5-4 所示。于是,在交界面两侧将分别形成不能移动的正、负离子区,正、负离子处于晶格位置而不能移动,所以称为空间电荷区(亦称为耗尽层)。空间电荷区一侧带正电,另一侧带负电,所以形成了内电场 E_{in},其方向由 N 区指向 P 区。

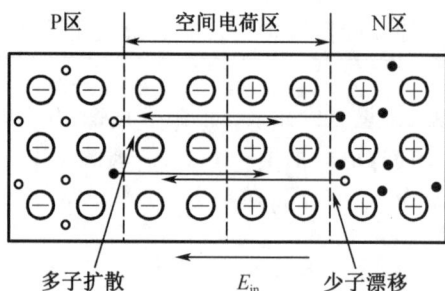

图 5-4 PN 结的形成

在内电场 E_{in} 的作用下,P 区和 N 区中的少子会向对方漂移。这种由于电场力的作用而形成的载流子运动称为漂移运动。同时内电场将阻止多子向对方扩散,当扩散运动的多子数量与漂移运动的少子数量相等,两种运动达到动态平衡的时候,空间电荷区的宽度一定,PN 结就形成了。

一般,空间电荷区的宽度很薄,为几微米到几十微米;由于空间电荷区内几乎没有载流子,其电阻率很高。

(4)PN 结的单向导电特性

①PN 结外加正向电压时处于导通状态

当电源正极接到 PN 结的 P 端,且电源的负极接到 PN 结的 N 端时,称 PN 结外加正向电压,也称正向接法或正向偏置,形成的电流叫作正向电流。外加正向偏置电压稍微增加,正向电流便会迅速上升,PN 结呈现的正向电阻很小,表现为正向导通状态。如图 5-5 所示。

②PN 结外加反向电压时处于截止状态

当电源正极接到 PN 结的 N 端,且电源的负极接到 PN 结的 P 端时,称 PN 结外加反向电压,也称反向接法或反向偏置,形成的电流叫作反向电流。当温度一定,外加反向电压不超过某一值时,反向电流几乎不随外加反向偏置电压的变化而变化,所以又称其为反向饱和电流。反向饱和电流受温度的影响很大。但由于反向饱和电流的值很小,与正向电流相比,一般可以忽略,所以 PN 结反向偏置时,呈现的反向电阻很大,表现为反向截止状态。如图 5-6 所示。

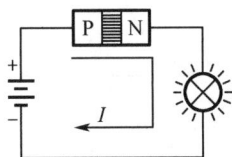

图 5-5　PN 结正向偏置导通　　　　图 5-6　PN 结反向偏置截止

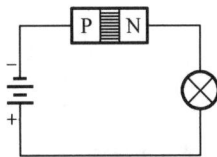

综上所述,PN 结具有单向导电性。PN 结加正向电压时,正向电阻很小,正向电流较大,PN 结导通;PN 结加反向电压时,反向电阻很大,反向电流非常小,PN 结截止。

5.1.2　认识半导体二极管

1. 半导体二极管的结构

在一个 PN 结的两端加上电极引线并用外壳封装起来,就构成了半导体二极管。由 P 型半导体引出的电极,叫作正极(或阳极),由 N 型半导体引出的电极,叫作负极(或阴极)。通常用图 5-7(c)所示的符号表示。按照结构工艺的不同、二极管有点接触型和面接触型两类。它们的管芯结构和符号如图 5-7 所示。

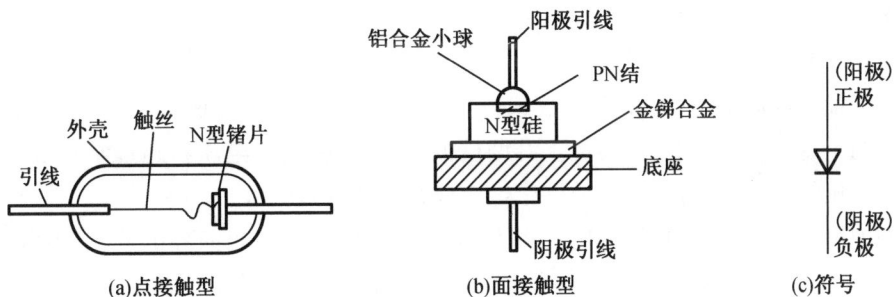

(a)点接触型　　　(b)面接触型　　　(c)符号

图 5-7　二极管的结构和符号

点接触型二极管的 PN 结结面积小,结电容小,工作频率高,适用于高频电路和开关电路;面接触型二极管的 PN 结结面积大,结电容大,工作频率较低,适用于大功率整流等低频电路。

2. 二极管的伏安特性

二极管既然是一个 PN 结,它必然具有单向导电性。其伏安特性曲线如图 5-8 所示。所谓伏安特性,就是指加到二极管两端的电压与流过二极管的电流的关系曲线。二极管的伏安特性曲线可分为正向特性和反向特性两部分。

(a)2CP10 硅二极管   (b)2AP 锗二极管

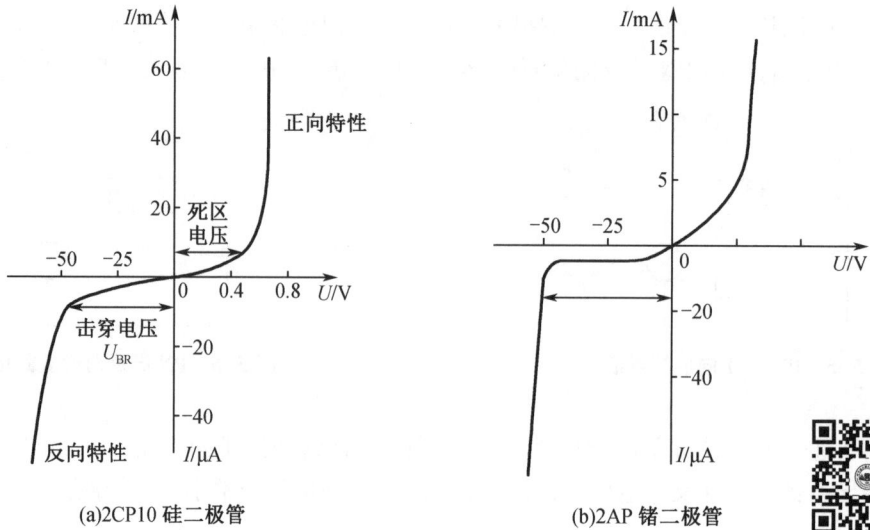

图 5-8   二极管的伏安特性曲线

验证二极管特
性仿真实验

单向限幅电
路仿真实验

（1）正向特性

当二极管加上很低的正向电压时,外电场还不能克服 PN 结内电场对多数载流子扩散运动所形成的阻力,故正向电流很小,二极管呈现很大的电阻。当正向电压超过一定数值即死区电压后,内电场被大大削弱,电流增长很快,二极管电阻变得很小。死区电压又称阈值电压,硅管约为 0.5 V,锗管约为 0.1 V。二极管正向导通时,硅管的压降一般为 0.6~0.7 V,锗管则为 0.2~0.3 V。

（2）反向特性

二极管加上反向电压时,由于少数载流子的漂移运动,因而形成很小的反向电流。反向电流有两个特性,一是它随温度的上升增长很快;二是在反向电压不超过某一数值时,反向电流不随反向电压改变而改变,故这个电流称为反向饱和电流。

当外加反向电压过高时,反向电流将突然增大,二极管失去单向导电性,这种现象称为反向击穿。产生反向击穿时加在二极管上的反向电压称为反向击穿电压 U_{BR}。

有时为了讨论方便,在一定条件下,可以把二极管的伏安特性理想化,即认为二极管的死区电压和导通电压都等于零,这样的二极管称为理想二极管。

3. 主要参数

二极管的特性除用伏安特性曲线表示外,还可用一些数据来说明,这些数据就是二极管的参数。各种参数都可从半导体器件手册中查出,下面只介绍几个常用的主要参数。

（1）最大整流电流 I_F

最大整流电流是指二极管长时间使用时,允许流过二极管的最大正向平均电流。当电流超过这个允许值时,二极管会因过热而烧坏,使用时务必注意。

（2）反向峰值电压 U_{RM}

它是保证二极管不被击穿而得出的反向峰值电压,一般是反向击穿电压的一半或三分之二。

（3）反向峰值电流 I_{RM}

它是指在二极管上加反向峰值电压时的反向电流值。反向电流大,说明单向导电性能差,并且受温度的影响大。

二极管具有单向导电性,因此其应用范围很广。它可用于整流、检波、元件保护以及在脉冲与数字电路中作为开关元件。

4. 特殊二极管

除了上述普通二极管外,还有一些特殊二极管,如稳压二极管、发光二极管和光电二极管等,下面对它们做简单的介绍。

（1）稳压二极管

①稳压作用。

稳压管是一种特殊的硅二极管,由于它在电路中与适当数值的电阻配合后能起稳定电压的作用,故称为稳压管。稳压管的伏安特性曲线与普通二极管的类似,如图 5-9(a)所示,其差异是稳压管的反向特性曲线比较陡。如图 5-9(b)所示为稳压管的符号。稳压管正常工作于反向击穿区,且在外加反向电压撤除后,稳压管又恢复正常,即它的反向击穿是可逆的。从反向特性曲线上可以看出,当稳压管工作于反向击穿区时,电流虽然在很大范围内变化,但稳压管两端的电压变化很小,即它能起稳压的作用。如果稳压管的反向电流超过允许值,则它将会因过热而损坏。所以,与稳压管配合的电阻值要适当,才能起稳压作用。

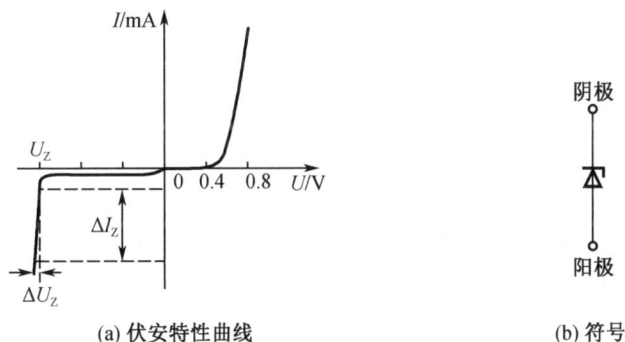

(a) 伏安特性曲线　　　　　　　　(b) 符号

图 5-9　稳压管的伏安特性曲线与符号

②主要参数。

a. 稳定电压 U_Z。U_Z 指稳压管的稳压值。由于制造工艺和其他方面的原因,稳压值也有一定的分散性。同一型号的稳压管稳压值可能略有不同。手册给出的都是在一定条件(工作电流、温度)下的数值。

b. 稳定电流 I_Z。I_Z 指稳压管工作电压等于稳定电压 U_Z 时的工作电流。稳压管的稳定电流只是一个参考数值,设计选用时要根据具体情况(例如工作电流的变化范围)来考虑。但对每一种型号的稳压管都规定有一个最大稳定电流 I_{ZM}。

c. 动态电阻 r_Z。r_Z 指稳压管两端电压的变化量与相应电流变化量的比值,即

$$r_Z = \frac{\Delta U_Z}{\Delta I_Z}$$

稳压管的反向伏安特性曲线越陡,则动态电阻越小,稳压性能越好。

d. 最大允许耗散功率 P_{ZM}。P_{ZM} 指管子不致发生热击穿时的最大功率损耗,即

$$P_{ZM} = U_Z I_{ZM}$$

稳压管在电路中的主要作用是稳压和限幅,也可和其他电路配合构成欠压或过压保护、报警环节等。

(2)发光二极管

发光二极管简写为 LED,可以把电能转化成光能。由于它采用砷化镓、磷化镓等半导体材料制成,所以在通过正向电流时,由电子与空穴的直接复合而发出光来。图 5-10 所示为发光二极管的图形符号。

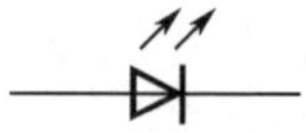

图 5-10　发光二极管的图形符号

当发光二极管正向偏置时,其发光亮度随注入电流的增大而提高。为限制其工作电流,通常都要串接限流电阻 R。由于发光二极管的工作电压低(1.5~3 V)、工作电流小(5~10 mA),所以用发光二极管作为显示器件具有体积小、显示快和寿命长等优点。

(3)光电二极管

光电二极管又称光敏二极管,是一种光接收器件,在电路中它一般处于反向工作状态。当没有光照射时,其反向电阻很大,PN 结流过的反向电流很小;当光线照射在 PN 结上时就在 PN 结及其附近产生电子空穴对,电子和空穴在 PN 结的内电场作用下做定向运动,形成光电流。如果光的照度发生改变,电子空穴对的浓度也相应改变,光电流强度也随之改变。可见光电二极管能将光信号转变为电信号输出。

光电二极管可用来作为光控元件。当制成大面积的光电二极管时,能将光能直接转换为电能,可作为一种能源,因而称为光电池。

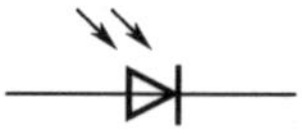

图 5-11　光电二极管的图形符号

光电二极管的管壳上有一个玻璃口,以便接受光照。光电二极管的符号如图 5-11 所示。

【任务实施】

判别二极管管脚极性和质量

1. 目的

(1)了解二极管的类型、外观和相关标识。

(2)掌握用万用表检测二极管的极性。

2. 设备及器件

各种类型的二极管、万用表。

3. 内容及步骤

(1)二极管的型号识别法

我国二极管的名称主要由五部分组成,命名方法如表 5-1 所示。

表 5-1　我国二极管的命名方法

第一部分	第二部分	第三部分	第四部分	第五部分
用阿拉伯数字表示器件的电极数目	用汉语拼音字母表示器件的材料和极性	用汉语拼音字母表示器件的类型	用阿拉伯数字表示序号	用汉语拼音字母表示规格号

第一位数字表示二极管,数字后的第一个字母表示所用的半导体材料,A、B 代表锗材料二极管,C、D 代表硅材料二极管;第二个字母表示二极管类型:P 代表普通管、V 代表微波管、W 代表稳压管、C 代表参量管、Z 代表整流管、L 代表整流堆、S 代表隧道管、N 代表阻尼管、U 代表光电管、K 代表开关管等;第四位的数字表示序号。例如:2CZ 表示硅整流二极管;2CN 表示阻尼二极管。

示例 1：

2	C	Z	23
↓	↓	↓	↓
二极管	硅管	整流管	序号

示例 2：

2	A	P	9
↓	↓	↓	↓
二极管	锗管	普通管	序号

二极管正负极、规格、功能和制造材料一般可以通过管壳上的标志和查阅手册来判断,小功率二极管的 N 极(负极),大多采用一种色圈标出来,也有采用符号标志"P""N"来确定二极管极性。如果管壳上无符号或标志不清,就需要用万用表来检测。发光二极管的正负极可通过引脚长短来识别,长脚为正,短脚为负。晶体二极管在电路中常用"D"加数字表示,如:D5 表示编号为 5 的二极管。部分二极管实物如图 5-12 所示。

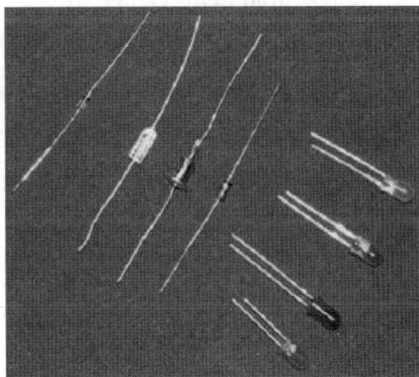

图 5-12　半导体二极管实物

（2）二极管的万用表检测法

二极管的检测主要是判断其正负极和质量好坏。操作的基本步骤如下:

①首先将万用表量程调至 $R\times100\ \Omega$ 或 $R\times1\ k\Omega$ 挡(一般不用 $R\times1\ \Omega$ 挡,因其电流较大,而 $R\times10\ k\Omega$ 挡电压过高,管子易击穿)。然后,将两表笔分别接触二极管两个电极,测得一

个电阻值,交换一次电极再测一次,从而得到两个电阻值。一般来说正向电阻小于 5 kΩ,反向电阻大于 500 kΩ,如图 5-13 所示。故测得正向电阻值时,与黑表笔相连的是二极管的正极(万用表置欧姆挡时,黑表笔连接表内电池正极,红表笔连接表内电池负极)。用数字式万用表去测二极管时,红表笔接二极管的正极,黑表笔接二极管的负极,此时测得的阻值才是二极管的正向导通阻值,这与指针式万用表的表笔接法刚好相反。

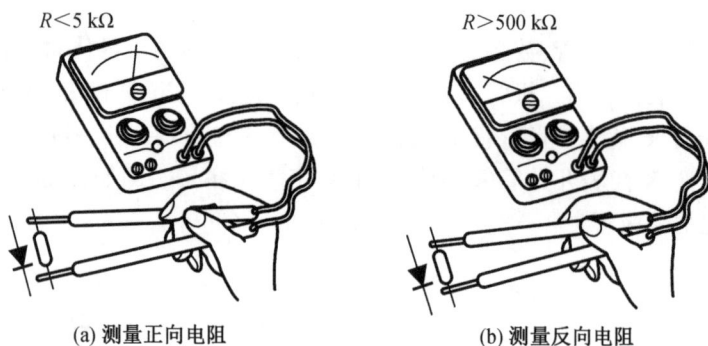

(a) 测量正向电阻　　　　　　　(b) 测量反向电阻

图 5-13　二极管的极性判断

②二极管的材料及二极管的质量好坏也可以从其正、反向阻值中判断出来。性能好的二极管,一般反向电阻比正向电阻大几百倍。如两次测得的正、反向电阻很小或等于零,则说明管子内部已击穿或短路;如果正、反向电阻均很大或接近无穷大,说明管子内部已开路;如果电阻值相差不大,说明管子性能变差。上述三种情况的二极管均不能使用。一般硅材料二极管的正向电阻为几千欧,而锗材料二极管的正向阻值为几百欧。判断二极管的好坏,关键是看它有无单向导电性能,正向电阻越小,反向电阻越大的二极管的质量越好。

4. 注意事项

(1)指针式万用表检测二极管注意事项

①由于各电阻量程挡的测试电流不尽相同,量程挡越小,测试电流越大;反之,量程挡越大,测试电流越小。为了被测元器件的安全,必须正确选择合适的量程挡。如果用万用表的小量程欧姆挡(例如 $R×1\ \Omega$ 或 $R×10\ \Omega$ 挡)去测量小功率的元器件时,元器件会流过大电流,如果该电流超过了元器件所允许通过的电流,元器件可能会烧毁。另一方面,在大量程挡(例如 $R×10\ \mathrm{k}\Omega$)时,万用表内部电池电压较高,所以在测量耐压较低的元器件时,万用表不宜放置在大量程的欧姆挡上。

②测量中功率和大功率二极管时,可将量程置于 $R×1\ \Omega$ 或者 $R×10\ \Omega$ 挡。

③晶体二极管是非线性元器件,在用不同电阻挡测同一只晶体二极管时,所测出的电阻值会有差异,这是因为各电阻挡的测试电流不相同而造成的,属于正常现象。

(2)数字式万用表检测二极管注意事项

①利用二极管检测挡时,若将晶体二极管的正、负极接反,将会显示溢出符号"1",这时可交换两支表笔再试。

②不宜用数字式万用表的电阻挡检测二极管。其原因在于数字式万用表电阻挡所提供的测试电流太小,而二极管属于非线性元件,正、反向电阻值与测试电流有很大关系,因此测试值与正常值相差很大,使单向导电性不明显,有时难以判定。因此,应该使用二极管

检测挡去检测二极管。

5.思考

(1)用万用表测二极管的正向电阻和反向电阻时,为什么测得的阻值不同?

(2)为何不能用 $R \times 1\ \Omega$ 或 $R \times 10\ k\Omega$ 挡测试二极管?

任务 5.2　三极管的识别与检测

【任务目标】

(1)认识三极管的结构及符号。

(2)掌握晶体管的工作特性。

(3)掌握分析与判断三极管工作状态的方法。

(4)能够识别三极管的管脚及判断其质量好坏。

【任务内容】

5.2.1　三极管的结构与特性

1.半导体三极管的结构

半导体三极管是由三层两种不同类型的半导体构成并引出三个电极的电子器件,在模拟电子电路中起放大信号和产生信号的作用。按照各层半导体排列次序的不同可分为 NPN 管和 PNP 管。无论是 NPN 管还是 PNP 管都分为三个区,分别称为发射区、基区和集电区,由三个区各引出一个电极,分别称为发射极(E)、基极(B)和集电极(C),发射区和基区之间的 PN 结称为发射结,集电区和基区之间的 PN 结称为集电结。其结构和符号如图 5-14 所示,其中发射极箭头所示方向表示发射极电流的流向。在电路中,晶体管用字母 T 表示。三极管内部结构具有特殊性:发射区掺杂浓度大于集电区掺杂浓度,集电区掺杂浓度远大于基区掺杂浓度;基区很薄,一般只有几微米。

2.三极管的放大作用与特性曲线分析

(1)三极管的电流分配关系和放大作用

现以 NPN 管为例来说明晶体管各极间电流分配关系及其电流放大作用。为实现晶体三极管的电流放大作用还必须具有一定的外部条件,这就是要给三极管的发射结加上正向电压,集电结加上反向电压。如图 5-15 所示,V_{BB} 为基极电源,与基极电阻 R_B 及三极管的基极 B、发射极 E 组成基极-发射极回路(称作输入回路),V_{BB} 使发射结正偏;V_{CC} 为集电极电源,与集电极电阻 R_C 及三极管的集电极 C、发射极 E 组成集电极-发射极回路(称作输出回路),V_{CC} 使集电结反偏。图 5-15 中,发射极 E 是输入输出回路的公共端,因此称这种接法为共发射极放大电路,改变可变电阻 R_B,测基极电流 I_B、集电极电流 I_C 和发射结电流 I_E,结果见表 5-2。

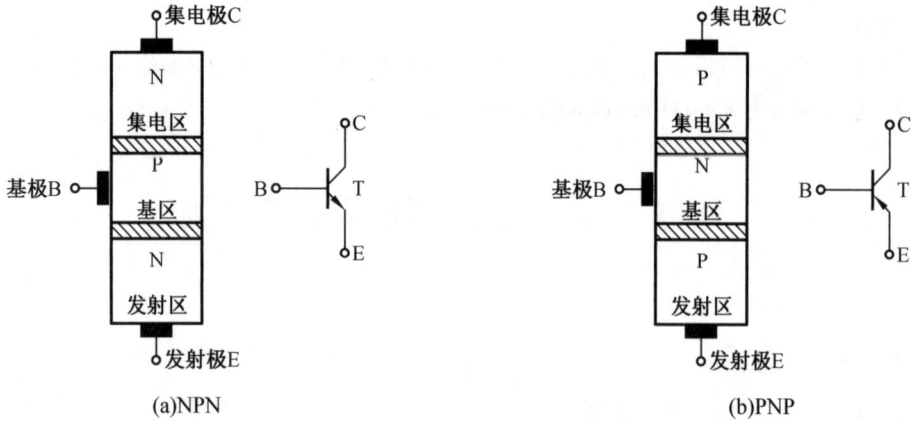

(a)NPN

(b)PNP

图 5-14　两类三极管的结构示意图及符号

表 5-2　三极管电流测试数据

$I_B/\mu A$	0	20	40	60	80	100
I_C/mA	0.005	0.99	2.08	3.17	4.26	5.40
I_E/mA	0.005	10.01	2.12	3.23	4.34	5.50

从实验结果可得如下结论：

①$I_E = I_B + I_C$。此关系就是三极管的电流分配关系,它符合基尔霍夫电流定律。

②I_E 和 I_C 几乎相等,但远远大于基极电流 I_B,从第三列和第四列的实验数据可知 I_C 与 I_B 的比值分别为

$$\bar{\beta} = \frac{I_C}{I_B} = \frac{2.08}{0.04} = 52, \quad \bar{\beta} = \frac{I_C}{I_B} = \frac{3.17}{0.06} = 52.8$$

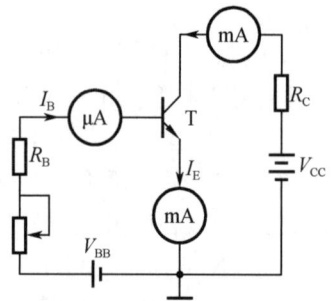

图 5-15　共发射极放大实验电路

$\bar{\beta}$ 称为共发射极直流电流放大系数,定义为 $\bar{\beta} = \frac{I_C}{I_B}$。

I_B 的微小变化会引起 I_C 较大的变化,计算可得:

$$\beta = \frac{\Delta I_C}{\Delta I_B} = \frac{I_{C4} - I_{C3}}{I_{B4} - I_{B3}} = \frac{3.17 - 2.08}{0.06 - 0.04} = \frac{1.09}{0.02} = 54.5$$

β 称为共发射极交流电流放大系数,定义为 $\beta = \frac{\Delta i_C}{\Delta i_B}$。

计算结果表明:

a. 微小的基极电流变化,可以控制比其大数十倍至数百倍的集电极电流的变化,这就是三极管的电流放大作用。

b. $\beta \approx \bar{\beta}$,故在实际应用中不再加以区分。

(2)三极管的特性曲线

三极管的特性曲线是用来表示各个电极间电压和电流之间的相互关系,它反映出三极

管的性能,是分析放大电路的重要依据。特性曲线可由实验测得,也可在晶体管图示仪上直观地显示出来。

①输入特性曲线。晶体管的输入特性曲线表示了 U_{CE} 为参考变量时,I_B 和 U_{BE} 的关系,$I_B = f(U_{BE})|_{U_{CE}=常数}$。图 5-16 是三极管的输入特性曲线。

由图可见,输入特性有以下几个特点:

a. 输入特性有一个“死区”。在“死区”内,U_{BE} 虽已大于零,但 I_B 几乎仍为零。当 U_{BE} 大于某一值后,I_B 才随 U_{BE} 增加而明显增大。和二极管一样,硅晶体管的死区电压 U_T(或称为门槛电压)约为 0.5 V,发射结导通电压 $U_{BE} = (0.6 \sim 0.7)$ V;锗晶体管的死区电压 U_T 约为 0.2 V,发射结导通电压 $U_{BE} = (0.2 \sim 0.3)$ V。若为 PNP 型晶体管,则发射结导通电压 U_{BE} 分别为 $(-0.7 \sim -0.6)$ V 和 $(-0.3 \sim -0.2)$ V。

b. 一般情况下,当 $U_{CE} > 1$ V 以后,输入特性几乎与 $U_{CE} = 1$ V 时的特性重合,因为 $U_{CE} > 1$ V 后,I_B 无明显改变了。晶体管工作在放大状态时,U_{CE} 总是大于 1 V 的(集电结反偏),因此常用 $U_{CE} \geq 1$ V 的一条曲线来代表所有输入特性曲线。

②输出特性曲线。晶体管的输出特性曲线表示以 I_B 为参考变量时,I_C 和 U_{CE} 的关系,即

$$I_C = f(U_{CE})|_{I_B=常数}$$

图 5-17 是三极管的输出特性曲线,当 I_B 改变时,可得一组曲线族,由图可见,输出特性曲线可分为放大、截止和饱和三个区域。

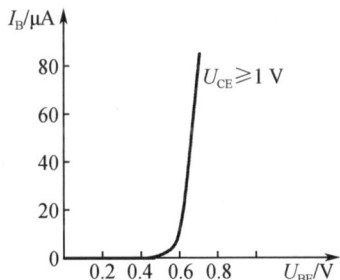

图 5-16 三极管的输入特性曲线

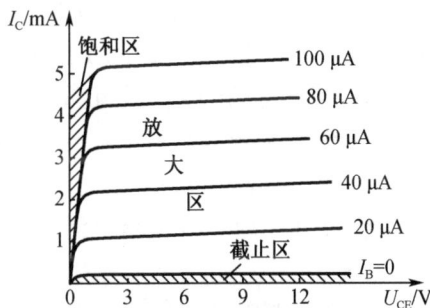

图 5-17 三极管的输出特性曲线

a. 截止区。$I_B = 0$ 的特性曲线以下区域称为截止区。在这个区域中,集电结反偏,$U_{BE} \leq 0$ 发射结反偏或零偏,即 $U_C > U_E \geq U_B$。电流 I_C 很小,工作在截止区时,晶体管在电路中犹如一个断开的开关。

b. 饱和区。特性曲线靠近纵轴的区域是饱和区。当 $U_{CE} < U_{BE}$ 时,发射结、集电结均正偏,即 $U_B > U_C > U_E$。在饱和区 I_B 增大,I_C 几乎不再增大,三极管失去放大作用。规定 $U_{CE} = U_{BE}$ 时的状态称为临界饱和状态,此时 U_{CE} 的电压用 U_{CES} 表示,称为临界饱和电压。

管子深度饱和时,硅管的 U_{CES} 约为 0.3 V,锗管的 U_{CES} 约为 0.1 V,由于深度饱和时 U_{CE} 约等于 0,晶体管在电路中犹如一个闭合的开关。

c. 放大区。特性曲线近似水平直线的区域为放大区。在这个区域里发射结正偏,集电结反偏,即 $U_C > U_B > U_E$。其特点是 I_C 的大小受 I_B 的控制,$\Delta I_C = \beta \Delta I_B$,晶体管具有电流放大

作用。在放大区 β 约等于常数，I_C 几乎按一定比例等距离平行变化。I_C 只受 I_B 的控制，几乎与 U_{CE} 的大小无关。特性曲线反映出恒流源的特点，即三极管可看作受基极电流控制的受控恒流源。

（3）晶体管的主要参数

三极管的参数是用来描述管子性能优劣和适用范围的指标，是正确选用二极管的依据。完整地描述一只三极管的性能，需用几十个参数。这些参数均可在半导体器件手册中查到，在此只介绍主要参数。

①电流放大系数。

三极管的电流放大系数是表征其放大作用大小的参数。它可分为交流电流放大系数和直流电流放大系数。

a.共射交流电流放大系数 β。它反映三极管在加动态信号时的电流放大特性，$\beta = \dfrac{\Delta i_C}{\Delta i_B}\bigg|_{U_{CE}=常数}$。

b.共射直流电流放大系数 $\bar{\beta}$。该参数反映三极管在直流工作状态下集电极电流与基极电流之比，$\bar{\beta} = \dfrac{I_C}{I_B}$。

在实际应用中可近似认为 $\beta = \bar{\beta}$。

②反向饱和电流。

a.集电极-基极反向饱和电流 I_{CBO}。I_{CBO} 是指发射极 E 开路时，集电极 C 和基极 B 之间的反向电流。I_{CBO} 是少数载流子运动形成的，所以对温度非常敏感。

一般小功率锗管的 I_{CBO} 为几微安至几十微安；硅管的 I_{CBO} 要小得多，有的可以达到纳安数量。所以硅管比锗管受温度的影响要小得多。

b.集电极-发射极间的穿透电流 I_{CEO}。I_{CEO} 是指基极 B 开路时，集电极 C 和发射极 E 间加上一定电压而产生的集电极电流，且有

$$I_{CEO} = (1+\beta)I_{CBO}$$

I_{CEO} 也是少数载流子运动形成的，所以也受温度的影响。

I_{CBO} 和 I_{CEO} 越小，表明三极管的质量越高。

③极限参数。

三极管的极限参数是指使用时不得超过的限度。

a.最大集电极电流 I_{CM}。集电极电流 i_C 在相当大的范围内 β 基本不变，但当 i_C 过大超过一定值时，三极管的 β 值就要减小，且三极管有损坏的危险，该电流值即为 I_{CM}。

b.集电极最大允许功耗 P_{CM}。三极管的功率损耗大部分消耗在反向偏置的集电结上，并表现为结温升高，P_{CM} 是在三极管温升允许的条件下集电极所消耗的最大功率，若超过此值，三极管保烧毁。

c.反向击穿电压。三极管的两个结上所加的反向电压超过一定值时都将被击穿，因此需了解三极管的反向击穿电压。级间反向击穿电压主要有以下 3 项：

ⓐ$U_{(BR)CEO}$：基极开路时，集电极和发射极之间的反向击穿电压。

ⓑ$U_{(BR)CBO}$：发射极开路时，集电极和基极之间的反向击穿电压。

ⓒ$U_{(BR)EBO}$:集电极极开路时,发射极和基极间的反向击穿电压

P_{CM}、$U_{(BR)CEO}$ 和 I_{CM} 这三个极限参数决定了晶体管的安全工作区。图 5-18 根据 3DG4 管的三个极限参数:$P_{CM}=300$ mW,$I_{CM}=30$ mA,$U_{(BR)CEO}=30$ V,画出了它的安全工作区。

(4)温度对晶体管参数的影响

①对发射结电压 U_{BE} 的影响:温度升高,U_{BE} 将会下降。

②对穿透电流 I_{CEO} 的影响:温度升高,I_{CEO} 将会增加。

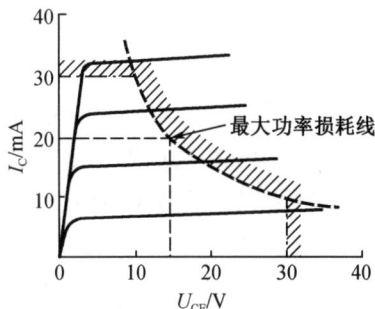

图 5-18　3DG4 的安全工作区

③对电流放大系数 β 的影响:β 随温度升高而增大。

综上所述,温度的变化最终都导致三极管集电极电流发生变化。

【任务实施】

三极管的认识与检测

1.目的

(1)了解三极管的类型、外观和相关标识。

(2)掌握三极管的极性判断方法。

2.设备及器件

各种类型的三极管、万用表。

3.内容及步骤

(1)三极管的型号识别法

中国半导体器件型号由五部分组成。五个部分意义如下:

第一部分:用数字表示半导体器件有效电极数目。

3 表示三极管。

第二部分:用汉语拼音字母表示半导体器件的材料和极性。

A 表示 PNP 型锗材料,B 表示 NPN 型锗材料,C 表示 PNP 型硅材料,D 表示 NPN 型硅材料。

第三部分:用汉语拼音字母表示半导体器件的类型。

P 表示普通管,V 表示微波管,W 表示稳压管,C 表示参量管,Z 表示整流管,L 表示整流堆,S 表示隧道管,N 表示阻尼管,U 表示光电器件,K 表示开关管,X 表示低频小功率管($f<$ 3 MHz,$P_c<1$ W),G 表示高频小功率管($f>3$ MHz,$P_c<1$W),D 表示低频大功率管($f<$ 3 MHz,$P_c>1$W),A 表示高频大功率管($f>3$ MHz,$P_c>1$W),T 表示半导体晶闸管(可控整流器),Y 表示体效应器件,B 表示雪崩管,J 表示阶跃恢复管,CS 表示场效应管,BT 表示半导体特殊器件,FH 表示复合管,PIN 表示 PIN 型管,JG 表示激光器件。

第四部分:用数字表示序号。

第五部分:用汉语拼音字母表示规格号,此部分可以省略。

　　例如:3AX31 表示 PNP 低频小功率锗三极管,3DG12B 表示 NPN 高频小功率硅三极管, 3DD6 表示 NPN 低频大功率硅三极管,3CG 表示 PNP 高频小功率硅三极管,3AD 表示 PNP 低频大功率锗三极管,3DK 表示 NPN 硅开关三极管。

　　(2)三极管的目测识别法

　　三极管引脚的排列方式具有一定的规律。对于国产小功率金属封装三极管,底视图位置放置,使三个引脚构成等腰三角形,从左向右依次为 E、B、C;有管键的管子,从管键处按顺时针方向依次为 E、B、C,其管脚识别图如图 5-19(a)所示。

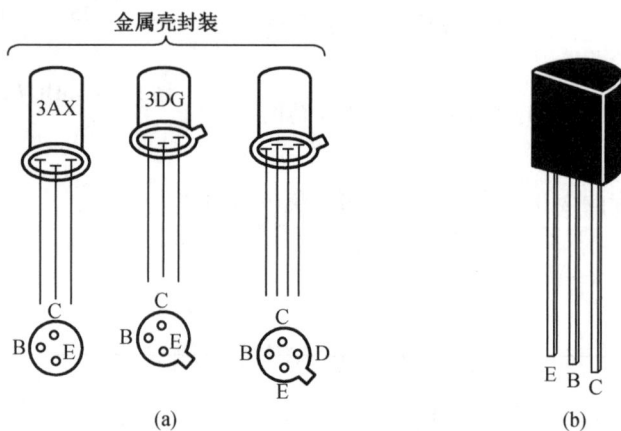

图 5-19　三极管管脚示意图

　　现今比较流行的三极管 9011~9018 系列为高频小功率管,除 9012 和 9015 为 PNP 型管外,其余均为 NPN 型管。常用 9011~9018、1815 系列三极管管脚排列如图 5-19(a)所示。平面对着自己,引脚朝下,从左至右依次是 E、B、C,如图 5-19(a)所示。

　　贴片三极管有三个电极的,也有四个电极的。三个电极的贴片三极管中,一般单独的引脚是集电极,当集电极朝上时,左边为基极,右边为发射极,如图 5-20(a)所示。在四个电极的贴片三极管中,比较大的一个引脚是三极管的集电极,另有两个引脚相通的是发射极,余下的一个是基极,如图 5-20(b)所示。

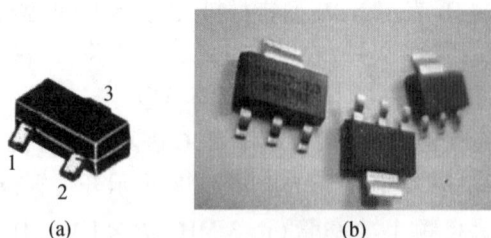

1—基极;2—发射极;3—集电极。

图 5-20　贴片三极管外形

　　金属封装的大功率管子的外壳为 C 极,面向管脚,小面积部分朝上,左边管脚为 B 极,右边管脚为 E 极,如图 5-21 所示。

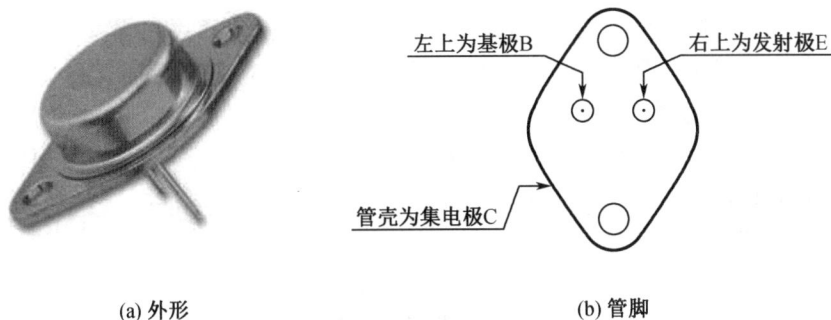

左上为基极B

右上为发射极E

管壳为集电极C

(a) 外形　　　　　　　　　　　　　(b) 管脚

图 5-21　金属封装大功率管外形

（3）三极管的万用表测试法

①判断基极 b 和管型。

将万用表欧姆挡置于 $R\times 100\ \Omega$ 或 $R\times 1\ \text{k}\Omega$ 挡。先假设某极为"基极",然后将黑表笔接在该极上,再将红表笔先后接到其余的两个电极上,如图 5-22(a)所示。若表针均偏转,说明管子的 PN 结已通,电阻较小(约为几百欧至几千欧),则黑表笔接的电极为 B 极,同时可判断出该管为 NPN 型;反之,将表笔对调(红表笔任接一极),重复以上操作,则也可确定 B 极,管型为 PNP 型,如图 5-22(b)所示。

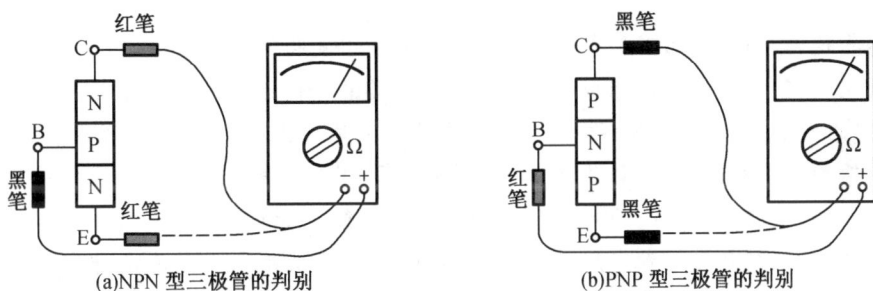

(a)NPN 型三极管的判别　　　　　　　(b)PNP 型三极管的判别

图 5-22　　三极管基极 b 和管型的判别

若两次测得的阻值一大一小,则原假设的基极是错误的,这时就必须重新假设另一电极为"基极",再重复上述的测试。

②三极管好坏的判断。

换一只三极管,重复以上操作,若无一电极满足上述现象,则说明此管子已坏。

有一些万用表设有测量三极管直流 $h_{FE}(\bar{\beta})$ 参数挡,根据读数也可以粗略判断晶体三极管的质量。方法是:先将万用电表拨到 $R\times 10\ \Omega$ 的挡上,红、黑两表笔短接,调节万用表的欧姆调零电位器,使表针指示在欧姆刻度的"0"处(调零),然后分开红、黑两表笔,将万用表拨到 h_{FE} 参数的挡上,按照晶体三极管管脚的排列,将晶体三极管三个电极对应插入万用表 h_{FE} 参数的测试插孔中(注意:测试插孔分为 NPN 型和 PNP 型);这时就可以根据表针所指示的值读出晶体三极管的直流 h_{FE} 参数值。若 h_{FE} 值不正常(如为 0),则说明管子质量有问题。

③判断集电极 C 和发射极 E。

以 NPN 型管为例,把黑表笔接到假设的集电极 C 上,红表笔接到假设的发射极 E 上,并且用手捏住 B 和 C 极(但不可使 B 和 C 极短接),通过人体,相当于在 B 和 C 极之间接入一个偏置电阻,读出表头所示 C、E 极间的阻值,然后将两表笔对调重测。若第一次的阻值比第二次小,则原假设成立,黑表笔所接为集电极 C,红表笔为发射极 E。因为 C、E 极间的阻值小,说明通过万用表的电流大,偏置正常。

将测试结果填入表 5-3 中。

表5-3　三极管的测试结果

管　型	R_{BC}/Ω		R_{BE}/Ω		管子好坏
	正向	反向	正向	反向	
三极管 1					
三极管 2					
三极管 3					

晶体管的发明者

晶体管是由肖克利、巴丁和布拉顿组成的研究小组发明的。1947 年 12 月,美国贝尔实验室的肖克利、巴丁和布拉顿组成的研究小组,研制出一种点接触型的锗晶体管。晶体管是 20 世纪的一项重大发明,是微电子革命的先声。晶体管出现后,人们就能用一个小巧的、功率消耗低的电子器件,来代替体积大、功率消耗大的电子管了。晶体管的发明又为后来集成电路的诞生吹响了号角。20 世纪最初的 10 年,通信系统已开始应用半导体材料。20 世纪上半叶,在无线电爱好者中广泛流行的矿石收音机,就是采用矿石这种半导体材料进行检波。半导体的电学特性也在电话系统中得到了应用。

*任务 5.3　场效应管的识别与检测

【任务目标】

(1)认识场效应管的结构、符号和分类。

(2)了解场效应管的工作特性。

(3)能够识别场效应管的管脚。

【任务内容】

5.3.1 场效应管的特点与分类

1. 场效应管的特点

场效应管是利用输入电压产生的电场效应来控制输出电流的。它是电压控制型器件,工作时只有一种载流子即多数载流子参与导电,由于多子的浓度受温度、光照及核辐射等外部因素的影响较小,因此这种器件的温度特性较好,且具有很高的输入电阻($10^8 \sim 10^{15}$ Ω),是较理想的前置输入级器件,具有功耗低、噪声低、制造工艺简单、便于集成等优点。

2. 场效应管的分类

按照不同的结构,场效应管可分为结型场效应管(JFET)和绝缘栅型场效应管(MOS)两大类,目前应用最为广泛的是 MOS 场效应管,简称 MOS 管。

按照不同的制造工艺和材料,场效应管又可分为 N 型沟道场效应管和 P 型沟道场效应管。

按照不同的导电方式,场效应管又可分成耗尽型与增强型。结型场效应管均为耗尽型。

3. 结构与符号

(1) 结型场效应管

如图 5-23(a)所示,在一块 N 型半导体材料的两边各扩散一个高杂质浓度的 P^+ 区,就形成两个不对称的 P^+N 结,即耗尽层。把两个 P^+ 区并联在一起,引出一个电极 G,称为栅极,在 N 型半导体的两端各引出一个电极,分别称为源极 S 和漏极 D。栅极 G、源极 S 和漏极 D 分别与三极管的基极 B、发射极 E 和集电极 C 相对应。夹在两个 P^+N 结中间的 N 区是电流的通道,称为导电沟道(简称沟道)。这种结构的管子称为 N 沟道结型场效应管,图形符号如图 5-24(b)所示,栅极上的箭头表示栅–源极间的 P^+N 结正向偏置时,栅极电流的方向(由 P^+ 区指向 N 区)。

如果在一块 P 型半导体的两边各扩散一个高杂质浓度的 N^+ 区,就可以制成一个 P 沟道的结型场效应管。其结构和图形符号如图 5-24 所示。

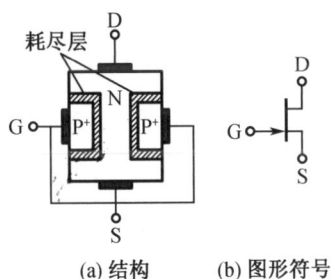

(a) 结构 (b) 图形符号

图 5-23 N 沟道结型场效应管

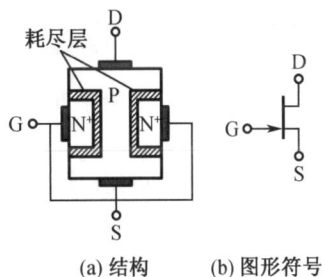

(a) 结构 (b) 图形符号

图 5-24 P 沟道结型场效应管

结型场效应管正常工作时:

①结型场效应管栅极与沟道之间的 PN 结是反向偏置的,因此,栅极电流 $I_G \approx 0$,输入阻

抗很高。

②漏极电流受栅-源电压 U_{GS} 控制,所以场效应管是电压控制电流器件。

(2)绝缘栅型场效应管

绝缘栅型场效应管(MOS管)是由金属(M)、氧化物(O)和半导体(S)所组成。按其沟道和工作类型可分成四种:N 沟道耗尽型、P 沟道耗尽型、N 沟道增强型、P 沟道增强型。MOS 管以一块掺杂浓度较低的 P 型硅片做衬底,在衬底上通过扩散工艺形成两个高掺杂的 N 型区,并引出两个极作为源极 S 和漏极 D;在 P 型硅表面制作一层很薄的 SiO_2 绝缘层,在 SiO_2 表面再喷上一层金属铝,引出栅极 G。图 5-25 和图 5-26 分别为增强型和耗尽型 MOS 管的结构及其图形符号。

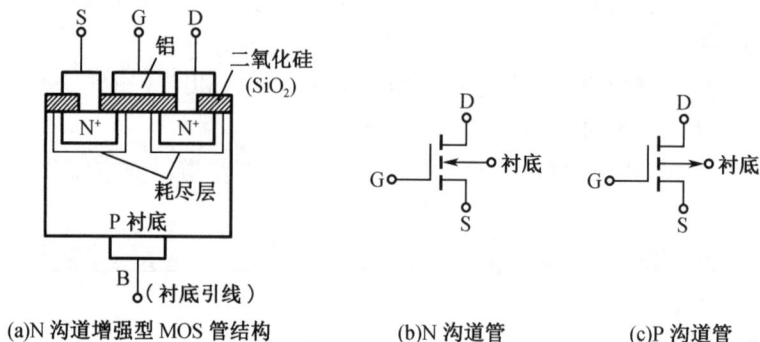

(a)N 沟道增强型 MOS 管结构　　(b)N 沟道管　　(c)P 沟道管

图 5-25　增强型 MOS 管的结构及其图形符号

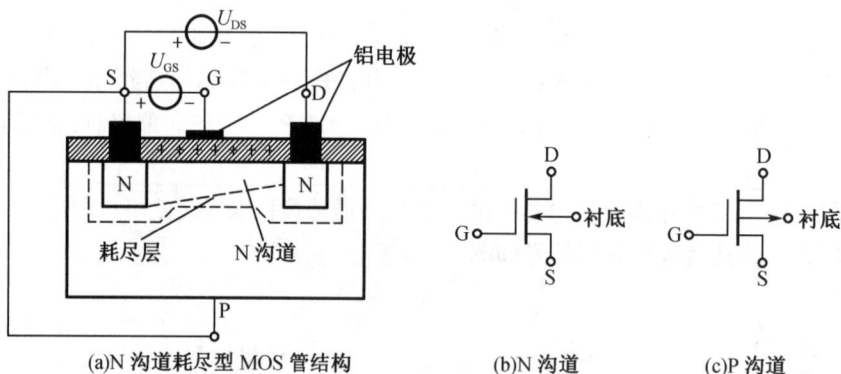

(a)N 沟道耗尽型 MOS 管结构　　(b)N 沟道　　(c)P 沟道

图 5-26　耗尽型 MOS 管的结构及其图形符号

表 5-4 列出了四种 MOS 管的图形符号和特点。

表 5-4　各种场效应管的特点

MOS管类型	基片材料	漏源材料	导电沟道类型	开启电压	栅极工作电压	漏源工作电压	其他特点	图形符号
P沟道增强型	N型	P型	空穴	负	负	负	易做、速度慢	
N沟道增强型	P型	N型	电子	正	正	正	载流子为电子,电子迁移率高,故速度快	
P沟道耗尽型	N型	P型	空穴	正			实际中很难制造	
N沟道耗尽型	P型	N型	电子	负	零、正、负均可	正	速度较快,可在零栅压下工作	

4.场效应管的特性

从场效应管的图形符号可以看出,器件有四个电极,分别是栅极 G、漏极 D、源极 S 和衬底 B,通常在器件的内部将衬底 B 与源极 S 连接在一起,这样,场效应管在外形上也是一个三端元件。

场效应管是一种电压控制电流源器件,即流入漏极的电流 i_D 受栅源极电压 U_{GS} 的控制。栅源之间的电阻 r_{GS} 值极高,基本上认为流入栅极的电流 i_G 为零。

5.场效应管的主要参数

通常将 MOS 场效应管的主要参数分为直流参数和极限参数。下面以 NMOS 场效应管为例加以说明。

(1)直流参数

直流参数反映管子在直流工作状态下管子的特性,主要有开启电压和输入电阻。

①开启电压 $U_{GS(th)}$。当 $U_{GS} > U_{GS(th)}$ 时,增强型 NMOS 管导通,其漏极电流 I_D 受 U_{GS} 电压控制。

②输入电阻 r_{GS}。一般 r_{GS} 的数值为 $10^9 \sim 10^{12}$ Ω。

(2)极限参数

与三极管一样,MOS 管在正常使用时,管子的工作状态不应超过管子的极限参数值,它们通常是:漏源击穿电压 $U_{(BR)DS}$、栅源击穿电压 $U_{(BR)GS}$ 和最大允许耗散功率 P_{DM} 等。

5.3.2　认识场效应管并判别管脚

1. 结型场效应管的管脚识别

场效应管的栅极相当于晶体管的基极,源极和漏极分别对应于晶体管的发射极和集电极。将模拟万用表置于 $R×1$ kΩ,用两表笔分别测量每两个管脚间的正、反向电阻。当某两个管脚间的正、反向电阻相等,均为数千欧时,则这两个管脚为漏极 D 和源极 S(可互换),余下的一个管脚即为栅极 G。对于有 4 个管脚的结型场效应管,另外一极是屏蔽极,使用中需要接地。

用模拟万用表黑表笔碰触管子的一个电极,红表笔分别碰触另外两个电极。若两次测出的阻值都很小,该管属于 N 沟道结型场效应管,黑表笔接的也是栅极。若两次测出的阻值都很大,则该管属于 P 沟道结型场效应管。

制造工艺决定了场效应管的源极和漏极是对称的,可以互换使用。但是如果衬底与源极连在一起,源极和漏极就不能互换使用。源极与漏极间的电阻约为几千欧。

2. 绝缘栅型场效应管的管脚识别

测量之前,先把人体对地短路,才能摸触 MOS 场效应管的管脚。最好在手腕上接一条导线与大地连通,使人体与大地保持等电位,再把管脚分开,然后拆掉导线。

将模拟万用表拨到 $R×100$ 挡,首先确定栅极。若某脚与其他脚的电阻都是无穷大,证明此脚就是栅极 G,因为它和另外两个管脚是绝缘的。

在源-漏极之间有一个 PN 结,因此根据 PN 结正、反向电阻存在差异,可识别 S 极与 D 极。用交换表笔法测两次电阻,其中电阻值较低(一般为几千欧至十几千欧)的一次为正向电阻,此时黑表笔接的是 S 极,红表笔接的是 D 极。

3. 场效应管的使用注意事项

(1)在 MOS 管中,有的产品将衬底引出(这种管子有四个管脚),可让使用者根据电路的需要任意连接。一般来说,应视 P 沟道、N 沟道而异,P 衬底接低电位,N 衬底接高电位。但在某些特殊的电路中,当源极的电位很高或很低时,为了减轻源、衬间电压对管子导电性能的影响,可将源极与衬底连在一起;场效应管(包括结型和 MOS 型)通常制成漏极与源极可以互换,当产品出厂时已将源极与衬底连在一起,这时源极与漏极不能对调,使用时必须注意。

(2)MOS 管由于输入阻抗极高,所以在运输、贮藏中必须将引出脚短路,要用金属屏蔽包装,以防止外来感应电势将栅极击穿。取用时不要拿它的引线(管脚),要拿它的外壳。在焊接时,电烙铁外壳必须接电源地端,或烙铁断开电源后再焊接,新的 MOS 管都有一个金属环将管子短路,在电路中正常使用时,应先焊好管子后再将环取下。尤其要注意,不能将 MOS 管放入塑料盒子内,保存时最好放在金属盒内,同时也要注意管的防潮。

(3)为了防止场效应管栅极被感应击穿,要求一切测试仪器、工作台、电烙铁、线路本身都必须有良好的接地。管脚在焊接时,先焊源极;在连入电路之前,管的全部引线端保持互相短接状态,焊接完后再把短接材料去掉;从元器件架上取下管时,应以适当的方式确保人体接地,如采用接地环等;当然,如果能采用先进的气热型电烙铁,焊接场效应管是比较方便的,并且能确保安全;在未关断电源时,绝对不可以把管插入电路或从电路中拔出。以上安全措施在使用场效应管时必须注意。

(4)在安装场效应管时,注意安装的位置要尽量避免靠近发热元件;为了防止管件振动,有必要将管壳体紧固起来;管脚引线在弯曲时,为防止弯断管脚,应当在大于根部尺寸5 mm处进行。

(5)对于功率型场效应管,要有良好的散热条件。因为功率型场效应管在高负荷条件下运用,必须设计足够的散热器,确保壳体温度不超过额定值,使器件长期稳定可靠地工作。

【项目小结】

1.将导电能力介于导体和绝缘体之间、电阻率在 $10^{-4} \sim 10^{10}$ Ω·cm 范围内的物质,称为半导体。常用的半导体材料是硅(Si)和锗(Ge)。

2.PN结的形成:用不同的掺杂工艺,将一块半导体的一半形成 P 型半导体,另一半形成 N 型半导体,则在它们的交界处会形成一个特殊区域,称为 PN 结。

3.PN结的单向导电特性:PN 结外加正向电压时处于导通状态,PN 结外加反向电压时处于截止状态。

4.半导体二极管的结构:在一个 PN 结的两端加上电极引线并用外壳封装起来,就构成了半导体二极管。由 P 型半导体引出的电极,叫作正极(或阳极),由 N 型半导体引出的电极,叫作负极(或阴极)。

5.半导体三极管的结构:半导体三极管是由三层两种不同类型的半导体构成并引出三个电极的电子器件,在模拟电子电路中起放大信号和产生信号的作用。按照各层半导体排列次序的不同可分为 NPN 管和 PNP 管。无论是 NPN 型还是 PNP 型都分为三个区,分别称为发射区、基区和集电区,由三个区各引出一个电极,分别称为发射极(E)、基极(B)和集电极(C),发射区和基区之间的 PN 结称为发射结,集电区和基区之间的 PN 结称为集电结。

6.场效应管的特点:场效应管是利用输入电压产生的电场效应来控制输出电流的。它是电压控制型器件,工作时只有一种载流子即多数载流子参与导电,由于多子的浓度受温度、光照及核辐射等外部因素影响较小,因此这种器件的温度特性较好,且具有很高的输入电阻($10^8 \sim 10^{15}$ Ω),是较理想的前置输入级器件,具有功耗低、噪声低、制造工艺简单、便于集成等优点。

7.场效应管的分类:按照场效应管结构的不同,可分为结型场效应管(JFET)和绝缘栅型场效应管(MOS)两大类,目前应用最为广泛的是 MOS 场效应管,简称 MOS 管。按不同的制造工艺和材料,场效应管又可分为 N 沟道场效应管和 P 沟道场效应管。按不同的导电方式,场效应管又可分成耗尽型与增强型。结型场效应管均为耗尽型。

【项目训练】

一、填空题

1.电子电路中常用的半导体器件有二极管、稳压管、晶体管等,制造这些器材的主要材料是半导体,如_____和_____等。

2.纯净的具有晶体结构的半导体称为_____,它的导电能力很差。掺有少量其他元素的半导体称为_____。

4. 杂质半导体分为两种:_____型半导体和_____型半导体。

5. 当把 P 型半导体和 N 型半导体结合在一起时,在两者的交界处形成_____,这是制造半导体器件的基础。

6. 二极管最主要的特性是_____。

7. 半导体二极管工作在_____区时,即使流过二极管的电流变化很大,二极管两端的电压变化也很小,利用这种特性可以做成_____二极管。

8. 半导体三极管的_____电流等于_____与_____电流之和。

9. 要使晶体三极管正常放大,其发射结要呈_____向偏置,集电结呈_____向偏置。

10. 场效应管是_____控制器件,根据电场对导电沟道的控制方法不同,可分为_____和_____两类。

二、选择题

1. 杂质半导体中多数载流子的浓度取决于(　　)。

A. 温度　　　　　B. 杂质浓度　　　　　C. 电子空穴对数目

2. 在电场作用下,空穴与自由电子运动形成的电流方向(　　)。

A. 相同　　　　　B. 相反

3. 光敏二极管应在(　　)下工作。

A. 正向电压　　　B. 反向电压

4. 下列半导体材料中,(　　)材料热敏性突出。

A. 本征半导体　　B. N 型半导体　　　　C. P 型半导体

5. 稳压管的工作区是在其伏安特性(　　)。

A. 正向特性区　　B. 反向特性区　　　　C. 反向击穿区

6. P 型半导体中空穴多于电子,P 型半导体呈现的电性为(　　)。

A. 正电　　　　　B. 负电　　　　　　　C. 电中性

7. PN 结加上正向电压时(　　),加上反向电压时(　　)。

A. 截止　　　　　B. 导通　　　　　　　C. 不变

8. 在本征半导体中加入(　　)元素可形成 N 型半导体,加入(　　)元素可形成 P 型半导体。

A. 五价　　　　　B. 四价　　　　　　　C. 三价

9. 下面情况(　　)二极管的单向导电性好。

A. 正向电阻小,反向电阻大

B. 正向电阻大,反向电阻小

C. 正向电阻与反向电阻都小

D. 正向电阻与反向电阻都大

10. 晶体管能够实现放大的内部结构条件是(　　)。

A. 两个背靠背的 PN 结

B. 空穴和电子都参与了导电

C. 有三个掺杂浓度不一样的区域

D. 发射区杂质浓度远大于基区杂质浓度,且基区很薄,集电结面积比发射结大

三、计算分析

1.什么是本征半导体？什么是杂质半导体？各有什么特征？

2.怎样用万用表判断二极管的极性与好坏？

3.二极管电路如图 5-27 所示,判断图中的二极管是导通还是截止。

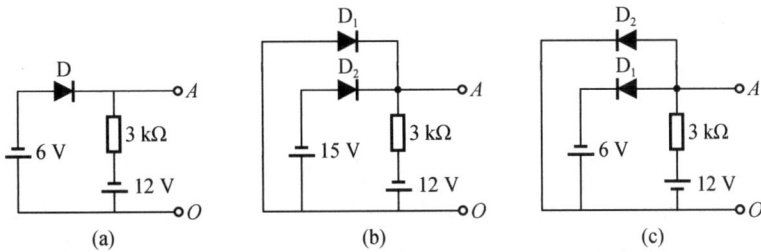

图 5-27

4.在图 5-28 所示电路中,发光二极管导通电压 $U_D = 1.5$ V,正向电流在 5~15 mA 时才能正常工作。试问:

（1）开关 S 在什么位置时发光二极管才能发光？

（2）R 的取值范围是多少？

5.测得晶体管的各极电位如图 5-29 所示,其中某些管子已损坏。对于损坏的管子判断损坏的原因,其他管子则判断工作在哪个工作区。

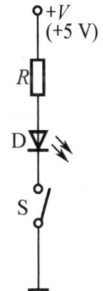

图 5-28

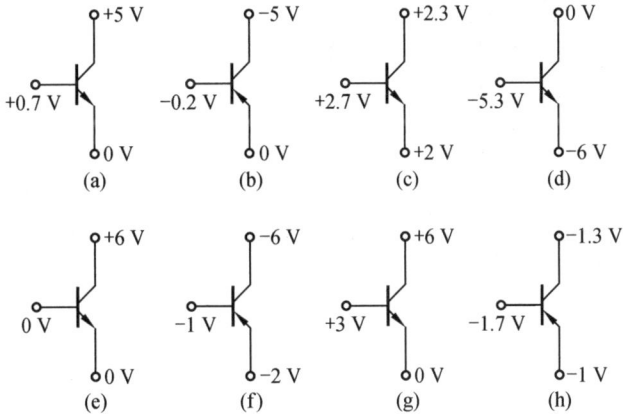

图 5-29

项目 6　放大电路的设计与实现

【项目描述】

在电子技术的工程实践中,需要对某些物理量或参数进行测量与控制,用微弱的电信号去控制或驱动较大功率的负载等,其中很重要的一个环节就是放大。半导体三极管的主要用途之一是利用其电流放大作用组成各种放大电路。放大电路的应用十分广泛。其主要作用是将微弱的信号进行放大,以便人们测量和利用。所谓放大,包含另个方面,一是信号放大,二是功率放大。放大的过程伴随着能量的取用与消耗,由直流稳压电源供给电能,通过放大元器件进行信号与能量的控制和转换。

本项目主要介绍基本放大电路、多级放大电路、集成运算放大器和功率放大电路。

【项目目标】

知识目标:
(1)掌握基本放大电路的工作原理、主要特性和基本分析方法,能计算其静态参数。
(2)了解多级放大电路的构成和耦合方法。
(3)掌握集成运算放大电路的组成及其特点。
(4)掌握集成运算放大电路线性及非线性应用分析方法。
(5)了解集成功率放大器。
技能目标:
(1)会调试共发射极单管放大器。
(2)会设计多级放大器。
(3)会调试集成运算放大器和功率放大器。

任务 6.1　单管放大器的设计与实现

【任务目标】

(1)认识基本共发射极放大电路。
(2)掌握共发射极放大电路的分析方法。
(3)了解静态工作点对放大电路的影响。
(4)掌握共发射极放大电路的特点。
(5)了解共集电极放大电路及其分析方法。

（6）能够给共发射极放大电路设置合适的静态工作点。

（7）能够测试共发射极放大电路电压放大倍数、输入电阻、输出电阻。

【任务内容】

所谓放大是指能够将微弱的电信号不失真地放大到所需的数值。一般情况下指既能放大电压又能放大电流，或者即使不同时对电压、电流信号进行放大，也要达到放大后信号的能量比放大之前大。放大的实质是实现能量的控制和转换，在一个能量较小的输入信号的作用下，放大电路利用直流电源提供的能量将其转换成较大的能量输出，驱动负载工作。能够实现放大功能的电子线路叫作放大电路，也叫放大器，构成放大器的核心器件是三极管。

6.1.1　基本共发射极单管放大器电路的分析

1. 电路组成

基本共射极放大电路如图 6-1 所示，电路中各元件作用如下：

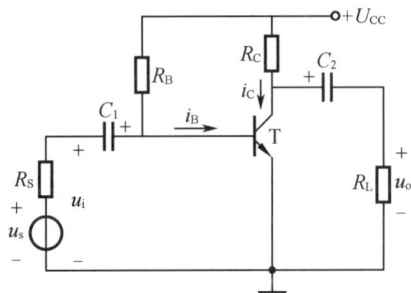

图 6-1　基本共射极放大电路

晶体管 T：三极管是放大元件，利用它的电流放大作用，在集电极电路获得放大了的电流 i_C，该电流受输入信号的控制。

直流电源电压 U_{CC}：除为输出信号提供能量外，它还保证集电结处于反向偏置，以使晶体管具有放大作用。

集电极负载电阻 R_C：集电极负载电阻简称集电极电阻，它主要是将电流的变化变换为电压的变化，以实现电压放大。

偏置电阻 R_B：它的作用是提供大小适当的基极电流，以使放大电路获得合适的工作点，并使发射结处于正向偏置。

耦合电容 C_1 和 C_2：它们一方面起到隔直作用，C_1 用来隔断放大电路与信号源之间的直流通路，而 C_2 用来隔断放大电路与负载之间的直流通路，使三者之间无直流联系，互不影响；另一方面又起到交流耦合的作用，其电容值应足够大，以保证在一定的频率范围内，耦合电容上的交流压降小到可以忽略不计，即对交流信号可视为短路。

2. 静态分析

放大电路没有输入信号时的工作状态称为静态。静态分析是要确定放大电路的静态值(直流值)I_B、I_C、U_{BE} 和 U_{CE}。将图 6-1 所示电路中所有电容均断开即可得到该放大电路的直流通路,如图 6-2 所示。

对其进行分析,可以得到:

$$I_B = \frac{U_{CC} - U_{BE}}{R_B} \approx \frac{U_{CC}}{R_B}$$

$$I_C \approx \bar{\beta} I_B$$

$$U_{CE} = U_{CC} - R_C I_C$$

硅管的 U_{BE} 约为 0.7 V,锗管的 U_{BE} 约为 0.3 V,若比 U_{CC} 小得多时,U_{BE} 可以忽略不计。

亦可以用图解法分析静态工作点,根据 $U_{CE} = U_{CC} - R_C I_C$ 可知,在晶体管的输出特性曲线组上作出一直线,它称为直流负载线,与晶体管的某条(由 I_B 确定)输出特性曲线的交点 Q 称为放大电路的静态工作点,由它确定放大电路的电压和电流的静态值。基极电流 I_B 的大小不同,静态工作点在负载线上的位置也就不同,改变 I_B 的大小,可以得到合适的静态工作点,I_B 称为偏置电流。通常是改变 R_B 的阻值来调整 I_B 的大小。

例 6-1   在共发射极基本交流放大电路中,已知 $U_{CC} = 12$ V,$R_C = 4$ kΩ,$R_B = 300$ kΩ,$\bar{\beta} = 37.5$,试求放大电路的静态值。

解

$$I_B \approx \frac{U_{CC}}{R_B} = \frac{12}{300 \times 10^3} \text{ A} = 40 \text{ μA}$$

$$I_C \approx \bar{\beta} I_B = 37.5 \times 0.04 \text{ mA} = 1.5 \text{ mA}$$

$$U_{CE} = U_{CC} - R_C I_C = (12 - 4 \times 10^3 \times 1.5 \times 10^{-3}) \text{ V} = 6 \text{ V}$$

3. 动态分析

放大电路有输入信号时的工作状态称为动态,动态分析是在静态值确定后,分析信号的传输情况,确定放大电路的电压放大倍数 A_u、输入电阻 r_i 和输出电阻 r_o。我们一般采用微变等效电路法进行分析。晶体管在小信号(微变量)情况下工作时,可以在静态工作点附近的小范围内用直线段近似地代替三极管的特性曲线,三极管就可以等效为一个线性元件。这样就可以将非线性元件晶体管所组成的放大电路等效为一个线性电路。

(1)晶体管的微变等效电路

在晶体管的输入特性曲线上,如图 6-3 所示,将工作点 Q 附近的工作段近似地看成直线,当 U_{CE} 为常数时,ΔU_{BE} 与 ΔI_B 之比称为晶体管的输入电阻。在小信号的条件下,r_{be} 是一常数,由它确定 u_{be} 和 i_b 之间的关系。因此,晶体管的输入电阻可用 r_{be} 等效代替。

低频小功率晶体管输入电阻的常用下式估算:

$$r_{be} \approx 200 \text{ Ω} + (\beta + 1) \frac{26 \text{ mV}}{I_E (\text{mA})}$$

晶体管输出特性曲线的线性工作区是一组近似等距离的平行直线,如图 6-4 所示,当 U_{CE} 为常数时,Δi_C 与 Δi_B 之比为晶体管的电流放大系数,在小信号的条件下,β 是一常数,

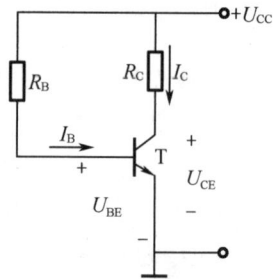

图 6-2   基本共射极放大电路的直流通路

由它确定 i_c 受 i_b 的控制关系。因此,晶体管的输出电路可用一受控电流源 $i_c = \beta i_b$ 等效代替。

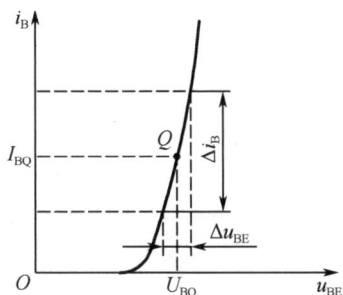

图 6-3 晶体管的输入特性曲线

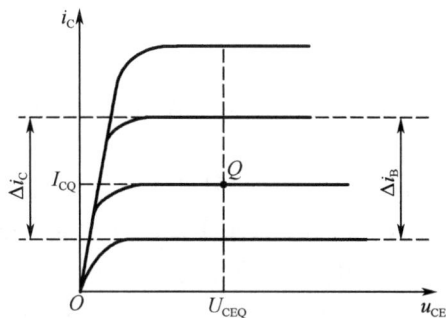

图 6-4 晶体管的输出特性曲线

由以上分析可得出三极管的微变等效电路如图 6-5 所示。

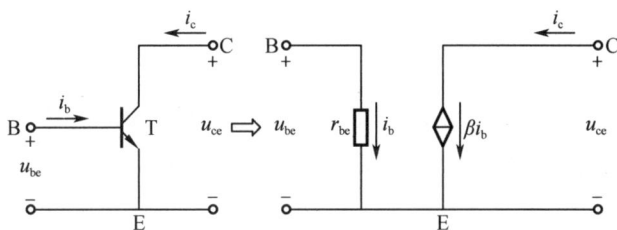

图 6-5 三极管的微变等效电路

(2)放大电路的微变等效电路

先画出图 6-6 所示放大电路的交流通路,对交流分量而言,电容可视作短路;一般直流电源的内阻很小,可忽略不计,对交流通路而言直流电源也可以认为是短路的。将交流通路中的三极管用其微变等效电路来代替,即得到放大电路的微变等效电路。图 6-6(a)为基本共射极放大电路的交流通路,图 6-6(b)为其微变等效电路。

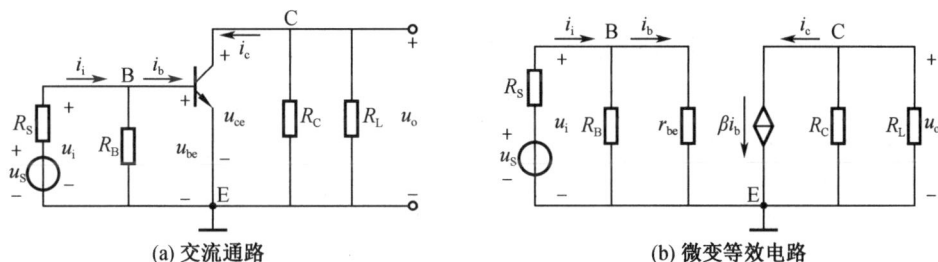

(a)交流通路

(b)微变等效电路

图 6-6 基本共射极放大电路的微变等效电路

①电压放大倍数的计算。

由图 6-6 可列出

$$\dot{U}_i = r_{be} \dot{I}_b$$

$$\dot{U}_o = -R'_L \dot{I}_c = -\beta R'_L \dot{I}_b$$

式中,$R'_L = R_C /\!/ R_L$。

故放大电路的电压放大倍数:$A_u = \dfrac{\dot{U}_o}{\dot{U}_i} = -\beta \dfrac{R'_L}{r_{be}}$。

可以看出,输入信号电压 u_i 和输出电压 u_o 相位相反。

例 6-2 在共发射极基本交流放大电路中,已知 $U_{CC} = 12$ V,$R_C = 4$ kΩ,$R_L = 4$ kΩ,$\beta = 37.5$,试求电压放大倍数 A_u。

解 在例 6-1 中已求出 $I_C = 1.5$ mA $\approx I_E$,进而

$$r_{be} \approx 200\ \Omega + (37.5+1)\frac{26\ \text{mV}}{1.5\ \text{mA}} = 0.867\ \text{k}\Omega$$

$$R'_L = R_C /\!/ R_L = 2\ \text{k}\Omega$$

$$A_u = -\beta \frac{R'_L}{r_{be}} = -37.5 \times \frac{2}{0.867} = -86.5$$

②放大电路输入电阻的计算。

放大电路对信号源(或对前级放大电路)来说,是一个负载,可用一个电阻来等效代替。这个电阻是信号源的负载电阻,也就是放大电路的输入电阻 r_i,即

$$r_i = \frac{\dot{U}_i}{\dot{I}_i}$$

如果放大电路的输入电阻较小:

第一,将从信号源取用较大的电流,从而增加信号源的负担;

第二,经过内阻 R_S 和 r_i 的分压,使实际加到放大电路的输入电压 u_i 减小,从而减小输出电压;

第三,后级放大电路的输入电阻,就是前级放大电路的负载电阻,从而将会降低前级放大电路的电压放大倍数。

因此,通常希望放大电路的输入电阻能高一些。

以共发射极基本放大电路为例,其输入电阻为

$$r_i = R_B /\!/ r_{be} \approx r_{be}$$

共发射极基本放大电路的输入电阻基本上等于晶体管的输入电阻。

③放大电路输出电阻的计算。

放大电路对负载(或对后级放大电路)来说,是一个信号源,其内阻即为放大电路的输出电阻 r_o,它也是一个动态电阻。如果放大电路的输出电阻较大(相当于信号源的内阻较大),当负载变化时,输出电压的变化较大,也就是放大电路带负载的能力较差。因此,通常希望放大电路输出级的输出电阻低一些。

放大电路的输出电阻可在信号源短路和输出端开路的条件下求得。从基本放大电路的微变等效电路来看,当 $\dot{U}_i = 0$,$\dot{I}_b = 0$ 时,$\dot{I}_c = \beta \dot{I}_b = 0$,电流源相当于开路,故输出电阻 $r_o \approx$

R_C，R_C 一般为几千欧，因此，共发射极放大电路的输出电阻较高。

【任务实施 1】

练习使用双踪示波器与信号发生器

1. 目的

（1）学会用示波器测试电压波形、幅度、频率的基本方法。

（2）学会正确调节函数信号发生器频率、幅度的方法。

2. 设备与器件

（1）DS1022C 系列数字示波器。

（2）TH-SG10 型数字合成信号发生器。

3. 内容及步骤

（1）DS1022C 数字示波器

示波器的显示屏上所显示的是被测电压随时间变化的波形，即被测电压的瞬时值与时间在直角坐标系中的函数图像。DS1022C 数字示波器的面板及操作说明如图 6-7 所示。

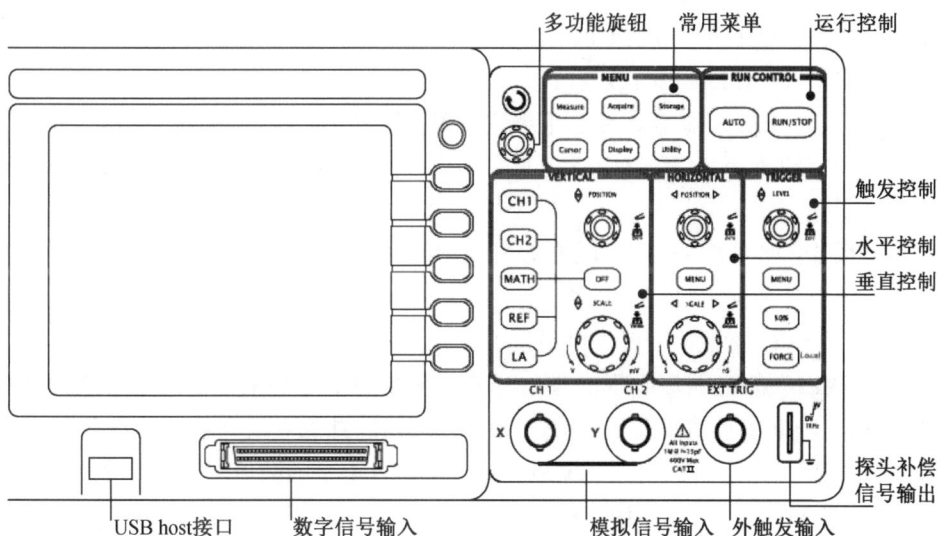

图 6-7　DS1022C 数字示波器的面板及操作说明

DS1022C 数字示波器有两个输入信道：CH1 和 CH2。

①垂直系统：如图 6-8（a）所示，在垂直控制区（VERTICAL）有一系列的按键、旋钮。

a. 调节垂直"POSITION"旋钮使得波形上下位置在窗口居中显示。

垂直"POSITION"旋钮控制信号的垂直显示位置。当转动垂直"POSITION"旋钮时，指示通道地（GROUND）的标识跟随波形而上下移动。

b. 改变垂直设置，并观察因此导致的状态信息变化。

可以通过波形窗口下方的状态栏显示的信息，确定任何垂直挡位的变化。转动垂直

"SCALE"旋钮改变"Volt/div(伏/格)"垂直挡位,可以发现状态栏对应通道的挡位显示发生了相应的变化。按 CH1、CH2、MATH、REF、LA(混合信号示波器),屏幕显示对应通道的操作菜单、标志、波形和挡位状态信息。按 OFF 键关闭当前选择的通道。

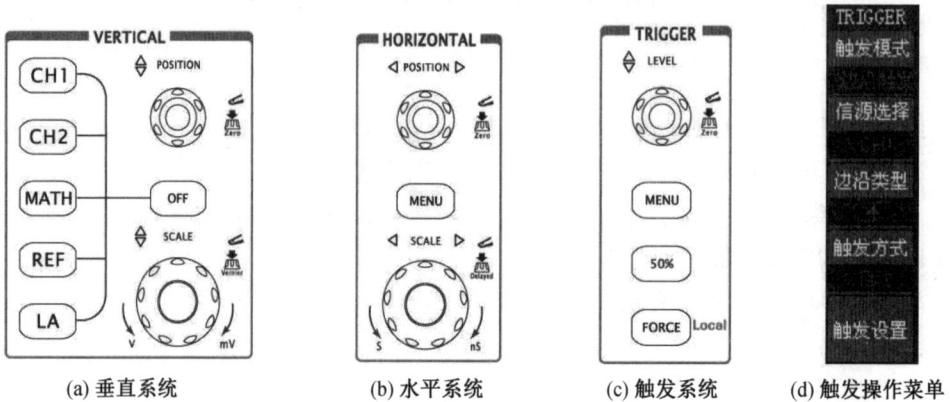

(a) 垂直系统　　(b) 水平系统　　(c) 触发系统　　(d) 触发操作菜单

图 6-8　DS1022C 数字示波器各部分示意图

②水平系统:如图 6-8(b)所示,在水平控制区(HORIZONTAL)有一个按键、两个旋钮。

a. 调节水平"POSITION"旋钮使得波形左右位置在窗口居中显示。

b. 调节水平"SCALE"旋钮,改变波形周期个数的设置。

c. 调节水平"SCALE"旋钮改变水平挡位设置,并观察因此导致的状态信息变化。调节水平"SCALE"旋钮改变"s/div(秒/格)"水平挡位,可以发现状态栏对应通道的挡位显示发生了相应的变化。

③触发系统:如图 6-8(c)所示,在触发控制区(TRIGGER)有一个旋钮、三个按键。

触发系统由一个旋钮"LEVEL"和三个按钮"MENU、50%、FORCE"组成。

a. 调节"LEVEL"旋钮改变触发电平设置。

转动"LEVEL"旋钮,可以发现屏幕上出现一条橘红色(单色液晶系列为黑色)的触发线以及触发标志,随旋钮转动而上下移动。停止转动旋钮,此触发线和触发标志会在约 5 s 后消失。在移动触发线的同时,可以观察到在屏幕上触发电平的数值发生了变化。

b. 使用 MENU 调出触发操作菜单(见图 6-8(d)),改变触发的设置,观察由此造成的状态变化。

ⓐ按 1 号菜单操作按键,选择边沿触发。

ⓑ按 2 号菜单操作按键,选择"信源选择"为 CH1。

ⓒ按 3 号菜单操作按键,设置"边沿类型"为上升沿。

ⓓ按 4 号菜单操作按键,设置"触发方式"为自动。

ⓔ按 5 号菜单操作按键,进入"触发设置"二级菜单,对触发的耦合方式、触发灵敏度和触发释抑时间进行设置。

c. 按"50%"按钮,设定触发电平在触发信号幅值的垂直中点。

d. 按"FORCE"按钮,强制产生一触发信号,主要应用于触发方式中的"普通"和"单次"模式。

④波形信号的自动设置

DS1022C 数字示波器具有自动设置的功能。根据输入的信号,可以自动调整电压倍率、时基和触发方式至最好形态显示。

使用自动设置显示波形的操作步骤为:

a. 打开电源。

b. 将被测信号连接到信号输入通道 CH1 或 CH2。

c. 按下"AUTO"按钮。

示波器将自动设置垂直、水平和触发控制。如需要,可以手工调节这些控制使波形显示达到最佳。

DS1022C 数字示波器可以进行电压的"峰-峰"值、瞬时值、周期、带宽等多种量的测量,详细情况可参考该仪器的用户使用手册。

(2)TH-SG10 型数字合成信号发生器

图 6-9 为 TH-SG10 型数字合成信号发生器,它具有输出函数信号、调频、FSK、PSK、频率扫描等信号的功能,输出波形有正弦波、方波和 TTL 波。

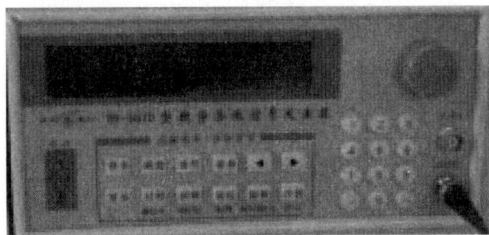

图 6-9 TH-SG10 型数字合成信号发生器

频率范围为 10 mHz~10 MHz,分辨率为 1 μHz,频率误差≤±5×10^{-5}。

幅度范围为 2 mV~20 V_{P-P}(高阻)、1 mV~10 V_{P-P}(50 Ω),最高分辨率为 2 μV_{P-P}(高阻)、1 μV_{P-P}(50 Ω)

其中,V_{P-P} 表示电压的峰-峰值。

例如,设置输出 20 mV_{P-P},10 kHz 正弦信号的步骤如下:

①打开电源;

②按下"频率"按键,由右侧数码键盘输入"1、0",按下单位按键"调制/kHz",此时,屏幕显示"10 kHz";

③按下"幅度"按键,由右侧数码键盘输入"2、0",按下单位按键"偏移/mV",此时,屏幕显示"20 mV_{P-P}";

④按下"波形"键,选择输出正弦波,此时,屏幕显示为正弦波形符号。

注意:信号发生器输出幅度为电压的峰-峰值,而不是有效值,两者的换算关系读者想一想。

4. 实训报告与思考

(1)整理测试数据,画出用示波器观察到的实训波形。

(2)用示波器测量正弦波的值和用交流毫伏表测量正弦波的值有何不同?

（3）简述使用示波器自动显示被测波形的基本步骤。

（4）简述使用函数信号发生器的基本步骤。

（5）请用信号发生器调出"$f=1\text{ kHz},50\text{ m}V_{P-P}$"的正弦波信号,然后送到示波器 CH1 通道,观察记录显示的波形并计算其频率和幅度大小。

（6）改变频率和幅度进行几组数据的设置练习,最后调出"$f=1\text{ kHz},50\text{ m}V_{P-P}$"的正弦波信号。

6.1.2　分压式共发射极单管放大器电路的分析

放大电路不仅要有合适的静态工作点,而且要保持静态工作点的稳定。由于某种原因,例如温度的变化,将使集电极电流的静态值 I_C 发生变化,从而影响静态工作点的稳定。分压式共发射极单管放大电路,也称为分压式偏置放大电路,它能够稳定电路的静态工作点。

1.电路组成

由 NPN 型三极管构成的共发射极放大电路如图 6-10 所示。

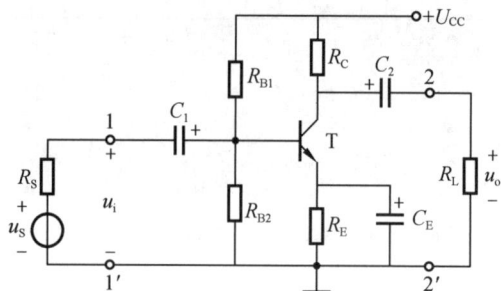

分压偏置式共射极
放大电路仿真实验

图 6-10　共发射极分压式偏置放大电路

电容 C_1、C_2 的作用不再赘述,其他各元件的作用如下:

（1）偏置电阻 R_{B1}、R_{B2}。R_{B1} 为上偏置电阻,R_{B2} 为下偏置电阻。通过 R_{B1}、R_{B2} 对直流电源 V_{CC} 分压,给三极管的基极提供固定不变的电位 U_{BQ}。因此,此电路也称为分压式放大电路。

（2）发射极电阻 R_E。利用 R_E 将 I_{EQ} 的变化转换成电压 U_{EQ} 的变化,并把 U_{EQ} 回送到输入回路,通过 U_{EQ} 自动调节 I_{BQ},以保证 I_{CQ} 不变,达到静态工作点稳定的目的。

（3）集电极负载电阻 R_C。利用 R_C 的降压作用,将三极管集电极电流的变化转换成集电极电压的变化,从而实现信号的电压放大。

（4）射极旁路电容 C_E。与 R_E 并联的电容 C_E,称为发射极旁路电容,用以短路交流,使 R_E 对放大电路的电压放大倍数不产生影响,故要求它对信号频率的容抗越小越好,因此,在低频放大电路中,C_E 通常也采用电解电容器。

2.静态分析

将图 6-10 所示电路中所有电容均断开即可得到该放大电路的直流通路,如图 6-11 所示。由图可见,三极管的基极偏置电压是由直流电源 U_{CC} 经过 R_{B1}、R_{B2} 的分压而获得,所以,图6-11所示电路又叫作分压偏置式工作点稳定直流通路。

流过R_{B1}、R_{B2}的直流电流I_1远大于基极电流I_{BQ}时,可得到三极管基极直流电压U_{BQ}为

$$U_{BQ} \approx \frac{R_{B2}}{R_{B1}+R_{B2}}U_{CC}$$

由于$U_{EQ} = U_{BQ} - U_{BEQ}$,所以三极管发射极直流电流为

$$I_{EQ} \approx \frac{U_{BQ}-U_{BEQ}}{R_E}$$

三极管集电极、基极的直流电流分别为

$$I_{CQ} \approx I_{EQ}, I_{BQ} \approx I_{EQ}/\beta$$

晶体管 C、E 极之间的直流管压降为

$$U_{CEQ} = U_{CC} - I_{CQ}R_C - I_{EQ}R_E \approx U_{CC} - I_{CQ}(R_C+R_E)$$

一般将静态值符号I_{BQ}、I_{CQ}、U_{BEQ}、U_{CEQ}这四个值叫作放大电路的静态工作点,用 Q 表示。

图 6-11 共发射极分压式偏置放大电路的直流通路

由U_{BQ}的计算式可知,U_{BQ}由R_{B1}、R_{B2}的分压而确定,与温度无关。当温度上升时,由于$I_{CQ}(I_{EQ})$的增加,在R_E上产生的压降$I_{EQ}R_E$也要增加,因$U_{BEQ} = U_{BQ} - I_{EQ}R_E$,由于$U_{BQ}$固定,$U_{BEQ}$随之减小,迫使$I_{BQ}$减小,从而牵制了$I_{CQ}(I_{EQ})$的增加,使$I_{CQ}$基本维持恒定。分压式偏置电路具有稳定静态工作点的作用。

由以上分析不难理解分压式偏置电路中,当更换不同参数三极管时,其静态工作点电流I_{CQ}也可基本维持恒定。

一般情况下,电路设计应满足:

$$I_1 = (5 \sim 10)I_{BQ}$$

$$U_{BQ} = (5 \sim 10)U_{BEQ}$$

3. 动态分析

分压式偏置放大电路的动态分析,请读者们利用前文微变等效分析法进行分析。

例 6-3 在分压式偏置放大电路中,已知$U_{CC} = 12$ V,$R_C = 2$ kΩ,$R_E = 2$ kΩ,$R_{B1} = 20$ kΩ,$R_{B2} = 10$ kΩ,$R_L = 6$ kΩ,晶体管的$\bar{\beta} = 37.5$。

(1)试求静态值;

(2)画出微变等效电路;

(3)计算该电路的A_u、r_i和r_o。

解 (1)静态值

$$U_{BEQ} \approx \frac{R_{B2}}{R_{B1}+R_{B2}}U_{CC} = \frac{10}{20+10} \times 12 = 4 \text{ V}$$

$$I_C \approx I_E = \frac{U_{BEQ}-U_{BE}}{R_E} = \frac{4-0.6}{2 \times 10^3}A = 1.7 \text{ mA}$$

$$I_B = \frac{I_C}{\bar{\beta}} = \frac{1.7 \text{ mA}}{37.5} = 0.045 \text{ mA}$$

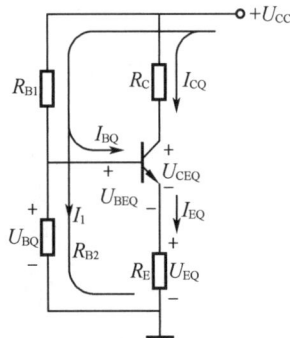

$$U_{CE} \approx U_{CC} - (R_C + R_E) I_C$$
$$= [12 - (2+2) \times 10^3 \times 1.7 \times 10^{-3}] = 5.2 \text{ V}$$

(2)微变等效电路,如图 6-12 所示。

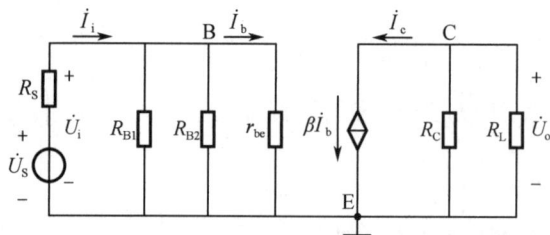

图 6-12   微变等效电路

(3)动态参数

$$r_{be} \approx 200 \ \Omega + (\beta+1) \frac{26 \text{ mV}}{I_E \text{ mA}} = 200 \ \Omega + (1+37.5) \frac{26 \text{ mV}}{1.7 \text{ mA}} = 0.79 \text{ k}\Omega$$

$$A_u = -\beta \frac{R'_L}{r_{be}} = -37.5 \times \frac{\dfrac{2 \times 6}{2+6}}{0.79} = -71.2$$

$$r_i = R_{B1} /\!/ R_{B2} /\!/ r_{be} \approx r_{be} = 0.79 \text{ k}\Omega$$

$$r_o \approx R_C = 2 \text{ k}\Omega$$

【任务实施 2】

共发射极单管放大器的调试与参数测试

1. 目的

(1)学会放大器静态工作点的调试方法,分析静态工作点对放大器性能的影响。

(2)熟悉常用电子仪器及模拟电路实训设备的使用。

2. 设备及器件

信号发生器、双踪示波器、直流电压表、直流毫安表、万用表、晶体三极管 3DG6(β＝50～100)或 9011、电阻器、电容器若干。

3. 原理和电路

图 6-13 为电阻分压式工作点稳定单管放大器实训电路图。它的偏置电路采用 R_{B1} 和 R_{B2} 组成的分压电路,并在发射极中接有电阻 R_E,以稳定放大器的静态工作点。当在放大器的输入端加入输入信号 u_i 后,在放大器的输出端便可得到一个与 u_i 相位相反,幅值被放大了的输出信号 u_o,从而实现了电压放大。

4. 放大器静态工作点的测量与调试

(1)静态工作点的测量

测量放大器的静态工作点,应在输入信号 u_i＝0 的情况下进行,即将放大器输入端与地端短接,然后选用量程合适的直流毫安表和直流电压表,分别测量晶体管的集电极电流 I_C

以及各电极对地的电位 U_B、U_C 和 U_E。一般实训中,为了避免断开集电极,所以采用测量电压 U_E 或 U_C,然后算出 I_C 的方法,例如,只要测出 U_E,即可用

$$I_C \approx I_E = \frac{U_E}{R_E}$$

同时也能算出 $\qquad U_{BE} = U_B - U_E,\ U_{CE} = U_C - U_E$

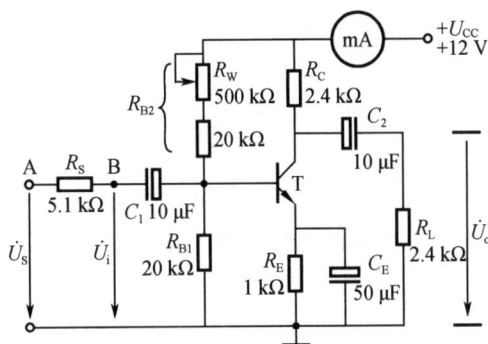

图 6-13 共射极单管放大器实训电路

为了减小误差,提高测量精度,应选用内阻较高的直流电压表。

（2）静态工作点的调试

放大器静态工作点的调试是指对管子集电极电流 I_C（或 U_{CE}）的调整与测试。

静态工作点是否合适,对放大器的性能和输出波形都有很大影响。如工作点偏高,放大器在加入交流信号以后易产生饱和失真,此时 u_o 的负半周将被削底,如图6-14(a)所示;如工作点偏低则易产生截止失真,即 u_o 的正半周被缩顶(一般截止失真不如饱和失真明显),如图6-14(b)所示。这些情况都不符合不失真放大的要求。所以在选定工作点以后还必须进行动态调试,即在放大器的输入端加入一定的输入电压 u_i,检查输出电压 u_o 的大小和波形是否满足要求。如不满足,则应调节静态工作点的位置。

改变电路参数 U_{CC}、R_C、R_B（R_{B1}、R_{B2}）都会引起静态工作点的变化,如图6-15所示。但通常多采用调节偏置电阻 R_{B2} 的方法来改变静态工作点,如减小 R_{B2},则可使静态工作点提高。

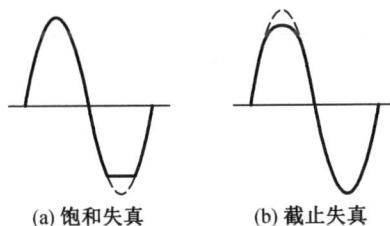

(a) 饱和失真　(b) 截止失真

图 6-14 静态工作点对 u_o 波形失真的影响

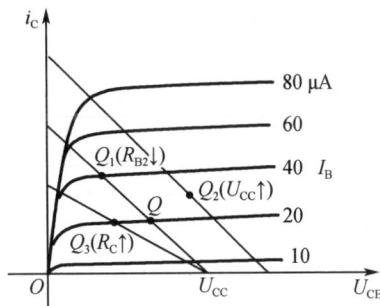

图 6-15 静态工作点的变化

最后还要说明的是,上面所说的工作点"偏高"或"偏低"不是绝对的,而是相对信号的幅度而言,如输入信号幅度很小,即使工作点较高或较低也不一定会出现失真。所以确切地说,产生波形失真是信号幅度与静态工作点设置配合不当所致。如需满足较大信号幅度的要求,静态工作点最好尽量靠近交流负载线的中点。

5. 内容及步骤

实训电路如图 6-13 所示。为防止干扰,各仪器的公共端必须连在一起,同时示波器的引线应采用专用电缆线或屏蔽线。如使用屏蔽线,则屏蔽线的外包金属网应接在公共接地端上。

接通直流电源前,先将 R_W 调至最大,信号发生器输出旋钮旋至零。接通+12 V 电源,调节 R_W,使 $I_C = 2.0$ mA(即 $U_E = 2.0$ V),用直流电压表测量 U_B、U_E、U_C 及用万用表测量 R_{B2} 值,记入表 6-1。

表 6-1　静态参数测试与计算　　　　　　　　　　　　　　$I_C = 2$ mA

测量值				计算值		
U_B/V	U_E/V	U_C/V	R_{B2}/kΩ	U_{BE}/V	U_{CE}/V	I_C/mA

6. 思考

(1)列表整理测量结果,并把实测的静态工作点与理论计算值比较(取一组数据进行比较),分析产生误差原因。

(2)当调节偏置电阻 R_{B2},使放大器输出波形出现饱和或截止失真时,晶体管的管压降 U_{CE} 怎样变化?

3. 分析讨论在调试过程中出现的问题。

*6.1.3　共集电极与共基极放大电路的分析

1. 共集电极放大电路的分析

共集电极放大电路,也称为射极输出器。

(1)电路组成

图 6-16(a)所示为共集电极放大电路。共集电极放大电路的输入信号接在基极和公共端之间,输出信号从发射极和公共端之间引出。它的直流通路如图 6-16(b)所示。

共集电极放大电路仿真实验

(2)电路静态分析

根据图 6-16(b)的直流通路,求其静态工作点。

$$U_{CC} = I_{BQ}R_B + U_{BEQ} + I_{EQ}R_E$$
$$= I_{BQ}R_B + U_{BEQ} + (1+\beta)I_{BQ}R_E$$

故

$$I_{BQ} = (U_{CC} - U_{BEQ})/[R_B + (1+\beta)R_E]$$
$$I_{CQ} = \beta I_{BQ}$$

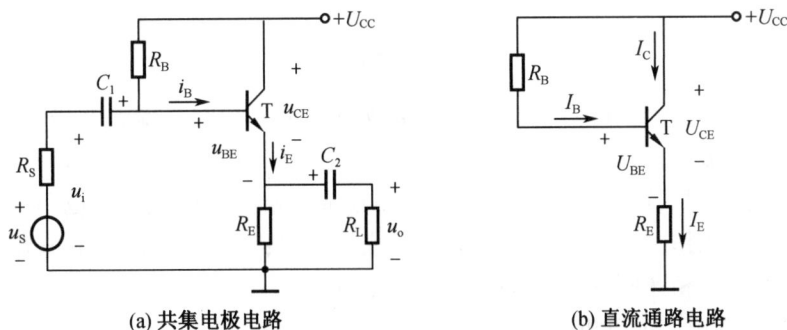

(a) 共集电极电路　　　　　　　　(b) 直流通路电路

图 6-16　共集电极放大电路及直流通路

$$U_{CEQ} = U_{CC} - I_{EQ}R_E$$

共集电极放大电路带负载的能力强,能够使多级放大电路前后级阻抗达到匹配。所以在多级放大电路中,共集电极放大电路常用作输入级、输出级和缓冲级。

(3)电路动态分析

图 6-17 是图 6-16(a)的共集电极放大电路的微变等效电路。

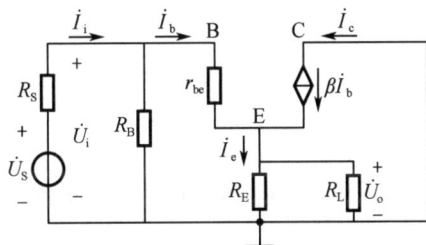

图 6-17　共集电极放大电路的微变等效电路

由等效电路可知:

$$\dot{U}_o = (1+\beta)\dot{I}_o R'_L$$

式中

$$R'_L = R_E // R_L$$

$$\dot{U}_i = \dot{I}_b [r_{be} + (1+\beta)R'_L]$$

于是可得电压放大倍数

$$A_u = \frac{\dot{U}_o}{\dot{U}_i} = \frac{(1+\beta)R'_L}{r_{be} + (1+\beta)R'_L}$$

上式中,一般有 $(1+\beta)R' \gg r_{be}$,所以射极输出器的电压放大倍数小于 1(接近 1)。因为输出电压接近输入电压,两者的相位又相同,故射极输出器又称为射极跟随器。

输入电阻为

$$R_i = R_B // [r_{be} + (1+\beta)R'_L]$$

分析输出电阻时,将信号源短路,保留信号源内阻,去掉负载,同时在输出端接上一个

电压信号 U_o，产生电流 I_o，可得到输出电阻为

$$R_o = R_E // \frac{r_{be}+(R_S//R_b)}{1+\beta}$$

应当指出，尽管射极输出器的电压放大倍数小于 1，但射极电流是基极电流的 $(1+\beta)$ 倍，仍能将输入电流加以放大。所以，射极输出器虽然没有电压放大作用，但具有电流放大和功率放大作用。射极输出器的主要特点是：电压放大倍数接近 1；输入电阻高；输出电阻低。因此，它常被用作多级放大电路的输入级或输出级；也可用它连接两电路，作为中间级，减少电路间直接相连所带来的影响，起缓冲作用。

2. 共基极放大电路的分析

(1) 电路组成

图 6-18(a) 所示为共基极放大电路，它的输入信号接在晶体管的发射极和公共端之间，输出信号从晶体管的集电极和公共端之间引出

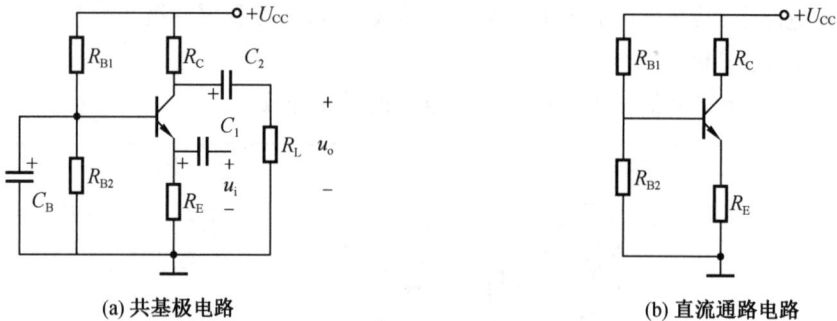

(a) 共基极电路　　　　　　　　　　　　　(b) 直流通路电路

图 6-18　共基极放大电路及直流通路

(2) 电路静态分析

共基极放大电路的直流通路如图 6-18(b) 所示，与分压偏置式共发射极放大电路的直流通路相同，所以，静态工作点的计算分析方法相同。

(3) 电路动态分析

图 6-19 是图 6-18(a) 的共基极放大电路的微变等效电路。

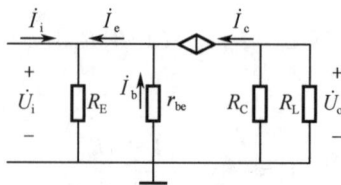

图 6-19　共基极放大电路的微变等效电路

由等效电路可得电压放大倍数为

$$\dot{A}_u = \frac{\dot{U}_o}{\dot{U}_i} = \frac{-\dot{I}_c(R_C//R_L)}{-\dot{I}_b r_{be}} = \frac{\beta(R_C//R_L)}{r_{be}}$$

输入电阻为

$$R_i = \frac{U_i}{I_i} = R_E // \frac{r_{be}}{1+\beta}$$

输出电阻为

$$R_o = R_C$$

通过上述分析可以得到,共基极放大电路的输出与输入同相,有电压放大能力;共基极放大电路的输入电阻低,一般为几欧姆到几十欧姆;输出电阻比较高。

3. 放大电路三种组态比较

放大电路三种组态的特点见表 6-2。

表 6-2　放大电路三种组态的特点

	共射极放大电路	共集电极放大电路	共基极放大电路
输入端	基极	基极	发射极
输出端	集电极	发射极	集电极
电压放大倍数	$A_u = -\beta \dfrac{R_L'}{r_{be}}$	$A_u = \dfrac{(1+\beta)R_L'}{r_{be}+(1+\beta)R_L'}$	$\dot{A}_u = \dfrac{\beta(R_C // R_L)}{r_{be}}$
u_o 与 u_i 的相位关系	反相	同相	同相
输入电阻	$r_i = R_B // r_{be} \approx r_{be}$	$R_i = R_B // [r_{be}+(1+\beta)R_L']$	$R_i = R_E // \dfrac{r_{be}}{1+\beta}$
输出电阻	$r_o \approx R_C$	$R_o = R_E // \dfrac{r_{be}+(R_S // R_b)}{1+\beta}$	$R_o = R_C$
用途	低频电压放大电路	多级放大电路的输入级、输出级和中间级	高频放大电路、宽频带电路

共射极放大电路既能放大电流,又能放大电压,且输出电压与输入电压极性相反。其输入电阻较大,输出电阻较大。

共集电极放大电路只能放大电流,不能放大电压,且输出电压与输入电压相同。其输入电阻较大,输出电阻较小。

共基极放大电路只能放大电压,不能放大电流,且输出电压与输入电压极性相同。输入电阻较小,输出电阻较大。

任务 6.2   多级放大器的设计与实现

【任务目标】

　　(1)认识多级放大电路。
　　(2)掌握多级放大电路的耦合方式。
　　(3)了解放大电路中的反馈。
　　(4)能够分析多级放大电路。

【任务内容】

6.2.1   多级放大器的电路分析

1.多级放大电路的组成

　　任务6.1讨论的为基本单元放大电路,其性能通常很难满足电路或系统的要求,因此,实用上需将两级或两级以上的基本单元电路连接起来组成多级放大电路,如图6-20所示。通常把与信号源相连接的第一级放大电路称为输入级,与负载相连接的末级放大电路称为输出级,输出级与输入级之间的放大电路称为中间级。输入级与中间级的位置处于多级放大电路的前几级,故又称为前置级。

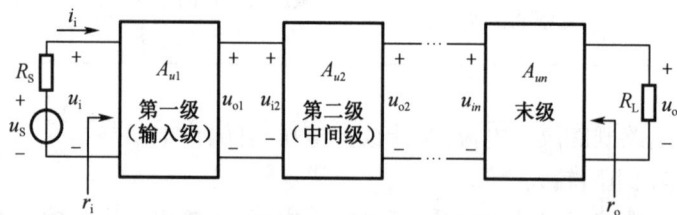

图6-20   多级放大电路的组成框图

2.多级放大电路各级的作用

　　前置级一般都属于小信号工作状态,主要进行电压放大;输出级是大信号放大,以提供负载足够大的信号。具体而言,输入级:要求输入电阻高,它的任务是从信号源获取更多的信号。中间级:主要承担电压放大任务,给电路提供足够大的电压放大倍数,常采用共发射极放大电路。输出级:在不失真的情况下,向负载提供足够大的输出功率,常采用功率放大电路。

3.多级放大电路的级间耦合方式

　　多级放大电路级与级之间的连接称为级间耦合。常见的耦合方式有四种:直接耦合、阻容耦合、变压器耦合和光电耦合。

（1）直接耦合

将放大电路前级的输出端直接连接到后级的输入端的连接方式称为直接耦合，如图 6-21 所示。

图中 R_{C1} 既作为第一级的集电极电阻，又作为第二级的基极电阻，只要 R_{C1} 取值合适，就可使 T_2 管处于放大状态。

直接耦合放大电路的优点是电路元件少，既能放大交流信号，又可以放大直流信号及变化缓慢的信号，并具有良好的低频特性，由于电路中没有大容量的电容，所以，便于集成化。但直接耦合前后级之间存在直流通路，

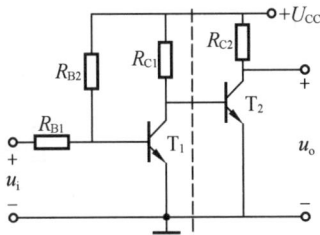

图 6-21 直接耦合两级放大电路

所以各级静态工作点相互影响，这样给电路的分析、设计和调试带来一定的困难。它存在的另一个问题就是零点飘移，输入电压为零而输出电压不为零且缓慢变化的现象，称为零点漂移现象。解决的办法是在多级放大电路前加差动放大电路，作为输入级，这部分内容请查看相关书籍。

（2）阻容耦合

将放大电路前级的输出端通过电容接到后级的输入端的连接方式称为阻容耦合。图 6-22 所示为两级阻容耦合放大电路。

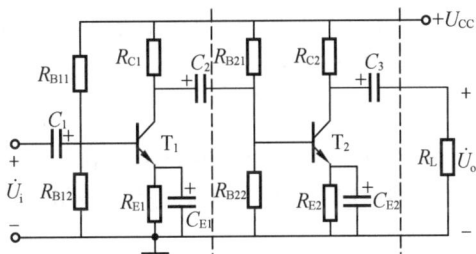

图 6-22 两级阻容耦合放大电路

连接两级间的电容 C_2 称为耦合电容。由于电容具有隔直通交的作用，使得各级的静态工作点彼此独立，互不影响，故给电路的分析、设计和调试带来了很大的方便。但电容的隔直作用，使它不适于放大直流信号及缓慢变化的信号，而只能放大交流信号。在集成电路中由于制造大电容很困难，所以不易集成化。但这种耦合方式在分立元件交流放大电路中却获得了广泛应用。

多级放大电路的分析方法：多级放大电路的输入电阻为第一级放大电路的输入电阻，多级放大电路的输出电阻为最后一级放大电路的输出电阻，多级放大电路总的电压放大倍数是各级放大电路电压放大倍数的乘积。在计算多级放大电路的动态参数时，应注意前后级之间具有相互关联性，后一级的输入电阻相当于前一级的负载电阻，前一级的输出电阻相当于后一级的信号源内阻。

例 6-4 用射极输出器和分压式偏置放大电路组成两级放大电路，如图 6-23 所示。已知：$U_{CC} = 12\ \text{V}$，$\beta_1 = 60$，$R_{B1} = 200\ \text{k}\Omega$，$R_{E1} = 2\ \text{k}\Omega$，$R_S = 100\ \Omega$。后级的数据同例 6-3，即 $R_{C2} = 2\ \text{k}\Omega$，$R_{E2} = 2\ \text{k}\Omega$，$R'_{B1} = 20\ \text{k}\Omega$，$R'_{B2} = 10\ \text{k}\Omega$，$R_L = 6\ \text{k}\Omega$，$\beta_2 = 37.5$，试求：

（1）前后级放大电路的静态值；

（2）放大电路的输入电阻 r_i 和输出电阻 r_o；

（3）各级电压放大倍数 A_{u1}、A_{u2} 及两级电压放大倍数 A_u。

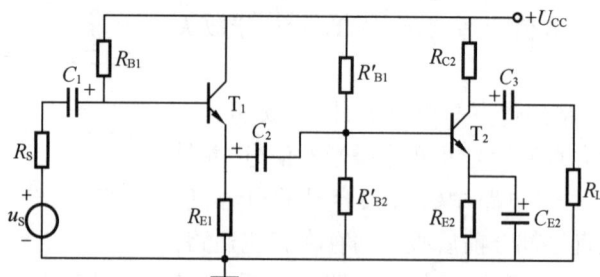

图 6-23　例 6-4 图

解　①前级静态值为

$$I_{B1}=\frac{U_{CC}-U_{BE1}}{R_{B1}+(1+\beta_1)R_{E1}}=\frac{12-0.6}{200\times10^3+(1+60)\times2\times10^3}\ A=0.035\ mA$$

$$I_{C1}\approx I_{E1}=(1+\beta_1)I_{B1}=(1+60)\times0.035\ mA=2.14\ mA$$

$$U_{CE1}=U_{CC}-R_{E1}I_{E1}=(12-2\times10^3\times2.14\times10^{-3})\ V=7.72\ V$$

后级静态值分析同例 6-3，得到 $I_{C2}\approx I_{E2}=1.7\ mA$，$I_{B2}=0.045\ mA$，$U_{CE2}=5.2\ V$。

②请读者自行画出交流微变等效电路。

放大电路的输入电阻

$$r_i=r_{i1}=R_{B1}//[r_{be1}+(1+\beta_1)R'_{L1}]$$

式中，$R'_{L1}=R_{E1}//r_{i2}$ 为前级的负载电阻，其中 r_{i2} 为后级的输入电阻，已在例 6-3 中求得，$r_{i2}=0.79\ k\Omega$，于是

$$R'_{L1}=\frac{2\times0.79}{2+0.79}=0.57\ k\Omega$$

$$r_{be1}\approx200+(1+\beta_1)\frac{26}{I_{E1}}=\left[200+(1+60)\times\frac{26}{2.14}\right]\Omega=0.94\ k\Omega$$

$$r_i=r_{i1}=R_{B1}//[r_{be1}+(1+\beta_1)R'_{L1}]=30.3\ k\Omega$$

输出电阻

$$r_o=r_{o2}\approx R_{C2}=2\ k\Omega$$

③计算电压放大倍数

前级　　　$$A_{u1}=\frac{(1+\beta_1)R'_{L1}}{r_{be}+(1+\beta_1)R'_{L1}}=\frac{(1+60)\times0.57}{0.94+(1+60)\times0.57}=0.98$$

后级（在例 6-3 中求得）　　　$A_{u2}=-71.2$

两级电压放大倍数

$$A_u=A_{u1}\cdot A_{u2}=0.98\times(-71.2)=-69.8$$

（3）变压器耦合

将放大电路前级的输出端通过变压器接到后级的输入端的连接方式称为变压器耦合。

图 6-24 所示为两级变压器耦合放大电路。

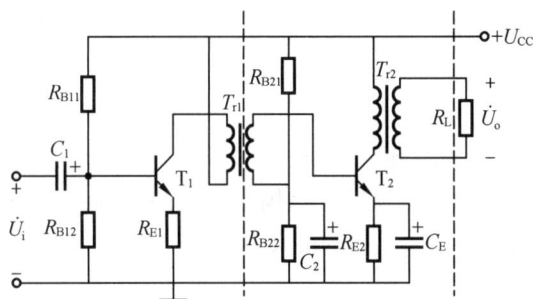

图 6-24 两级变压器耦合放大电路

由于变压器耦合电路的前后级靠磁路耦合,所以与阻容耦合电路一样,只能放大交流,不能放大直流。各级放大电路的静态工作点相互独立,便于分析、设计和调试。与前两种耦合方式相比,变压器耦合放大电路的最大特点是可以进行阻抗变换,使级间达到阻抗匹配,放大电路可以得到较大的输出功率。但由于变压器体积大、笨重、频率特性不好、不便于集成化,因此目前应用极少。

(4)光电耦合

光电耦合是以光信号为媒介来实现电信号的转换和传递的。光电耦合器是实现光电耦合的基本器件,其内部组成如图 6-25 所示。

它是将发光元件(发光二极管)与光敏元件(光电三极管)相互绝缘地组合在一起。发光元件为输入回路,它将电能转换成光能;光敏元件为输出回路,它将光能再转换成电能。输出回路采用复合管(也称达林顿结构)形式,目的是增大放大倍数。

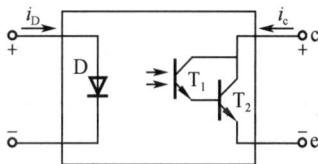

图 6-25 光电耦合器的内部结构

当前级放大电路输出的电信号加在光电耦合器的输入端时,发光管发光,光敏管受光线照射后导通,输出相应的电信号,送到后级放大电路的输入端,实现了电信号的传递。因为它的输入与输出两部分电路在电气上是完全隔离的,因此可有效地抑制电干扰。正因为如此,光电耦合得到越来越广泛的应用。

*6.2.2 放大电路的反馈

反馈的应用是十分广泛的,反馈不仅是改善电路性能的重要手段,而且也是电子技术和自动调节原理中的一个基本概念。比如在 6.1.2 节中学习的共发射极分压式偏置放大电路中,用发射极电阻 R_E 将发射极电流的变化转化为电压的变化,并反馈到输入端,起到稳定静态工作点的作用。

1. 反馈的概念

放大电路中的反馈,就是将放大电路输出端的信号(电压或电流)的一部分或全部通过反馈电路引回到输入端,用来影响输入量(输入电压或输入电流)的措施称为反馈,图 6-26

为反馈放大电路的方框图。任何带有反馈的放大电路包含两个部分：一是不带反馈的基本放大电路，它可以是单级或多级放大电路，也可以是运算放大器；二是反馈电路，它是联系放大电路输出端和输入端的环节。

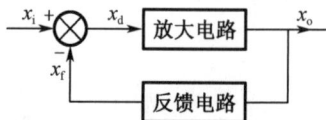

图 6-26   反馈放大电路的方框图

图 6-26 中 x_i 为输入信号，x_o 为输出信号，x_f 为反馈信号，x_d 为净输入信号，$\otimes$ 为比较环节，$x_d = x_i - x_f$。

由于引入反馈后，放大电路与反馈电路构成一个闭合环路，因此称引入了反馈后的放大电路为闭环放大电路，而未引入反馈的放大电路为开环放大电路。

2. 反馈的分类及作用

放大电路中的反馈可从不同角度来分类。常见的分类方法有如下几种：

(1) 正反馈与负反馈

按照反馈量的极性划分，反馈可分为正反馈与负反馈。

若经比较环节后 $x_d < x_i$，反馈信号使净输入信号减小，从而使输出量减小，则电路为负反馈。

若经比较环节后 $x_d > x_i$，反馈信号使净输入信号增强，从而使输出量增大，则电路为正反馈。

引入负反馈可以从许多方面改善放大电路的性能，其应用非常广泛，几乎在所有实用的放大电路中都适当地引入了负反馈。而正反馈主要应用于波形产生电路中，以构成自激振荡。

(2) 直流反馈、交流反馈与交直流反馈

按照反馈量中包含的交、直流成分不同划分，反馈可分为直流反馈、交流反馈和交直流反馈。

反馈量中只含有直流成分或直流通路中存在的反馈称为直流反馈。直流负反馈的主要作用是稳定静态工作点。

反馈量中只含交流成分的或交流通路中存在的反馈称为交流反馈。交流负反馈的作用是改善放大电路的动态特性。

反馈量中即包含交流成分又包含直流成分的反馈称为交直流反馈。

(3) 电压反馈与电流反馈

按照从放大电路输出端取的反馈电量不同划分，反馈可分为电压反馈和电流反馈。

反馈量取自输出电压的反馈称为电压反馈；反馈量取自输出电流的反馈称为电流反馈。

电压负反馈可以稳定输出电压，降低输出电阻；电流反馈可以稳定输出电流，增加输出电阻。

(4) 串联反馈与并联反馈

按照反馈量与原输入量在输入端叠加的形式不同划分，反馈可以分为串联反馈和并联反馈。

从输入端看，反馈量与原输入量以电压的方式相叠加的反馈称为串联反馈；反馈量与原输入量以电流的方式相叠加的反馈称为并联反馈。

串联负反馈使输入电阻增大；并联负反馈使输入电阻减小。

（5）本级反馈与级间反馈

在多级放大电路中，反馈还分为本级反馈（局部反馈）与级间反馈。

本级反馈是把输出量回送到本级输入回路中。其作用是改善本级的性能。

级间反馈是把输出量回送到其他级输入回路中，反馈网络跨接级与级之间。其作用是改善放大电路的整体性能。

3. 反馈的判断

首先我们要判断电路是否存在反馈。如果放大电路中存在将输出回路与输入回路相连接的通路，即反馈网络，并由此影响了放大电路的净输入，则表明电路引入了反馈，否则电路中便没有反馈。

确定电路中存在反馈并找出反馈元件后，判断放大电路中反馈的类型。

（1）判断是正反馈还是负反馈

判别正、负反馈可采用瞬时极性法。瞬时极性是指交流信号某一瞬间的极性，一般要在交流通路中进行。首先假定放大电路输入电压对地的瞬时电压是正或负，然后按照闭环放大电路中信号的传递方向，依次标出有关各点在同一瞬间对地的极性。如果反馈信号削弱输入信号属负反馈，反之属正反馈。

（2）判断是交流反馈还是直流反馈

若反馈通路存在于直流通路中为直流反馈；若反馈通路存在于交流通路中为交流反馈；若反馈通路既存在于直流通路中，又存在于交流通路里，交流反馈和直流反馈都有。

（3）判断是电压反馈还是电流反馈

如果反馈信号取自放大电路的输出电压，就是电压反馈。在共发射极放大电路中，电压反馈的反馈信号一般是由输出级晶体管的集电极取出的。如果反馈信号取自输出电流，则是电流反馈。在共发射极放大电路中，电流反馈的反馈信号一般是由输出级晶体管的发射极取出的。另外，可用输出端短路法判别，即将放大电路的输出端短路（注意：放大器的输出可等效为信号源；输出短路，是将负载短接），如短路后反馈信号消失了，则该反馈为电压反馈，否则为电流反馈。

（4）判断是串联反馈还是并联反馈

如果反馈信号和输入信号是串联关系则为串联反馈。在共发射极放大电路中，串联反馈时通过反馈电路将反馈信号送到输入回路晶体管的发射极上，通过发射极电阻压降来影响输入信号。如果反馈信号和输入信号是并联关系则为并联反馈。在共发射极放大电路中，并联反馈是通过反馈电路将反馈信号引到输入级晶体管的基极上。对于运算放大器，若反馈信号和输入信号加在运算放大器的同一个输入端，是并联反馈；若反馈信号与输入信号加在不同的输入端，则是串联反馈。

*任务 6.3 集成运算放大器的实现

【任务目标】

(1)掌握集成运放电路的组成和工作特点。

(2)掌握集成运放的常见应用。

(3)能按要求利用集成运放构成简单的运算电路。

【任务内容】

6.3.1 集成运算放大器的认识

1.集成运算放大器简介

集成运算放大器是一种高放大倍数、高输入电阻、低输出电阻、集成化的直接耦合多级放大器,简称集成运放。它在自动控制、测量设备、计算技术和电信等几乎一切电子术领域中获得了日益广泛的应用。

集成运算放大器的外形有多种,如图 6-27 所示。

图 6-27 集成运算放大器的外形

"龙芯之母"黄令仪院士

20 世纪 50 年代,新中国刚刚成立,百废待兴,国家异常重视科学人才的培育。理科天才黄令仪凭借在微电子领域超强的天赋成功进入中科院工作,一心投入到科研工作中,黄令仪凭借扎实的专业知识取得一个又一个研究成果,在随后长达半个多世纪的时间里,从二极管、三极管、大规模集成电路,到中国自主研发设计的第一枚 CPU 芯片,黄令仪见证并参与了中国微电子行业从无到有的发展历程。耄耋之年的黄令仪院士活跃在科研前线,带领着新一代的科学工作者们保持初心、砥砺前行。黄令仪院士不断突破、攻克技术难关,为国家芯片事业的蓬勃发展做出巨大贡献。

中国科学院计算所 2001 年就开始设计龙芯系列国产 CPU。黄令仪及其团队呕心沥血,成功研制出龙芯系列芯片,后来陆续推出兆芯、海光、飞腾等国产 CPU 品牌,又涌现了以海思麒麟系列 SoC 为代表的一大批 SoC 品牌。中国自主研发的集成芯片越来越多,自主研发的芯片性能也越来越好。中国芯片的研发之旅虽然坎坷,但是却凝聚着一代又一代人的心血与智慧。

2. 集成运算放大器的组成

集成运算放大器的内部电路尽管有很多不同,但从总体结构上来看,有许多共同之处,通常包含四个基本组成部分,即输入级、中间级、输出级和偏置电路,如图 6-28 所示。

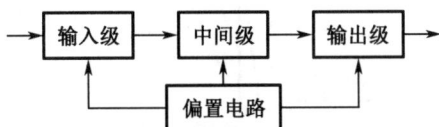

图 6-28 集成运算放大器的基本组成

集成运算放大器内部是多级直接耦合放大电路,所以,要求输入级具有抑制零漂的作用,即能够抑制温度对放大电路静态工作点的影响。另外,还要求输入级具有较高的输入电阻。输入电阻衡量一个放大电路向信号源索取信号大小的能力,输入电阻越大,放大电路输入端得到的电压 U_i 越大;信号源内阻 R_S 上的电压越小,放大电路向信号源索取信号的能力越强。

中间级的作用是放大信号,要求有尽可能高的电压放大倍数。中间级常采用直接耦合共发射极放大电路。

输出级与负载相连,因此要求带负载能力要强,常采用直接耦合的功率放大电路。此外,输出级一般还有过流保护电路,用以防止电流过大烧坏输出电路。

偏置电路的功能主要是为输入级、中间级和输出级提供合适的静态工作点。偏置电路一般采用电流源电路。

集成运算放大器具有两个输入端和一个输出端,在两个输入端中,一个为同相输入端,标注"+",表示输出电压与此输入端的电压相位相同;另一个为反相输入端,标注"-"号,表示输出电压与此输入端的电压相位相反。电路符号如图 6-29 所示。

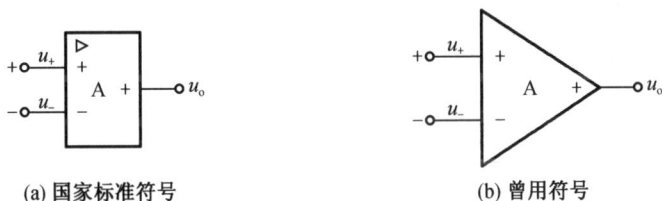

(a) 国家标准符号   (b) 曾用符号

图 6-29 集成运算放大器符号

3. 集成运算放大器的工作特点

集成运算放大器的电压传输特性是指运算放大器输出电压与输入电压(即同相输入端与反相输入端之间的差值电压)之间的关系曲线。集成运算放大器有两种工作状态,即线性工作状态和非线性工作状态,在其传输特性曲线上对应两个区域,即线性区和非线性区。

其传输特性曲线如图 6-30 所示。

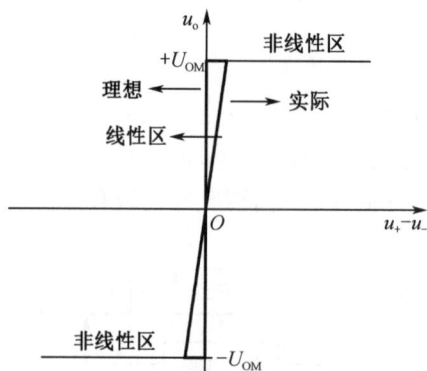

图 6-30　集成运算放大器传输特性曲线

（1）线性工作区

当输入电压 u_i 为小信号时，输出与输入呈线性放大关系，此时称运放工作在线性区。通常集成运算放大器接成闭环且为负反馈时工作在线性区，输出量与输入量呈线性关系。当集成运算放大器工作在线性区时，有两个重要特性：

①虚短

$$u_+ \approx u_-$$

即反相输入端与同相输入端近似等电位，通常将这种现象称为"虚短"。

②虚断

$$i_+ \approx i_- = 0$$

即两个输入端的输入电流均为零，通常将这种现象称为"虚断"。

利用这两条结论会使运算放大器电路分析过程大为简化。

（2）非线性工作区

集成运算放大器工作在开环状态或接成闭环且为正反馈时，输入端加微小的电压变化量都将使输出电压超出线性放大范围，达到正向最大电压 $+U_{OM}$ 或负向最大电压 $-U_{OM}$，其值接近正负电源电压，如图 6-30 所示。这时集成运算放大器工作在非线性状态，在这种状态下，也有两条重要特性：

①输出电压只有两种可能取值：

当 $u_+ > u_-$ 时，$u_o = +U_{OM}$

当 $u_+ < u_-$ 时，$u_o = -U_{OM}$

②输入电流为零，即

$$i_+ \approx i_- = 0$$

与线性区相同，集成运放工作在非线性区时两个输入端的输入电流也均为零。

由此可知，在分析集成运算放大器电路时，首先应判断它是工作在什么区域，然后才能利用上述有关结论进行分析。

6.3.2　集成运算放大器的应用

1. 集成运放的线性应用

能实现各种运算功能的电路称为运算电路。在运算电路中,集成运放必须工作在线性区。

(1)比例运算电路

输出量与输入量成比例的运算放大电路称为比例运算电路。按输入信号的不同接法,比例运算可分为同相比例运算、反相比例运算两种基本电路形式,它们是各种运算放大电路的基础。

①反相比例运算电路

反相比例运算电路如图 6-31 所示,输入信号加在反相输入端,R_P 是平衡电阻,用以提高输入级的对称性,一般取 $R_P = R_1 /\!/ R_f$。反馈电阻 R_f 跨接在输出端与反相输入端之间,形成深度电压并联负反馈。因此,集成运放工作在线性区。

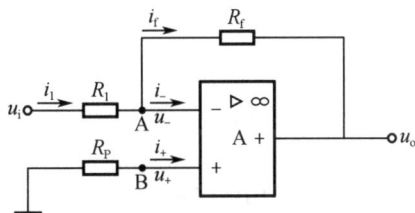

图 6-31　反相比例运算电路

由虚断 $i_+ = i_- = 0$,可得

$$u_+ = 0$$

由虚短 $u_- = u_+$,可得

$$u_- = 0$$

可见集成运放的反相输入端与同相输入端电位均为零,如同图中 A、B 两点接地一样,因此称 A、B 两点为“虚地”点。

由节点电流定律可得

$$i_1 = i_f$$

由电路可得

$$i_1 = \frac{u_i - u_-}{R_1} = \frac{u_i}{R_1}$$

$$i_f = \frac{u_- - u_o}{R_f} = -\frac{u_o}{R_f}$$

所以

$$u_o = -\frac{R_f}{R_1} u_i$$

由上式可知,该电路的输出电压与输入电压成比例,且相位相反,实现了信号的反相比例运算。其比例系数$-R_f/R_1$ 仅与运算放大器的外电路参数有关,而与其内部各项参数无关。只要 R_f 和 R_1 的阻值精度稳定,便可得到精确的比例运算关系。当 R_f 和 R_1 相等时, $u_o = -u_i$,该电路成为一个反相器。

②同相比例运算电路

同相比例运算电路如图 6-32 所示,输入信号从同相端输入,反馈电阻 R_f 仍然接在输出端与反相输入端之间,形成电压串联深度负反馈。同理取 $R_p = R_1 /\!/ R_f$,由图可知,根据"虚短""虚断",可得

$$u_+ = u_i = u_-$$

$$i_1 = i_f$$

$$i_1 = \frac{0 - u_-}{R_1} = -\frac{u_i}{R_1}$$

$$i_f = \frac{u_- - u_o}{R_f} = \frac{u_i - u_o}{R_f}$$

$$-\frac{u_i}{R_1} = \frac{u_i - u_o}{R_f}$$

将上式整理后得

$$u_o = \left(1 + \frac{R_f}{R_1}\right) u_i$$

上式说明,同相比例运算电路的输出信号与输入信号同相且成比例关系,比例系数大于1,且只与运放的外电路参数有关,与运放自身参数无关。

当 $R_f = 0$ 或 $R_1 \to \infty$ 时, $u_o = u_i$,该电路构成了电压跟随器,如图 6-33 所示。

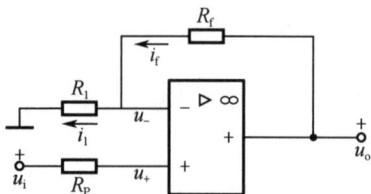

图 6-32　同相比例电路

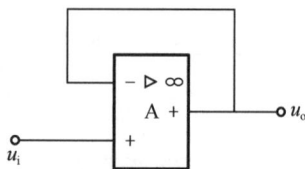

图 6-33　电压跟随器

(2)加法、减法运算电路

①加法运算电路

加法运算电路是指电路的输出电压等于各输入端电压的代数和。如图 6-34(a)所示,有两个输入信号加到了反相输入端,同相输入端的平衡电阻 $R_3 = R_1 /\!/ R_2 /\!/ R_f$ 。

根据"虚地"的概念,有 $u_+ = u_- = 0$,各支路的电流为

$$i_1 = \frac{u_{i1} - u_-}{R_1} = \frac{u_{i1}}{R_1}, \quad i_2 = \frac{u_{i2} - u_-}{R_2} = \frac{u_{i2}}{R_2}, \quad i_f = \frac{u_- - u_o}{R_f} = -\frac{u_o}{R_f}$$

根据"虚断"的概念,有 $i_+ = i_- = 0$,导出 $i_f = i_1 + i_2$,即有

$$-\frac{u_o}{R_f} = \frac{u_{i1}}{R_1} + \frac{u_{i2}}{R_2}$$

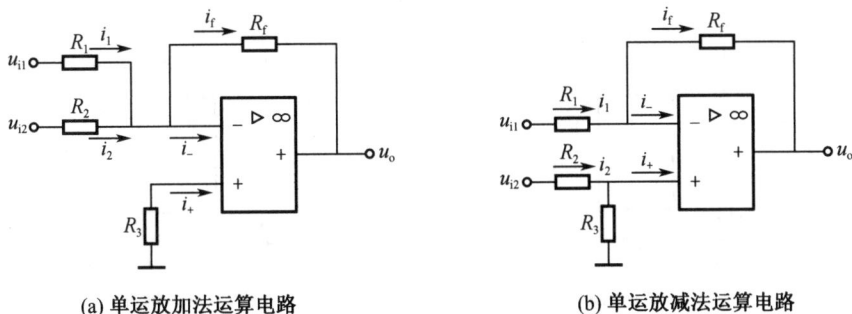

(a) 单运放加法运算电路   (b) 单运放减法运算电路

图 6-34 加减法运算电路

整理得
$$u_o = -\left(\frac{R_f}{R_1}u_{i1} + \frac{R_f}{R_2}u_{i2}\right)$$

负号表示输出与输入反相。如果 $R_1 = R_2 = R_f$，则上式变为
$$u_o = -(u_{i1} + u_{i2})$$

②减法运算电路

减法运算电路是指电路的输出电压与两个输入电压之差成比例，如图 6-34(b)所示。

根据"虚断"的概念可知，$i_+ = i_- = 0$，R_2 和 R_3 相当于串联，因此
$$u_+ = \frac{R_3}{R_2 + R_3}u_{i2}$$

同理，R_1 与 R_f 上的电流为同一个电流，即 $i_1 = i_f$，所以
$$\frac{u_{i1} - u_-}{R_1} = \frac{u_- - u_o}{R_f}$$

根据"虚短"的概念，$u_+ = u_- = \frac{R_3}{R_2 + R_3}u_{i2}$，代入上式得
$$u_o = \left(1 + \frac{R_f}{R_1}\right)\frac{R_3}{R_2 + R_3}u_{i2} - \frac{R_f}{R_1}u_{i1}$$

若取 $\frac{R_3}{R_2} = \frac{R_f}{R_1}$，可得
$$u_o = \frac{R_f}{R_1}(u_{i2} - u_{i1})$$

即输出信号与两个输入信号之差成正比，又称为差分放大电路。

当 $R_1 = R_f$ 时，
$$u_o = u_{i2} - u_{i1}$$

输出电压等于两个输入电压之差，从而实现了减法运算。

(3)微分、积分运算电路

①积分运算电路

将反相比例运算电路中的反馈电阻换成电容，即可构成基本积分电路，如图 6-35(a)所示。积分电路是控制和测量系统重要单元，广泛应用于波形变换、定时和延时电路中。

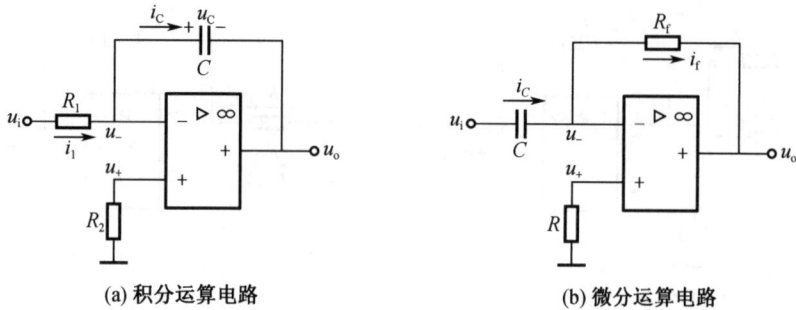

(a) 积分运算电路　　　　　(b) 微分运算电路

图 6-35　微分、积分运算电路

根据"虚短"和"虚断"的特点,可得 $u_+ = u_-$ 及 $i_+ = i_- = 0$,即 R_2 中无电流,其两端无压降,故 $u_+ = u_- = 0$,

$$i_1 = \frac{u_i - u_-}{R_1} = \frac{u_i}{R_1}$$

又因为 $i_- = 0$,故 $i_1 = i_C$,即

$$i_C = i_1 = \frac{u_i}{R_1}$$

假设电容的初始电压为零,则

$$u_o = -u_C = -\frac{1}{C}\int i_C dt = -\frac{1}{R_1 C}\int u_i dt$$

上式说明,输出电压 u_o 为输入电压 u_i 对时间的积分,负号表示输出与输入相位相反, $R_1 C$ 为时间常数,其值越小,积分作用越强。

当输入电压为常数($u_i = U_i$)时,上式变为

$$u_o = -\frac{U_i}{R_1 C}t$$

②微分运算电路

微分运算是积分运算的逆运算,将积分电路中的电阻与电容互换位置就可得到微分电路,如图 6-35(b)所示。

由"虚短"和"虚断"的特点,有 $u_+ = u_-$ 及 $i_+ = i_- = 0$,即 R 中无电流,其两端无压降,故 $u_+ = u_- = 0$,则

$$i_f = \frac{u_- - u_o}{R_f} = -\frac{u_o}{R_f}$$

考虑到 $i_- = 0$,故 $i_f = i_C$,又因为对于电容

$$i_C = C\frac{du_C}{dt} = C\frac{du_i}{dt}$$

所以

$$C\frac{du_i}{dt} = -\frac{u_o}{R_f}$$

整理得

$$u_\text{o} = -R_\text{f}C\frac{\mathrm{d}u_\text{i}}{\mathrm{d}t}$$

上式说明,输出电压 u_o 取决于输入电压 u_i 对时间 t 的微分,负号表示输出与输入相位相反, $R_\text{f}C$ 为微分时间常数,其值越大,微分作用越强。

2. 集成运放的非线性应用

集成运放的非线性应用电路种类较多,下面主要介绍电压比较器。常见的有单限电压比较器和滞回电压比较器。

(1)单限电压比较器

单限电压比较器是一种简单的电压比较器,它将输入信号与某个固定的电压进行比较,因为只有一个比较值,故称作单限电压比较器。单限电压比较器的基本电路如图6-36(a)所示。电路图中的电阻 R 为限流电阻,可避免由于 U_i 过大而损坏器件。

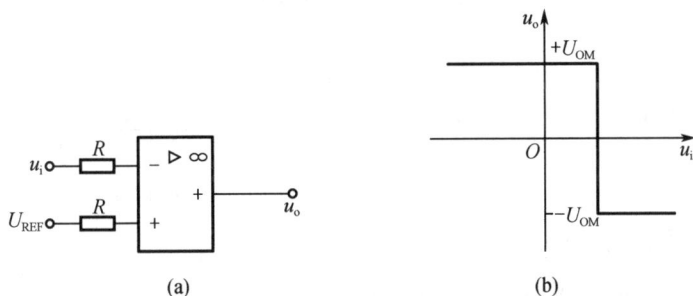

图6-36 单限电压比较器的基本电路及电压传输特性

电路中运放工作在开环状态,输入信号加在反相输入端,同相输入端的 U_REF 是参考电压。根据电路的输出可以判断输入信号是比参考电压高还是低:

由于

$$U_\text{REF} = u_+ , u_\text{i} = u_-$$

所以,

当 $u_\text{i} > U_\text{REF}$ 时,即 $u_- > u_+$ 时,比较器输出低电平: $u_\text{o} = -U_\text{OM}$;

当 $u_\text{i} < U_\text{REF}$ 时,即 $u_- < u_+$ 时,比较器输出高电平: $u_\text{o} = U_\text{OM}$ 。

其电压传输特性曲线如图6-36(b)所示。电压传输特性曲线是表示电压比较器的输入、输出电压关系的曲线。

通常,输出状态发生跳变时的输入电压值被称作阈值电压或门限电压,用 U_TH 表示,很明显 $U_\text{TH} = U_\text{REF}$ 。图6-37(a)所示电路只有一个门限电压,也被称为单门限电压比较器。电路中,输入信号被加在反相输入端,因而该电路又称为反相输入比较器;若输入信号加至同相输入端,电路被称为同相输入比较器,其传输特性与反相输入时相反。

如果将 U_REF 接地,则相当于输入信号与零进行电压比较,则电路称为过零比较器。其电路和电压传输特性曲线如图6-37(a)(b)所示。图6-37(c)表明,过零比较器可用作波形变换器,将任意波形变换成矩形波。

(2)滞回电压比较器

单限电压比较器电路比较简单,当输入电压在基准电压值附近有干扰的波动时,将会引起输出电压的跳变,可能致使执行电路产生误动作。并且,电路的灵敏度越高越容易产生这种现象。为了提高电路的抗干扰能力,常常采用滞回电压比较器。

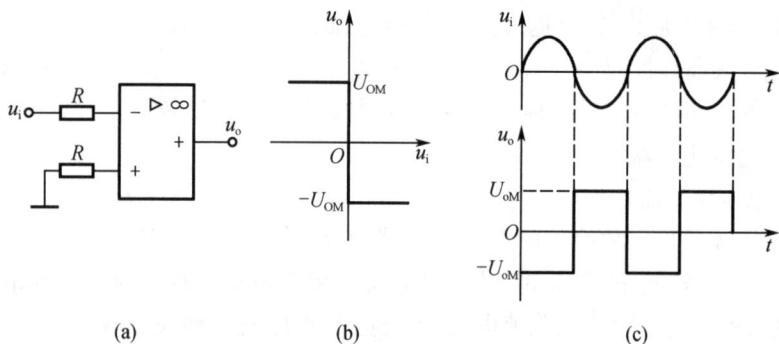

图 6-37　过零比较器

滞回电压比较器电路如图 6-38 所示。电路引入了正反馈,因此运算放大器工作在非线性区。

根据叠加定理,由图可知

$$U_+ = \frac{R_f}{R_2 + R_f} U_{REF} \pm \frac{R_2}{R_2 + R_f} U_Z$$

当 $u_i = u_+$ 时,求出的 u_i 称为门限电压,用 U_T 表示。

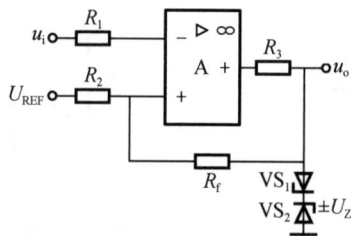

图 6-38　滞回电压比较器电路

①输入信号由小变大

当输出电压为正的最大值时,即 $u_o = +U_Z$,同相输入端电压:

$$U_+ = \frac{R_f}{R_2 + R_f} U_{REF} + \frac{R_2}{R_2 + R_f} U_Z$$

当输入电压 u_i 低于 U_+ 时,输出为正的最大值,此时增大 u_i,直到 u_i 升高到 U_+ 时,比较器发生翻转,输出电压由正的最大值跳变为负的最大值。我们把输出电压由正的最大值跳变为负的最大值($u_o = -U_Z$)所对应的门限电压称为上限门限电压,用 U_{T+} 表示。其值为

$$U_{T-} = u_i = U_+ = \frac{R_f}{R_2 + R_f} U_{REF} + \frac{R_2}{R_2 + R_f} U_Z$$

当 $u_i > U_{T+}$ 以后,$u_o = -U_Z$ 保持不变。

②输入信号由大变小

当输出电压为负的最大值时,即 $u_o = -U_Z$,同相输入端电压:

$$U_+ = \frac{R_f}{R_2 + R_f} U_{REF} - \frac{R_2}{R_2 + R_f} U_Z$$

当输入电压 u_i 高于 U_+ 时,输出负的最大值,此时减小 u_i,直到 u_i 降低到 U_+ 时,比较器发生翻转,输出电压由负的最大值跳变为正的最大值。我们把输出电压由负的最大值跳变为正的最大值($u_o = +U_Z$)所对应的门限电压称为下限门限电压,用 U_{T-} 表示。其值为

$$U_{T-} = u_i = U_+ = \frac{R_f}{R_2 + R_f} U_{REF} - \frac{R_2}{R_2 + R_f} U_Z$$

当 $u_i < U_{T-}$ 以后, $u_o = +U_Z$ 保持不变。

由此可见,滞回比较器有两个门限电压 U_{T+}、U_{T-},u_i 上升时与上门限比,u_i 下降时与下门限比。我们把上限、下限门限电压之差称为回差电压 ΔU_T。调整 R_f 和 R_2 的大小,可改变比较器的门限宽度。门限宽度越大,比较器抗干扰的能力越强,但灵敏度随之下降。电路的输出和输入电压变化关系如图 6-39 所示。

从图中可知,传输特性曲线具有滞后回环特性,滞回电压比较器因此而得名。它又称为施密特触发器。

通过上述讨论可知,改变门限宽度,可以在保证一定的灵敏度下提高抗干扰能力,只要噪声和干扰的大小在门限宽度以内,输出电平就不会出现失真。

例如在滞回比较器的反相输入端加入图 6-40 所示不规则的输入信号 u_i,则可在输出端得到矩形波 u_o。应用这一特点,滞回电压比较器不仅可以提高抗干扰能力,而且还可以将不理想的输入波形整形成理想的矩形波。

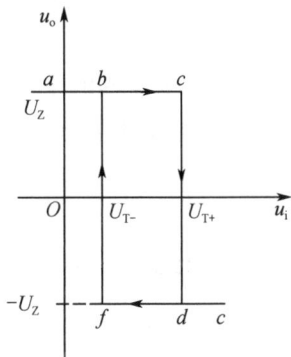

图 6-39　滞回电压比较
器的电压传输特性

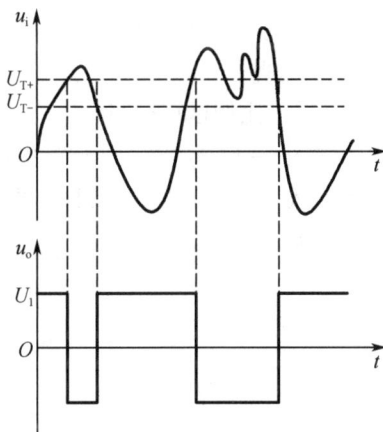

图 6-40　滞回电压比较器
抗干扰作用及波形整形

【任务实施】

集成运算放大器基本应用功能测试

1.目的

(1)研究由集成运算放大器组成的比例、加法、减法和积分等基本运算电路的功能。

(2)了解运算放大器在实际应用时应考虑的一些问题。

2.设备及器件

(1)±12 V 直流电源。

(2)函数信号发生器。

(3)交流毫伏表。

(4)直流电压表。

（5）集成运算放大器 μA741、电阻器、电容器若干。

3. 原理和电路

集成运算放大器是一种具有高电压放大倍数的直接耦合多级放大电路。当外部接入不同的线性或非线性元器件组成输入和负反馈电路时，可以灵活地实现各种特定的函数关系。在线性应用方面，可组成比例、加法、减法、积分、微分、对数等模拟运算电路。

在进行积分运算之前，首先应对运放调零。为了便于调节，将图中 K_1 闭合，即通过电阻 R_2 的负反馈作用帮助实现调零。但在完成调零后，应将 K_1 打开，以免因 R_2 的接入造成积分误差。K_2 的设置一方面为积分电容放电提供通路，同时可实现积分电容初始电压 $u_C(0)=0$；另一方面，可控制积分起始点，即在加入信号 u_i 后，只要 K_2 一打开，电容就将被恒流充电，电路也就开始进行积分运算。

4. 内容及步骤

实训前要看清运放组件各管脚的位置；切忌正、负电源极性接反和输出端短路，否则将会损坏集成块。集成运算放大器 μA741 管脚如图 6-41 所示。

图中：1 和 5 为偏置（调零端），2 为正向输入端，3 为反向输入端，4 接地，6 为输出端，7 接电源，8 空脚。

（1）反相比例运算电路

①按图 6-42 连接实训电路，接通±12 V 电源，输入端对地短路，进行调零和消振。

②输入 $f=100$ Hz，$U_i=0.5$ V 的正弦交流信号，测量相应的 U_o，并用示波器观察 u_o 和 u_i 的相位关系，记入表 6-3。

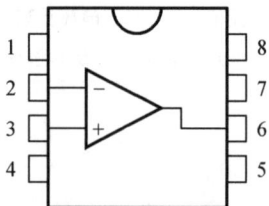

图 6-41　μA741 管脚

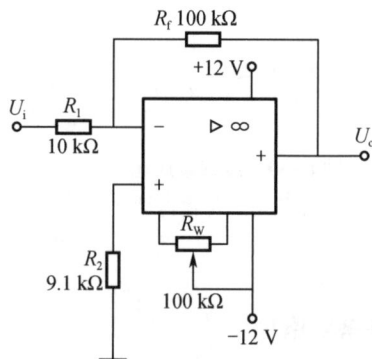

图 6-42　反相比例运算电路

表 6-3　反相比例运算电路测试 $U_i=0.5$ V，$f=100$ Hz

U_i/V	U_o/V	u_i 波形	u_o 波形

（2）同相比例运算电路

①按图6-43（a）连接实训电路。实训步骤同内容（1），将结果记入表6-4。

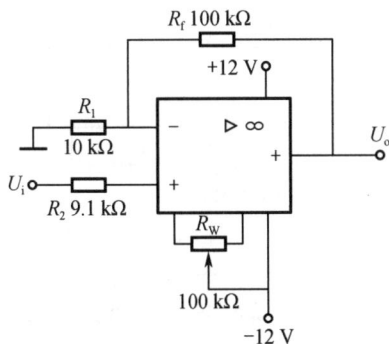

(a) 同相比例运算电路

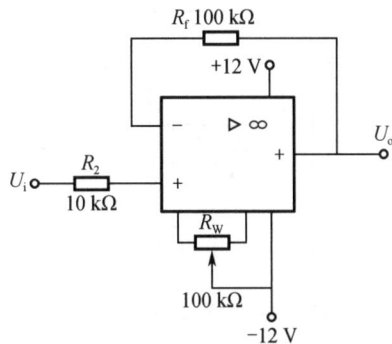

(b) 电压跟随器

图6-43 同相比例运算电路

②将图6-43（a）中的 R_1 断开，得图6-43（b）电路，重复内容（1）。

表6-4 同相比例运算电路测试 $\qquad U_i = 0.5\ V，f = 100\ Hz$

U_i/V	U_o/V	u_i 波形	u_o 波形	A_V	
				实测值	计算值

（3）反相加法运算电路

①按图6-44连接实训电路。实训步骤同内容（1）。

②实训时要注意选择合适的直流信号幅度以确保集成运放工作在线性区。用直流电压表测量输入电压 U_{i1}、U_{i2} 及输出电压 U_o，记入表6-5。

表6-5 反相加法运算电路测试

U_{i1}/V	
U_{i2}/V	
U_o/V	

（4）减法运算电路

①按图6-45连接实训电路。调零和消振。

②采用直流输入信号，实训步骤同内容（3），记入表6-6。

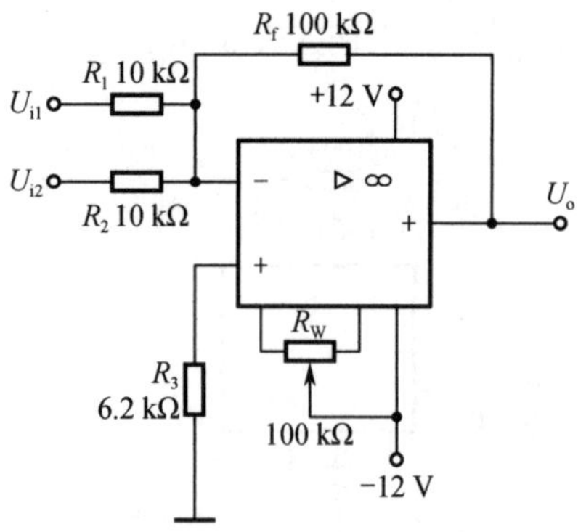

图 6-44   反相加法运算电路

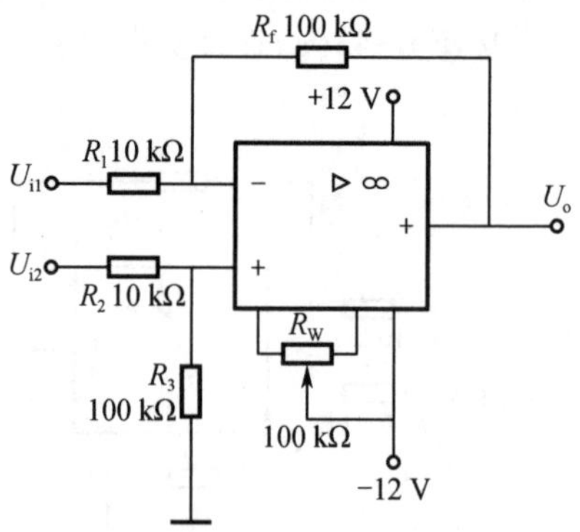

图 6-45   减法运算电路图

表 6-6   减法运算电路测试

U_{i1}/V	
U_{i2}/V	
U_o/V	

（5）积分运算电路

实训电路如图 6-46 所示。

①打开 K_2，闭合 K_1，对运放输出进行调零。

②调零完成后，再打开 K_1，闭合 K_2，使 $u_C(0)=0$。

③预先调好直流输入电压 $U_i=0.5$ V，接入实训电路，再打开 K_2，然后用直流电压表测量输出电压 U_o，每隔 5 s 读一次 U_o，记入表 6-7，直到 U_o 不继续明显增大为止。

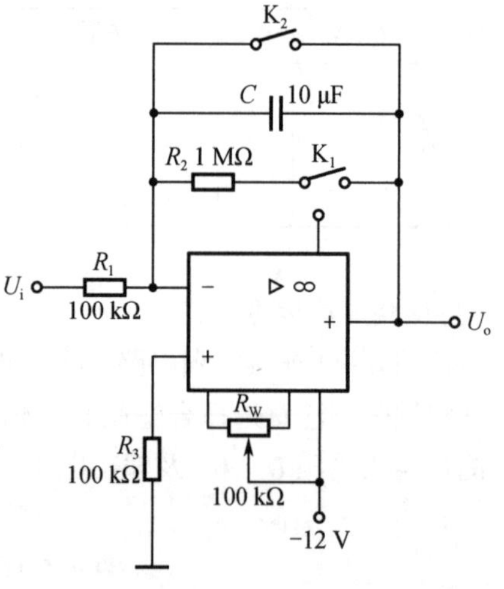

图 6-46   积分运算电路

表 6-7   积分运算电路

t/s	0	5	10	15	20	25	30	……
U_o/V								

* 任务 6.4　功率放大电路的设计与实现

【任务目标】

(1)了解和掌握功率放大电路的特点和分类。

(2)了解部分集成功率放大电路的应用。

【任务内容】

在实用电路中,往往要求放大电路的末级(即输出级)输出一定的功率,以驱动负载。能够向负载提供足够功率的放大电路称为功率放大电路,简称功放。电路的特点是在电源电压确定的情况下,输出尽可能大的功率。

6.4.1　功率放大电路的分类

1.按功放管工作点分类

功率放大电路一般是根据功放管工作点选择的不同进行分类的。常见的有甲类、乙类及甲乙类三种工作状态。

当功率管的静态工作 Q 设在负载线的中间,管子在信号的整个周期内都处于导通状态,如图 6-47(a)所示,称为甲类工作状态,简称甲类功放。

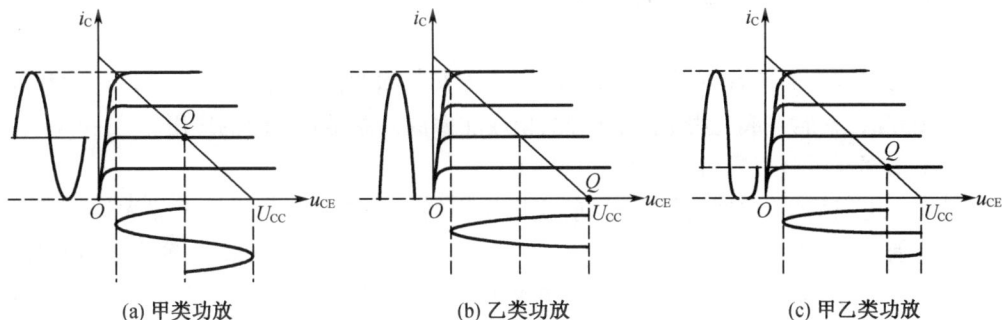

图 6-47　功率放大电路的分类

当功放管静态工作点 Q 设在静态电流 $I_C = 0$ 处,即 Q 点在截止区时,功放管只在信号的半个周内导通,输出波形被削掉一半,如图 6-47(b)所示,称为乙类工作状态,简称乙类功放。

当功放管静态工作点 Q 设在负载线的下部靠近截止区,管子在信号的半个周期以上的时间内导通,如图 6-47(c)所示,称为甲乙类工作状态,简称甲乙类功放。

2. 按输出耦合方式分类

按输出耦合方式,功率放大电路又可分为变压器耦合功率放大电路、无输出变压器(OTL)功率放大电路、无输出耦合电容(OCL)功率放大电路及双向推挽无输出变压器(BTL)功率放大电路等。此外,功率放大电路又可分为分立元件功率放大电路和集成功率放大电路。

OCL 电路是单端推挽式互补对称功率放大电路。OCL 电路具有体积小、质量轻、成本低、频率特性好的优点,但是它需要两组对称的正、负电源供电。

OTL 电路是单端推挽式互补对称功率放大电路。OTL 电路只需要一组电源供电,输出中点通过电容耦合输出信号,其低频特性差。图 6-48 为由分立元件构成的 OCL、OTL 功率放大电路。

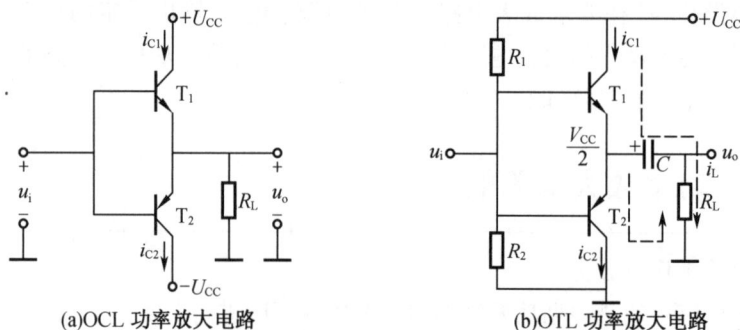

(a)OCL 功率放大电路　　　　(b)OTL 功率放大电路

图 6-48　分立元件构成集成功率放大电路

6.4.2　集成功率放大器简介

集成功率放大器具有体积小、工作稳定、易于安装和调试的优点,了解其外特性和外线路的连接方法,就能组成实用电路。因此,集成功率放大器得到广泛的应用。

1. 小功率通用型集成功率放大器 LM386

LM386 电路简单、通用性强,是目前应用较广的一种小功率集成功率放大器。具有电源电压范围宽(4~16 V)、功耗低(常温下为 660 mW)、频带宽(300 kHz)等优点,输出功率可达 0.3~0.7 W,最大可达 2 W。另外,电路的外接元器件少,不必外加散热片,使用方便。

图 6-49 是其外引线排列图,封装形式为双列直插。图 6-50 是 LM386 的典型应用电路。

接于①、⑧两脚的 C_2、R_1 用于调节电路的电压放大倍数。因为该电路形式为 OTL 电路,所以需要在 LM386 的输出端接一个 220 μF 的耦合电容 C_4。C_5、R_2 组成容性负载,以抵消扬声器音圈的感抗,防止信号突变时,音圈产生的感应电动势击穿输出管,在小功率输出时 C_5、R_2 也可不接。C_3 与电路内部的 R_2 组成电源的去耦滤波电路。当电路的输出功率不大、电源的稳定性能又好时,只需一个输出端的耦合电容和放大倍数调节电路就可以使用,所以 LM386 广泛应用于收音机、对讲机、双电源转换、方波和正弦波发生器等电子电路中。

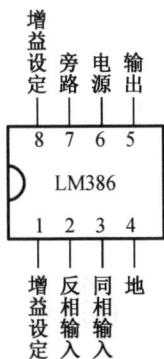

图 6-49 集成功率放大器
LM386 外引脚排列图

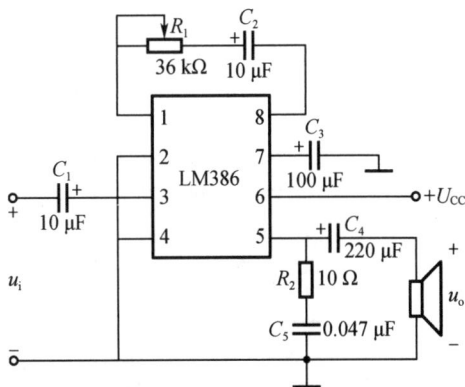

图 6-50 LM386 的典型应用电路

2. TDA2040 集成功率放大器及其应用

TDA2040 集成功率放大器内部有独特的短路保护系统，可以自动限制功耗，从而保证输出级晶体管始终处于安全区域；TDA2040 内部还设置了过热关机等保护电路，使集成运算放大器具有较高可靠性。外引线如图 6-51 所示。1 脚为反相输入端，2 脚为同相输入端，4 脚为输出端，3 脚接负电源，5 脚接正电源。

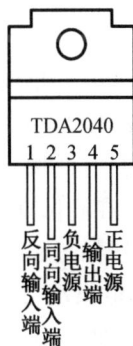

图 6-51 TDA2040
的外引线排列

其主要参数如下：

直流电源：2.5 ~ 20 V；

开环增益：80 dB；

功率带宽：100 kHz；

输入阻抗：50 kΩ；

输出功率：22 W（$R_L = 4\ \Omega$）。

（1）TDA2040 双电源（OCL）应用电路如图 6-52 所示。

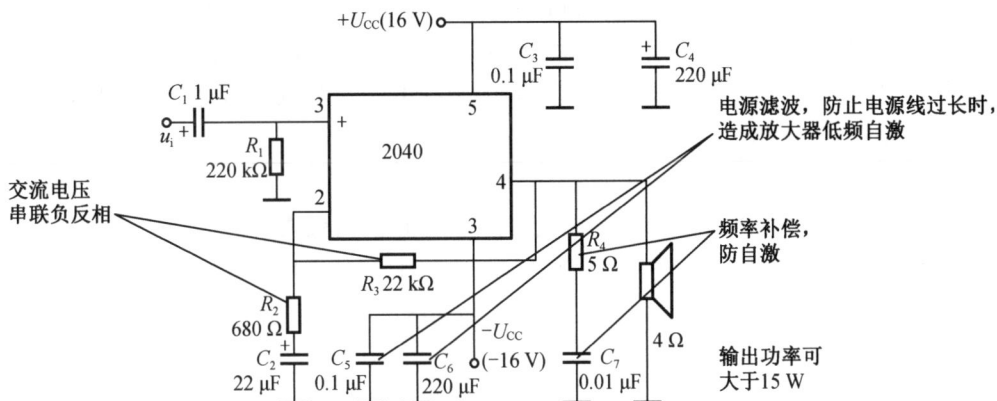

图 6-52 TDA2040 组成的 OCL 应用电路

（2）TDA2040单电源（OTL）应用电路如图6-53所示。

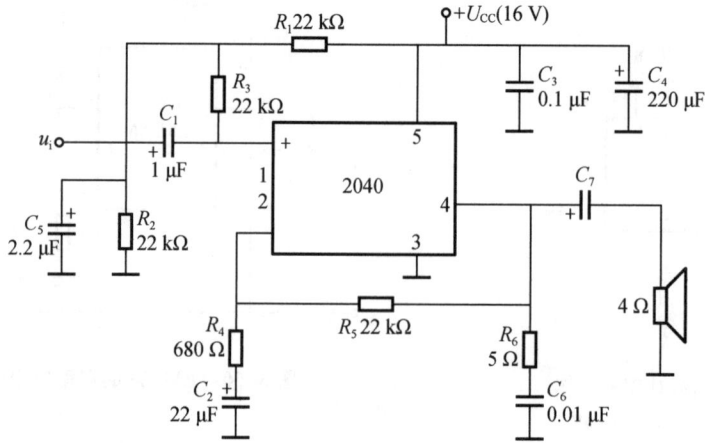

图6-53　TDA2040组成的OTL应用电路

3. TDA2030集成功率放大器的应用电路

TDA2030是一种超小型5引脚单列直插塑封集成功率放大器。由于具有低瞬态失真、较宽频响和完善的内部保护措施，因此，其常用在高保真组合音响中使用。

外引线如图6-54所示。1脚为同相输入端，2脚为反相输入端，4脚为输出端，3脚接负电源，5脚接正电源。电路特点是引脚和外接元器件少。

主要参数如下：

电源电压：6~18 V；

静态电流：小于60 A；

频响：10 Hz~140 kHz；

谐波失真：小于0.5；

输出功率：18 W（$R_L = 4\ \Omega$）。

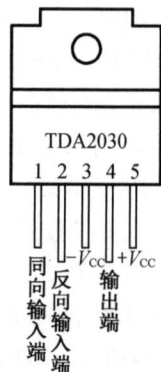

图6-54　TDA2030
的外引线排列

TDA2030接成的OCL功率放大电路如图6-55所示。VD_1、VD_2组成电源极性保护电路，防止电源极性接反损坏集成功率放大器。C_3、C_5与C_4、C_6为电源滤波电容，100 F电容并联0.1 F电容的原因是100 F电解电容具有电感效应。信号从1脚同相端输入，4脚输出端向负载扬声器提供信号功率，使其发出声响。

4. 小功率通用型集成功率放大器TDA2002

TDA2002为国产小功率集成功率放大器，TDA2002具有失真小、噪声低等优点，并且电源电压可在5~20 V之间任意选择，是使用方便、性能良好的通用型集成功率放大器。其输出级为互补对称结构，只需外接少量元器件，无须调试即可满足工作需要。

主要参数如下：

工作电压：5~20 V；

输出功率：5.4 W（$R_L = 4\ \Omega$）；

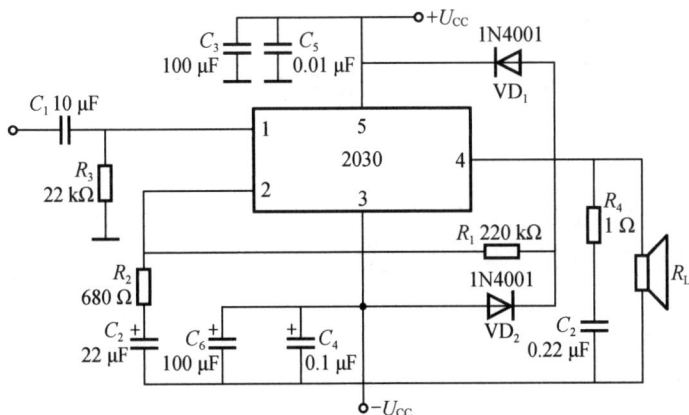

图 6-55　TDA2030 接成 OCL 功率放大电路

静态电流：45 mA；

输入阻抗：150 kΩ；

谐波失真：0.2%；

开环增益：80 dB；

纹波抑制：35 dB。

图 6-56(a) 为集成功率放大器 TDA2002 的外形和管脚排列，图 6-56(b) 为 TDA2002 构成的低频功率放大电路，该电路的最大不失真输出功率为 5 W。

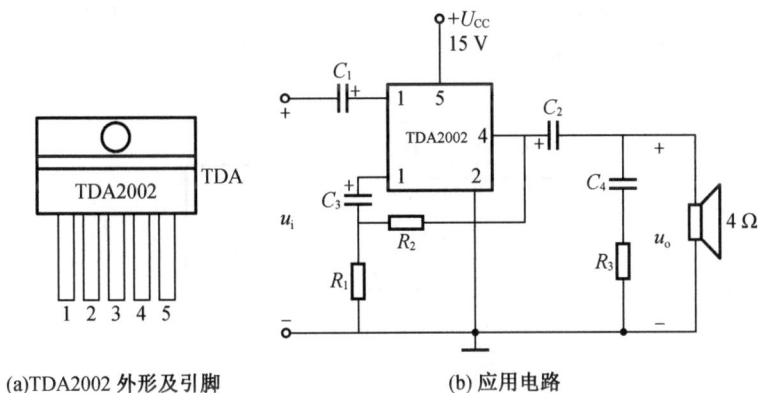

(a)TDA2002 外形及引脚　　　　　　　　(b) 应用电路

图 6-56　集成功率放大器 TDA2002 及其应用电路

其中，5 脚为 TDA2002 的电源端，接 15 V 正电源，3 脚为接地端。输入信号经耦合电容 C_1 加到 TDA2002 的同相输入端 1 脚，4 脚为输出端，经电容 C_2 将输出信号耦合到 4 Ω 扬声器。R_1、R_2 和 C_3 组成电压串联负反馈，将输出电压信号送回同相输入端 2 脚，以改善功率放大的性能。C_4 和 R_3 用来改善放大电路的频率特性。

✤【任务实施】

功率放大器的调试与参数测试

1. 目的

(1)了解功率放大集成块的应用;

(2)学习集成功率放大器基本技术指标的测试。

2. 设备及器件

(1)+9 V 直流电源;

(2)函数信号发生器;

(3)双踪示波器;

(4)交流毫伏表;

(5)直流电压表;

(6)电流毫安表;

(7)频率计;

(8)集成功放块 LA4112;

(9)8 Ω 扬声器、电阻器、电容器若干。

3. 原理和电路

集成功率放大器由集成功放块和一些外部阻容元件构成。它具有线路简单、性能优越、工作可靠、调试方便等优点,已经成为在音频领域中应用十分广泛的功率放大器。

本实训采用的集成功放块型号为 LA4112,它是一种塑料封装 14 脚的双列直插器件。它的外形如图 6-57 所示。表 6-8、表 6-9 是它的极限参数和电参数。

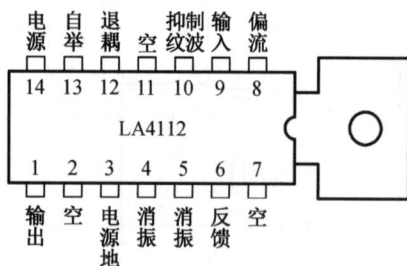

图 6-57　LA4112 外形及管脚排列图

与 LA4112 集成功放块技术指标相同的国内外产品还有 FD403、FY4112、D4112 等,可以互相替代使用。

表 6-8 集成功放 LA4112 的极限参数

参数	符号与单位	额定值
最大电源电压	U_{CCmax}/V	13(有信号时)
允许功耗	P_O/W	1.2
		2.25(50 mm×50 mm 铜箔散热片)
工作温度	T_{Opr}/℃	−20~+70

表 6-9 集成功放 LA4112 的电参数

参数	符号与单位	测试条件	典型值
工作电压	U_{CC}/V		9
静态电流	I_{CCQ}/mA	U_{CC} = 9 V	15
开环电压增益	A_{VO}/dB		70
输出功率	P_O/W	R_L = 4 Ω f = 1 kHz	1.7
输入阻抗	R_i/kΩ		20

集成功率放大器 LA4112 的应用电路如图 6-58 所示。

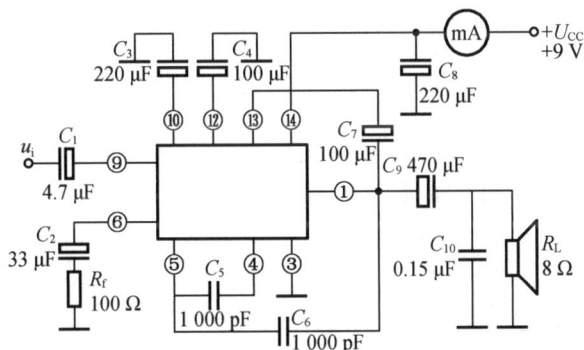

图 6-58 由 LA4112 构成的集成功率放大器实训电路

该电路中各电容和电阻的作用简要说明如下：

C_1、C_9——输入、输出耦合电容,隔直作用。

C_2 和 R_f——反馈元件,决定电路的闭环增益。

C_3、C_4、C_8——滤波、退耦电容。

C_5、C_6、C_{10}——消振电容,消除寄生振荡。

C_7——自举电容,若无此电容,将出现输出波形半边被削波的现象。

4. 实训步骤

按图 6-58 连接实训电路,输入端接函数信号发生器,输出端接扬声器。

(1)静态测试

将输入信号旋钮旋至零,接通+9 V 直流电源,测量静态总电流及集成块各引脚对地电压,记入自拟表格中。

(2)动态测试

①最大输出功率。

a.接入自举电容 C_7。输入端接 1 kHz 正弦信号,输出端用示波器观察输出电压波形,逐渐加大输入信号幅度,使输出电压为最大不失真输出,用交流毫伏表测量此时的输出电压 U_{OM},则最大输出功率为

$$P_{OM} = \frac{U_{OM}^2}{R_L}$$

(b)断开自举电容 C_7,观察输出电压波形变化情况。

②输入灵敏度。

输入灵敏度是指输出最大不失真功率时,输入信号 u_i 之值。要求 $U_i < 100$ mV。

③频率响应。

保持输入信号 u_i 的幅度不变,改变信号源频率 f,逐点测出相应的输出电压 U_o,记入表 6-10。

表 6-10   功放电路的频率响应 $U_i =$ mV

	f_i	f_o	f_n
f/kHz			
U_o/V			

为了信号源频率 f 取值合适,可先粗测一下,找出中频范围,然后再仔细读数。根据表 6-10 中记录数据,画出频率响应曲线。

5.注意事项

进行本实训时,应注意以下几点:

(1)电源电压不允许超过极限值,不允许极性接反,否则集成块将遭损坏。

(2)电路工作时绝对避免负载短路,否则将烧毁集成块。

(3)接通电源后,时刻注意集成块的温度,有时,未加输入信号集成块就发热过甚,同时直流毫安表指示出较大电流及示波器显示出幅度较大、频率较高的波形,说明电路有自激现象,应立即关机,然后进行故障分析及处理。待自激振荡消除后,才能重新进行实训。

(4)输入信号不要过大。

【项目小结】

1.放大的实质是实现能量的控制和转换,在一个能量较小的输入信号的作用下,放大电路利用直流电源提供的能量将其转换成较大的能量输出,驱动负载工作。所谓放大是指能够将微弱的电信号不失真地放大到所需要的数值。

2.在放大电路中,我们学习了直流通路和交流通路,放大电路没有输入信号时的工作

状态称为静态。静态分析法是要确定放大电路的静态值(直流值)I_B、I_C、U_{BE} 和 U_{CE},即静态工作点,我们可以使用估算法和图解法两种分析方法。

3. 在放大电路的动态分析中,我们可以求输入电阻、输出电阻和放大倍数。

4. 放大电路不仅要有合适的静态工作点,而且要保持静态工作点的稳定。由于某种原因,例如温度的变化,将使集电极电流的静态值 I_C 发生变化,从而影响静态工作点的稳定。分压式共发射极单管放大电路,也称为分压式偏置放大电路,它能够稳定电路的静态工作点。

5. 共集电极放大电路带负载的能力强,能够使多级放大电路前后级阻抗达到匹配。所以在多级放大电路中,共集电极放大电路常用作输入级、输出级和缓冲级。

6. 基本单元放大电路,其性能通常很难满足电路或系统的要求,因此,实用上需将两级或两级以上的基本单元电路连接起来组成多级放大电路。放大电路中的反馈,就是将放大电路输出端的信号(电压或电流)的一部分或全部通过反馈电路引回到输入端,用来影响输入量(输入电压或输入电流)的措施称为反馈。

7. 负反馈分为电压串联负反馈、电压并联负反馈、电流串联负反馈和电流并联负反馈。集成运算放大器是一种高放大倍数、高输入电阻、低输出电阻、集成化的直接耦合多级放大器。它在自动控制、测量设备、计算技术和电信等几乎一切电子技术领域中获得了日益广泛的应用。

8. 集成运算放大器是一个高电压放大倍数、高输入阻抗、低输出阻抗的多级直接耦合放大电路,简称集成运放。包含四个基本组成部分,即输入级、中间级、输出级和偏置电路。

9. 集成运放具有线性区和非线性区两个工作区。线性区的两个特点:虚短和虚断;非线性区的两个特点:两值性和虚断。

10. 集成运算放大器线性区的典型应用是用于构成各种运算电路,集成运算放大器非线性区的典型应用是构成电压比较器。

【项目训练】

一、填空题

1. 放大电路的静态工作点由它的_____通路决定。

2. 在单级放大电路中,若输入电压为正弦波形,用示波器观的 u_o 和 u_i 波形,当放大电路为共射电路时,则 u_o 和 u_i 的相位_____。

3. 晶体管放大电路的非线性失真分为_____失真和_____失真两种。

4. 直接耦合放大电路能放大_____信号,阻容耦合放大电路能放大_____信号。

5. 负反馈的四种组态分别为_____、_____、_____、_____。

6. 集成运放工作在线性区时有两个主要的特点,它们分别是_____和_____。

二、选择题

1. 工作在放大区的某晶体管,如果当 I_B 从 12 μA 增大到 22 μA 时,I_C 从 1 mA 变为 2 mA,那么它的 $\beta = ($ 　　$)$。

A. 1 000　　　　　B. 10　　　　　　C. 100　　　　　　D. 200

2. 下列哪个答案不是共集电极电路的特点? (　　)

A. 输入电阻很高　　B. 电压增益约为 1

C. 输出电阻很低　　　D. 输入输出电压反相

3. 设计一单级晶体管放大器,要求输入电阻大,输出电阻小,应选择(　　)电路。

A. 共发射极放大　　　B. 共基极放大

C. 共源极放大　　　　D. 共集电极放大

4. 场效应管是一种(　　)。

A. 电压控制器件　　　B. 电流控制器件

C. 双极型器件　　　　D. 少子工作的器件

5. 对晶体管微变等效后,集电极和发射极之间可用一个输出电流为(　　)的受控电流源来等效。

A. βi_e　　　　B. βi_e　　　　C. i_b　　　　D. βi_b

6. 分压偏置式放大电路可以较好地使静态工作点(　　)。

A. 稳定　　　　B. 上移　　　　C. 下移　　　　D. 消失

7. 通用型集成运放适用于(　　)。

A. 高频信号　　　B. 低频信号　　　C. 任何频率信号

8. 运算放大器工作在非线性区的条件是(　　)。

A. 输入信号过大　　　B. 开环或引入正反馈

C. 引入深度负反馈　　　D. 无负载

9. 理想运放中 $i_+=i_-=0$,这种现象称为(　　)。

A. 虚断　　　　B. 虚短　　　　C. 虚地

10. 反相比例运算电路中,若 $u_+=u_-=0$,此时反相输入端称为(　　)点。

A. 短路　　　　B. 断路　　　　C. 静态工作　　　　D. 虚地

三、计算分析

1. 多级放大器的耦合方式有哪几种? 各有哪些特点?

2. 分压式偏置放大器如图 6-59 所示。已知: $U_{CC}=16$ V, $R_{B1}=60$ kΩ, $R_{B2}=20$ kΩ, $R_C=3$ kΩ, $R_E=2$ kΩ, $R_L=6$ kΩ, $\beta=60$。

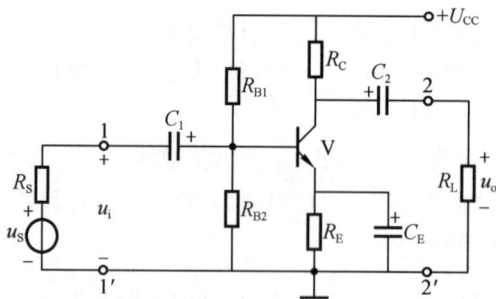

图 6-59

(1)画出放大电路的直流通路。

(2)求静态工作点。

3. "虚短"和"虚断"的含义是什么?

4. 理想集成运放工作在线性区和非线性区时各有什么特点? 各得出什么重要关系式?

5. 如图 6-60 所示的运算电路中,已知 $R_1 = 5\ \text{k}\Omega$, $R_f = 25\ \text{k}\Omega$, $u_i = -2\ \text{V}$,求 u_o 和 R_2。

6. 如图 6-61 所示的运算电路中,已知 $R_1 = 6\ \text{k}\Omega$, $R_f = 30\ \text{k}\Omega$, $u_i = 3\ \text{V}$,求 u_o 和 R_2。

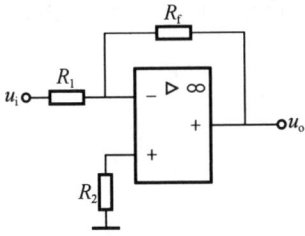

图 6-60

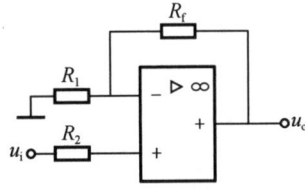

图 6-61

7. OCL、OTL 电路各有什么特点?

项目 7　直流稳压源的设计与实现

【项目描述】

电子设备给人们带来极大的便利,任何电子设备都有一个共同的电路——电源电路,所有的电子设备都必须在电源电路的支持下才能正常工作。由于电子技术的特性,电子设备对电源电路的要求就是能够提供持续稳定、满足负载要求的电能,而且通常情况下都要求提供稳定的直流电能。直流电源是电子电路与设备的直接电源,其任务是将电力网的交流电源变换成为直流电源,提供大小合适、稳定可靠的直流电压。本项目介绍直流稳压电源的相关知识和技能。

【项目目标】

知识目标:
(1)了解直流稳压电源的组成及各部分的作用。
(2)理解整流、滤波、稳压电路的工作过程。
技能目标:
(1)会使用三端稳压器、开关型稳压器。
(2)会设计连接简单的直流稳压电源电路并调试。

任务 7.1　分立元器件直流稳压源的设计与实现

【任务目标】

(1)掌握整流电路、滤波电路、直流稳压电路的原理。
(2)能够连接并测试整流电路、滤波电路、直流稳压电路。

【任务内容】

在现代工农业生产和日常生活中的一些应用直流电的场合,如工业上的电解和电镀等需要利用整流设备,需要将交流电转化为直流电,具体步骤为变压、整流、滤波、稳压。直流稳压电源的各部分电路作用为:

(1)电源变压器用来变换电压,因为在一般情况下,所需直流电压与电网电压相差较大,故需要电源变压器降压。

(2)整流电路用来将交流电压变换为单向脉动的直流电压。

（3）滤波电路用来滤除整流后单向脉动电压中的交流成分，使之成为平滑的直流电压。

（4）稳压电路的作用是当输入交流电源电压波动、负载和温度变化时，维持输出直流电压的稳定。

"蛟龙号"上的中国制造

"蛟龙号"载人潜水器是一艘由中国自行设计、自主集成研制的载人潜水器。中国成为第五个掌握大深度载人深潜技术的国家。近底自动航行和悬停定位、高速水声通信、充油银锌蓄电池容量被誉为"蛟龙"号的三大技术突破。其中使用了我国完全自主研发的大容量充油银锌蓄电池。该电池电量超过110千瓦时，能为"蛟龙号"提供超过10个小时的动力，保障其顺利完成潜水任务。

神州能上九天揽月，蛟龙可下五洋捉鳖。十年磨一剑，"蛟龙号"实现了中国大深度载人潜器的"从无到有"、从"浅蓝走向深蓝"，缔造了中国载人深潜的辉煌篇章。我国已经走在深潜科研前沿，未来将朝着更新的目标进发。

7.1.1 整流电路

利用二极管的单向导电性可以将交流电转换为单向脉动的直流电，这一过程称为整流，这种电路就称为整流电路。常见的整流电路有半波整流电路和全波整流电路。

1. 单相半波整流电路

基本的单相半波整流电路如图 7-1（a）所示，电路中只使用一只二极管。图中 TR 为电源变压器，它的作用是将交流电网电压 u_1 变成整流电路要求的交流电压 u_2。

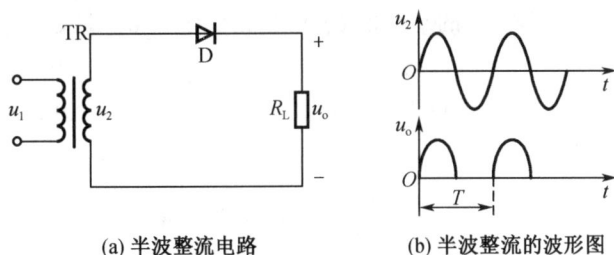

(a) 半波整流电路　　(b) 半波整流的波形图

图 7-1　半波整流电路及波形图

单相半波整流电路的工作原理是：交流电压 u_2 作用在二极管 D 与负载 R_L 串联的电路上，在交流电压 u_2 的正半周，二极管 D 上的电压正向偏置，二极管导通。如果忽略二极管正向电压，则负载 R_L 上的电压 u_o 与交流电压 u_2 的正半波相等，即正半周的电压全部作用在负载上；当交流电压 u_2 变成负半周时，二极管工作在反向电压下，二极管截止，电路中没有电流，负载 R_L 上没有电压，交流电压 u_2 的负半周全部作用在二极管上。整流波形如图 7-1（b）所示。

如果交流电压为正弦波,即 $u_2 = \sqrt{2}\,U_2 \sin \omega t$,将二极管 D 视为一个理想元件,即正向导通时管压降为零,反向时电阻为无穷大。单相半波整流电路的整流输出电压 u_o 的平均值 U_o 为

$$U_o = \frac{1}{T}\int_0^{\frac{T}{2}} u_2 \mathrm{d}t = \frac{1}{T}\int_0^{\frac{T}{2}} \sqrt{2}\,U_2 \sin \omega t \mathrm{d}t = 0.45U_2$$

则输出电流

$$I_o = \frac{U_o}{R_L} = 0.45\frac{U_2}{R_L}$$

单相半波整流电路中作用在二极管上的最大反向电压 U_{RM} 等于被整流的交流电压 u_2 的最大值,即 $U_{RM} = \sqrt{2}\,U_2$。

整流二极管的主要参数是流过二极管的正向电流的平均值和二极管所允许承受的最大反向工作电压,即:

二极管正向平均电流 I_D

$$I_D = I_o = \frac{0.45U_2}{R_L}$$

二极管承受的最大反向电压 U_{RM}

$$U_{RM} = \sqrt{2}\,U_2$$

所以,选择半波整流电路中的整流二极管时,应满足:$I_{FM} > I_o$,$U_{RM} > \sqrt{2}\,U_2$。

单相半波整流电路的特点:电路结构简单,所用元器件少,但是只利用了交流电源的半个周期,电源利用率低,输出直流电压小,脉动幅度大,整流效率低。这种电路仅适用于整流电流较小(几十毫安)和对电压稳定性要求不高的应用场合。

例7-1 如图7-2所示电路中,负载电阻 $R_L = 200\ \Omega$、电压 $u_2 = 25\sqrt{2}\sin 314t$。求输出电压的平均值 U_o 及电流的平均值 I_o,并为该电路选一个二极管。

解 首先计算整流输出电压的平均值 U_o 和电流平均值 I_o。

$$U_o = 0.45U_2 = 0.45 \times 25 = 11.25\ \mathrm{V}$$

负载电流的平均值

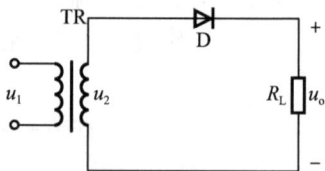

图7-2 例7-1图

$$I_o = \frac{U_o}{R_L} = \frac{11.25}{200}\mathrm{A} = 56.25\ \mathrm{mA}$$

根据上面计算的结果可知,通过二极管的电流平均值为 56.25 mA,二极管工作时承受的最大反向电压 $U_{RM} = 25\sqrt{2}$ V,根据这两个数值可查阅半导体二极管手册,选择二极管型号,使选择的二极管最大反向电压、最大整流电流值大于等于实际工作值即可。为此本例题可选型号为 IN4001 的二极管,IN4001 的参数值 $I_F = 1A$、$U_{RM} = 50$ V 均可以满足要求。

2. 单相桥式整流电路

桥式整流电路如图7-3所示,这里的图(a)、(b)、(c)是它的三种常见画法。

电路如图7-3所示,四只整流二极管 $D_1 \sim D_4$ 接成电桥的形式,故有桥式整流电路之称。

在电源电压 u_2 的正、负半周(设 a 端为正,b 端为负时是正半周)内电流通路分别用图 7-4 中实线和虚线箭头表示。

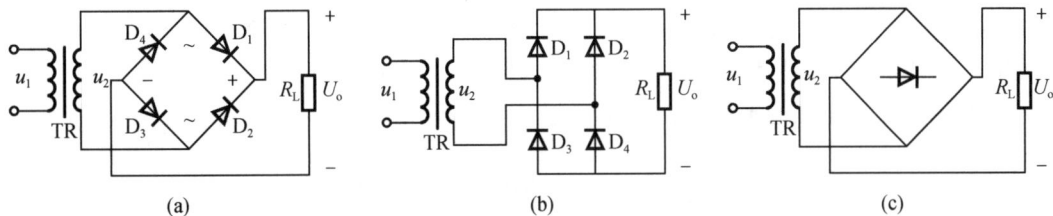

图 7-3 常见的三种桥式整流电路画法

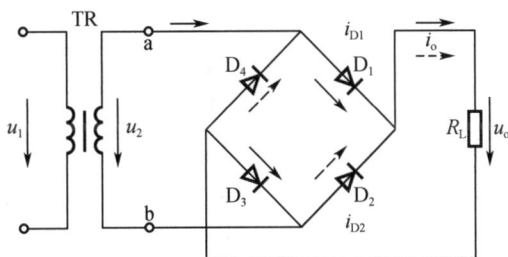

图 7-4 桥式整流电路

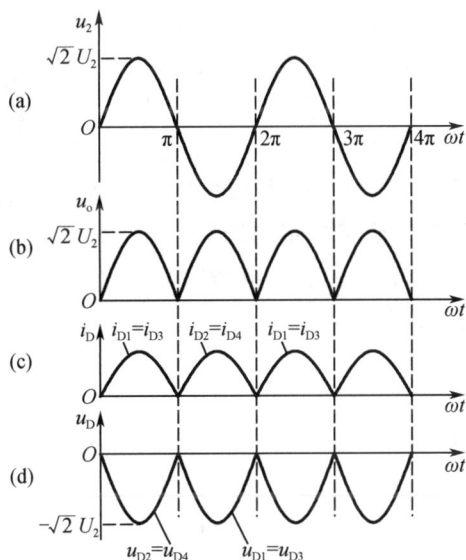

图 7-5 单相桥式整流电路波形图

在 u_2 的正半周,即 a 点为正,b 点为负时,D_1、D_3 承受正向电压而导通,此时有电流流过 R_L,电流路径为 a→D_1→R_L→D_3→b,此时 D_2、D_4 因反偏而截止,负载 R_L 上得到一个半波电压,4 电压、电流波形如图 7-5(b)中的 0~π 段所示。若略去二极管的正向压降,则 $u_o \approx u_2$。

电压、电流波形在 u_2 的负半周，即 a 点为负，b 点为正时，D_1、D_3 因反偏而截止，D_2、D_4 正偏而导通，此时有电流流过 R_L，电流路径为 b→D_2→R_L→D_4→a。这时 RL 上得到一个与 0~π 段相同的半波电压如电压、电流波形见图 7-5(b) 中的 π~2π 段所示，若略去二极管的正向压降，$u_o \approx -u_2$。负载 R_L 上的电压 u_o 的波形如图 7-5 所示。电流 i_o 的波形与 u_o 的波形相同。显然，它们都是单方向的全波脉动波形。

单相桥式整流电压的平均值为

$$U_o = \frac{1}{\pi} \int_0^\pi \sqrt{2}\, U_2 \sin\omega t \mathrm{d}\omega t = \frac{2\sqrt{2}}{\pi} U_2 = 0.9 U_2$$

直流电流为

$$I_o = \frac{0.9 U_2}{R_L}$$

在桥式整流电路中，二极管 D_1、D_3 和 D_2、D_4 是两两轮流导通的，所以流经每个二极管的平均电流为

$$I_D = \frac{1}{2} I_o = \frac{0.45 U_2}{R_L}$$

二极管在截止时管子承受的最大反向电压可从图 7-4 看出。在 u_2 正半周时，D_1、D_3 导通，D_2、D_4 截止。此时 D_2、D_4 所承受到的最大反向电压均为 U_2 的最大值，即

$$U_{DRM} = \sqrt{2}\, U_2$$

同理，在 u_2 的负半周 D_1、D_3 也承受同样大小的反向电压。

桥式整流电路的优点是输出电压高，纹波电压较小，管子所承受的最大反向电压较低，同时，因电源变压器在正负半周内都有电流供给负载，电源变压器得到充分的利用，效率较高。因此，这种电路在半导体整流电路中得到了广泛的应用。电路的缺点是二极管用得较多，由于实际上二极管的正向电阻不为零，必然使电路内阻较大，增大损耗，影响电源的输出。在半导体器件发展快、成本低的今天，此缺点并不突出，目前，小功率桥式整流电路的四只整流二极管，被接成桥路后封装成一个整流器件，称"硅桥"或"桥堆"，使用方便。整流电路也常简化为图 7-3(c) 的形式，因而桥式整流电路在实际中应用较为广泛。桥堆外形图如图 7-6 所示。

图 7-6 桥堆外形封装图

7.1.2 滤波电路

整流电路虽将交流电变为直流电，但输出的却是脉动电压。脉动的电压除了含有直流分量外，还含有不同频率的交流分量。为了改善整流电压的脉动程度，提高其平滑性，在整流电路中都要加滤波电路。滤波电路利用电抗性元件对交、直流阻抗的不同，实现滤波。构成滤波器的主要元件是电容和电感。由于电容和电感对交流电和直流电呈现的电抗不同，如果把它们合理地安排在电路中，就可以达到减小交流成分，保留直流成分的目的，实现滤波的目的。电容滤波电路是最简单的滤波器，它是在整流电路的输出端与负载并联一个电容 C 而组成。

1. 单相半波整流滤波电路

半波整流电容滤波电路如图 7-7(a) 所示。

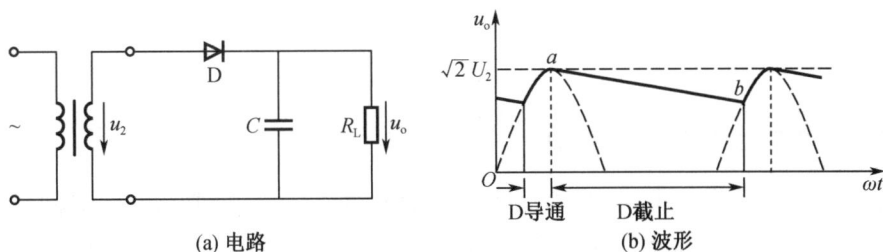

(a) 电路　　　　　　　(b) 波形

图 7-7　半波整流电容滤波电路及其波形

电容滤波是通过电容器的充电、放电来滤掉交流分量的。图 7-7(b) 的波形图中虚线波形为半波整流的波形。并入电容 C 后,在 $u_2>0$ 时,D 导通,电源在向 R_L 供电的同时,又向 C 充电储能,由于充电时间常数很小(绕组电阻和二极管的正向电阻都很小),充电很快,输出电压 u_o 随 u_2 上升,其输出电压为 $u_o=u_2$。当 $u_C=\sqrt{2}U_2$ 后,u_2 开始下降,$u_2<u_C$,D 反偏截止,由电容 C 向 R_L 放电,放电的时间常数为

$$\tau_d=R_LC$$

由于放电时间常数较大,放电较慢,输出电压 u_o 随 u_C 按指数规律缓慢下降,其输出电压为 $u_o=u_C$,如图中的 ab 实线段。放电过程一直持续到下一个 u_2 的正半波,当 $u_2>u_C$ 时 C 又被充电,$u_o=u_2$ 又上升。直到 $u_2<u_C$,D 又截止,C 又放电,如此不断地充电、放电,使负载获得如图 7-7(b) 中实线所示的 u_o 波形。由波形可见,半波整流接电容滤波后,输出电压的脉动程度大为减小,直流分量明显提高。当 $R_L=\infty$,C 值一定,即空载时 $U_o=\sqrt{2}U_2=1.4U_2$,在波形图中由水平虚线标出。当 $R_L\neq\infty$ 时,由于电容 C 向 R_L 放电,输出电压 U_o 将随之降低。总之,R_L 越小,输出平均电压越低。因此,电容滤波只适合在小电流,且变动不大的电子设备中使用。

2. 单相桥式整流电容滤波电路

桥式整流电容滤波电路由单相桥式整流电路、大容量电容 C 和负载 R_L 组成,如图 7-8 所示。

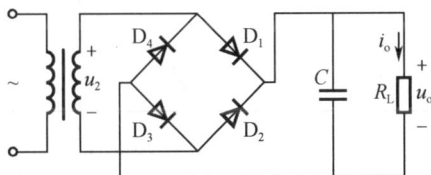

图 7-8　桥式整流电容滤波电路

单相桥式整流
电路仿真实验

当 u_2 上升,u_2 大于电容上的电压 u_C,u_2 对电容充电,$u_o=u_C\approx u_2$;当 u_2 下降,u_2 小于电容上的电压,二极管承受反向电压而截止,电容 C 通过 R_L 放电,u_C 按指数规律下降,放电的时间常数为 $\tau_d=R_LC$。当 $R_L=\infty$,C 值一定,即空载时 $U_o=\sqrt{2}U_2=1.4U_2$,在波形图中由水平

虚线标出。

3. 电容滤波电路的参数分析

通常,输出平均电压及电流可按下述工程估算取值:

半波整流电容滤波:$U_o \approx U_2$,$I_o \approx \dfrac{U_2}{R_L}$。

全波整流电容滤波:$U_o \approx 1.2U_2$,$I_o \approx \dfrac{1.2U_2}{R_L}$。

为了达到上式的取值关系,获得比较平直的输出电压,一般要求放电时间常数满足 $R_L C \geqslant (3 \sim 5)\dfrac{T}{2}$,式中,$T$ 是电源交流电压的周期。

在选择二极管时须注意:只有在 $|u_2| > u_c$ 的条件下二极管才能导通,因此其导通时间缩短了,二极管导通时的平均电流和负载的平均电流相等。在负载功率不变的条件下,将会在二极管上形成较大的冲击电流,即浪涌电流,容易使管子损坏。这是在二极管选择时必须要考虑的,一般可按 $I_D = (2 \sim 3)I_o$ 来考虑。

在半波整流电路中,要考虑到最严重的情况是输出端开路,电容器上充有 U_{2m},而 u_2 处在负半周的幅值时,这时二极管承受了 $2\sqrt{2}U_2$ 的反向工作电压。它与无滤波电容时相比,增大了一倍。

对于单相桥式整流电路而言,无论有无滤波电容,二极管的最高反向工作电压都是 $\sqrt{2}U_2$。

关于滤波电容值的选取应视负载电流的大小而定。一般在几十微法到几千微法,电容器耐压值应大于输出电压的最大值。通常采用极性电容器。

在实际的电源设计中,滤波电容的选取原则是:$C \geqslant 2.5T/R$。其中:C 为滤波电容,单位为 μF;T 为周期,单位为 s,R 为负载电阻,单位为 Ω。当然,这只是一般的选用原则,在实际的应用中,如条件(空间和成本)允许,都选取 $C \geqslant 5T/R$。

7.1.3　稳压电路

整流滤波电路输出电压会随着电网电压的波动和负载电阻的改变而变动。为了获得稳定性好的直流电压,需要在整流滤波电路后加上稳压电路,使输出直流电压保持稳定。

1. 稳压二极管稳压电路

稳压二极管稳压电路如图 7-9 所示,稳压电路部分由稳压二极管和限流电阻组成。

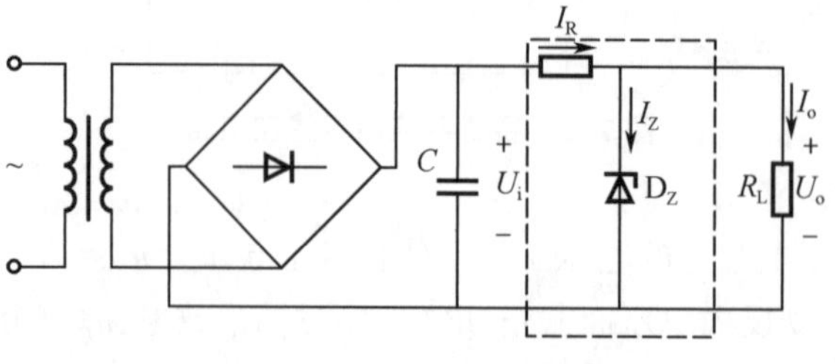

图 7-9　稳压二极管稳压电路

引起电压不稳定的原因是交流电源电压的波动和负载电流的变化,下面分析在这两种情况下的稳压作用。

(1)当交流电源电压增加而使整流输出电压 U_i 随着增加时,负载电压 U_o 也要增加,U_o 为稳压管两端的反向电压。当负载电压 U_o 稍有增加时,稳压管的电流 I_Z 就显著增加,因此限流电阻 R 上的压降增加,以抵偿 U_i 的增加,从而使 U_o 保持近似不变。

(2)当电源电压保持不变,而负载电流增大时,电阻 R 上的压降增大,负载电压 U_o 下降。只要 U_o 下降一点,稳压管电流 I_Z 就显著减小,使通过电阻 R 的电流和电阻上的压降保持近似不变,因此负载电压 U_o 也就近似稳定不变。

选择稳压管时,稳压管的稳定电压 $U_Z = U_o$,其最大稳定电流 $I_{ZM} = (1.5 \sim 3)I_{LM}$,$I_{LM}$ 是流经负载 R_L 的最大电流。

稳压二极管稳压电路结构简单,缺点是电压的稳定性能较差,稳压值不可调。下面介绍集成稳压电路。

2. 集成稳压电路

由分立元件(稳压二极管)组成的直流稳压电路,需要外接不少元件,因而体积大,使用不便。将稳压电路的主要元件甚至全部元件制作在一块硅基片上,这种用集成电路的形式制造的稳压电路称为集成稳压器。其具有可靠性高、稳压性能好、体积小、使用方便、价格低廉等特点。

集成稳压器在近十几年发展很快,目前国内外已发展到几百个品种。按电路的工作方式分,有线性集成稳压器和开关式集成稳压器;按电路的结构形式分,有单片式集成稳压器和组合式集成稳压器;按管脚的连接方式分,有三端式集成稳压器和多端式集成稳压器;按制造工艺分,有半导体集成稳压器、薄膜混合集成稳压器和厚膜混合集成稳压器;按输出电压分,有固定式稳压器、可调式稳压器、正压输出稳压器、负压输出稳压器等。

下面主要介绍三端集成稳压器。

三端集成稳压器的封装形式有金属壳封装和塑料壳封装,它们都有三个管脚,分别是输入端、输出端和公共端,因此称为三端式稳压器。国产三端集成稳压器已经标准化、系列化了,按照它们的性能和不同用途,可以分成两大类,一类是固定输出正压(或负压)三端集成稳压器 W7800(W7900)系列,另一类是可调输出正压(或负压)三端集成稳压器 W317(W337)系列。前者的输出电压是固定不变的,后者可在外电路上对输出电压进行连续调节。

(1)三端固定输出集成稳压器

①固定输出的三端集成稳压器外形、封装、管脚排列及符号如图 7-10 所示,不同类型、不同封装形式的三端集成稳压器的引脚排列不同,使用时请查阅手册。

②三端固定输出稳压器的特点

a. W7800 系列是三端固定正压输出的集成稳压器。输出电压有 5 V、6 V、9 V、12 V、15 V、18 V、24 V 等档次。

例如:W7805 表示输出电压为正 5 V。此系列最大输出电流为 1.5 A。

同类产品:W78M00 系列(0.5 A);W78L00 系列(0.1 A);W78T00 系列(3 A)和 W78H00 系列(5 A)。

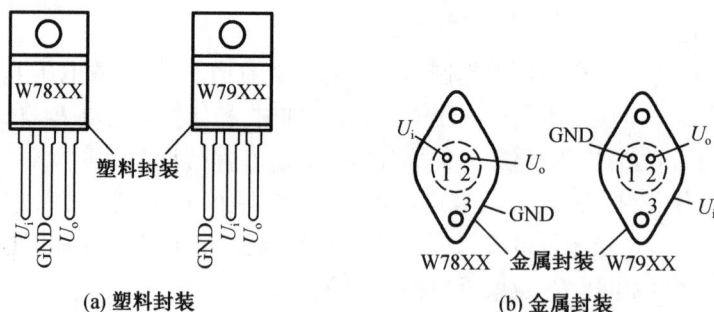

图 7-10　三端式集成稳压器的管脚排列、符号

　　b. W7900 系列是三端固定负压输出的集成稳压器。在输出电压档次、电流档次等方面与 78 系列相同。

　　（2）可调输出的三端集成稳压器

　　①可调输出的三端集成稳压器外形及电路符号如图 7-11 所示。

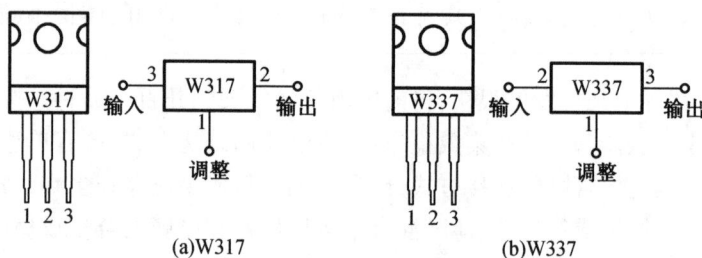

图 7-11　可调输出的三端集成稳压器外形及图形符号

　　②三端可调输出稳压器的特点：

　　三端可调稳压器的内部含有过流、过热保护电路，具有安全可靠、性能优良、不易损坏、使用方便、输出电压可调、稳压精度高、输出纹波小、稳压等优点。其电压调整率和电流调整率均优于固定式集成稳压构成的可调电压稳压电源。比较典型的产品有 LM317 和 LM337 等。其中，LM317 为可调正电压输出稳压器稳压器，LM337 为可调负电压输出稳压器，其外形与引脚配置如图 7-11 所示。这种集成稳压器有 3 个引出端，即电压输入端 u_i、电压输出端 u_o 和调节端，没有公共接地端。

　　三端输出可调稳压器 LM317 的输出电压为 1.2~37 V。每一类中稳压器按其输出电流又分为 0.1 A、0.5 A、1 A、1.5 A、10 A 等。例如，LM317 输出电压为 1.2~37 V，输出电流为 0.1 A；LM317H 输出电压为 1.2~37 V，输出电流为 0.5 A；LM317 输出电压为 1.2~37 V，输出电流为 1.5 A；LM196 输出电压为 1.25~15 V，输出电流为 10 A。

　　LM337 为负电压输出。例如，LM337L 输出电压为-1.2~-37 V，输出电流为 0.1 A；LM337M 输出电压为-1~-37 V，输出电流为 0.5 A；LM337 输出电压为-1.2~-37 V，输出电流为 1.5 A 等。

【任务实施】

整流、电容滤波、稳压电路的实现

1. 目的

(1)研究单相桥式整流、电容滤波电路的特性。

(2)研究集成稳压器的特点和性能指标的测试方法。

2. 设备与器件

(1)可调工频电源。

(2)双踪示波器。

(3)交流毫伏表。

(4)直流电压表。

(5)直流毫安表。

(6)滑线变阻器 200 Ω/1 A。

(7)晶体二极管 IN4007×4、稳压管 IN4735×1、桥堆 KBP310 电阻器、电容器若干。

3. 原理及电路

电子设备一般都需要直流电源供电。这些直流电除了少数直接利用干电池和直流发电机外,大多数是采用把交流电(市电)转变为直流电的直流稳压电源。

直流稳压电源由电源变压器、整流、滤波和稳压电路四部分组成,其原理框图如图 7-12 所示。电网供给的交流电压 u_1(220 V,50 Hz)经电源变压器降压后,得到符合电路需要的交流电压 u_2,然后由整流电路变换成方向不变、大小随时间变化的脉动电压 u_3,再用滤波器滤去其交流分量,就可得到比较平直的直流电压 u_I。但这样的直流输出电压还会随交流电网电压的波动或负载的变动而变化。在对直流供电要求较高的场合,还需要使用稳压电路,以保证输出直流电压更加稳定。

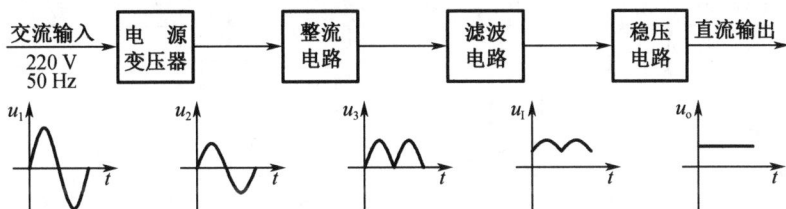

图 7-12　直流稳压电源框图

4. 内容及步骤

(1)整流滤波电路测试

按图 7-13 连接实训电路。取可调工频电源电压为 16 V,作为整流电路输入电压 u_2。

①取 R_L=240 Ω,不加滤波电容,测量直流输出电压 U_L,并用示波器观察 u_2 和 u_L 波形,记入表 7-1。

②取 R_L=240 Ω,C=470 μF,重复内容①的要求,记入表 7-1。

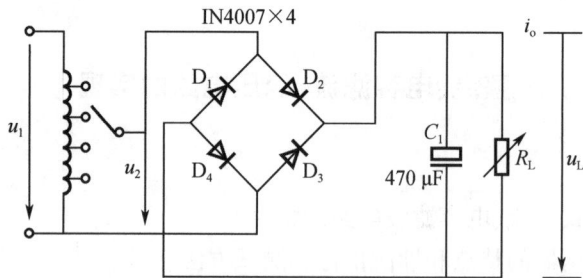

图 7-13　整流滤波电路

③取 $R_L = 120\ \Omega$，$C = 470\ \mu F$，重复内容①的要求，记入表 7-1。

表 7-1　整流滤波电路测试　　　　　　　　　　　　　　　$U_2 = 16\ V$

电 路 形 式		U_L/V	u_L 波形
$R_L = 240\ \Omega$			
$R_L = 240\ \Omega$ $C = 470\ \mu F$			
$R_L = 120\ \Omega$ $C = 470\ \mu F$			

(2)稳压测试

图 7-14 是用三端式稳压器 W7812 构成的单电源电压输出稳压电源的实训电路图。其中整流部分采用了由四个二极管组成的桥式整流器成品(又称桥堆)，型号为 KBP310，内部接线和外部管脚引线如图 7-15 所示。滤波电容 C_1、C_2 一般选取几百~几千微法。当稳压器距离整流滤波电路比较远时，在输入端必须接入电容器 C_3(数值为 0.33 μF)，以抵消线路的电感效应，防止产生自激振荡。输出端电容 C_4(0.1 μF)用以滤除输出端的高频信号，

改善电路的暂态响应。

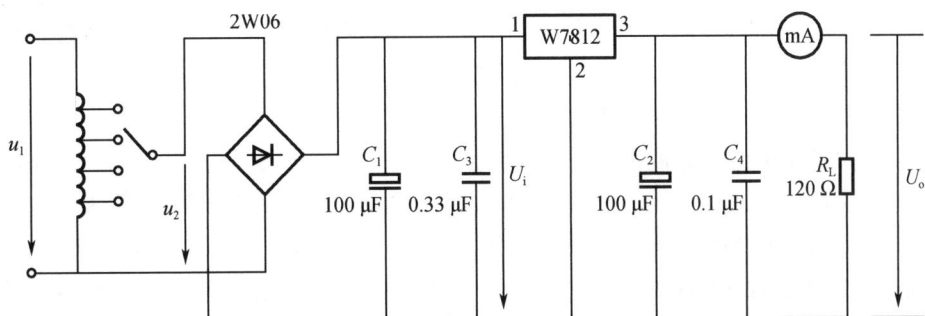

图 7-14 由 W7815 构成的串联型稳压电源

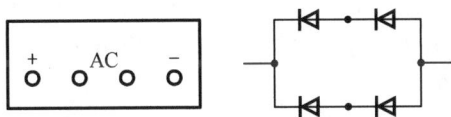

图 7-15 桥堆 KBP310 管脚图

断开工频电源,按图 7-14 改接实训电路,取负载电阻 $R_L = 120$ Ω。接通工频 14 V 电源,测量 U_2 值;测量滤波电路输出电压 U_i(稳压器输入电压),集成稳压器输出电压 U_o,它们的数值应与理论值大致符合,否则说明电路出了故障。设法查找故障并加以排除。用示波器观测输出电压。把测量结果记入自拟表格中。

5. 注意事项

每次改接电路时,必须切断工频电源。

* 任务 7.2 集成开关稳压电源的认识与应用

【任务目标】

(1)认识集成开关稳压电源。

(2)了解集成开关稳压电源电路。

(3)了解集成开关稳压电源的应用。

【任务内容】

7.2.1 集成开关稳压电源的认识

线性稳压电源具有结构简单、调节方便、输出电压稳定性强、纹波电压小等优点。但是,线性稳压电源功耗大、效率低(只有 40%~50%)、体积大、铜铁消耗量大、工作温度高及调整范围小。为了提高效率,人们研制出了开关式稳压电源,它的效率可达 85% 以上,稳压范围宽。除此之外,它还具有稳压精度高、不使用电源变压器等特点,是一种较理想的稳压电源。正因为如此,开关式稳压电源已广泛应用于各种电子设备中。

1. 集成开关稳压电源电路类型

集成开关稳压电源电路的品种繁多,应用也十分广泛。集成开关稳压电源电路芯片已从最初的多引脚式发展到单片式的 8 引脚式、7 引脚式、5 引脚式、4 引脚式、3 引脚式。例如:UC3842B/3B/4B/5B、AMC3842B/43B/44B/45B、AIC3842、KA3842/43/44/45、IP3842/43、IP1842/43、IP2842、CS3842/43、SPW3842、SG3842/43、TL3842 等就是一种用途十分广泛的 8 引脚式开关电源集成块。

STR-M6529 是一种 7 引脚式开关电源集成块。

STR-D6802、S13033C 是 5 引脚式开关电源集成块。

TOP 系列离线式集成块是一种 3 引脚式开关电源集成块。这类集成块的型号较多,如 TOP221~227Y、TOP201~TOP204 等,是目前性能优良的单片式开关电源。

2. 集成开关稳压电路原理

图 7-16 是一种串联开关电源电路图。图中 V_1 为开关调整管,工作于开关状态,它与负载 R_L 串联;V_2 为续流二极管;L、C 构成滤波器;R_1 和 R_2 组成取样电路;A 为误差放大器,C 为电压比较器,它们与基准电压源、三角波发生器组成开关调整管的控制电路。

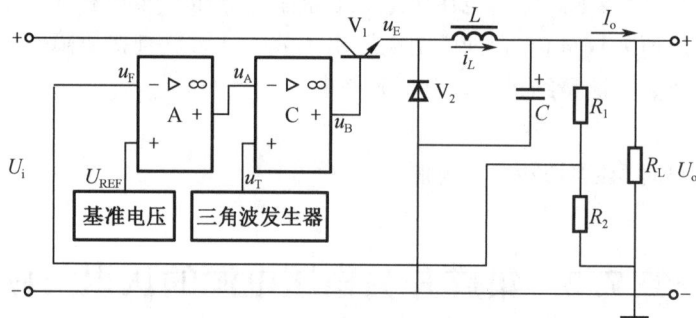

图 7-16　串联开关电源电路图

误差放大器对来自输出端的取样电压 u_F 与基准电压 U_{REF} 的差值进行放大,其输出电压 u_A 送到电压比较器 C 的同相输入端。三角波发生器产生一个频率固定的三角波电压 u_T,它决定了电源的开关频率。u_T 送至电压比较器 C 的反相输入端与 u_A 进行比较,当 $u_A > u_T$ 时,电压比较器 C 输出电压 u_B 为高电平;当 $u_A < u_T$ 时,电压比较器 C 输出电压 u_B 为低电平,u_B 控制开关调整管 V_1 的导通和截止。实际上,输出电压 u_o 通过取样电阻反馈给控制电路来改变开关调整管的导通与截止时间,以保证输出电压的稳定。图 7-17 是开关电源电压及电流波形图。

由于开关管采用饱和管压降很小的三极管,故饱和导通时,管耗很小,而截止时无损耗,所以其转换效率较高,一般高于 70%,但其输出纹波电压比线性电源大一些。

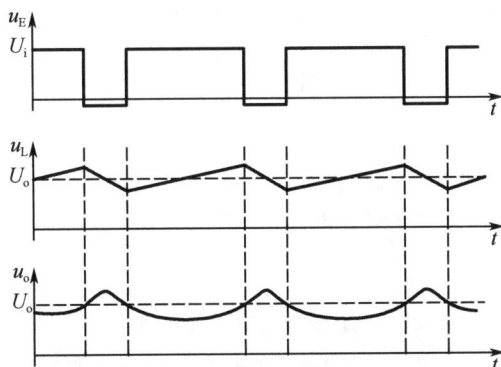

图7-17　开关电源电压及电流波形图

随着科学技术的发展,线性电源也有了很大的发展,开发出了低压差、微功耗的稳压器,并且具有关闭电源控制端的新器件,其输入电压与输出电压之差小到0.2 V时也能正常工作,静态工作电流小于100 μA,在关闭状态时电流仅约1 μA。

7.2.2　集成开关稳压电源的应用

1. UC3842AN开关稳压电源引脚排列说明

UC3842AN是一种用量较大、比较典型的PWM控制集成电路,内含脉冲信号发生器、稳压电路、脉宽调整电路、电压和电流检测电路等。UC3842AN集成电路有SOP-8和DIP-8两种封装形式。UC3842AN的DIP-8封装形式的引脚图如图7-18所示。

各引脚功能及检测数据见表7-2。

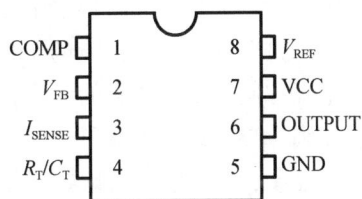

图7-18　UC3842AN引脚图

表7-2　集成开关稳压电源UC3842引脚功能及数据

引脚号	字母代号	功能说明	电压/V	电路电阻/kΩ	
				红笔接地黑笔测量	黑笔接地红笔测量
①	COMP	误差放大器信号输出端,外接RC网络,用来改变误差比较放大器的闭环增益和频率特性	3.53	4.7	8.5
②	V_{FB}	内部运算放大器反相信号输入端。该脚输入的电压与2.5 V的基准电压比较,得到的结果调节开关脉冲的占空比,进行自动稳压	2.47	5.3	18.5
③	I_{SENSE}	过流检测信号输入端,用于检测开关管峰值电流,当该脚电压超过1 V时,会自动关闭输出脉冲,保护开关管不会过流损坏	0.44	1.7	1.7

表 7-2（续）

引脚号	字母代号	功能说明	电压/V	电路电阻/kΩ	
				红笔接地黑笔测量	黑笔接地红笔测量
④	R_T/C_T	振荡频率设定端,外接 RC,用于产生方波信号,振荡频率 $f=1.8/RC$(Hz),由 RC 值设定	2.41	4.5	7.5
⑤	GND	接地线	0	—	0
⑥	OUTPUT	激励脉冲信号输出端,输出的矩形波加到开关管上。适用于驱动 VMOS 场效应开关管,输出电流可达 500 mA	1.2	4.5	13
⑦	VCC	电源电压输入端,输入的电压经内部基准电压处得到的 5 V 电压作为电源,经进一步处理后得 2.5 V 作为比较放大器的基准电压	1.4	3.5	31
⑧	V_{REF}	基准电压输出端,外接滤波元件,输出 5 V 基准电压	5	3.5	5

2. UC3842AN 集成块常规连接方式

图 7-19 是其最常规的应用方式。R_3、R_4、R_5 和 C_{14} 既是决定 UC3842AN 的控制精度,也是决定整个开关电源性能的重要元件。电源稳定工作后,UC3842AN 的⑦脚电源由和负载绕组绕在同一变压器上的绕组提供(两绕组的绕向相同),第⑦脚电源又通过电阻 R_3、R_4 分压加到 UC3842AN 的②脚。当⑦脚电压发生变化时,②脚电压也将按比例地变化。这一变化的电压,经集成块内部误差放大器控制锁存脉冲调制器调整输出方波的占空比,稳定输出电压。

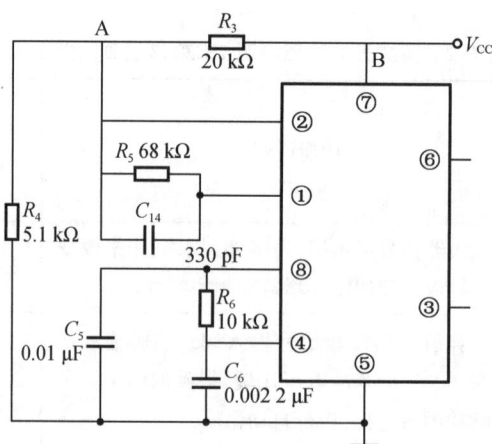

图 7-19　UC3842AN 常规的应用方式

注意:选择线性电源还是开关电源,应从生产成本及电源转换效率这两方面来看,一般来说：

（1）电源输出功率大于 2.5 W 的用开关电源方式较为有利；

（2）电源输出功率小于 2.5 W 的用线性电源更合适。

【项目小结】

1. 直流稳压电源由交流电经变换得来，它由变压器、整流电路、滤波电路、稳压电路四部分组成。

2. 整流电路是利用二极管的单向导电性将交流电转换成单向脉动直流电。整流电路有多种，如半波整流电路、桥式整流电路等。其中桥式整流电路应用最多，它具有输出电压高、纹波电压较小、管子所承受的最大反向电压较低、电源变压器效率较高等优点。

3. 滤波电路的作用是利用储能元件滤除脉动直流电压中的交流成分，使输出电压趋于平滑。常用的滤波电路有电容滤波、电感滤波等。

4. 电容滤波电路是最简单的滤波器，它是在整流电路的输出端与负载并联一个电容而组成的。

5. 电网电压的波动和电源负载的变化都会引起整流滤波后的直流电压不稳。稳压电路的作用是输入电压或负载在一定范围内变化时，保证输出电压稳定。

6. 常用的稳压电路有稳压二极管稳压电路、三端式集成稳压器。稳压二极管稳压电路是利用二极管的稳压特性，将限流电阻与稳压管连接而成，其特点是结构简单，缺点是电压的稳定性能较差，稳压值不可调。集成稳压器具有可靠性高、稳压性能好、体积小、使用方便、价格低廉等优点，被广泛采用。

【项目训练】

一、选择题

1. 整流的目的是（ ）。

A. 将交流变为直流 B. 将高频变为低频 C. 将正弦波变为方波

2. 在单相桥式整流电路中，若有一只整流管接反，则（ ）。

A. 输出电压约为 $2U_D$ B. 变为半波直流 C. 整流管将因电流过大而烧坏

3. 直流稳压电源中滤波电路的目的是（ ）。

A. 将交流变为直流 B. 将高频变为低频 C. 将交、直流混合量中的交流成分滤掉

4. 滤波电路应选用（ ）。

A 高通滤波电路 B. 低通滤波电路 C. 带通滤波电路

二、分析计算

1. 单相桥式整流电路如题图 7-20 所示。试说明当某只二极管断路时的工作情况，并画出负载电压波形。

2. 在图 7-21 所示桥式整流电容滤波电路中，$U_2 = 20$ V，$R_L = 40$ Ω，$C = 1\ 000$ μF，试问：

（1）正常时 U_o 为多大？

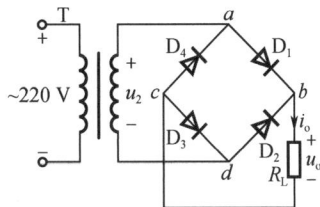

图 7-20

(2)如果电路中有一个二极管开路,U_o 又为多大?

(3)如果测得 U_o 为下列数值,可能出现了什么故障?

①$U_o = 18$ V;②$U_o = 28$ V;③$U_o = 9$ V。

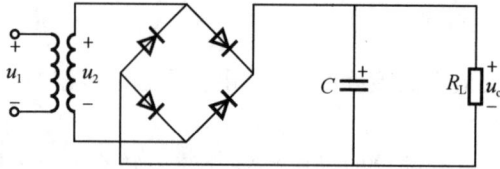

图 7-21

3. 如图所示 7-21 电路中,已知交流电频率 50 Hz,负载电阻 R_L 为 120 Ω,直流输出电压 U_o 为 30 V。求:

(1)直流负载电流 I_o;

(2)二极管的整流电流 I_D 和承受的最高反向工作电压 U_{RM};

(3)选择滤波电容的容量。

4. 电路如图 7-22 所示。合理连线,构成 5V 的直流电源。

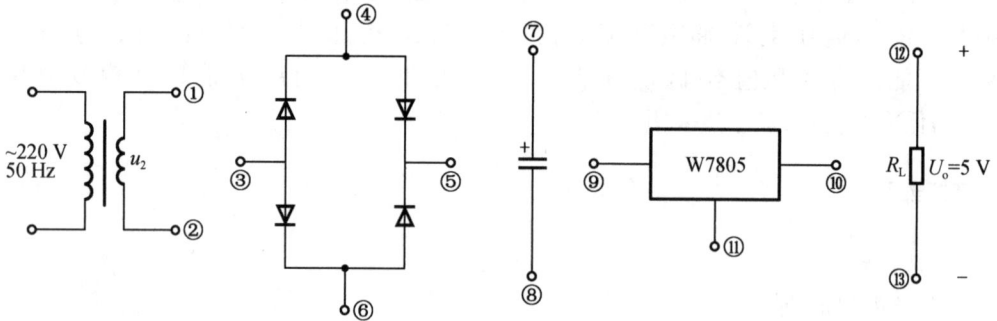

图 7-22

项目 8　表决器电路的设计与实现

【项目描述】

在数字系统中,根据逻辑功能的不同特点可将数字电路分为两大类:组合逻辑电路和时序逻辑电路。组合逻辑电路应用十分广泛,如编码器、译码器、加法器、数据选择器等是常用的组合逻辑电路。本项目首先学习基本逻辑运算和实现这些运算的门电路,然后通过设计和制作表决器电路,进一步掌握组合逻辑电路的工作原理、分析方法、设计和实现方法。

【项目目标】

知识目标:
(1)掌握二进制、八进制、十进制、十六进制及它们之间的相互转换方法。
(2)掌握逻辑代数的公式与定理、逻辑函数化简方法。
(3)掌握基本逻辑门电路及复合逻辑门电路功能。
(4)掌握表决器电路设计方法。
技能目标:
(1)能够对集成逻辑门电路的功能进行测试。
(2)能够设计并实现表决器电路。

任务 8.1　表决器电路的逻辑函数

【任务目标】

(1)了解数字电路和模拟电路的区别。
(2)掌握不同数制之间的转换方法。
(3)掌握逻辑代数的运算法则、定律。
(4)会对逻辑函数进行化简。

❈【任务内容】

中国速度——超算

"可上九天揽月,可下五洋捉鳖,谈笑凯歌还。"这是一种豪情与诗意,也是当今中国正创造的奇迹。中国人对未知的好奇、对探索的渴望、对困境的思考以及对美好未来的期待,推开了一扇扇崭新世界的大门:空间探测、生物医药、人工智能、量子科学……中国科技创新的步伐从未停止。中国近些年在研发超级计算机的过程中取得了非常好的成绩。根据中国计算机学会 HPC 专业委员会和中科院计算技术研究所统计,2002 年,中国超级计算机平均性能仅为 0.09 TFlop/s(每秒浮点运算次数),到 2020 年已经快速发展到 3 842 TFlop/s,增加了 4 万多倍。根据 2021 年发布的中国超级计算机性能 TOP100 榜单,2021 年全部上榜的 100 台超算系统的平均性能,相比 2020 年提升达 79%。2021 年排行第一的超级计算机的性能是 2020 年的 1.34 倍,2021 年排在榜尾的超级计算机的性能是 2020 年的 1.06 倍。中国超算领跑全球,得益于中国近年来电子电路产业的飞速发展。

在"神威·太湖之光"之前,我国的另一款超级计算机"天河二号"曾经在 2013—2016 三年的时间内霸占着世界第一的王座。但不同的是,"天河二号"的核心中央处理器来源于美国著名的科技公司英特尔,其计算机运算加速度构架也是基于英特尔提供的。"神威·太湖之光"是一台完全国产的超级计算机,跑出了"中国范"。

8.1.1　常用数制与编码

电子电路分为模拟电路和数字电路两类。数字电路传递、加工和处理的是数字信号,模拟电路传递、加工和处理的是模拟信号。在数字电路和计算机系统中,用代码表示数和特定的信息,因此,学习数字电路必须了解数字系统中的数制和码制。

1. 数字电路和模拟电路

(1)模拟信号和模拟电路

在时间上和幅值上都是连续变化的信号,称为模拟信号,如广播中传送的语音信号和放大电路输出的信号,如图 8-1 所示。用于传递、加工和处理模拟信号的电子电路,称为模拟电路。

(2)数字信号和数字电路

在时间上和幅值上都是断续变化的离散信号,称为数字信号,如脉冲信号和计算机通信端口的输入、输出信号,如图 8-2 所示。用于传递、加工和处理数字信号的电子电路,称为数字电路。

(3)数字电路与模拟电路的区别

①处理的信号不同:模拟电路处理的是随时间连续变化,幅值也连续变化的模拟信号,而数字电路处理的是用"0"和"1"两个基本数字符号表示的离散信号。在数字电路中,信号只有高电平和低电平两个状态,通常低电平用数字"0"来表示,高电平用数字"1"来表示。

②晶体管的工作状态不同:在模拟电路中,晶体管通常工作在线性放大区;而在数字电

路中,晶体管通常工作在饱和或截止状态,即开关状态。

图 8-1　模拟信号

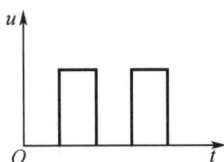

图 8-2　数字信号

③研究的着重点不同:研究模拟电路时关心的是电路输入与输出之间的大小、相位、效率、保真等问题,要计算出信号的实际数值;而研究数字电路时关心的是输入与输出之间的逻辑关系。数字电路只需判别数字信号的有无,不必反映数字信号本身的实际数值。

④研究的方法不同:模拟电路主要分析方法有解析法、微变等效电路法、图解法等;而数字电路的主要分析方法有真值表、逻辑代数、卡诺图、波形图等。

模拟信号是连续信号,其幅值在每一时刻有具体的数值;数字信号是离散信号,它只有高电平和低电平两种状态,高电平和低电平的幅值是多少,要看具体电路的标准规范。

2. 数制

表示数时,仅用一位数码往往不够用,必须用进位计数的方法组成多位数码。多位数码每一位的构成以及从低位到高位的进位规则称为进位数制,简称计数制。数制就是计数的方法,日常生活中最常用的是十进制数,用 0~9 十个数码表示不同的数,进位规则是逢十进一。有时也用十二进制和六十进制,如时间的表示。在数字电路里常采用二进制数,有时也用八进制数和十六进制数。对于任何一个数,都可以用不同的数制来表示。

(1)十进制

十进制是以 10 为基数的计数体制。在十进制中,每一位有 0、1、2、3、4、5、6、7、8、9 十个数码,它的进位规律是逢十进一,即 $9+1=10=1\times10^1+0\times10^0$。在十进制数中,数码所处的位置不同时,其所代表的数值是不同的,如

$$(3\ 176.54)_{10}=3\times10^3+1\times10^2+7\times10^1+6\times10^0+5\times10^{-1}+4\times10^{-2}$$

式中,10^3、10^2、10^1、10^0 为整数部分千位、百位、十位、个位的权,而 $10^{-1}=0.1$ 和 $10^{-2}=0.01$ 为小数部分十分位和百分位的权,它们都是基数 10 的幂。数码与权的乘积,称为加权系数,如上述的 3×10^3、1×10^2、7×10^1、6×10^0、5×10^{-1}、4×10^{-2}。因此,十进制数的数值为各位加权系数之和。

(2)二进制

二进制是以 2 为基数的计数体制。在二进制中,每位只有 0 和 1 两个数码,它的进位规律是逢二进一,即 $0+1=1$、$1+1=10$、$10+1=11$、$11+1=100\cdots\cdots$。各位的权都是 2 的幂,如二进制数 $(1011.11)_2$ 可表示为

$$
\begin{aligned}
(1011.11)_2 &=1\times2^3+0\times2^2+1\times2^1+1\times2^0+1\times2^{-1}+1\times2^{-2}\\
&=8+0+2+1+0.5+0.25\\
&=(11.75)_{10}
\end{aligned}
$$

式中,整数部分的权为 2^3、2^2、2^1、2^0,小数部分的权为 2^{-1}、2^{-2}。因此,二进制数的各位加权系数的和就是其对应的十进制数。

（3）八进制

八进制是以 8 为基数的计数体制。在八进制中，每位有 0、1、2、3、4、5、6、7 八个不同的数码，它的进位规律是逢八进一，各位的权为 8 的幂。如八进制数$(437.25)_8$可表示为

$$(437.25)_8 = 4\times8^2+3\times8^1+7\times8^0+2\times8^{-1}+5\times8^{-2}$$
$$=256+24+7+0.25+0.078\ 125$$
$$=(287.328\ 125)_{10}$$

式中 8^2、8^1、8^0、8^{-1}、8^{-2} 分别为八进制数各位的权。

（4）十六进制

十六进制是以 16 为基数的计数体制。在十六进制中，每位有 0、1、2、3、4、5、6、7、8、9、A(10)、B(11)、C(12)、D(13)、E(14)、F(15) 十六个不同的数码，它的进位规律是逢十六进一，各位的权为 16 的幂。如十六进制数$(3BE.C4)_{16}$可表示为

$$(3BE.C4)_{16} = 3\times16^2+11\times16^1+14\times16^0+12\times16^{-1}+4\times16^{-2}$$
$$=768+176+14+0.75+0.015\ 625$$
$$=(958.765\ 625)_{10}$$

式中 16^2、16^1、16^0、16^{-1}、16^{-2} 分别为十六进制数各位的权。

3. 不同数制间的转换

（1）各种数制转换成十进制

二进制、八进制、十六进制转换成十进制时，只要将它们按权展开，求出各加权系数的和，便得到相应进制数对应的十进制数。如

$$(1011.11)_2 = 1\times2^3+0\times2^2+1\times2^1+1\times2^0+1\times2^{-1}+1\times2^{-2}$$
$$=8+0+2+1+0.5+0.25$$
$$=(11.75)_{10}$$
$$(437.25)_8 = 4\times8^2+3\times8^1+7\times8^0+2\times8^{-1}+5\times8^{-2}$$
$$=256+24+7+0.25+0.078\ 125$$
$$=(287.328\ 125)_{10}$$
$$(3BE.C4)_{16} = 3\times16^2+11\times16^1+14\times16^0+12\times16^{-1}+4\times16^{-2}$$
$$=768+176+14+0.75+0.015\ 625$$
$$=(958.765\ 625)_{10}$$

（2）十进制转换为二进制、八进制和十六进制

十进制数分为整数部分和小数部分，因此，需将整数部分和小数部分分别进行转换，再将转换结果排列在一起，就得到该十进制数转换为其他进制数的完整结果。

①十进制转换为二进制。

a. 整数部分转换：将十进制数的整数部分转换为二进制数采用"除 2 取余法"，它是将整数部分逐次被 2 除，依次记下余数，直到商为 0。第一个余数为二进制数的最低位，最后一个余数为最高位。

如将十进制数$(107.625)_{10}$转换为二进制数。转换过程如下：

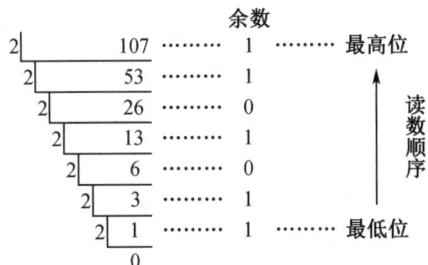

整数部分转换结果为：$(107)_{10} = (1101011)_2$

b. 小数部分转换：将十进制数的小数部分转换为二进制数采用"乘 2 取整法"，它是将小数部分连续乘 2，取乘数的整数部分作为二进制的小数。

$0.625 \times 2 = 1.250$　　　整数部分 $= 1$·············最高位

$0.250 \times 2 = 0.500$　　　整数部分 $= 0$

$0.500 \times 2 = 1.00$　　　整数部分 $= 1$··············最低位

小数部分转换结果为：$(0.625)_{10} = (0.101)_2$

十进制数 $(107.625)_{10}$ 对应的二进制数为 $(1101011.101)_2$

②十进制转换为八进制、十六进制。

十进制数转换为八进制或十六进制数的方法和十进制数转换为二进制数的方法相同，整数部分的转换采用"除 8 取余法"或"除 16 取余法"，小数部分的转换采用"乘 8 取整法"或"乘 16 取整法"。可以得出，十进制数转换为 n 进制数时，整数部分的转换采用"除 n 取余法"，小数部分的转换采用"乘 n 取整法"，但要注意转换结果高位到低位的排列顺序。

除上述方法外，十进制数转换成八进制或十六进制数时，可先转换成二进制数，然后再转换成八进制或十六进制时比较简单。

（3）二进制和八进制、十六进制间的转换

①二进制数转换成八进制、十六进制数。

由于八进制数的基数 $8 = 2^3$，故每位八进制数用 3 位二进制数构成。因此，二进制数转换为八进制数的方法是：整数部分从低位开始，每 3 位二进制数为一组，最后不足 3 位的，则在高位加 0 补足 3 位为止；小数部分从高位开始，每 3 位二进制数为一组，最后不足 3 位的，在低位加 0 补足 4 位，然后用对应的八进制数来代替，再按顺序写出对应的八进制数。

由于十六进制数的基数 $16 = 2^4$，故每位十六进制数用 4 位二进制数构成。因此，二进制数转换为十六进制数的方法是：整数部分从低位开始，每 4 位二进制数为一组，最后不足 4 位的，则在高位加 0 补足 4 位为止；小数部分从高位开始，每 4 位二进制数为一组，最后不足 4 位的，在低位加 0 补足 4 位，然后用对应的十六进制数来代替，再按顺序写出对应的十六进制数。

将二进制数 $(10011111011.111011)_2$ 转换成十六进制数，如下所示：

$(10011111011.111011)_2 = (4FB.EC)_{16}$

②八进制数、十六进制数转换成二进制数。

将每位八进制数用三位二进制数来代替,再按原来的顺序排列起来便得到了相应的二进制数。

将每位十六进制数用四位二进制数来代替,再按原来的顺序排列起来便得到了相应的二进制数。

将十六进制数(3BE5.97D)$_{16}$转换成二进制数,如下所示:

$$
\begin{array}{ccccccc}
3 & B & E & 5 & \cdot & 9 & 7 & D \\
\downarrow & \downarrow & \downarrow & \downarrow & & \downarrow & \downarrow & \downarrow \\
0011 & 1011 & 1110 & 0101 & \cdot & 1001 & 0111 & 1101
\end{array}
$$

(3BE5.97D)$_{16}$=(11101111100101. 100101111101)$_2$

需要说明一点,为了进制之间相区别,在数字后用不同的字母表示不同的进制。二进制用字母 B 表示,例如:(1100)$_B$;八进制字母用 O 表示,例如:(276)$_O$;十进制字母用 D 表示,例如:(123)$_D$;十六进制用字母 H 表示,例如:(A26D)$_H$。

4. 二进制代码

在数字系统中,二进制数码不仅可表示数值的大小,而且还常用来表示特定的信息。将若干个二进制数码 0 和 1 按一定规则排列起来表示某种特定含义的代码,称为二进制代码,或称二进制码。如在开运动会时,每一个运动员都有一个号码,这个号码只用来表示不同的运动员,它并不表示数值的大小。下面介绍几种数字电路中常用的二进制代码。

(1)二-十进制代码

将十进制数的 0~9 十个数字用二进制数表示的代码,称为二-十进制码,又称 BCD 码。由于十进制数有十个不同的数码,因此,需用 4 位二进制数来表示。而 4 位二进制代码有 16 种不同的组合,从中取出 10 种组合来表示 0~9 十个数可有多种方案,所以二—十进制代码也有多种方案。表 8-1 中示出了几种常用的二-十进制代码。

①8421BCD 码。

8421BCD 码是一种应用十分广泛的代码。这种代码每位的权值是固定不变的,为恒权码。它取了自然二进制数的前十种组合表示一位十进制数 0~9,即 0000(0)~1001(9),从高位到低位的权值分别为 8、4、2、1,去掉了自然二进制数的后六种组合 1010~1111。8421BCD 码每组二进制代码各位加权系数的和便为它所代表的十进制数。如 8421BCD 码 0101 按权展开式为

$$0×8+1×4+0×2+1×1=5$$

所以,8421BCD 码 0101 表示十进制数 5。

表 8-1　常用二-十进制代码表

十进制数	有权码				无权码
	8421 码	5421 码	2421(A)码	2421(B)码	余 3BCD 码
0	0000	0000	0000	000	0011

表 8-1(续)

十进制数	有权码				无权码
	8421 码	5421 码	2421(A)码	2421(B)码	余 3BCD 码
1	0001	0001	0001	0001	0100
2	0010	0010	0010	0010	0101
3	0011	0011	0011	0011	0110
4	0100	0100	0100	0100	0111
5	0101	1000	0101	1011	1000
6	0110	1001	0110	1100	1001
7	0111	1010	0111	1101	1010
8	1000	1011	1110	1110	1011
9	1001	1100	1111	1111	1100

②2421BCD 码和 5421BCD 码。

2421BCD 码和 5421BCD 码也是恒权码。从高位到低位的权值分别是 2、4、2、1 和 5、4、2、1，用 4 位二进制数表示一位十进制数，每组代码各位加权系数的和为其表示的十进制数。如 2421(A)BCD 码 1110 按权展开式为

$$1×2+1×4+1×2+0×1=8$$

所以，2421(A)BCD 码 1110 表示十进制数 8。

2421(A)码和 2421(B)码的编码状态不完全相同。由表 8-1 可看出：2421(B)BCD 码具有互补性，即 0 和 9、1 和 8、2 和 7、3 和 6、4 和 5 这 5 对代码互为反码。

对于 5421BCD 码，如代码为 1011 时，则按权展开式为

$$1×5+0×4+1×2+1×1=8$$

所以，5421BCD 码 1011 表示十进制数 8。

③余 3BCD 码。

这种代码没有固定的权值，称为无权码。它是由 8421BCD 码加 3(0011)形成的，所以称为余 3BCD 码，它也是用 4 位二进制数表示一位十进制数。如 8421BCD 码 0111(7)加 0011(3)后，在余 3BCD 码中为 1010，其表示十进制数 7。由表 8-1 可看出：在余 3BCD 码中，0 和 9、1 和 8、2 和 7、3 和 6、4 和 5 这 5 对代码也互为反码。

(2)字符的二进制编码——ASCⅡ码

字符的编码经常采用的是美国标准信息交换代码(American Standard Code for Information Interchange，ASCⅡ)，ASCⅡ码常用于计算机与外部设备的数据传输。如通过键盘的字符输入，通过打印机或显示器的字符输出。常用字符的 ASCⅡ码见表 8-2。

一个字节的 8 位二进制码可以表示 256 个字符。当最高位为"0"时，所表示的字符为标准 ASCⅡ码字符，共有 128 个，用于表示数字、英文大写字母、英文小写字母、标点符号及控制字符等；当最高位为"1"时，所表示的是扩展 ASCⅡ码字符，表示的是一些特殊符号(如希腊字母等)。

表8-2　常用字符的ASCⅡ码

字符	ASCⅡ码	字符	ASCⅡ码	字符	ASCⅡ码	字符	ASCⅡ码
0	30H	A	41H	a	61H	SP(空格)	20H
1	31H	B	42H	b	62H	CR(回车)	0DH
2	32H	C	43H	c	63H	LF(换行)	0AH
⋮	⋮	⋮	⋮	⋮	⋮	BEL(响铃)	07H
9	39H	Z	5AH	z	7AH	BS(退格)	08H

注:为便于书写和记忆,表中ASCⅡ码已缩写成十六进制形式。

应当注意,字符的ASCⅡ码与其数值是不同的概念。如字符"9"的ASCⅡ码是00111001B(即39H),而其数值是00001001B(即09H)。

在ASCⅡ码字符表中,还有许多不可打印的字符,如CR(回车)、LF(换行)及SP(空格)等,这些字符称为控制字符。控制字符在不同的输出设备上可能会执行不同的操作(因为没有非常规范的标准)。

除了前面介绍的二进制代码和编码外,还有其他的二进制代码和编码,如计算机系统中的汉字字符编码、数据传输使用的可靠性代码,如格雷码、奇偶校验码等。

8.1.2　逻辑代数基础

逻辑代数的诞生

每一门学科的发展史上都有一些科学家勇攀科学高峰,突破认知的禁区。1835年,20岁的乔治·布尔开办了一所私人授课学校。为了给学生们开设必要的数学课程,他兴趣浓厚地读起了当时一些介绍数学知识的教科书。由于他对代数关系的对称和美有很强的感觉,在孤独的研究中,他首先发现了不变量,并把这一成果写成论文发表。这篇高质量的论文发表后,布尔仍然留在小学教书。布尔此时已经在研究逻辑代数,即布尔代数。他把逻辑简化成极为容易和简单的一种代数。在这种代数中,适当的材料上的"推理",成了公式的初等运算的事情,这些公式比过去在中学代数第二年级课程中所运用的大多数公式要简单得多。这样,就使逻辑本身受数学的支配。为了使自己的研究工作趋于完善,布尔在此后6年的漫长时间里,又付出了不同寻常的努力。1854年,他发表了《思维规律》这部杰作,当时他已39岁,布尔代数问世了,数学史上树起了一座新的里程碑。几乎与所有的新生事物一样,布尔代数发明后没有受到人们的重视。欧洲大陆著名的数学家蔑视地称它为没有数学意义的、哲学上稀奇古怪的东西,他们不认为英伦岛国的数学家能在数学上做出独特贡献。布尔在他的杰作出版后不久就去世了。20世纪初,罗素在《数学原理》中认为,"纯数学是布尔在一部他称之为《思维规律》的著作中发现的。"此说一出,立刻引起世人对布尔代数的注意。今天,布尔发明的逻辑代数已经发展成为纯数学的一个主要分支。

1. 逻辑代数基本定律及常用公式

逻辑变量只能取值 0 和 1，首先介绍与、或、非三种基本运算：

与运算　$A \cdot 0 = 0$　$A \cdot 1 = A$　$A \cdot \bar{A} = 0$　$A \cdot A = A$

或运算　$A + 0 = A$　$A + 1 = 1$　$A + \bar{A} = 1$　$A + A = A$

非运算　$\bar{\bar{A}} = A$

根据三种基本运算，可导出表 8-3 中的基本定律。

表 8-3　逻辑代数基本定律

序号	基本定律	逻辑运算	
1	0、1 律	$0 + A = A$ $1 + A = 1$	$1 \cdot A = A$ $0 \cdot A = 0$
2	重叠律	$A + A = A$	$A \cdot A = A$
3	互补律	$A + \bar{A} = 1$	$A \cdot \bar{A} = 0$
4	交换律	$A + B = B + A$	$AB = BA$
5	结合律	$(A + B) + C = A + (B + C)$	$(AB)C = A(BC)$
6	分配律	$A + BC = (A + B)(A + C)$	$A(B + C) = AB + AC$
7	反演律	$\overline{A + B + C \cdots} = \bar{A} \cdot \bar{B} \cdot \bar{C} \cdots$	$\overline{ABC \cdots} = \bar{A} + \bar{B} + \bar{C} + \cdots$
8	还原律	$\bar{\bar{A}} = A$	

在逻辑代数中，经常使用表 8-4 中所列的一些常用公式。这些公式利用表 8-3 很容易得到证明。

表 8-4　逻辑代数的一些常用公式

序号	定律	逻辑运算
1	吸收律	(1) $A + AB = A$； (2) $A(A + B) = A$； (3) $A + \bar{A}B = A + B$； (4) $AB + \bar{A}C + BC = AB + \bar{A}C$
2	对偶律	(1) $AB + A\bar{B} = A$； (2) $(A + B)(A + \bar{B}) = A$

需要补充说明的一点是逻辑代数在运算时应遵循先括号内后括号外、先"与"运算后"或"运算的规则，也可利用分配律或反演律变换后再运算。

2. 逻辑代数的基本运算法则

逻辑代数有 3 种基本规则，即代入规则、反演规则和对偶规则，这些规则在逻辑运算中十分有用。

（1）代入规则

任何一个含有某变量 A 的等式，如果将所有出现 A 的位置都代之以一个逻辑函数 F，则等式仍然成立。这个准则称为代入规则。

因为任何一个逻辑函数也和逻辑变量一样，只有 0 和 1 两种可能取值，所以代入准则是成立的。例如：在等式 $B(A+C)=BA+BC$ 中，将所有出现 A 的地方都代以函数 $A+D$，则等式仍然成立，即得

$$B((A+D)+C)=B(A+D)+BC=BA+BD+BC$$

在使用代入规则时需注意：一定要把等式中所有需要代换的变量全部置换掉，否则代换后所得的等式不成立。

（2）反演规则

设 F 是一个函数表达式，如果将所有的"·"变成"+"、"+"变成"·"，0 变成 1、1 变成 0，原变量变成反变量、反变量变成原变量，那么得到的逻辑函数表达式就是逻辑函数 F 的反函数 $\overline{F}$。

例 8-1　已知 $F=AB+CD$，求 $\overline{F}$；已知 $X=\overline{\overline{A}+\overline{B}+C\cdot D}$，求 $\overline{X}$。

解　根据反演规则可得

$$\overline{F}=(\overline{A}+\overline{B})(\overline{C}+\overline{D})$$

$$\overline{X}=A\cdot B\cdot\overline{\overline{C}+\overline{D}}$$

使用反演规则时，应注意：

(1)使用反演规则时，不是某一个变量上的反号应保持不变。

(2)运算符号的优先级：一、( )、·、+，即非、括号、与、或。

（3）对偶规则

设 F 是一个逻辑函数表达式，如果将 F 中所有的"与"运算符号变成"或"运算符、"或"运算符变成"与"运算符，0 变成 1、1 变成 0，而逻辑变量保持不变，则所得新的逻辑表达式称为函数 F 的对偶式 F'。

例 8-2　$F=A(\overline{B}+C)$，求 F'。

解　根据对偶规则可得：$F'=A+\overline{B}C$。

对任何一个逻辑函数 F，一般情况下 $F\neq F'$，个别情况下也有 $F=F'$。若两个逻辑函数 F 和 G 相等，则其对偶式 F' 和 G' 也相等——对偶规则。

使用对偶规则时应注意运算时的优先级顺序。

8.1.3　逻辑函数的化简

1. 逻辑函数最简形式

逻辑函数可以写成不同的表达式，在逻辑设计中，逻辑函数最终总是要用逻辑电路来实现。因此，用中小规模逻辑器件设计数字电路时，化简和变换逻辑函数往往可以简化电

路、节省器材、降低成本、提高系统的可靠性,因此有必要熟悉逻辑函数的化简。

在逻辑函数中,"与或"表达式 $F=AB+CD$ 和"或与"表达式 $F=(A+B)(C+D)$ 是最常见的两种表达式。又因为与或式不仅易于从真值表中直接写出,且它容易被观察出是否为最简,所以化简逻辑函数一般指化简成最简"与或"表达式。最简"与或"表达式的标准是:

(1)式中所含"与"项最少。

(2)各"与"项中的变量数最少。

2. 逻辑函数的公式法化简

公式法化简是反复运用逻辑代数的基本定律和常用公式,用该法消去逻辑函数式中多余的"与"项和每个"与"项中多余的变量,以求得逻辑函数表达式的最简形式。公式法化简没有固定的步骤,现将一些常用的方法归纳如下:

(1)并项法

利用互补律 $A+\bar{A}=1$。并项法的关键在对函数式的某两"与"项提取公因子后,消去其中相同因子的原变量和反变量,则两项即可并为一项。

例 8-3 化简 $F=A\bar{B}+ABC+A\bar{C}$。

解 $F=ABC+A(\bar{B}+\bar{C})=ABC+A\overline{BC}=A(BC+\overline{BC})=A$

(2)吸收法

利用公式 $A+AB=A$ 及 $AB+\bar{A}C+BC=AB+\bar{A}C$。

例 8-4 化简 $F_1=AB+AB\bar{C}+ABD$;$F_2=AC+\bar{C}D+ADE+AD\bar{E}$。

解 $$F_1=AB+AB(\bar{C}+D)=AB$$

$$F_2=AC+\bar{C}D+AD(E+\bar{E})=AC+\bar{C}D+AD=AC+\bar{C}D$$

(3)消去法

利用公式 $A+\bar{A}B=A+B$ 消去"与"项 $\bar{A}B$ 中的多余因子 $\bar{A}$。

例 8-5 化简 $F=AB+\bar{A}C+\bar{B}C$。

解 $F=AB+\bar{A}C+\bar{B}C=AB+C(\bar{A}+\bar{B})=AB+\overline{AB}C=AB+C$

(4)配项法

利用公式 $1 \cdot A=A$; $A+A=A$; $A \cdot \bar{A}=0$; $A+\bar{A}=1$。

例 8-6 化简以下各式:

①$F_1=\bar{A}BC+A\bar{B}C+AB\bar{C}+ABC$;

②$F_2=\bar{A}BC+AC+\bar{A}B\bar{C}+A\bar{B}+BC+AB+\bar{A}\,\bar{B}\,C$。

解 ①$F_1=(\bar{A}BC+ABC)+(A\bar{B}C+ABC)+(AB\bar{C}+ABC)=BC+AC+AB$

②$F_2=(\bar{A}BC+\bar{A}B\bar{C})+A\bar{B}+AB+AC+BC+\bar{A}\,\bar{B}\,C$

$=\bar{A}B+A\bar{B}+AB+(A+B)C+\bar{A}\,\bar{B}C$

$=A+B+(A+B)C+\overline{A+B}C$

$=A+B+C$

在应用配项法时,应试探着进行,需要一定的技巧,否则将越配越繁。用代数法化简时,多数情况是上述几种方法的综合。

在逻辑函数的化简过程中,可用公式 $\overline{\overline{A}}=A$ 和反演律将逻辑函数化简为与非表达式,则相应的逻辑图一律使用与非门。

3. 逻辑函数的卡诺图法化简

卡诺图是真值表的一种变形,为逻辑函数的化简提供了直观的图形方法。当逻辑变量不太多(一般小于 5 个)时,应用卡诺图化简逻辑函数,方法直观、简捷,较容易掌握。

(1)最小项概念

按下面步骤写出表达式:

①取 $F=1$ 的所有项。

②对每一个 $F=1$ 取值而言,输入变量之间是与逻辑关系。对输入变量而言,如果取值为 1,则取原变量(如 A);如取值为 0,则取反变量(如 $\overline{A}$)而后得与项。

③各种取值之间是或逻辑关系。

当乘积项 ABC 的取值分别是 001、011、100、101 时,函数值 $F=1$。对应这些变量取值组合的乘积项分别为 $\overline{A}\,\overline{B}C$、$\overline{A}BC$、$A\overline{B}\,\overline{C}$、$A\overline{B}C$,将这些乘积项相加(或逻辑),即得到函数的逻辑表达式

$$F=\overline{A}\,\overline{B}C+\overline{A}BC+A\overline{B}\,\overline{C}+A\overline{B}C$$

经过以上分析可以发现这样一个特点:有 3 个变量的逻辑函数的每一个与项有 3 个变量,每一个变量以它的原变量或反变量只出现一次,这就是最小项。有 n 个变量的逻辑函数的最小项是 n 个变量的"与"。每个变量以它的原变量或反变量形式在乘积项中出现一次且只能出现一次,则这个"与"项被称为最小项。显然 n 个变量有 2^n 个最小项,为书写方便,通常用 m_i 表示最小项。确定下标 i 的规则是:当变量按序(A、B、C……)排列后,"与"项中的所有原变量用 1 表示,反变量用 0 表示,由此得到一个 1、0 序列组成的二进制数,即为下标 i 的值。如 $F(A,B,C)$ 三变量共有 8 个最小项:

$\overline{A}\,\overline{B}\,\overline{C}$	$\overline{A}\,\overline{B}C$	$\overline{A}B\overline{C}$	$\overline{A}BC$	$A\overline{B}\,\overline{C}$	$A\overline{B}C$	$AB\overline{C}$	ABC
000	001	010	011	100	101	110	111
m_0	m_1	m_2	m_3	m_4	m_5	m_6	m_7

(2)卡诺图基本知识

将逻辑函数真值表中的各行列成矩阵形式,在矩阵的左方和上方按照格雷码的顺序写上输入变量的取值,在矩阵的各个小格内填入输入变量各组取值所对应的输入函数值,这样构成的图形就是卡诺图。因此,卡诺图是逻辑函数的一种图形表示法。下面介绍卡诺图的画法:

①n 个变量有 2^n 个最小项,首先画一个矩形,将这个矩形分成 2^n 个小格。

②每个小格按最小项 m_i 编号,如图 8-3 所示,画出了两变量、三变量、四变量的卡诺图及其编号。编号时先在左上角写上变量(如二变量的 A、B);表示水平方向的变量和垂直方向的变量,在水平方向上和垂直方向上以格雷码的方式对应填上各种变量取值组合,小格

内对应最小项 m_i,可计为 i。如二变量对应的方格数为 4:当 $A=0$、$B=0$ 时,对应第一行第一列的小方格,对应的最小项为 m_0,记为 0;当 $A=0$、$B=1$ 时,对应第一行第二列的小方格,对应的最小项是 m_1,记为 1;其他类推。同理,三变量、四变量也是如此。

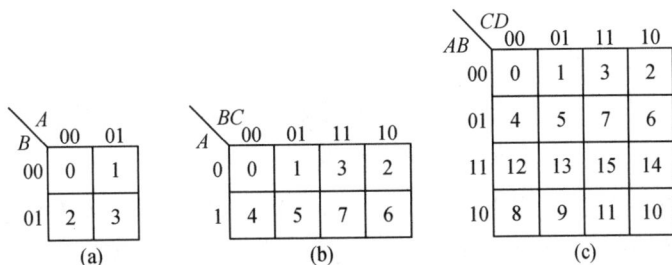

图 8-3 二-四变量的卡诺图

卡诺图是平面方格阵列图,其画法满足几何相邻原则:相邻方格中的最小项仅有一个变量不同。

用卡诺图表示逻辑函数时,将函数中出现的最小项,在对应方格中填 1,没有的最小项填 0(或不填),所得图形即为该函数的卡诺图。

例 8-7 用卡诺图表示下列逻辑表达式:

① $F=A\bar{B}+\bar{A}B$

② $F=\bar{A}\,\bar{B}C+\bar{A}BC+A\bar{B}\,\bar{C}+ABC$

③ $F=\bar{A}BD+\bar{C}D$

解 ①因函数有 2 个变量,所以 $A\bar{B}$、$\bar{A}B$ 都是最小项,由此得卡诺图如图 8-4(a)所示。
②式中的 4 个与项也都是最小项,因此可以直接填入卡诺图,如图 8-4(b)所示。
③式中有 4 个变量,所以应把它表示为最小项表达式,其卡诺图如图 8-4(c)所示。

$$F=\bar{A}B(C+\bar{C})D+(A+\bar{A})(B+\bar{B})\bar{C}D$$

$$=\bar{A}\,\bar{B}CD+\bar{A}BCD+\bar{A}B\bar{C}D+A\bar{B}\,\bar{C}D+AB\bar{C}D$$

$$=m_1+m_5+m_7+m_9+m_{13}$$

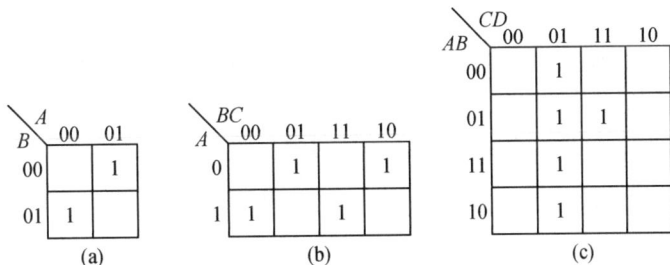

图 8-4 例 8-7 卡诺图

(3)利用卡诺图化简

用公式法化简逻辑函数,一方面要熟记逻辑代数的基本公式和常用公式,而且要有熟练的运算技巧;另一方面,经过化简后的逻辑函数是否为最简有时也难以判定。若使用卡诺图化简逻辑函数,简洁直观,方便灵活,且容易判断是否为最简函数。但是,当逻辑函数的变量数 $n \geq 5$ 后,由于卡诺图中的小方格的相邻性很难确定,用起来也不方便,因此,这里只讲解二、三、四变量的卡诺图法化简。前面已讲过如何把逻辑函数填入卡诺图,现在来看卡诺图中的合并规则。

①相邻方格的合并规则。

在卡诺图中,凡是紧邻的两个方格或与轴线对称的两个方格都称为相邻。如图 8-5 中的 m 与 x、m 与 n、x 与 y、u 与 v;但 x 与 n 不相邻。在图 8-5(c)中 m、n、x、y 是相邻的。相邻两个方格之间只有一个变量不同,故可圈在一起利用公式 $AB+A\overline{B}=A$ 进行合并化简,两个相邻小方格可合并为一个"与"项,且消去一个变量。若 $N=2^k$(k 为正整数)个相邻小方格可合并为一个"与"项,则可消去 k 个变量。

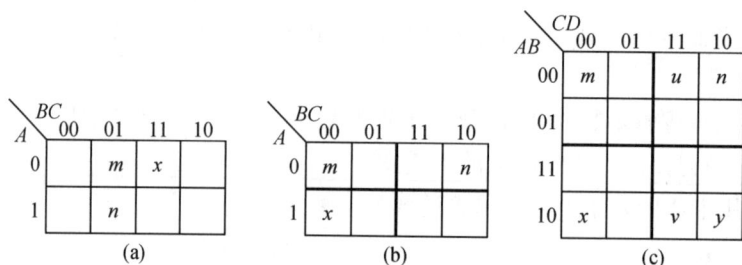

图 8-5　卡诺图中的相邻

②卡诺图化简逻辑函数的步骤。

a.画卡诺图及填图。首先将函数化成最小项的与或式,根据变量数画卡诺图表格,把最小项对应的 1 填在相应小方格,其余小方格不填(或填 0)。

b.画圈。将取值为 1 的相邻小方格圈在一起。圈内 1 的个数应为 2^n($n=0,1,2,3,\cdots$),即 $1,2,4,8,\cdots$,不允许为 $3,6,10$ 等。圈的个数应最少,圈内 1 的个数应尽可能多。每圈一个新的圈时,至少包含一个没有圈过的小方格,否则得不到最简表达式。每一个取值为 1 的小方格可被圈多次,但不能漏掉任何一个取值为 1 的小方格。

c.合并。根据所圈的卡诺圈,消除圈内全部互非的变量,进行合并再相加,即为所求最简表达式。若圈内只有一个 1,则不能化简而保留。

卡诺图化简时,相邻最小项的数目必须为 2^n 个才能圈成卡诺圈,并消去 n 个互非的变量,而且卡诺圈圈得越大越好(消去的互非变量越多),卡诺圈数目越少越好(逻辑式中的与项就越少),相应的逻辑电路就越简单,这就是利用卡诺图化简逻辑函数的基本原理。

例 8-8　用卡诺图法化简逻辑函数 $F=\overline{A}BC+\overline{A}\overline{B}C+AB\overline{C}+ABC$。

解　将函数值为 1 的相邻小方格圈在一起,共可圈成 3 个圈。圈内合并,相同者保留,不同者消去。如图 8-6 中的垂直圈,相同者为 BC,不同者为 A 和 $\overline{A}$,因此,保留 BC;实际上它完成的是

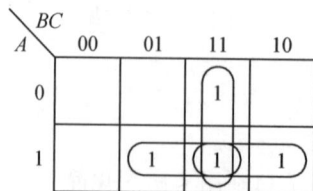

图 8-6　例 8-8 卡诺图

$$ABC + A\overline{B}C = BC$$

同理,其他两个圈也如此,分别得到 AB、AC。最后得到表达式

$$F = AB + AC + BC$$

例 8-9 用卡诺图法化简逻辑函数 $F = \sum m(0,2,3,6,7,8,10,11,14,15)$。

解 卡诺图如图 8-7 所示。将函数值为 1 的相邻小方格圈在一起,共可画成两个圈,四个角上的最小项可以合并,四个相邻小方格消去两个变量,相同者为 $\overline{B}$、$\overline{D}$,不同者为 A、$\overline{A}$、C、$\overline{C}$,该圈合成 $\overline{B}\,\overline{D}$。另一个圈有 8 个最小项,消掉 3 个变量,合成 C。因此函数最简式为

$$F = C + \overline{B}\,\overline{D}$$

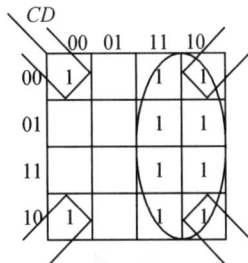

图 8-7 例 8-9

例 8-10 用卡诺图法化简逻辑函数 $F = \sum m(0,1,2,3,8,9,10,11,13,15)$。

解 把函数填入卡诺图,如图 8-8 所示,上下边缘小方格也是相邻的,画成最大的圈。函数化简为 $F = \overline{B} + AD$。

例 8-11 用卡诺图法化简逻辑函数 $F = \sum m(4,7,9,10,12,13,14,15)$。

解 把函数填入图 8-9 卡诺图,画最大的圈,该图有四个圈,可以合并成四项;由于 11 那一行有四个 1,往往会把它画成一个大圈,然后再画四个小圈,这样会化简成五项,而不是最简结果。所以本题的最简结果为

$$F = B\overline{C}\,\overline{D} + A\overline{C}D + BCD + AC\overline{D}$$

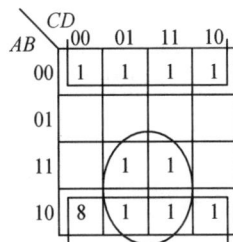

图 8-8 例 8-10

在实际工程中,有时变量会受到实际逻辑问题的限制,使某些取值不可能出现,或者对结果无影响,这些变量的取值所对应的最小项称为无关项或任意项。将无关项记为"d",以便利用"d"来简化逻辑函数或逻辑电路。

例 8-12 用卡诺图法化简逻辑函数 $F = \sum m(5,6,7,8,9) + \sum d(10,11,12,13,14,15)$。

解 如果不利用无关项化简,由图 8-10(a)可知

$$F = A\overline{B}\,\overline{C} + \overline{A}BD + \overline{A}BC$$

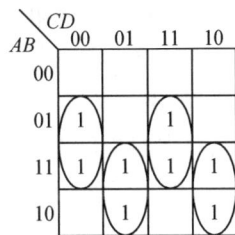

图 8-9 例 8-11

但是如果把无关项考虑进来,则由图 8-10(b)可知

$$F = A + BC + BD$$

可见,考虑无关项与不考虑无关项得到的最简结果大不一样,当然实现的电路也不一样。这说明经过恰当地选择无关最小项,可以得到较简单的逻辑函数表达式。

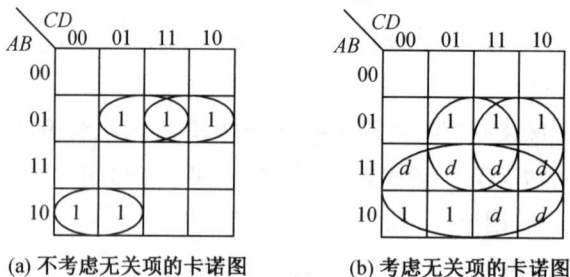

(a) 不考虑无关项的卡诺图   (b) 考虑无关项的卡诺图

图 8-10   例 8-12 图

任务 8.2   认识分立元件门电路与集成门电路

【任务目标】

(1) 掌握基本逻辑门电路及复合逻辑门电路功能。

(2) 了解集成门电路的结构、原理和使用注意事项。

(3) 能够对集成逻辑门电路的功能进行测试。

【任务内容】

8.2.1   基本逻辑门电路与复合逻辑门电路

门电路是一种具有一定逻辑关系的开关电路。它的输出信号只与输入信号的状态有关,若输入信号不变化,则输出信号不改变。如果把输入信号看作条件,把输出信号看作结果,那么当条件具备时,结果就会发生。也就是说在门电路输入信号与输出信号之间存在着一定的因果关系,这种因果关系称为逻辑关系。基本逻辑关系分别是与逻辑、或逻辑、非逻辑,与之对应的电路分别是与门、或门和非门电路,而且还可以用这 3 种电路组合成其他多种复合门电路。

门电路是数字电路的基本单元电路,目前广泛应用的是集成门电路,与之对应的是分立元件的门电路。

1. 基本门电路

(1) 与逻辑及与门

用半导体二极管组成的与门电路如图 8-11 所示,图 8-12 所示是它的逻辑符号。一个与门的输入端至少为两个,输出端只有一个。图中 A、B 是输入变量,F 是输出变量。从图 8-11 可以看出,如果忽略二极管的正向导通压降,输入 A、B 中只要有一个为 0 V 时,对应的二极管导通,输出 F 为低电平 0 V;只有输入 A、B 均为高电平 5 V 时,两个二极管均截止,输出 F 才为高电平 5 V。

由上述分析可见,图 8-11 所示电路满足这样的条件:只有所有输入端都是高电平时输出才是高电平,否则输出就是低电平,这就是与逻辑。如果把+5 V 的高电平看作逻辑 1,0 V 的低电平就是逻辑 0,这样就可以把输入 A、B 与输出 F 的各种情况列一个表,这个表就是真值表,如表 8-5 所示,由表 8-5 可写出下列逻辑表达式:

$$F = A \cdot B$$

$F = A \cdot B$ 表示 F 等于 A 与 B,"·"表示与运算。

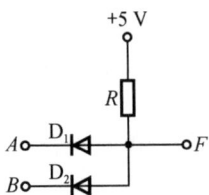

表 8-5　与门真值表

A	B	F
0	0	0
0	1	0
1	0	0
1	1	1

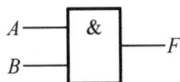

图 8-11　与门电路　　　图 8-12　与门逻辑符号

(2)或逻辑及或门

由二极管组成的或门电路如图 8-13 所示,图 8-14 所示是它的逻辑符号。一个或门的输入端也是至少为两个,其输出端只有一个。图中 A、B 为输入逻辑变量,F 是输出逻辑变量。

如果忽略二极管的正向导通压降,由图可见,输入 A、B 中只要有一个为高电平+5 V 时,对应的二极管导通,输出 F 为高电平+5 V;只有输入 A、B 均为低电平 0 V 时,两个二极管均截止,输出 F 才为低电平 0 V。如果把+5 V 的高电平看作逻辑 1,0 V 的低电平就是逻辑 0,也就是说,只要 A、B 中有一个为 1,则 F 为 1,只有两者同时为 0 时,F 才是 0。由此可列出它的真值表,如表 8-6 所示。由表 8-6 可得到它的表达式:

$$F = A + B$$

表 8-6　或门真值表

A	B	F
0	0	0
0	1	1
1	0	1
1	1	1

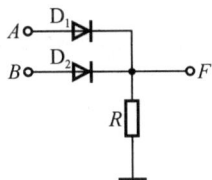

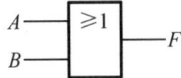

图 8-13　或门电路　　　图 8-14　或门逻辑符号

(3)非逻辑及非门

由双极型晶体三极管组成的非门电路如图 8-15 所示。一个非门的输入端只有一个,输出端也只有一个。设三极管工作在开关状态,如果忽略三极管的饱和压降,当输入 A 为低电平 0 V 时,三极管截止,F 输出是高电平+5 V;当输入 A 为高电平+5 V 时,三极管饱和导通,F 输出是低电平 0 V。这样就实现了非逻辑功能。图 8-16 所示是它的逻辑符号,表 8-7 是它的真值表,由表可得到它的表达式:

$$F = \overline{A}$$

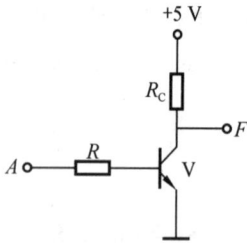

图 8-15   非门电路

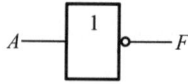

图 8-16   非门逻辑符号

表 8-7   非门真值表

A	F
0	1
1	0

2. 复合逻辑门电路

为提高二极管和晶体管的应用范围,将与门、或门、非门 3 种基本逻辑门电路组合起来,可以构成多种复合门电路。

(1)与非门

如图 8-17 所示的与非门,它由与门和非门连接起来,其逻辑表达式是

$$F = \overline{AB}$$

图 8-18 所示为与非门的逻辑符号,与非门的输入变量可以是多个。它的意义是:"有 0 出 1,全 1 出 0"。

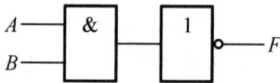

图 8-17   与非门的构成

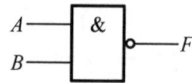

图 8-18   与非门逻辑符号

(2)或非门

如图 8-19 所示的或非门,它由或门和非门连接起来,其逻辑表达式是

$$F = \overline{A+B}$$

图 8-20 所示为或非门的是逻辑符号,或非门的输入变量也可以是多个。它的意义是:"有 1 出 0,全 0 出 1"。

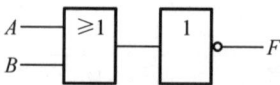

图 8-19   或非门的构成

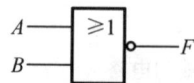

图 8-20   或非门逻辑符号

(3)异或门

异或门的输入变量是两个,它的逻辑表达式是

$$F = \overline{A}B + A\overline{B} = A \oplus B$$

异或门的真值表如表 8-8 所示,由表 8-8 中可以看出,异或门的意义是:"相异时出 1,相同时出 0"。异或门的逻辑符号如图 8-21 所示。

表 8-8　异或门真值表

A	B	F
0	0	0
0	1	1
1	0	1
1	1	0

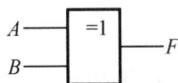

图 8-21　异或门逻辑符号

（4）同或门

同或门的输入变量是两个，它的逻辑表达式是

$$F=AB+\overline{A}\ \overline{B}=\overline{A\oplus B}=A\odot B$$

同或门的真值表如表 8-9 所示，由表 8-9 中可以看出，同或门的意义是："相同时出 1，相异时出 0"。同或门的逻辑符号如图 8-22 所示。

表 8-9　同或门真值表

A	B	F
0	0	1
0	1	0
1	0	0
1	1	1

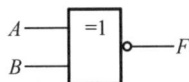

图 8-22　同或门逻辑符号

（5）与或非门

如图 8-23 所示的与或非门，它由两个与门、一个或门和一个非门连接起来，其逻辑表达式是

$$F=\overline{AB+CD}$$

与或非门的逻辑符号如图 8-24 所示。与或非门的逻辑功能：与门中只要有 1 个输出为 1，F 即为 0；两个与门输出均为 0 时，F 全为 1。

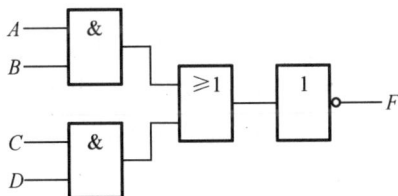

图 8-23　与或非门的构成

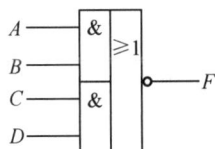

图 8-24　与或非门逻辑符号

3. TTL 与非门

前面介绍了基本逻辑门电路和由基本逻辑门电路组合成的复合逻辑门电路。如果把这些电路中的全部元件和连线都制造在一块芯片上，再把芯片封装在一个壳内，就构成了

一个集成门电路(Integrated Circuit,IC),一般简称为集成电路。集成电路是具有一定电路功能的微型机构单元,简称"芯片"。1974 年,世界第一台微处理器的问世,为人类通信、航天等工程以及计算机的普及奠定了坚实的基础。加州大学伯克利的研究团队对晶体管做出了一个革命性的创新,创造出"鳍式晶体管"。近几年伯克利的研究团队的创新发现,一个半导体晶体管密度可再增加 1 000 倍的技术蓝图,这也就意味着互联网将来的速度和普及度也还有千百倍的成长空间。

1957 年,二极管和三极管相继研发成功;1965 年二极管晶体管逻辑门电路(DTL)和晶体管–晶体管逻辑电路(TTL 电路)问世,标志着小规模 IC 在我国诞生。虽然我国在 1965 年才开始发展 IC 产业,但是发展速度较快。下面以 TTL 与非门为例,介绍 TTL 门电路的基本原理。

(1)电路结构

由图 8-25 可以看出,该电路可分成三个部分:V_1 和 R_1 构成了输入级;V_2 和 R_2、R_3 构成中间级,由集电极和发射极输出相位相反的电平;V_3、V_4、V_5 及 R_4、R_5 构成输出级。V_1 是多发射极的三极管,它的发射极可以看成三个二极管并联,集电结看成与前者背靠背的一个二极管,它完成了与的功能。V_3、V_4 可看成复合管,相当于 V_5 的有源负载。该复合管要导通,V_3 的基极必须高于 1.4 V。

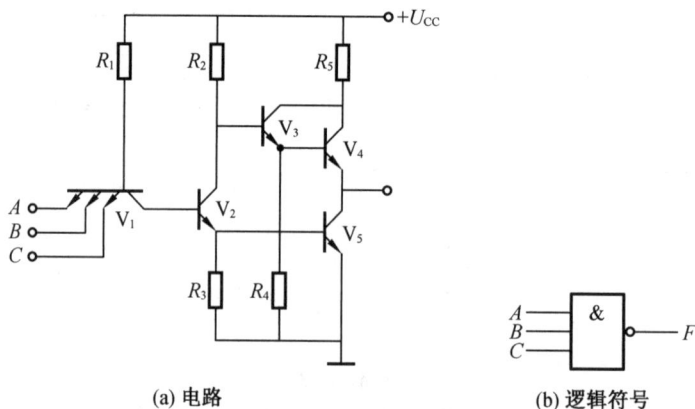

(a) 电路   (b) 逻辑符号

图 8-25   TTL 与非门电路及其逻辑符号

(2)电路原理

当输入端有一个或几个是低电平时,V_1 集电极输出(与门输出)为 0,由此 V_2 截止不导通,则 V_5 也截止。而 V_2 的集电极输出是高电平,使 V_3、V_4 导通,F 输出为高电平 1。当输入全为高电平时,与门输出为高电平,使 V_2、V_5 导通,而 V_2 的集电极此时输出为低电平,使 V_3、V_4 截止,则 F 输出为 0,从而实现了与非功能。表达式为

$$F = \overline{ABC}$$

常用的 TTL 与非门集成芯片有 74LS00 和 74LS20。74LS00 内含四个 2 输入与非门,如图 8-26 所示。集成芯片内部的各个逻辑门相互独立,可单独使用,但共用电源。两片或多片 74LS00 芯片组成一个数字系统时,每片电源的正极引线相互连接在一起,地线也全部连接起来。

74LS00 功能验证仿真实验

74LS20 的管脚排列如图 8-27 所示,它的内部有两个 4 与非门电路,3 脚和 11 脚是空脚,其内部结构此处不再画出。

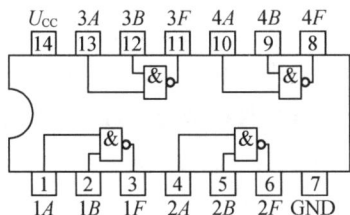

图 8-26　74LS00 引脚排列

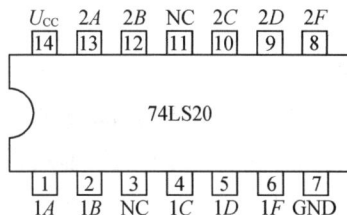

图 8-27　74LS20 引脚排列

4. 三态输出与非门

三态输出与非门又称三态门,它的输出状态除了高电平、低电平外,还有一个高阻态,一般把理想的高阻状态看成阻值∞。按材料分,它可分为 TTL 三态门和 CMOS 三态门。三态门的作用是使数据总线能分时使用,即缓冲作用。这里只简要介绍 TTL 三态门。

如图 8-28 所示的 TTL 三态门(高电平有效)电路,它是在 TTL 二输入与非门的基础上增加了一个二极管和输入端 EN,当 EN=1 时,二极管 D 截止,此时电路就是 TTL 与非门电路,输出的逻辑表达式为 $F=\overline{AB}$,此时,输出 F 有两种状态,即高电平和低电平。当 EN=0 时,二极管导通,使得 V_2 的集电极电压变低,V_3、V_4 无法导通而截止;对于 V_1 相当于有一个输入端为低电平,发射结导通,V_1 集电极输出的低电平使 V_2、V_5 也截止,因此输出 F 呈高阻状态,即输出 F 呈现开路状态。在数字系统中,当某一逻辑器件呈现高阻态时,等于把该器件从系统中除去,而不影响系统的结果。三态门的逻辑符号如图 8-28(b)和(c)所示。

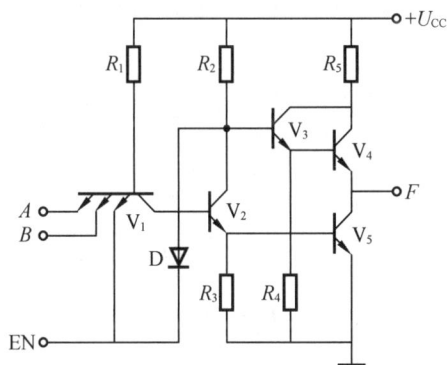

(a)TTL 三态与非门电路结构图相

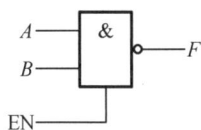

(b) 高电平有效的三态与非门逻辑符号

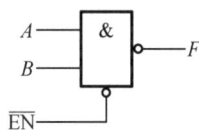

(c) 低电平有效的三态与非门逻辑符号

图 8-28　TTL 三态与非门

5. CMOS 与非门

将两个 N 沟道增强 MOS 管 V_{N1} 和 V_{N2} 串联作为工作管,两个 P 沟道 MOS 管 V_{P1} 和 V_{P2} 并联作为负载管,便组成了 2 输入端 CMOS 与非门,如图 8-29 所示。图中每个输入端连到一个 NMOS 管和一个 PMOS 管的栅极。输入端 A、B 中只要有一个为低电平,就会使与之相连的 NMOS 管截止,而与之相连的 PMOS 管导通,输出 F 为高电平;只有当 A、B 全为高电平时,才会使两个串联的 NMOS 管都导通,同时使两个并联的 PMOS 管都截止,输出 F 为低电平。因此,这一电路具有与非逻辑功能,即

$$F = \overline{AB}$$

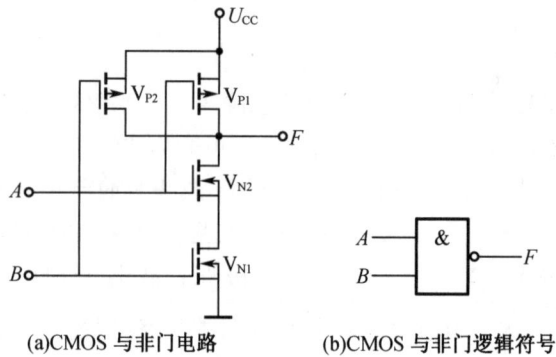

(a)CMOS 与非门电路　　　　(b)CMOS 与非门逻辑符号

图 8-29　CMOS 与非门

CC4011 是常用集成 CMOS 与非门芯片,它是四个 2 输入的与非门集成芯片,管脚排列如图 8-30 所示。当然还有三输入的集成与非门芯片 CC4023、四输入的集成芯片 CC4012 等,它们内部的各个逻辑门也相互独立,可单独使用,但共用电源。

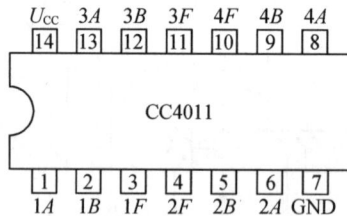

图 8-30　CC4011 引脚图

6. TTL74 系列、CMOS 系列集成门电路相关介绍

(1)常用 TTL74 系列、CMOS 系列集成门电路汇总

常用的几种 TTL74 系列、CMOS 系列集成门电路汇总见表 8-10。

表 8-10　常用的几种 TTL74 系列、CMOS 系列集成门电路汇总

名称	外引线排列及类别	逻辑关系式	功能表(真值表)
四 2 输入与门	1A□1　14□VCC 1B□2　13□4B 1Y□3　12□4A 2A□4 74LS08 11□4Y 2B□5　10□3B 2Y□6　9□3A GND□7　8□3Y	$Y=AB$	输入　输出 A　B　Y L　L　L L　H　L H　L　L H　H　H
四 2 输入或门	1A□1　14□VCC 1B□2　13□4B 1Y□3　12□4A 2A□4 74LS32 11□4Y 2B□5　10□3B 2Y□6　9□3A GND□7　8□3Y	$Y=A+B$	输入　输出 A　B　Y L　L　L L　H　H H　L　H H　H　H
六反相器	1A□1　14□VCC 1Y□2　13□6A 2A□3　12□6Y 2Y□4 74LS04 11□5A 3A□5　10□5Y 3Y□6　9□4A GND□7　8□4Y	$Y=\bar{A}$	输入　输出 A　Y L　H H　L
四 2 输入与非门	1A□1　14□VCC 1B□2　13□4B 1Y□3　12□4A 2A□4 74LS00 11□4Y 2B□5　10□3B 2Y□6　9□3A GND□7　8□3Y	$Y=\overline{AB}$	输入　输出 A　B　Y L　L　H L　H　H H　L　H H　H　L
二 4 输入与非门	1A□1　14□VCC 1B□2　13□2D NC□3　12□2C 1C□4 74LS20 11□NC 1D□5　10□2B 1Y□6　9□2A GND□7　8□2Y	$Y=\overline{ABCD}$	输入　　输出 A　B　C　D　Y H　H　H　H　L 有一个为L时　H

表 8-10(续 1)

名称	外引线排列及类别	逻辑关系式	功能表(真值表)
OC 门	1A 1 14 VCC 1B 2 13 2D NC 3 12 2C 1C 4 74LS22 11 NC 1D 5 10 2B 1Y 6 9 2A GND 7 8 2Y	$Y=\overline{ABCD}$	见下表
四 2 输入 或非门	1Y 1 14 VCC 1A 2 13 4Y 1B 3 12 4B 2Y 4 74LS02 11 4A 2A 5 10 3Y 2B 6 9 3B GND 7 8 3A	$Y=\overline{A+B}$	见下表
四路 与或非门	A 1 14 VCC B 2 13 J C 3 12 I D 4 74LS54 11 H E 5 10 G Y 6 9 F GND 7 8 NC	$Y=\overline{AB+CDE+FGH+IJ}$	见下表
四 异或门	1A 1 14 VCC 1B 2 13 4B 1Y 3 12 4A 2A 4 74LS86 11 4Y 2B 5 10 3B 2Y 6 9 3A GND 7 8 3Y	$Y=\overline{A}B+A\overline{B}$	见下表
四总线 缓冲器	1$\overline{C}$ 1 14 VCC 1A 2 13 4$\overline{C}$ 1Y 3 12 4A 2$\overline{C}$ 4 74HC125 11 4Y 2A 5 10 3$\overline{C}$ 2Y 6 9 3A GND 7 8 3Y	$\overline{C}=0$ 时,$Y=\overline{A}$; $\overline{C}=1$ 时,$Y=Z$(高阻)	见下表

OC 门 功能表:

输入				输出
A	B	C	D	Y
H	H	H	H	L
有一个为L时				H

四 2 输入或非门 功能表:

输入		输出
A	B	Y
L	L	H
L	H	L
H	L	L
H	H	L

四路与或非门 功能表:

输入										输出
A	B	C	D	E	F	G	H	I	J	Y
H	H	H	X	X	X	X	X	X	X	L
X	X	X	H	H	H	X	X	X	X	L
X	X	X	X	X	X	H	H	H	X	L
X	X	X	X	X	X	X	H	H	H	L
其他组合										H

四异或门 功能表:

输入		输出
A	B	Y
L	L	L
L	H	H
H	L	H
H	H	L

四总线缓冲器 功能表:

输入		输出
A	$\overline{C}$	Y
H	L	H
L	L	L
X	H	Z

表 8-10(续 2)

名称	外引线排列及类别	逻辑关系式	功能表(真值表)

四总线缓冲器

外引线排列：

```
1C   1        14  VCC
1A   2        13  4C
1Y   3        12  4A
2C   4 74HC126 11 4Y
2A   5        10  3C
2Y   6         9  3A
GND  7         8  3Y
```

逻辑关系式：$C=1$ 时,$Y=A$；$C=0$ 时,$Y=Z$(高阻)

功能表(真值表)：

输入		输出
A	C	Y
H	H	H
L	H	L
X	L	Z

四 2 输入与门

外引线排列：

```
1A   1        14  VDD
1B   2        13  4A
1Y   3        12  4B
2Y   4 CD4081 11  4Y
2A   5        10  3Y
2B   6         9  3A
VSS  7         8  3B
```

逻辑关系式：$Y=AB$

功能表(真值表)：

输入		输出
A	B	Y(J)
L	L	L
L	H	L
H	L	L
H	H	H

四 2 输入或门

外引线排列：

```
1A   1        14  VDD
1B   2        13  4A
1Y   3        12  4B
2Y   4 CD4071 11  4Y
2A   5        10  3Y
2B   6         9  3B
VSS  7         8  3A
```

逻辑关系式：$Y=A+B$

功能表(真值表)：

输入		输出
A	B	Y
L	L	L
L	H	H
H	L	H
H	H	H

六反相器

外引线排列：

```
1A   1        14  VDD
1Y   2        13  4A
2A   3        12  4Y
2Y   4 CD4069 11  5A
3A   5        10  5Y
3Y   6         9  6A
VSS  7         8  6Y
```

逻辑关系式：$Y=\overline{A}$

功能表(真值表)：

输入	输出
A	Y
L	H
H	L

四 2 输入与非门

外引线排列：

```
1A   1        14  VDD
1B   2        13  4A
1Y   3        12  4B
2Y   4 CD4011 11  4Y
2A   5        10  3Y
2B   6         9  3A
VSS  7         8  3B
```

逻辑关系式：$Y=\overline{AB}$

功能表(真值表)：

输入		输出
A	B	Y
L	L	H
L	H	H
H	L	H
H	H	L

表 8-10(续 3)

名称	外引线排列及类别	逻辑关系式	功能表(真值表)
四 2 输入 或非门	1A□1　　14□VDD 1B□2　　13□4A 1Y□3　　12□4B 2Y□4 CD40011 11□4Y 2A□5　　10□3Y 2B□6　　9□3A VSS□7　　8□3B	$Y = \overline{A+B}$	输入 A B / 输出 Y L L → H L H → L H L → L H H → L
四异或门	1A□1　　14□VDD 1B□2　　13□4A 1Y□3　　12□4B 2Y□4 CD403011 11□4Y 2A□5　　10□3Y 2B□6　　9□3A VSS□7　　8□3B	$Y = \overline{A}B + A\overline{B}$	输入 A B / 输出 Y L L → L L H → H H L → H H H → L

(2)集成电路命名方法

①TTL 数字集成电路命名法。TTL 系列集成电路的型号由五部分组成,五部分的符号及意义见表 8-11。

表 8-11　TTL 数字集成电路命名法

第 1 部分		第 2 部分		第 3 部分		第 4 部分		第 5 部分	
型号前缀		工作温度范围		器件系列		器件品种		封装形式	
符号		符号		符号		符号		符号	
CT	中国制造 的 TTL 类	54	−55~+125 ℃		标准			W	陶瓷扁平
				H	高速			B	塑封扁平
				S	肖特基			F	全密封扁平
SN	美国 TEXAS 公司	74	0~+70 ℃	LS	低功耗肖特基	阿拉伯 数字	器件 功能	D	陶瓷双列直插
				AS	先进肖特基			P	塑料双列直插
				ALS	先进低功耗 肖特基			J	黑陶瓷 双列直插
⋮	⋮	⋮	⋮	⋮	⋮			⋮	⋮

示例：

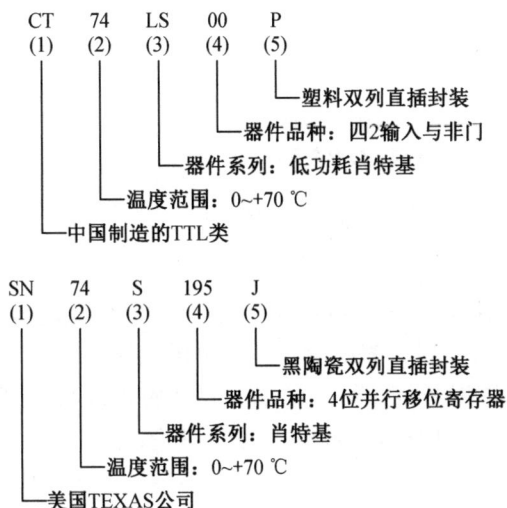

②CMOS 数字集成电路命名法。CMOS 数字集成电路的型号由四部分组成,四部分的符号及意义见表 8-12。

表 8-12　CMOS 数字集成电路命名法

第 1 部分		第 2 部分		第 3 部分		第 4 部分	
器件前缀(生产商)		器件系列		器件品种		工作温度范围	
符号		符号		符号		符号	
CC	中国制造的 CMOS 类型	40	系列符号	阿拉伯数字	器件功能	C	0~70 ℃
CD	美国无线电公司产品	45				E	−40~85 ℃
TC	日本东芝公司产品	145				R	−55~85 ℃
⋮	⋮	⋮				M	−55~125 ℃
						⋮	⋮

示例：

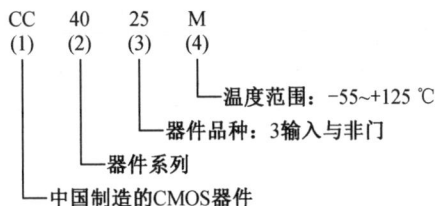

```
CD      40     13     M
(1)     (2)    (3)    (4)
                        └── 温度范围：-55~+125 ℃
                   └── 器件品种：双D触发器
            └── 器件系列
   └── 美国无线电公司产品
```

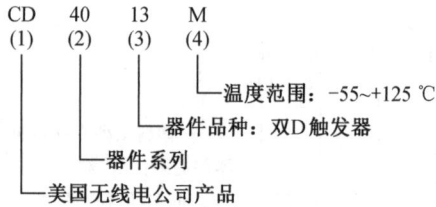

7. TTL 门电路和 CMOS 门电路的使用注意事项

（1）正负逻辑规定

逻辑电路中输入和输出都可用真值表或电平来表示,若用 H 和 L 分别表示逻辑电平的高和低,则称为正逻辑体系。相反的规定则称为负逻辑体系。对于同一逻辑电路,用正逻辑和负逻辑得到的表达式和逻辑功能大不一样。如无特别说明,一般采用正逻辑。

（2）TTL 门电路和 CMOS 门电路多余输入端的处理措施

①TTL 与门和与非门的输入端在实际使用时,多余端一般不应悬空,以防止引入干扰,造成逻辑错误。一般有下列几种处理方法：

a. 将多余端经过 100 Ω~3 kΩ 的电阻接至电源正极；

b. 接高电平 3.6 V；

c. 将多余输入端与其他信号并接使用。

TTL 或门和或非门的多余输入端应接低电平或接地。

TTL 与或非门一般有多个与门,使用时如果有多余的与门不用,该与门输入端接地或接低电平。如果是多输入的某个与门个别输入端不用,该多余输入端的处理办法同与门。

②CMOS 门电路在实际使用时,多余输入端可根据需要使之接地（或非门）或直接接高电平（与非门）,而不能悬空。

（3）TTL 门电路和 CMOS 门电路输出端的处理措施

同系列的集成电路相连接而形成的驱动与负载一般是没有问题的,而不同系列的集成电路形成的驱动与负载一般需要注意连接问题。

①当用 CMOS 门电路驱动 TTL 门电路时,很多情况下,不能直接把 TTL 作为负载,需要 CMOS 接口电路,如采用 CC4009 六反相缓冲器或 CC4010 六同相缓冲器,如图 8-31（a）所示；当然也可以用三极管驱动电路来实现,如图 8-31（b）所示。

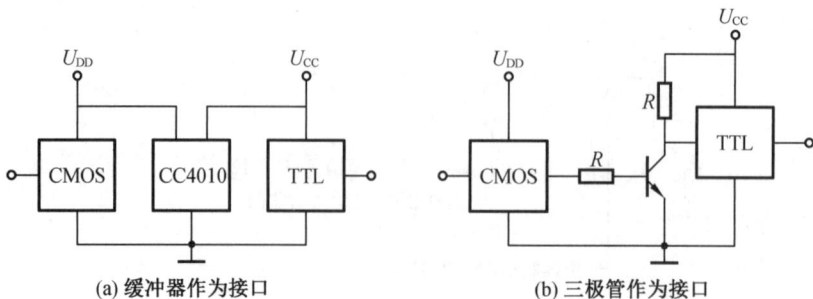

(a) 缓冲器作为接口   (b) 三极管作为接口

图 8-31   CMOS 门电路驱动 TTL 门电路

②当用 TTL 门电路驱动 CMOS 门电路时,由于 TTL 输出电压低,往往不能满足 CMOS 输入电压的需要,因此需要在 TTL 与 CMOS 之间增加接口电路,以满足二者连接的需要。如增加一个与电源相连的电阻以提高 TTL 的输出电压。如图 8-32 所示,若 CMOS 门电路的电源电压高于 TTL 门电路的电源电压,中间要用电平转移电路。

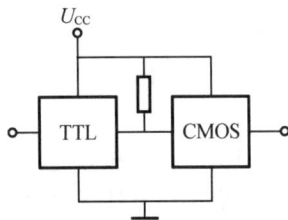

图 8-32　TTL 门电路驱动 CMOS 门电路

(4)CMOS 集成电路的保存与焊接

①防静电。在运输、存放的过程中,应放入铝箔纸中或金属盒中,以防空气中的感应电势冲击损坏栅极。

②焊接。焊接时不能用 25 W 以上的电烙铁,一般用接地良好的烙铁的余热来焊接。

【任务实施】

测试集成逻辑门电路的功能

1.目的

(1)熟悉数字逻辑实验台的结构、基本功能和使用方法。

(2)掌握常用与门、或门、非门、与非门、或非门的逻辑功能及其测试方法。

2.设备及器件

(1)数字逻辑实验台。

(2)元器件:四路 2 输入与门 74LS08;四路 2 输入或门 74LS32;六路反相器 74LS04;四路 2 输入与非门 74LS00;二路 4 输入与非门 74LS20;四路 2 输入或非门 74LS02 芯片各一块;导线若干。

3.原理和电路

(1)集成电路芯片简介

数字电路实验中所用到的集成芯片都是双列直插式的,其引脚排列规则如图 74LS00 所示。识别方法是,正对集成电路型号(如 74LS00)或看标记(左边的缺口或小圆点标记),从左下角开始按逆时针方向以 1、2、3……依次排列到最后一脚(左上角)。在标准型 TTL 集成电路中,电源端 V_{CC} 一般排在左上端。接地端 GND 一般排在右下端。如 74LS00 为 14 脚芯片,14 脚为 V_{CC},7 脚为 GND。在门电路芯片中,输入端一般用 A、B、C、D……表示,输出端用 Y 表示。如一块集成芯片有几个门电路时,在其输入、输出端的功能标号前(或后)标上相应的序号。如 74LS00 为四个 2 输入与非门电路,1A、1B 为第一个与非门的输入端,1Y 为该门的输出端,2A、2B 为第二个与非门的输入端,2Y 为其输出端,依此类推。若集成芯片引脚的功能标号为 NC,则表示该引脚为空脚,与内部电路不连接。

(2)TTL 逻辑功能的测试

①以四路 2 输入与非门 74LS00 为例进行说明。74LS00 引脚排列如表 8-10 所示,注意识别 1 脚位置,电源电压为 5 V。

②测试 TTL 与非门的逻辑功能。

选择 74LS00 的一个与非门,然后在实训装置上按图 8-33 接线。将与非门的输入端 A、

B 分别接到两个逻辑开关上,输出端 Y 接发光二极管 LED,LED 亮表示输出 $Y=1$,LED 熄灭表示输出 $Y=0$。根据表 8-13 给定输入端 A、B 的高、低电平信号,观察发光二极管 LED 显示的结果,并将输出 Y 的结果填入测试表 8-13 中。

　　TTL 集成逻辑门电路 74LS08、74LS32、74LS04、74LS20、74LS02 芯片外引线排列、类别及逻辑关系式和真值表见表 8-10 所示。其功能请同学仿照 74LS00 自行验证。

　　4. 注意事项

　　集成门电路在使用过程中,一定要注意管脚的顺序及电源线和接地线的连接。

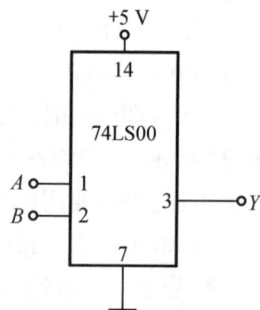

图 8-33　逻辑功能测试接线原理图

表 8-13　74LS00 逻辑功能测试表

1A	1B	1Y	2A	2B	2Y	3A	3B	3Y	4A	4B	4Y
0	0		0	0		0	0		0	0	
0	1		0	1		0	1		0	1	
1	0		1	0		1	0		1	0	
1	1		1	1		1	1		1	1	

　　5. 思考

　　(1)整理实验数据,写出与非门的输出逻辑表达式,根据所测与非门的真值表说明它的逻辑功能。

　　(2)分析讨论实验中发生的现象和问题。

任务 8.3　表决器电路的设计与实现

【任务目标】

　　(1)掌握组合逻辑电路的分析方法。

　　(2)会根据功能要求设计组合逻辑电路。

　　(3)能够设计表决器电路并实现。

【任务内容】

8.3.1　组合逻辑电路的分析与设计

1.组合逻辑电路的概述

按电路结构和工作原理的不同,数字电路通常分为组合逻辑电路和时序逻辑电路两大类。

电路的输出状态只取决于同一时刻各输入状态的组合,而与电路以前的状态无关的逻辑电路,称为组合逻辑电路。图 8-34 所示是组合逻辑电路的一般结构框图。

图中 $X_0,X_1,\cdots,X_{n-1}$,为输入逻辑变量,$Y_0,Y_1,\cdots,Y_{m-1}$ 为输出逻辑变量。组合逻辑电路在电路结构中一般由各种门电路组合而成,电路中不包含存储信号的记忆单元,也不存在从输出到输入的反馈通路。

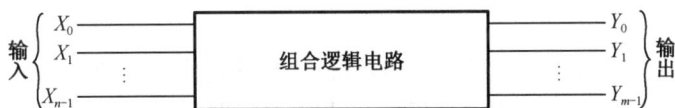

三人表决器
仿真实验

图 8-34　组合逻辑电路框图

组合逻辑电路研究的问题有分析电路和设计电路两大类,分析电路和设计电路的基础是逻辑代数和门电路的知识。

2.组合逻辑电路的分析

组合逻辑电路的分析就是根据给定的逻辑电路图,经过分析,确定电路的逻辑功能。组合逻辑电路的分析可分为以下几步:

(1)根据给定的逻辑电路图,从输入到输出写出每一级输出端对应的逻辑表达式;消除中间变量,直至写出各个最终输出端与输入变量的逻辑表达式。

(2)对写出的逻辑表达式进行化简或变换。

(3)由简化的逻辑表达式列出真值表。

(4)根据真值表或逻辑表达式说明电路的逻辑功能。

例 8-13　已知逻辑电路如图 8-35 所示,分析电路的逻辑功能。

解　(1)由逻辑电路图写出各级的输出表达式,消去中间变量,写出总的逻辑表达式。

$$Y_1=\overline{AB},\quad Y_2=\overline{BC},\quad Y_3=\overline{CA}$$

$$Y=\overline{Y_1Y_2Y_3}=\overline{\overline{AB}\,\overline{BC}\,\overline{CA}}$$

(2)将逻辑表达式进行化简及变换,即

$$Y=\overline{Y_1Y_2Y_3}=\overline{\overline{AB}\,\overline{BC}\,\overline{CA}}=AB+BC+CA$$

(3)列出逻辑函数的真值表,如表 8-14 所示。

表 8-14　例 8-13 真值表

A	B	C	Y
0	0	0	0
0	0	1	0
0	1	0	0
0	1	1	1
1	0	0	0
1	0	1	1
1	1	0	1
1	1	1	1

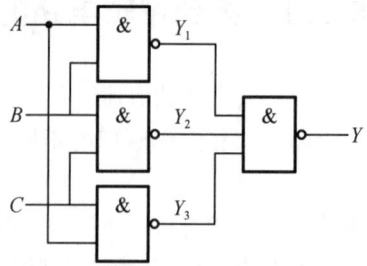

图 8-35　例 8-13 图

（4）分析电路逻辑功能。由表 8-14 可知,当 3 个输入变量 A、B、C 中有 2 个或 3 个为 1 时,输出 Y 为 1,否则输出 Y 为 0。所以这个电路实际上是一种 3 人表决用的组合电路:只要多数同意,表决就通过。

3.组合逻辑电路的设计

所谓设计就是根据给定的功能要求,设计出实现该功能的最简单的组合逻辑电路。组合逻辑电路的设计是组合逻辑电路分析的逆过程。所谓"最简",就是指电路所用的器件数最少,器件种类最少,器件间的连线也最少。

设计组合逻辑电路应该遵循的基本步骤如下:

（1）将实际逻辑问题转换成逻辑函数表达式

具体方法为:

①分析事件的因果关系,确定输入变量和输出变量,并对输入、输出变量进行逻辑赋值。通常把引起事件的原因作为输入变量,而把事件的结果作为输出变量,并用逻辑 0、逻辑 1 分别代表输入变量和输出变量的两种不同状态。这里的逻辑 0、逻辑 1 的具体含义是人为选定的。

②根据给定实际逻辑问题中的因果关系列出真值表。

③由真值表写出输出、输入间的逻辑函数表达式。

至此,便将一个实际的逻辑问题写成了逻辑函数表达式。

（2）化简或变换逻辑函数表达式

将逻辑函数表达式化为最简的逻辑函数表达式。若对所用器件的种类有所限制,还需把最简逻辑函数表达式变换成与器件种类相适应的形式。

（3）画逻辑电路图

根据化简或变换后的逻辑函数表达式画出逻辑电路图。

（4）选择器件种类

根据对电路的具体要求和器件资源情况决定采用哪一种类型的器件。

【任务实施】

表决器电路的设计与实现

1. 目的

(1)掌握组合逻辑电路的设计方法并对三变量表决电路进行设计。

(2)学会根据所设计电路选用哪种芯片来实现该电路功能并进行连线。

(3)掌握对逻辑电路进行功能测试的方法。

2. 设备及器件

(1)数字逻辑实验台。

(2)元器件:四路 2 输入与非门 74LS00 芯片一块。

(3)导线若干。

3. 内容及步骤

(1)组合逻辑电路设计要求

用与非门设计一个才艺选拔比赛的裁判表决电路。设才艺比赛有 3 个裁判,一个主裁判和两个副裁判。才艺通过的裁决由每一个裁判按一下自己面前的按钮来确定。只有当两个或两个以上裁判判明成功,并且其中有一个为主裁判时,表明通过的灯才亮。

(2)列出真值表

设主裁判为变量 A,副裁判分别为变量 B 和变量 C,判通过用 1 表示,判不通过用 0 表示;表示成功与否的灯为 Y,$Y=1$ 表示通过,$Y=0$ 表示不通过。根据逻辑要求列出真值表,如表 8-15 所示。

表 8-15　表决电路真值表

A	B	C	Y		A	B	C	Y
0	0	0	0		1	0	0	0
0	0	1	0		1	0	1	1
0	1	0	0		1	1	0	1
0	1	1	0		1	1	1	1

(3)列出逻辑函数表达式

根据真值表,写出输出逻辑函数表达式,并根据设计要求将表达式变换为与非–与非形式。

$$Y = A\overline{B}C + AB\overline{C} + ABC$$

$$= ABC + AB\overline{C} + ABC + A\overline{B}C$$

$$= AB + AC$$

$$= \overline{\overline{AB} \cdot \overline{AC}}$$

(4)画出逻辑电路图

根据逻辑表达式,画出逻辑电路图,如图 8-36 所示。

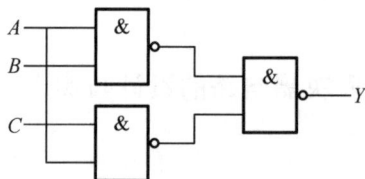

图 8-36　表决电路逻辑电路图

（5）利用四路 2 输入与非门 74LS00 芯片实现该电路，图略。

4．注意事项

集成门电路在使用过程中，一定要注意管脚的顺序及电源线和接地线的连接。

【项目小结】

1．在时间上和幅值上都是连续变化的信号，称为模拟信号，在时间上和幅值上都是断续变化的离散信号，称为数字信号。

2．十进制是以 10 为基数的计数体制。在十进制中，每一位有 0、1、2、3、4、5、6、7、8、9 十个数码，它的进位规律是逢十进一；二进制是以 2 为基数的计数体制。在二进制中，每位只有 0 和 1 两个数码，它的进位规律是逢二进一；八进制是以 8 为基数的计数体制。在八进制中，每位有 0、1、2、3、4、5、6、7 八个不同的数码，它的进位规律是逢八进一；十六进制是以 16 为基数的计数体制。在十六进制中，每位有 0、1、2、3、4、5、6、7、8、9、A（10）、B（11）、C（12）、D（13）、E（14）、F（15）十六个不同的数码，它的进位规律是逢十六进一。

3．二进制、八进制、十六进制转换成十进制时，只要将它们按权展开，求出各加权系数的和，便得到相应进制数对应的十进制数。

4．十进制数分为整数部分和小数部分，因此，需将整数部分和小数部分分别进行转换，再将转换结果排列在一起，就得到该十进制数转换为其他进制数的完整结果。

整数部分转换：将十进制数的整数部分转换为二进制数采用"除 2 取余法"，它是将整数部分逐次被 2 除，依次记下余数，直到商为 0。第一个余数为二进制数的最低位，最后一个余数为最高位。

小数部分转换：将十进制数的小数部分转换为二进制数采用"乘 2 取整法"，它是将小数部分连续乘 2，取乘数的整数部分作为二进制的小数。

5．十进制数转换为八进制或十六进制数的方法和十进制数转换为二进制数的方法相同，整数部分的转换采用"除 8 取余法"或"除 16 取余法"，小数部分的转换采用"乘 8 取整法"或"乘 16 取整法"。

6．二进制数转换为八进制数的方法是：整数部分从低位开始，每 3 位二进制数为一组，最后不足 3 位的，则在高位加 0 补足 3 位为止；小数部分从高位开始，每 3 位二进制数为一组，最后不足 3 位的，在低位加 0 补足 4 位，然后用对应的八进制数来代替，再按顺序写出对应的八进制数。

7．二进制数转换为十六进制数的方法是：整数部分从低位开始，每 4 位二进制数为一组,最后不足4位的,在高位加0补足4位为止;小数部分从高位开始,每4位二进制数为一组,最后不足4位的,在低位加0补足4位,然后用对应的十六进制数来代替,再按顺序写出对应的十六进制数。

8. 将十进制数的0~9十个数字用二进制数表示的代码,称为二-十进制码,又称BCD码。字符的编码经常采用的是美国标准信息交换代码(ASCⅡ),ASCⅡ码常用于计算机与外部设备的数据传输。如通过键盘的字符输入,通过打印机或显示器的字符输出。

9. 逻辑变量只能取值0和1,包括与、或、非三种基本运算。

10. 逻辑代数有3种基本规则,即代入规则、反演规则和对偶规则;任何一个含有某变量 A 的等式,如果将所有出现 A 的位置都代之以一个逻辑函数 F,则等式仍然成立。这个准则称为代入规则;设 F 是一个函数表达式,如果将所有的"·"变成"+"、"+"变成"·",0变成1、1变成0,原变量变成反变量、反变量变成原变量,那么得到的逻辑函数表达式就是逻辑函数 F 的反函数 $\overline{F}$;设 F 是一个逻辑函数表达式,如果将 F 中所有的与运算符变成或运算符、或运算符变成与运算符,0变成1、1变成0,而逻辑变量保持不变,则所得新的逻辑表达式称为函数 F 的对偶式 F'。

11. 在逻辑函数中,与或表达式 $F=AB+CD$ 和或与表达式 $F=(A+B)(C+D)$ 是最常见的两种表达式。

12. 公式法化简是反复运用逻辑代数的基本定律和常用公式,消去逻辑函数式中多余的与项和每个与项中多余的变量,以求得逻辑函数表达式的最简形式。

13. 基本逻辑关系分别是与逻辑、或逻辑、非逻辑,与之对应的电路分别是与门、或门和非门电路,而且还可以用这3种电路组合成其他多种复合门电路。

14. 熟悉TTL集成逻辑门电路74LS08、74LS32、74LS04、74LS20、74LS02芯片外引线排列、类别及逻辑关系式和真值表。

15. 按电路结构和工作原理的不同,数字电路通常分为组合逻辑电路和时序逻辑电路两大类。电路的输出状态只取决于同一时刻各输入状态的组合,而与电路以前的状态无关的逻辑电路,称为组合逻辑电路。

16. 组合逻辑电路的分析就是根据给定的逻辑电路图,经过分析,确定电路的逻辑功能。组合逻辑电路的分析可分为以下几步:

(1)根据给定的逻辑电路图,从输入到输出写出每一级输出端对应的逻辑表达式;消除中间变量,直至写出各个最终输出端与输入变量的逻辑表达式。

(2)对写出的逻辑表达式进行化简或变换。

(3)由简化的逻辑表达式列出真值表。

(4)根据真值表或逻辑表达式说明电路的逻辑功能。

17. 设计组合逻辑电路应该遵循的基本步骤如下:

(1)将实际逻辑问题转换成逻辑函数表达式

(2)化简或变换逻辑函数表达式。

(3)根据化简或变换后的逻辑函数表达式画出逻辑电路图。

(4)选择器件种类。

❖【项目训练】

一、填空题

1. 二进制数是以_____为基数的计数体制,十进制数是以_____为基数的计数体制,十六进制数是以_____为基数的计数体制。

2. 二进制数只有_____和_____两个数码,其计数的基数是 2,加法运算进位关系为_____。

3. 十进制数 23.76 转换为二进制数为_____,8421BCD 码 00100011.01110110 转换为余 3 BCD 码为_____。

4. 基本逻辑关系有三种,它们是_____。

二、判断题

1. 二进制数是以 2 为基数的计数体制　　　　　　　　　　　　　　　　（　　）

2. 二进制数的权值是 10 的幂。　　　　　　　　　　　　　　　　　　　（　　）

3. 十进制数整数转换为二进制数的方法是采用"除 2 取余法"　　　　　（　　）

4. BCD 码是用 4 位二进制数表示 1 位十进制数。　　　　　　　　　　　（　　）

5. 二进制数转换为十进制数的方法是各位加权系数之和。　　　　　　　（　　）

6. 模拟电路又称逻辑电路。　　　　　　　　　　　　　　　　　　　　　（　　）

7. 余 3BCD 码是用 3 位二进制数表示 1 位十进制数。　　　　　　　　　（　　）

8. 二进制数整数最低位的权值为 2。　　　　　　　　　　　　　　　　　（　　）

9. 逻辑函数的标准与或式又称最小项表达式,它是唯一的。　　　　　　（　　）

10. 列逻辑函数真值表时,若变量在表中的位置变化,就可以列出不同的真值表。（　　）

11. 无论变量如何取值,几个最小项之和都是零,则这几个最小项必须是无关项。（　　）

12. 卡诺图化简逻辑函数的本质就是合并相邻最小项。　　　　　　　　　（　　）

三、计算分析题

1. 不同进制之间的转换。

(1) 将下面给出的二进制、八进制和十六进制转换为等值的十进制数。

① $(1101.011)_2$　　② $(36.27)_8$　　③ $(4A.BD)_{16}$

(2) 按要求转换下列进制。

① $(273.69)_{10} = (\qquad)_2$

② $(10111001011.0110111)_2 = (\qquad)_8$

③ $(10111001011.0110111)_2 = (\qquad)_{16}$

2. 用逻辑代数基本定律或定理证明下列公式。

(1) $A+BC = (A+B)(A+C)$

(2) $\overline{AB+\bar{A}C} = A\bar{B}+\bar{A}\,\bar{C}$

(3) $(A+B)(\bar{A}+C) = (A+\bar{B})(\bar{A}+\bar{C})$

3. 用代数法化简下列各式为最简式。

(1) $F = \overline{ABC}+A+\bar{B}+\bar{C}$

(2) $F = A\,\bar{B}+(A\bar{B}+\bar{A}B+AB)C$

4. 利用卡诺图化简下列各函数式为最简"与或"式。

（1）$F(A,B,C) = \sum m(1,5,6,7)$

（2）$F(A,B,C,D) = \sum m(0,2,5,7,8,10,13,15)$

5. 根据图 8-37 所示的逻辑图，写出逻辑函数表达式。

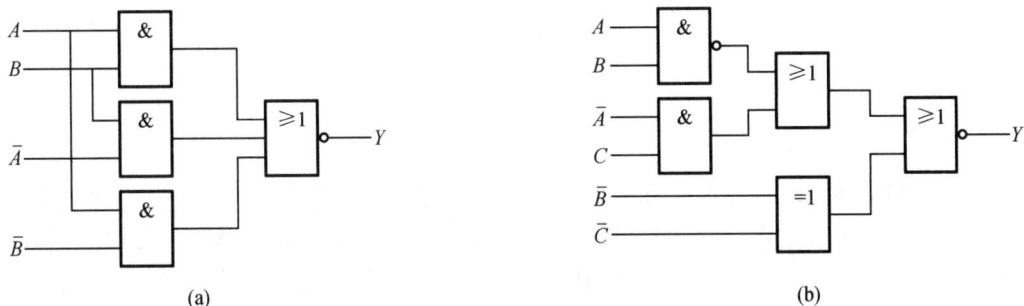

图 8-37　题 5 图

6. 分析图 8-38 电路逻辑功能，写出 Y_1、Y_2 的逻辑函数式，列出真值表，指出电路完成什么逻辑功能。

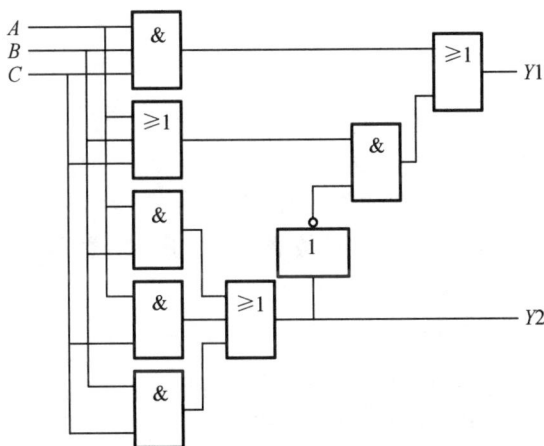

图 8-38　题 6 图

7. 有一水箱由大、小两台泵 M_L 和 M_S 供水，如图 8-39 所示。水箱中设置了 3 个水位检测元件 A、B、C。水面低于检测元件时，检测元件给出高电平；水面高于检测元件时，检测元件给出低电平。现要求当水位超过 C 点时水泵停止工作；水位低于 C 点而高于 B 点时 M_S 单独工作；水位低于 B 点而高于 A 点时 M_L 单独工作；水位低于 A 点时 M_L 和 M_S 同时工作。试用门电路设计一个控制两台水泵的逻辑电路，要求电路尽量简单。

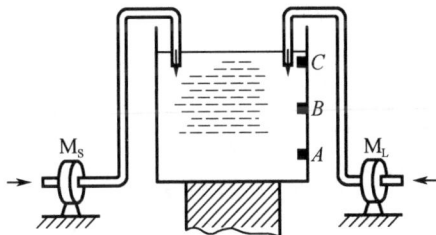

图 8-39　题 7 图

项目9 计数器电路的设计与实现

【项目概述】

时序逻辑电路与组合逻辑电路并驾齐驱，是数字电路两大重要分支之一。在上一个项目中我们学习了组合逻辑电路，本项目即将学习的时序逻辑电路的显著特点是：电路任何一个时刻的输出状态不仅取决于当时的输入信号，还与电路原来的状态有关。因此，时序逻辑电路必须含有具有记忆功能的存储器件。门电路是组合逻辑电路的基本单元，时序逻辑电路的基本单元则是我们本项目要重点介绍的触发器。触发器具有记忆功能，可用来保存二进制信息。由于触发器是时序逻辑电路的基本单元，因此它在时序逻辑电路中必不可少，有些类型的时序逻辑电路除了触发器，还含有一些组合逻辑门。本项目介绍的计数器是时序逻辑电路的具体应用。

【项目目标】

知识目标：
(1)掌握 RS、JK、D 触发器基本原理。
(2)掌握分立元器件计数器电路的分析和设计方法。
(3)掌握集成同步计数器、集成异步计数器实现 N 进制计数器的方法。
技能目标：
(1)会测试 JK、D 触发器的功能。
(2)会用集成同步计数器实现 N 进制计数器。
(3)会用集成异步计数器实现 N 进制计数器。

任务 9.1 触发器的认识与功能测试

【任务目标】

(1)认识 RS、JK、D 触发器。
(2)掌握基本 RS、JK、D 触发器的逻辑功能。
(3)掌握集成触发器的逻辑功能及使用方法。

【任务内容】

9.1.1　常见触发器的结构与逻辑功能

中国存储系统先行者

信息产业的三大基础技术是存、算、网。在网络方面,中国曾经经历过交换机七国八制的时代,最终力挽狂澜完成了产业自主化。如今无论是光纤还是5G网络,都已经成为中国骄傲。在存储系统领域,从一张白纸到世界领先,中国花了不到半个世纪,这一近乎奇迹的"逆袭",郑纬民院士功不可没,他在国内率先开展网格存储系统关键技术研究,并一再打破国际存储公司的技术垄断。"计算、互联、存储三大部件组成一个大信息系统,存储已成为关系到国计民生和国家战略安全的关键信息基础设施之一。"郑纬民说。怎样才能迅速、完整且长久地保留数据?怎样才能在即使部分硬盘被损坏的情况下确保数据安全完整?郑纬民带领整个团队,逐一攻破存储系统的可扩展性、可靠性等一道道难关。

在数字电路中,往往还需要一种具有记忆功能的电路,这种电路在任何时刻的输出,不仅与该时刻的输入信号有关,而且还与电路原来的状态有关,这样的电路称为时序逻辑电路。典型的时序逻辑电路有寄存器、计数器等。

从时序逻辑电路的特点可知,时序逻辑电路应该而且必须能够将电路的状态存储起来,所以时序逻辑电路一般由组合逻辑电路和存储电路两部分组成,如图9-1所示。

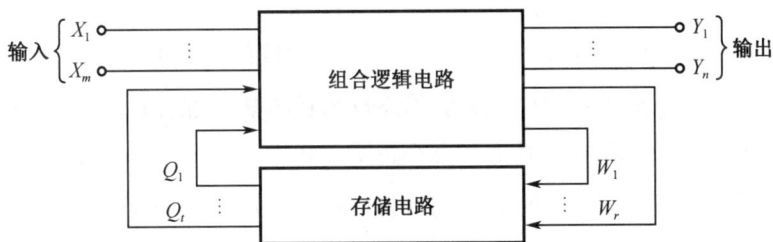

图9-1　时序逻辑电路的结构图

存储电路通常以触发器为基本单元电路构成。存储电路保存电路现有的状态,作为下一个状态变化的条件,而存储的现有状态又通过反馈通路反馈到时序逻辑电路的输入端,与外部输入信号共同决定时序逻辑电路的状态变化。所以时序逻辑电路中至少要有一条反馈路径。

触发器是具有记忆功能的基本单元电路,是构成时序逻辑电路必不可少的重要组成部分,它能存储1位二进制代码。触发器按工作状态可分为双稳态触发器、单稳态触发器和无稳态触发器。双稳态触发器按结构可分为基本触发器、同步触发器、主从触发器和边沿触发器。按逻辑功能可分为RS触发器、JK触发器、D触发器等。

1. RS 触发器

(1)基本 RS 触发器

①电路结构及逻辑符号。

图 9-2(a)所示是用两个与非门交叉连接起来构成的基本 RS 触发器。图中 $\bar{R}$、$\bar{S}$ 是信号输入端,低电平有效。Q、$\bar{Q}$ 既表示触发器的状态,又是两个互补的信号输出端。通常将 Q 端的状态定义为触发器的状态,即 $Q=0$、$\bar{Q}=1$ 的状态称为 0 状态,$Q=1$、$\bar{Q}=0$ 的状态称为 1 状态。图 9-2(b)所示是基本 RS 触发器的逻辑符号,方框下面输入端处的小圆圈表示低电平有效。方框上面的两个输出端,无小圆圈的为 Q 端,有小圆圈的为 $\bar{Q}$ 端。在正常工作情况下,Q 和 $\bar{Q}$ 的状态是互补的,即一个为高电平时另一个为低电平,反之亦然。基本 RS 触发器也可以用两个或非门交叉连接起来构成。

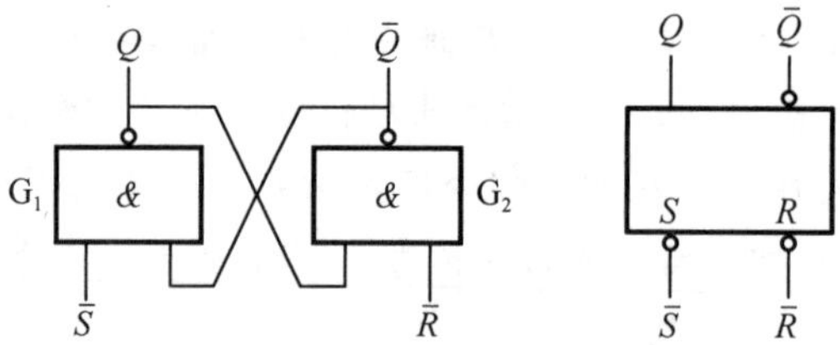

(a) 电路结构　　　　　(b) 逻辑符号

图 9-2　基本 RS 触发器的电路结构及逻辑符号

②逻辑功能分析。

根据图 9-2(a)可写出基本 RS 触发器输出端的表达式为

$$Q=\overline{\bar{S}\cdot\bar{Q}} \qquad \bar{Q}=\overline{\bar{R}\cdot Q}$$

下面分四种情况分析基本 RS 触发器输出与输入之间的逻辑关系:

a. $\bar{R}=0$、$\bar{S}=1$,触发器置 0。由于 $\bar{R}=0$,不论 Q 为 0 还是 1,都有 $\bar{Q}=1$;再由 $\bar{S}=1$、$\bar{Q}=1$ 可得 $Q=0$。即不论触发器原来处于什么状态都将变成 0 状态,这种情况称将触发器置 0 或复位。由于是在 $\bar{R}$ 端加输入信号(负脉冲)将触发器输出端置 0,所以把 $\bar{R}$ 端称为触发器的置 0 端或复位端。

b. $\bar{R}=1$、$\bar{S}=0$,触发器置 1。由于 $\bar{S}=0$,不论 $\bar{Q}$ 为 0 还是 1,都有 $Q=1$;再由 $\bar{R}=1$、$Q=1$ 可得 $\bar{Q}=0$。即不论触发器原来处于什么状态都将变成 1 状态。这种情况称将触发器置 1 或置位。由于是在 $\bar{S}$ 端加输入信号(负脉冲)将触发器置 1,所以把 $\bar{S}$ 端称为触发器的置 1 端或置位端。

c. $\bar{R}=\bar{S}=1$,触发器保持原有状态不变。根据与非门的逻辑功能不难推知,当 $\bar{R}=\bar{S}=1$ 时,G_1 门和 G_2 门的打开或封锁仅由互补输入 Q 与 $\bar{Q}$ 的状态决定,显然触发器保持原有状态不变,即原来的状态被触发器存储起来,这体现了触发器具有记忆能力。

d. $\bar{R}=\bar{S}=0$,触发器状态不确定。显然,这种情况下两个与非门的输出端 Q 和 $\bar{Q}$ 全为 1,

不符合触发器的逻辑关系。并且由于与非门延迟时间不可能完全相等,在两输入端的 0 信号同时撤除后,将不能确定触发器是处于 1 状态还是 0 状态。所以基本 RS 触发器不允许 $\bar{R}$ 和 $\bar{S}$ 同时为 0,这就是基本 RS 触发器的约束条件,写成 $\bar{R}+\bar{S}=1$。

根据以上分析,可列出基本 RS 触发器的逻辑功能表,见表 9-1。由表 9-1 可知,基本 RS 触发器具有置 0、置 1 和保持(即记忆)三种功能。

表 9-1　基本 RS 触发器的逻辑功能表

$\bar{R}$	$\bar{S}$	Q	功能
0	0	不定	不允许
0	1	0	置 0
1	0	1	置 1
1	1	不变	保持

③基本 RS 触发器的动作特点。

综上所述,基本 RS 触发器具有以下特点:

a. 触发器的输入信号 $\bar{R}$、$\bar{S}$ 直接加在输出门的输入端,因此,在输入信号的全部作用时间内,它都将直接控制和改变输出端的状态。

b. 在稳定状态下两个输出端的状态 Q 和 $\bar{Q}$ 必须是互补关系,正常使用时应满足约束条件。

c. 电路具有两个稳定状态,在无外来触发信号作用时,电路将保持原状态不变。在外加触发信号有效时,电路可以触发翻转,实现置 0 或置 1。

(2)同步 RS 触发器

基本 RS 触发器直接由输入信号控制着输出端 Q 和 $\bar{Q}$ 的状态,不仅使电路的抗干扰能力下降,也不便于多个触发器同步工作。同步 RS 触发器可以克服直接控制的缺点,具有时钟脉冲控制端的 RS 触发器称为同步 RS 触发器。同步 RS 触发器的状态变化不仅取决于输入信号的变化,还受时钟脉冲 CP 的控制。

①电路结构及逻辑符号。

同步 RS 触发器的电路结构如图 9-3(a)所示,是在基本 RS 触发器的基础上增加了两个控制门 G_3、G_4 和一个输入控制信号 CP,CP 称为时钟脉冲,因此同步 RS 触发器又称为钟控 RS 触发器。G_3、G_4 作为控制门构成 RS 引导触发器,同步 RS 触发器的输入信号 R、S 通过控制门 G_3、G_4 进行传送,没有直接加在输出门 G_1、G_2 的输入端。图 9-3(b)所示为同步 RS 触发器的逻辑符号。

②逻辑功能分析。

从图 9-3(a)所示电路可知,$CP=0$ 时控制门 G_3、G_4 被封锁,基本 RS 触发器保持原来状态不变。只有当 $CP=1$ 时,控制门被打开,电路才会接收输入信号:当 $R=0$、$S=1$ 时,触发器置 1;当 $R=1$、$S=0$ 时,触发器置 0;当 $R=S=0$ 时,触发器保持原来状态不变;当 $R=S=1$ 时,触发器的两个输出全为 1,是不允许的。可见,当 $CP=1$ 时,同步 RS 触发器的工作情况与基本 RS 触发器没有什么区别,不同的只是由于增加了两个控制门,输入信号 R、S 为高电平有效。所以,两个输入信号端 R 和 S 中,R 仍为置 0 端,S 仍为置 1 端。

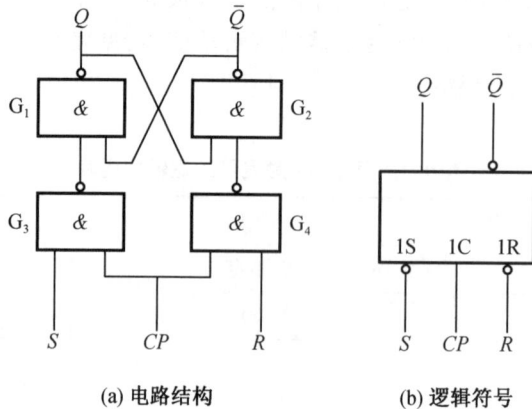

(a) 电路结构　　　　　(b) 逻辑符号

图 9-3　同步 RS 触发器的结构及逻辑符号

根据以上分析,可列出同步 RS 触发器的逻辑功能表,如表 9-2 所示。表中 Q^n 表示时钟脉冲 CP 到来之前触发器的状态,称为现态;Q^{n+1} 表示时钟脉冲 CP 到来之后触发器的状态,称为次态。

表 9-2　同步 RS 触发器的逻辑功能表

CP	R　S	Q^{n+1}	功能
0	×　×	Q^n	保持
1	0　0	Q^n	保持
1	0　1	1	置1
1	1　0	0	置0
1	1　1	1(不定)	不允许

③同步 RS 触发器的动作特点。

综上所述,同步 RS 触发器的主要特点有:

a. 时钟电平控制。与基本 RS 触发器相比,对触发器状态的转变增加了时间控制,在 $CP=1$ 期间接收输入信号,$CP=0$ 时状态保持不变。这样可使多个触发器在同一个时钟脉冲控制下同步工作,给使用带来了方便。而且由于同步 RS 触发器只在 $CP=1$ 时工作,$CP=0$ 时被禁止,所以抗干扰能力也要比基本 RS 触发器强得多。但在 $CP=1$ 期间,输入信号仍然直接控制着触发器输出端的状态,若 R、S 的状态发生变化,引起触发器两次或多次翻转,产生所谓空翻现象。

b. R、S 之间有约束。不允许出现 R 和 S 同时为 1 的情况,否则会使触发器处于不确定的状态,即应满足约束条件 $R \cdot S = 0$。

④同步 RS 触发器的特性方程。

触发器的逻辑功能除用功能表描述外,还通常用特性方程来描述。根据对同步 RS 触发器的逻辑功能分析,将表 9-2 中 $Q^{n+1}=1$ 所对应的 R、S、Q^n 填入卡诺图,如图 9-4 所示。其中 R、S、Q^n 为 110 和 111,是约束项。

Q^n \ RS	00	01	11	10
0	0	1	×	0
1	1	1	×	0

图 9-4　同步 RS 触发器 Q^{n+1} 的卡诺图

由卡诺图化简得同步 RS 触发器的特性方程为

$$\begin{cases} Q^{n+1}=S+\overline{R}Q^n \\ RS=0(约束方程) \end{cases}$$

例 9-1　设高电平触发同步 RS 触发器的初始状态为 0 状态,即 $Q=0$、$\overline{Q}=1$,输入信号 R、S 及时钟脉冲 CP 的波形如图 9-5 所示,试画出输出端 Q、$\overline{Q}$ 的波形。

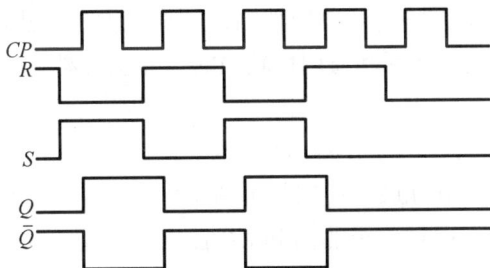

图 9-5　例 9-1 RS 触发器的波形图

解　根据给定的输入信号波形及同步 RS 触发器的逻辑功能可知,第 1 个时钟脉冲 CP 到来时($CP=1$),$R=0$、$S=1$,所以触发器状态翻转为 1;第 2 个时钟脉冲 CP 到来时,$R=1$、$S=0$,触发器状态翻转为 0;第 3 个时钟脉冲 CP 到来时,$R=0$、$S=1$,触发器状态翻转为 1;第 4 个时钟脉冲 CP 到来时,$R=1$、$S=0$,触发器状态翻转为 0;第 5 个时钟脉冲 CP 到来时,$R=0$、$S=0$,触发器保持原来的状态 0。根据以上分析,即可画出触发器的输出端 Q、$\overline{Q}$ 的波形,如图 9-5 所示。

⑤钟控(同步)触发器的触发方式。

受输入时钟脉冲 CP 控制的触发器总称为钟控触发器,也称同步触发器。所谓触发方式,是指在时钟脉冲 CP 的什么时刻触发器的输出状态可能发生变化。钟控触发器有四种触发方式:

a.$CP=1$ 期间均可触发,称为高电平触发。

b.$CP=0$ 期间均可触发,称为低电平触发。

c.CP 由 0 变 1 时刻方可触发,称为上升边沿触发,记为"↑"。

d.CP 由 1 变 0 时刻方可触发,称为下降边沿触发,记为"↓"。

四种触发方式又可归纳为电平触发方式和边沿触发方式两类。为了区别上述四种触发方式,常在触发器逻辑符号图的 CP 端加以不同的标记,如图 9-6 所示。

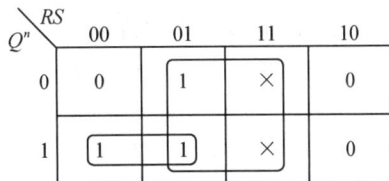

2. JK 触发器

在同步 RS 触发器中虽然对触发器状态的转变增加了时间控制,但却存在着空翻现象;并且同步 RS 触发器不允许输入端 R 和 S 同时为 1 的情况出现,给使用带来了不便。为了防止触发器的空翻,在电路结构上多采用主从型触发器和边沿型触发器。

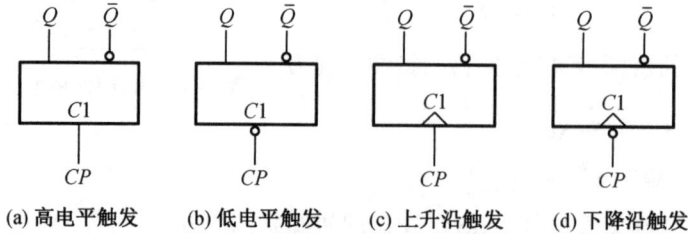

| (a) 高电平触发 | (b) 低电平触发 | (c) 上升沿触发 | (d) 下降沿触发 |

图 9-6　钟控触发器的触发方式

JK 触发器是一种逻辑功能完善、通用性强的集成触发器。边沿触发的主从型 JK 触发器是目前功能最完善、使用较灵活和通用性较强的一种触发器。

(1) 主从 JK 触发器

① 电路结构及逻辑符号。

图 9-7(a) 所示为主从 JK 触发器,它是由两个同步 RS 触发器级联起来构成的。其中 $G_1 \sim G_4$ 构成从触发器,输入通过一个非门和 CP 控制端相连。$G_5 \sim G_8$ 构成主触发器,从触发器直接与 CP 控制端相连。从触发器 $\overline{Q}$ 端与 G_7 的一个输入相连,Q 端和 G_8 的一个输入端相连,构成两条反馈线。主触发器的控制信号是 CP,从触发器的控制信号是 $\overline{CP}$。图 9-7 (b) 所示为主从 JK 触发器的逻辑符号。

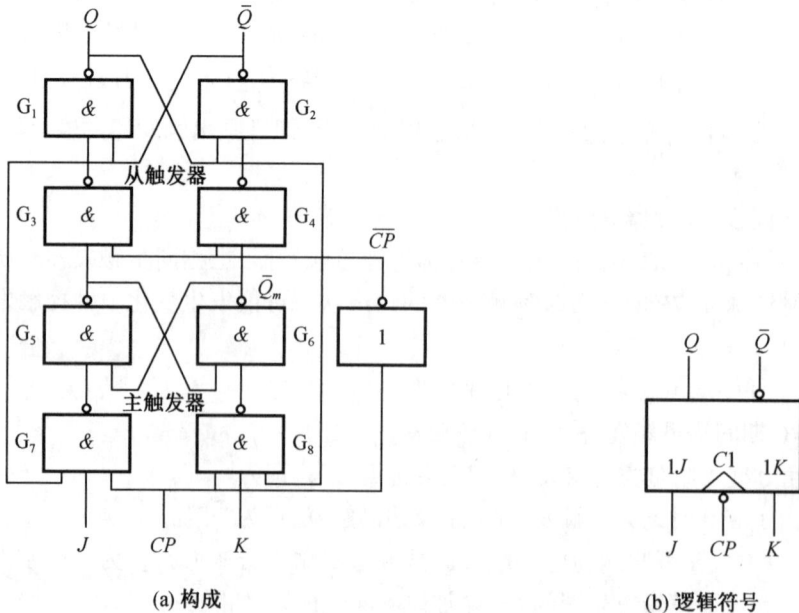

| (a) 构成 | (b) 逻辑符号 |

图 9-7　主从 JK 触发器的电路结构及其逻辑符号

②逻辑功能分析。

在主从 JK 触发器中,接收信号和输出信号是分两步进行的。

a. 接收输入信号的过程。$CP=1$ 时,主触发器被打开,可以接收输入信号 J、K,其输出状态由输入信号的状态决定。但由于 $\overline{CP}=0$,从触发器被封锁,无论主触发器的输出状态如何变化,对从触发器均无影响,即触发器的输出状态保持不变。

b. 输出信号的过程。当 CP 下降沿到来时,即 CP 由 1 变为 0 时刻,主触发器被封锁,无论输入信号如何变化,对主触发器均无影响,即在 $CP=1$ 期间接收的内容被存储起来。同时,由于 $\overline{CP}$ 由 0 变为 1,从触发器被打开,可以接收由主触发器送来的信号,其输出状态由其输入信号(即主触发器的输出状态)决定。在 $CP=0$ 期间,由于主触发器保持状态不变,因此受其控制的从触发器的状态 Q、$\overline{Q}$ 当然不可能改变。

综上所述可知,主从 JK 触发器的输出状态取决于 CP 下降沿到来时刻输入信号 J、K 的状态,避免了空翻现象的发生。

下面分四种情况来分析主从 JK 触发器的逻辑功能。

a. $J=K=0$,触发器的状态保持不变。当 $J=K=0$ 时,主触发器的控制门 G_7、G_8 被封锁,触发器的状态均保持不变,即 $Q^{n+1}=Q^n$。

b. $J=0$、$K=1$,触发器置 0。不论触发器原来的状态如何,当 $CP=1$ 时,从触发器被封锁,主触发器打开,分别接受 J、K 信号,因为此时 $J=0$、$K=1$,使主触发器置 0,即主触发器输出 0。$Q_m=0$、$\overline{Q}_m=1$。当 CP 从 1 变 0 时,主触发器被封锁,从触发器打开分别接受 Q_m、$\overline{Q}_m$ 的状态,使从触发器置 0,即 $Q^{n+1}=0$。

c. $J=1$、$K=0$,触发器置 1。不论触发器原来的状态如何,当 $CP=1$ 时,从触发器被封锁,主触发器打开分别接受 J、K 信号,因为此时 $J=1$、$K=0$,使主触发器置 1,即主触发器输出 $Q_m=1$、$\overline{Q}_m=0$。当 CP 从 1 变 0 时,主触发器被封锁,从触发器打开分别接受 Q_m、$\overline{Q}_m$ 的状态,使从触发器置 1,即 $Q^{n+1}=1$。

d. $J=K=1$,触发器的状态翻转。设触发器的初始状态为 0,即 $Q=0$、$\overline{Q}=1$,此时主触发器的 $J=K=1$,在 $CP=1$ 时主触发器翻转为 1 状态,即 $Q_m=1$、$\overline{Q}_m=0$;当 CP 从 1 变 0 时,由于 $Q_m=1$、$\overline{Q}_m=0$,故从触发器也翻转为 1 状态,即 $Q^{n+1}=1$。同理,如果触发器的初始状态为 1,则由于 $Q=1$、$\overline{Q}=0$,在 $CP=1$ 时将主触发器翻转为 0 状态;当 CP 从 1 变 0 时,由于从触发器的 $Q_m=0$、$\overline{Q}_m=1$,故从触发器也翻转为 0 状态。可见,当 $J=K=1$ 时,输入时钟脉冲 CP 后,触发器状态必定与原来的状态相反,即 $Q^{n+1}=\overline{Q^n}$。由于每来一个时钟脉冲 CP,触发器状态翻转一次,所以这种情况下的 JK 触发器具有计数功能。

③JK 触发器的逻辑功能描述。

综上所述,可列出主从 JK 触发器的逻辑功能表,如表 9-3 所示。

表 9-3 主从 JK 触发器的逻辑功能表

J	K	Q^n	Q^{n+1}	功能
0	0	0	0	$Q^{n+1}=Q^n$,保持
0	0	1	1	
0	1	0	0	$Q^{n+1}=0$,置 0
0	1	1	0	
1	0	0	1	$Q^{n+1}=1$,置 1
1	0	1	1	
1	1	0	1	$Q^{n+1}=\overline{Q^n}$,翻转
1	1	1	0	

由表 9-3 可知,主从 JK 触发器具有保持、置 0、置 1 和翻转四种功能,可见其功能完善,并且输入信号 J、K 之间没有约束。

将表 9-3 中 $Q^{n+1}=1$ 所对应的 J、K、Q^n 填入卡诺图,由卡诺图化简得 JK 触发器的特性方程为

$$Q^{n+1}=J\overline{Q^n}+\overline{K}Q^n$$

（2）集成 JK 触发器

触发器作为时序逻辑电路的基本单元电路,在数字电路中起着非常重要的作用,随着数字集成电路的飞速发展,集成触发器芯片也出现了许多新的电路系列及品种,本节将讨论几种实用的触发器芯片。

①双下降沿 JK 触发器(74LS113)。

该芯片内包含两个边沿 JK 触发器,每个触发器均有异步置位端($\overline{S}_\mathrm{D}$)及独立的 CP 时钟脉冲触发端,其中置位端为低电平有效,CP 为下降沿触发。逻辑符号及外引线图如图 9-8 所示,其功能表见表 9-4。

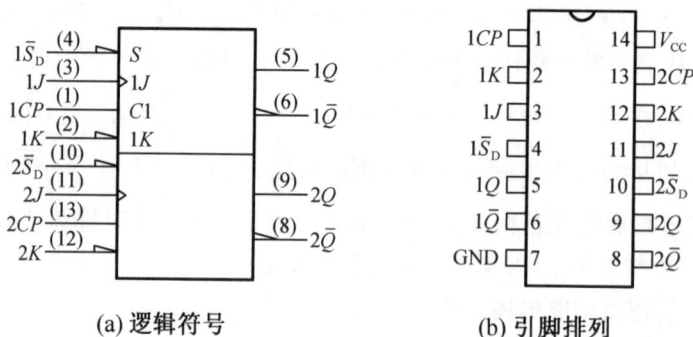

(a) 逻辑符号   (b) 引脚排列

图 9-8 双下降沿 JK 触发器(74LS113)

表 9-4 中第一行为异步置位状态,$\overline{S}_\mathrm{D}$ 为低电平有效,它无须在 CP 脉冲的同步下而异步工作。第二行到第五行为同步触发状态,在置位端高电平的前提下,CP 下降沿触发,完

成 JK 触发器功能,最后一行是保持状态。

表 9-4　74LS113 的功能表

输入				输出	
$\overline{S}_D$	CP	J	K	Q	$\overline{Q}$
L	X	X	X	H	L
H	↓	L	L	Q^n	$\overline{Q}^n$
H	↓	H	L	H	L
H	↓	L	H	L	H
H	↓	H	H	$\overline{Q}^n$	Q^n
H	H	X	X	Q^n	$\overline{Q}^n$

②上升沿 JK 触发器(CD4095)

CD4095 是 CMOS4000 系列上升沿 JK 触发器,其逻辑符号及外引线图如图 9-9 所示,表 9-5 是其功能表。

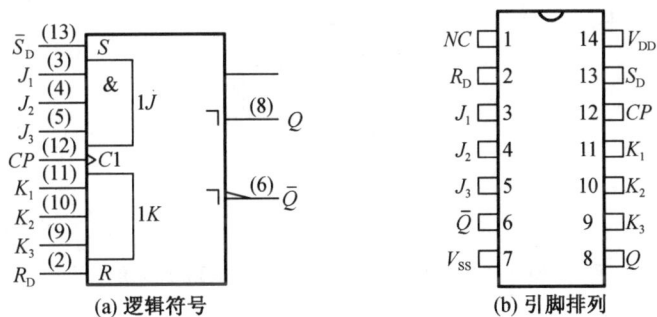

(a) 逻辑符号　　　　　　(b) 引脚排列

图 9-9　上升沿 JK 触发器(CD4095)

表 9-5　上升沿 JK 触发器 CD4095 的功能表

输入					输出	
$\overline{S}_D$	R_D	J	K	CP	Q	$\overline{Q}$
H	L	×	×	×	H	L
L	H	×	×	×	L	H
$\overline{S}_D$	R_D	J	K	CP	Q	$\overline{Q}$
H	H	×	×	×	L	L
L	L	L	H	↑	L	H
L	L	H	L	↑	$\overline{Q}^n$	Q^n
L	L	L	L	↑	Q^n	$\overline{Q}^n$

该芯片 J、K 输入端是带有与门的三输入 JK 触发器,输入端具有如下关系:

$$J=J_1 \cdot J_2 \cdot J_3, \quad K=K_1 \cdot K_2 \cdot K_3$$

功能表的前三行为异步置位、复位状态，S_D 和 R_D 均为高电平有效，其中第三行为禁用不定状态。后四行为同步工作状态，CP 脉冲上升沿有效。

3. D 触发器

（1）同步 D 触发器

①电路结构及逻辑符号。

为了克服同步 RS 触发器输入端 R、S 同时为 1 时所出现的状态不定的缺点，可增加一个反相器，通过反相器把加在 S 端的 D 信号反相之后再送到 R 端，如图 9-10（a）所示，这样便构成了只有单输入端的同步 D 触发器。同步 D 触发器又叫作 D 锁存器。图 9-10（b）所示是同步 D 触发器的简化电路，图 9-10（c）所示是其逻辑符号。

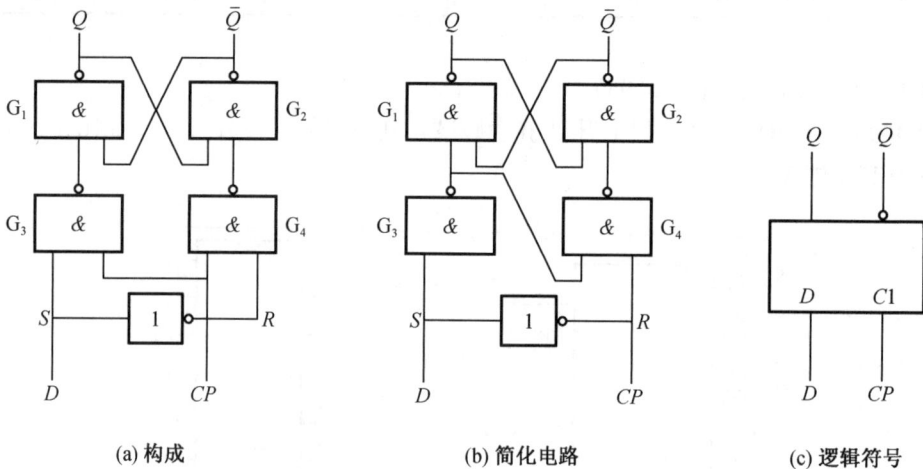

(a) 构成　　　　　　(b) 简化电路　　　　　(c) 逻辑符号

图 9-10　同步 D 触发器的构成、简化电路及逻辑符号

②逻辑功能分析。

同步 D 触发器的逻辑功能比较简单。显然，$CP=0$ 时，触发器状态保持不变；$CP=1$ 时，根据同步 RS 触发器的逻辑功能可知，如果 $D=0$，则 $R=\bar{D}=1$，$S=D=0$，触发器置 0；如果 $D=1$，则 $R=\bar{D}=0$，$S=D=1$，触发器置 1。

根据以上分析可知，同步 D 触发器只有置 0 和置 1 两种功能，即在 $CP=1$ 期间，$D=0$ 时，触发器置 0；$D=1$ 时，触发器置 1。

同步 D 触发器的特性方程为

$$Q^{n+1}=D \quad （CP=1 \text{ 期间有效}）$$

（2）维持阻塞边沿 D 触发器

根据以上分析可知，同步 D 触发器虽然克服了同步 RS 触发器输入端 R、S 同时为 1 时所出现的状态不定的缺点，但在 $CP=1$ 期间，输入信号仍然直接控制着触发器输出端的状态，也存在着空翻现象。维持阻塞 D 触发器从根本上解决了这一问题。

①电路结构及逻辑符号。

维持阻塞 D 触发器属边沿型触发器，其电路构成及逻辑符号如图 9-11 所示。它由 6

个与非门组成,其中 G_1、G_2 组成数据输入电路,G_3、G_4 组成时钟控制电路,G_5、G_6 组成基本 RS 触发器作为输出电路。

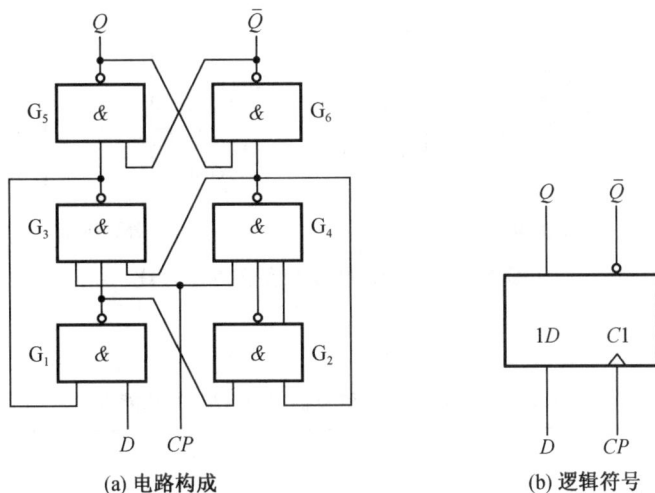

(a) 电路构成　　　　　　　　(b) 逻辑符号

图 9-11　维持阻塞 D 触发器的电路构成及逻辑符号

②逻辑功能分析。

a. $D=0$。当时钟脉冲来到之前,即 $CP=0$ 时,G_1、G_3、G_4 的输出均为 1,G_2 输入端全为 1,因而输出为 0。这时触发器的输出状态不变。

当时钟脉冲 CP 从 0 上跳为 1,即 $CP=1$ 时,G_1、G_2 和 G_4 的输出保持原状态不变,而 G_3 因输入端全为 1,其输出由 1 变为 0。这个负脉冲一方面使基本 RS 触发器置 0,同时反馈到 G_1 的输入端,使在 $CP=1$ 期间不论输入信号 D 如何变化,触发器输出保持 0 状态不变,即不会发生空翻现象。

b. $D=1$。当 $CP=0$ 时,G_3 和 G_4 的输出为 1,G_1 的输出为 0,G_2 的输出为 1。这时触发器的输出状态不变。当 $CP=1$ 时,G_4 的输出由 1 变为 0。这个负脉冲一方面使基本 RS 触发器置 1,同时反馈到 G_2 和 G_3 的输入端,使在 $CP=1$ 期间不论输入信号 D 如何变化,只能改变 G_1 的输出状态,而其他均保持不变,即触发器保持 1 状态不变。

由以上分析可知,维持阻塞 D 触发器具有在时钟脉冲上升沿触发的特点,其逻辑功能为:输出端 Q 的状态随着输入端 D 的状态而变化,但总比输入端状态的变化晚一步,即某个时钟脉冲来到之后 Q 的状态和该脉冲来到之前 D 的状态一样,其特性方程为

$$Q^{n+1}=D \quad (CP \text{ 上升沿时刻有效})$$

(3)集成 D 触发器介绍

①双上升沿 D 触发器(74LS74)。

74LS74 是双上升沿 D 触发器,原为 TTL 维持阻塞结构,现已发展为从标准 TTL 到低电压 BiCMOS,涵盖近 20 个系列的产品。该芯片内两个 D 触发器具有各自独立的时钟脉冲触发端(CP)、置位端($\overline{S}_D$)和复位端($\overline{R}_D$),图 9-12 示出了其逻辑符号及外引线图,表 9-6 给出了功能表。

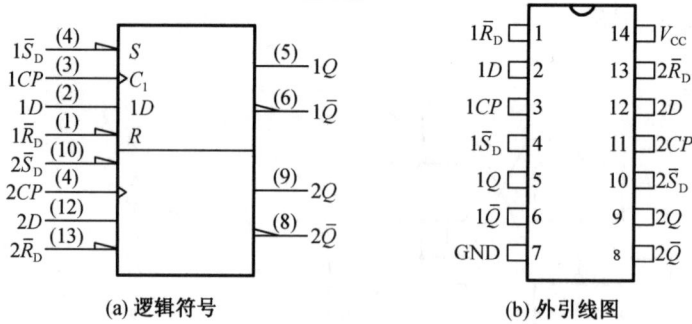

(a) 逻辑符号　　　　　　(b) 外引线图

图 9-12　双上升沿 D 触发器(74LS74)

表 9-6　双上升沿 D 触发器(74LS74)的功能表

输入					输出	
$\overline{S}_D$	R_D	J	K	CP	Q	$\overline{Q}$
H	L	×	×	×	H	L
L	H	×	×	×	L	H
H	H	×	×	×	L	L
L	L	L	H	↑	L	H
L	L	H	L	↑	$\overline{Q}^n$	Q^n
L	L	L	L	↑	Q^n	$\overline{Q}^n$

　　分析功能表 9-6 得出,前两行是异步置位(置 1)和复位(清零)工作状态,它们无须在 CP 脉冲的同步下而异步工作。其中 $\overline{S}_D$、$\overline{R}_D$ 均为低电平有效。第三行为异步输入禁止状态。第四、五行为触发器同步数据输入状态,在置位端和复位端均为高电平的前提下,触发器在 CP 脉冲上升沿的触发下将输入数据 D 读入。最后一行无 CP 上升沿触发,为保持状态。

　　②双上升沿 D 触发器(CD4013)

　　CD4013 是 CMOS4000 系列双上升沿 D 触发器,为主从结构。逻辑符号及外引线图如图 9-13 所示,表 9-7 是功能表。该芯片与前面讨论的 74LS74 触发器相比,同为双上升沿 D 触发器,也具有异步置位端(S_D)、复位端(R_D)(高电平有效),但 CD4013 芯片从属于 CMOS4000 系列,决定了其在电气特性、外引线管脚排列上均与 74LS74 芯片不同,在使用上要特别注意。

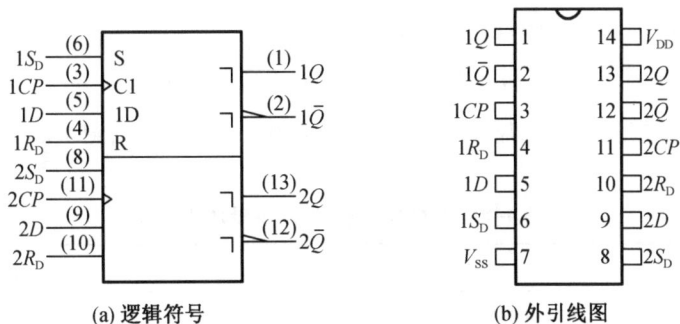

(a) 逻辑符号　　　　　(b) 外引线图

图 9-13　双上升沿 D 触发器(CD4013)

表 9-7　双上升沿 D 触发器(CD4013)的功能表

输入				输出	
CP	D	R_D	S_D	Q	$\overline{Q}$
↑	L	L	L	L	H
CP	D	R_D	S_D	Q	$\overline{Q}$
↑	H	L	L	H	L
↓	×	L	L	Q^n	$\overline{Q}^n$
×	×	H	L	L	H
×	×	L	H	H	L
×	×	H	H	H	H

【任务实施】

测试 RS、JK、D 触发器的功能

1. 目的

(1)掌握基本 RS、JK、D 触发器的逻辑功能。

(2)掌握集成触发器的逻辑功能及使用方法。

2. 设备及器件

(1)数字逻辑实验台。

(2)74LS00、74LS113、74LS74 芯片各一块,导线若干。

3. 原理

触发器具有两个稳定状态,用以表示逻辑状态"1"和"0",在一定的外界信号作用下,可以从一个稳定状态翻转到另一个稳定状态,它是一个具有记忆功能的二进制信息存贮器件,是构成各种时序电路的最基本逻辑单元。

本实训基本 RS、JK、D 触发器的基本工作原理,见 9.1.1 所述。

4. 内容及步骤

(1)测试基本 RS 触发器的逻辑功能

按图 9-2,用两个与非门 74LS00 组成基本 RS 触发器,输入端 $\overline{R}$、$\overline{S}$ 接逻辑开关的输出插口,输出端 Q、$\overline{Q}$ 接逻辑电平显示输入插口,按表 9-8 要求测试,记录之。

表 9-8　基本 RS 触发器的逻辑功能测试

$\overline{R}$	$\overline{S}$	Q	$\overline{Q}$
1	1→0		
	0→1		
1→0	1		
0→1			
0	0		

(2)测试双下降沿 JK 触发器 74LS113 逻辑功能

按表 9-9 的要求改变 J、K、CP 端状态,观察 Q、$\overline{Q}$ 状态变化,观察触发器状态更新是否发生在 CP 脉冲的下降沿(即 CP 由 1→0),记录之。

表 9-9　JK 触发器 74LS113 逻辑功能测试

J	K	CP	Q^{n+1}	
			$Q^n = 0$	$Q^n = 1$
0	0	0→1		
		1→0		
0	1	0→1		
		1→0		
1	0	0→1		
		1→0		
1	1	0→1		
		1→0		

(3)测试双上升沿 D 触发器 74LS74 的逻辑功能

按表 9-10 要求进行测试,并观察触发器状态更新是否发生在 CP 脉冲的上升沿(即由 0→1),记录下。

表 9-10　D 触发器 74LS74 逻辑功能测试

D	CP	Q^n+1	
		$Q^n = 0$	$Q^n = 1$
0	0→1		
	1→0		
1	0→1		
	1→0		

5. 注意事项

(1)测试置位和复位功能以及测试逻辑功能时,$\overline{S}_D$、$\overline{R}_D$、J、K 由数据开关提供,CP 由逻辑开关提供。

(2)测试双 JK 触发器的逻辑功能时只需测试其中的一个触发器。

(3)在测试 JK 触发器的逻辑功能的实验中,$\overline{S}_D$、$\overline{R}_D$ 不能悬空,应接在数据开关上,并置高电平。

6. 思考

(1)列表整理各类触发器的逻辑功能。

(2)体会触发器的应用。

(3)利用普通的机械开关组成的数据开关所产生的信号是否可作为触发器的时钟脉冲信号,为什么? 是否可以用作触发器的其他输入端的信号,又是为什么?

*任务 9.2　分立元器件计数器电路的分析与设计

【任务目标】

(1)掌握时序逻辑电路的分析方法。
(2)掌握计数器电路的工作原理。
(3)掌握时序逻辑电路的设计的实际步骤。
(4)能够利用分立元器件设计计数器电路。

【任务内容】

计数器在生产生活中处处可见。精准的时间对于每个人的重要性不言而喻,手表、手机、挂钟成为我们每天都要看无数遍的必备工具。北斗传递是目前国际上通用的标准时间,UTC 北斗授时的精度可以做到 10 ns 的量级,10 ns 什么概念? 就是 1 s 的一亿分之一,也就是说利用它,我们可以用一秒钟的一亿分之一这个精度来校准时间,北斗的高精度授时对普通人来说,可能没那么重要,但高精度的时间在电力、通信、证券、航空、国防等领域具有重要意义。比如,在移动通信网络中,如果基站的时间不同步,指令匹配就会出错,通信网络就无法正常运行。通常来说,5G 基站的时间同步精度要求达到十几纳秒。

9.2.1 分析分立元器件计数器电路

计数器是一种应用十分广泛的时序逻辑电路,除用于计数、分频外,还广泛用于数字测量、运算和控制,主要由触发器组合构成。计数器是能对输入时钟脉冲的个数进行累计的时序逻辑电路。

计数器的种类很多。计数器按计数过程中各个触发器状态的更新是否同步,可分为同步计数器和异步计数器;按计数过程中数值的进位方式,可分为二进制计数器、十进制计数器和 M 进制计数器;按计数过程中数值的增减情况,可分为加法计数器(递增计数器)、减法计数器(递减计数器)和可逆计数器。

在任意给定时刻其输出状态由该时刻的输入和电路的原状态共同决定,这类电路称为时序逻辑电路(简称时序电路)。时序电路由组合电路和存储器构成,其中存储器即为讲过的触发器,是构成时序电路必不可少的记忆单元。

时序电路可分为同步时序电路和异步时序电路两大类。同步时序电路有一个统一的时钟脉冲,分别送到各触发器的 CP 端,因此各触发器状态的变化都发生在时钟脉冲触发沿(上升沿和下降沿)时刻,所以同步时序电路是与时钟脉冲同步工作的。异步时序电路没有统一的时钟脉冲,各触发器的 CP 端的时钟脉冲,有的来自输入信号,有的来自时序电路的其他地方,这说明各触发器的时钟脉冲不会同时变化,因此各触发器的状态也就不可能同时发生变化。

1. 二进制计数器

二进制只有 0 和 1 两个数码,二进制加法规则是逢二进一,即当本位是 1,再加 1 时本位便变为 0,同时向高位进 1。由于双稳态触发器只有 0 和 1 两个状态,所以一个触发器只能表示一位二进制数。如果要表示 n 位二进制数,就得用 n 个触发器。

(1)异步二进制计数器

①异步二进制加法计数器。

图 9-14 所示为 3 位异步二进制加法计数器,由 3 个下降沿触发的 JK 触发器构成,C 为进位输出信号。3 个 JK 触发器的 J、K 端悬空(相当于接高电平 1),即 3 个 JK 触发器工作在计数状态。计数脉冲 CP 加至最低位触发器 FF0 的时钟脉冲输入端,低位触发器的输出端 Q 依次接到相邻高位的时钟脉冲输入端,即 $CP_0 = CP$,$CP_1 = Q_0^n$,$CP_2 = Q_1^n$。其输出方程为

$$C = Q_2^n Q_1^n Q_0^n$$

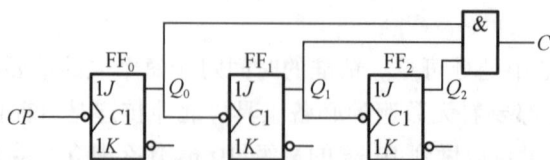

图 9-14 由 JK 触发器构成的 3 位异步二进制加法计数器

最低位触发器 FF_0 每来一个时钟脉冲的下降沿(即 CP 由 1 变 0 时)翻转一次,而其他两个触发器都是在其相邻低位触发器的输出端 Q 由 1 变 0 时翻转,即 FF_1 在 Q_0 由 1 变 0 时翻转,FF_2 在 Q_1 由 1 变 0 时翻转。其状态见表 9-11,波形如图 9-15 所示。

表 9-11　3 位二进制加法计数器的状态表

CP	Q_2	Q_1	Q_0	C
0	0	0	0	0
1	0	0	1	0
2	0	1	0	0
3	0	1	1	0
4	1	0	0	0
5	1	0	1	0
6	1	1	0	0
7	1	1	1	1
8	0	0	0	0

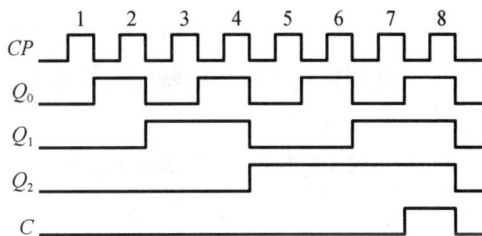

图 9-15　3 位二进制加法计数器的波形图

从状态表或波形图可以看出,从状态 000 开始,每来一个计数脉冲,计数器中的数值便加 1,输入 8 个计数脉冲时,就计满归零,所以作为整体,该电路也可称为八进制计数器。

在异步计数器中,时钟脉冲不是同时加到各触发器的时钟端,有的触发器直接受输入计数脉冲控制,有的触发器则是把其他触发器的输出信号作为自己的时钟脉冲,因此各个触发器状态变换的时间先后不一,故被称为异步计数器。异步计数器结构简单,但计数速度较慢。

仔细观察图 9-15 中 CP、Q_0、Q_1 和 Q_2 波形的频率,不难发现,每出现两个计数脉冲 Q_0 输出一个脉冲,即频率减半,称为对计数脉冲 CP 二分频。同理,Q_1 为四分频,Q_2 为八分频。因此,在许多场合计数器也可作为分频器使用,以得到不同频率的脉冲。

图 9-16 所示为由上升沿触发的 D 触发器构成的 3 位异步二进制加法计数器。每个 D 触发器的 $\overline{Q}$ 与 D 相连,且低位触发器的 $\overline{Q}$ 端依次接到相邻高位的时钟端。其工作原理与用 JK 触发器构成的 3 位异步二进制加法计数器相同。

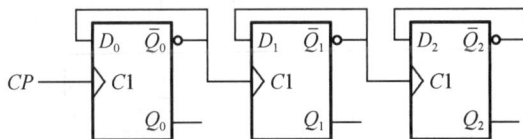

图 9-16　由 D 触发器构成的 3 位异步二进制加法计数器

②异步二进制减法计数器。

将图 9-16 所示 3 位二进制加法计数器稍作改变,使低位触发器的 $\overline{Q}$ 端依次接到相邻高位的时钟端,便可组成 3 位二进制减法计数器,如图 9-17 所示;B 为借位输出信号。

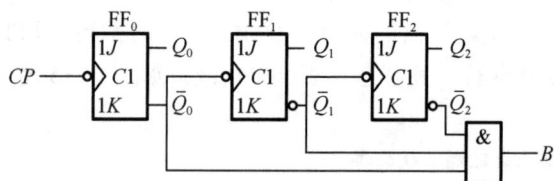

图 9-17　由 JK 触发器构成的 3 位异步二进制减法计数器

B 的输出方程为

$$B = \overline{Q_2^n}\,\overline{Q_1^n}\,\overline{Q_0^n}$$

3 位二进制减法计数器的状态表和波形图分别如表 9-12 和图 9-18 所示。

表 9-12　3 位二进制减法计数器的状态表

CP	Q_2	Q_1	Q_0	B
0	0	0	0	1
1	1	1	1	0
2	1	1	0	0
3	1	0	1	0
4	1	0	0	0
5	0	1	1	0
6	0	1	0	0
7	0	0	1	0
8	0	0	0	1

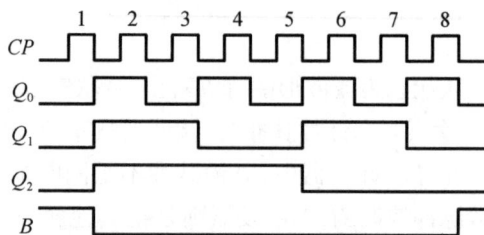

图 9-18　3 位二进制减法计数器的波形图

（2）同步二进制计数器

为了提高计数速度,将计数脉冲同时加到各个触发器的时钟端。在计数脉冲作用下,所有应该翻转的触发器可以同时翻转,这种结构的计数器称为同步计数器。

①同步二进制加法计数器。

图 9-19 所示为 3 位同步二进制加法计数器,是用 3 个 JK 触发器构成的。各个触发器只要满足 $J=K=1$ 的条件,在 CP 计数脉冲的下降沿 Q 即可翻转。

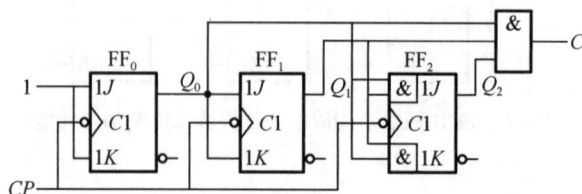

图 9-19　3 位同步二进制加法计数器

一般可从分析状态表,从中找出各个触发器的驱动方程。

分析表 9-11 所示 3 位二进制加法计数器状态表可知:

a. 第 1 位触发器 FF_0,每输入一个时钟脉冲 CP 翻转一次,其驱动方程为 $J_0 = K_0 = 1$。

b. 第 2 位触发器 FF_1,在 $Q_0 = 1$ 时,在下一个时钟脉冲 CP 触发沿到来时翻转,故其驱动方程为 $J_1 = K_1 = Q_0^n$。

c. 第 3 位触发器 FF_2,在 $Q_0 = Q_1 = 1$ 时,在下一个 CP 触发沿到来时翻转,故其驱动方程为 $J_2 = K_2 = Q_1^n Q_0^n$。

输出方程为

$$C = Q_2^n Q_1^n Q_0^n$$

根据上述驱动方程和输出方程,即可画出图 9-19 所示电路,其工作波形图与 3 位异步二进制加法计数器的波形图完全相同(图 9-15)。

②同步二进制减法计数器。

选用 3 个 CP 下降沿触发的 JK 触发器,分别用 FF_0、FF_1、FF_2 表示,分析表 9-12 所示 3 位二进制减法计数器的状态表。FF_0 每输入一个时钟脉冲翻转一次,故其驱动方程 $J_0 = K_0 = 1$;FF_1 在 $Q_0 = 0$ 时,在下一个 CP 触发沿到来时翻转,故其驱动方程为 $J_1 = K_1 = \overline{Q_0^n}$;$FF_2$ 在 $Q_0 = Q_1 = 0$ 时,在下一个 CP 触发沿到来时翻转,故其驱动方程为 $J_2 = K_2 = \overline{Q_1^n}\,\overline{Q_0^n}$。

输出方程为

$$B = \overline{Q_2^n}\,\overline{Q_1^n}\,\overline{Q_0^n}$$

根据上述驱动方程和输出方程,即可画出图 9-20 所示 3 位同步二进制减法计数器。

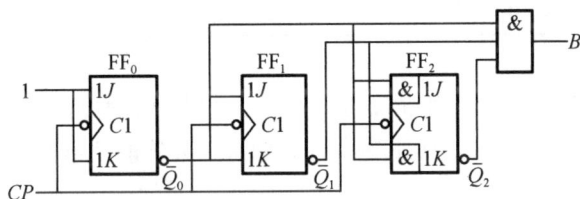

图 9-20　3 位同步二进制减法计数器

2. 十进制计数器

(1)同步十进制计数器

通常人们习惯用十进制计数,这种计数必须用 10 个状态表示十进制的 0~9,所以准确地说十进制计数器应该是 1 位十进制计数器。使用最多的十进制计数器是按照 8421 码进行计数的电路,十进制加法计数器的状态表见表 9-13。与二进制加法计数器比较,来第十个脉冲不是由 1001 变为 1010,而是恢复为 0000。

选用 4 个 CP 下降沿触发的 JK 触发器,分别用 $FF_0 \sim FF_3$ 表示。由十进制加法计数器的状态表可知:

①第 1 位触发器 FF_0 要求每来一个时钟脉冲 CP 翻转一次,驱动方程为 $J_0 = K_0 = 1$。

②第 2 位触发器 FF_1 要求在 Q_0 为 1 时,再来一个时钟脉冲 CP 才翻转,但在 Q_3 为 1 时不得翻转,故其驱动方程为 $J_1 = \overline{Q_3^n} Q_0^n$;$K_2 = Q_0^n$。

③第 3 位触发器 FF_2 要求在 Q_0 和 Q_1 都为 1 时,再来一个时钟脉冲 CP 才翻转,故其驱动方程为 $J_2 = K_2 = Q_1^n Q_0^n$。

④第 4 位触发器 FF_3 要求在 Q_0、Q_1 和 Q_2 都为 1 时,再来一个时钟脉冲 CP 才翻转,但在第 10 个脉冲到来时 Q_3 应由 1 变为 0,故其驱动方程为 $J_3 = Q_2^n Q_1^n Q_0^n$,$K_3 = Q_0^n$。

输出方程为

$$C = Q_3^n Q_0^n$$

表 9-13   十进制加法计数器的状态表

CP	Q_3	Q_2	Q_1	Q_0	十进制数	进位 C
0	0	0	0	0	0	0
1	0	0	0	1	1	0
2	0	0	1	0	2	0
3	0	0	1	1	3	0
4	0	1	0	0	4	0
5	0	1	0	1	5	0
6	0	1	1	0	6	0
7	0	1	1	1	7	0
8	1	0	0	0	8	0
9	1	0	0	1	9	1
10	0	0	0	0	0	0

根据选用的触发器及所求得的驱动方程和输出方程,可画出同步十进制加法计数器的逻辑图如图 9-21 所示。图 9-22 所示为十进制加法计数器的波形图。

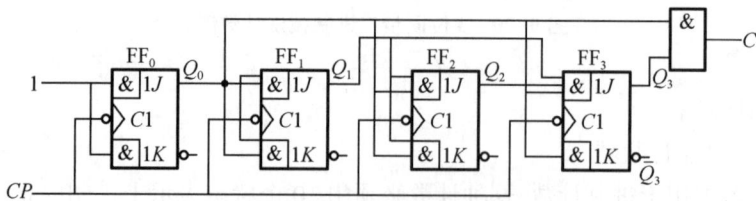

图 9-21   同步十进制加法计数器

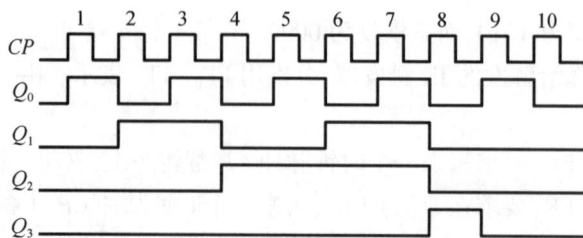

图 9-22   十进制加法计数器的波形图

（2）异步十进制计数器

异步十进制加法计数器如图 9-23 所示。选用 4 个 CP 上升沿触发的 D 触发器，分别用 FF_0、FF_1、FF_2、FF_3 表示。

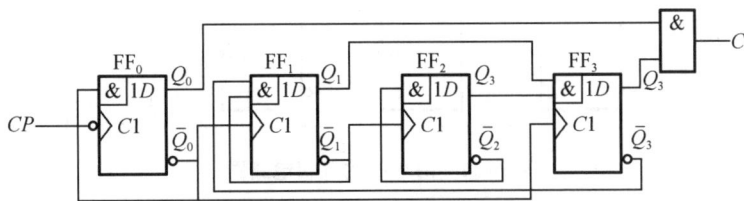

图 9-23 异步十进制加法计数器

时钟方程为 $CP_0 = CP$，$CP_1 = \overline{Q_0}$，$CP_2 = \overline{Q_1}$，$CP_3 = \overline{Q_0}$；

状态方程为

$$
\begin{cases}
Q_0^{n+1} = D_0 = \overline{Q_0^n} \\
Q_1^{n+1} = D_1 = \overline{Q_3^n}\,\overline{Q_1^n} \\
Q_2^{n+1} = D_2 = \overline{Q_2^n} \\
Q_3^{n+1} = D_3 = Q_2^n Q_1^n
\end{cases}
$$

输出方程为

$$C = Q_3^n Q_0^n$$

设计数器的初始状态为 $Q_3 Q_2 Q_1 Q_0 = 0000$，在 FF_0 翻转前，即从 0000 起到 0111 止，$\overline{Q_3} = 1$，FF_2、FF_1、FF_0 的翻转情况与图 9-16 所示的由 D 触发器构成的 3 位异步二进制加法计数器相同。当第 7 个计数脉冲到来时，$Q_3 Q_2 Q_1 Q_0 = 0111$。第 8 个计数脉冲到来时，使 Q_0 由 1 变 0，CP_1、CP_3 出现上升沿，按状态方程有 $Q_3 = 1$，$Q_1 = 0$；Q_1 由 1 变 0，CP_2 出现上升沿，按状态方程有 $Q_2 = 0$，即第 8 个计数脉冲到来后有 $Q_3 Q_2 Q_1 Q_0 = 1000$。同理，第 9 个计数脉冲到来后，$Q_3 Q_2 Q_1 Q_0 = 1001$。第 10 个计数脉冲到来时，Q_0 由 1 变 0，CP_1、CP_3 出现上升沿，使 $Q_3 = 0$，$Q_1 = 0$；因 Q_1 维持 0 不变，CP_2 无效，因而 Q_2 维持 0 不变，即第 10 个计数脉冲到来后有 $Q_3 Q_2 Q_1 Q_0 = 0000$，从而使计数器回复到初始状态 0000。

3. 由触发器构成 M 进制计数器

M 进制计数器是指除二进制计数器和十进制计数器外的其他进制计数器，即每来 M 个计数脉冲，计数器状态重复一次。

由触发器组成的 M 进制计数器的一般方法是：对于同步计数器，由于计数脉冲同时接到每个触发器的时钟脉冲输入端，因而触发器的状态是否翻转只需由其驱动方程判断。而异步计数器中各触发器的触发脉冲不尽相同，所以触发器的状态是否翻转，除了要考虑驱动方程外，还必须考虑时钟脉冲输入端的触发脉冲是否出现。

例 9-2 分析图 9-24 所示电路，说明是几进制计数器。

解 （1）列出电路方程。

驱动方程：$J_0 = 1$，$K_0 = Q_2^n$，$J_1 = \overline{Q_2^n}$，$K_1 = \overline{Q_0^n}$，$J_2 = Q_1^n$，$K_2 = \overline{Q_1^n}$。

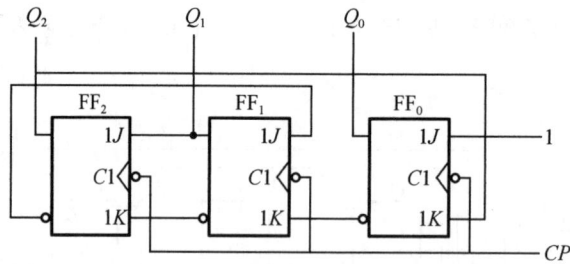

图 9-24　例 9-2 的逻辑电路图

状态方程：$Q_0^{n+1}=\overline{Q}_0^n+\overline{Q}_2^n\cdot Q_0^n,Q_1^{n+1}=\overline{Q}_2^n\cdot\overline{Q}_1^n+Q_1^n\cdot Q_0^n,Q_2^{n+1}=Q_1^n$。

（2）列写状态表（表 9-14），画出状态图和波形图，如图 9-25 所示。

表 9-14　例 9-2 的状态表

CP	Q_2	Q_1	Q_0
0	0	0	0
1	0	1	1
2	1	1	1
3	1	1	0
4	1	0	1
5	0	0	0

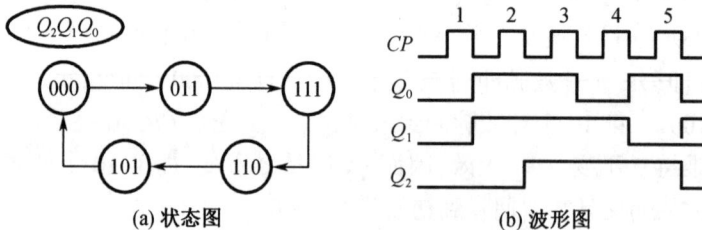

(a) 状态图　　(b) 波形图

图 9-25　例 9-2 的状态图和波形图

（3）说明电路功能：是同步五进制计数器。

4.时序逻辑电路的分析方法

时序逻辑电路的逻辑功能可用逻辑电路图、状态方程、状态表、卡诺图、状态图和时序图（波形图）等 6 种方法来描述，它们在本质上是相通的，可以互相转换。时序电路的分析，就是由逻辑图到状态图的转换，进而判断电路逻辑功能。

时序逻辑电路的分析步骤：

①根据逻辑电路图，列出触发器的时钟方程、驱动方程和输出方程；

②根据触发器的特性方程和驱动方程，列出状态方程；

③根据状态方程,通过简单计算,列出状态表,画出状态图或时序图(波形图);

④根据状态表或状态图或时序图,判断电路逻辑功能。

例 9-3 分析如图 9-26 所示逻辑电路的功能,设电路的初始状态为"000"。

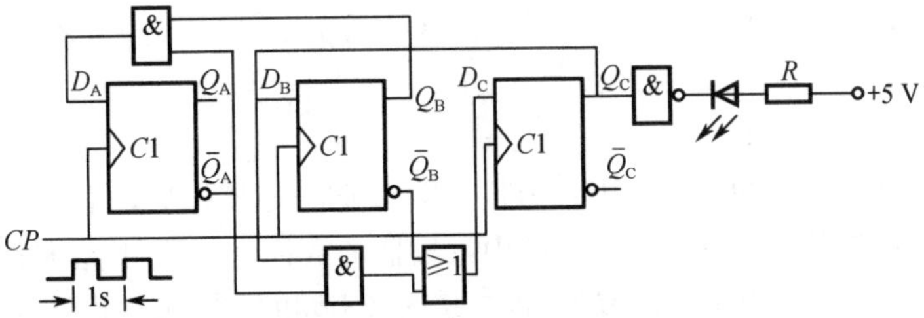

图 9-26 例 9-3 的逻辑电路

解 (1)列出电路方程。

驱动方程:$D_A = \overline{Q}_A Q_B$;$D_B = Q_C$;$D_C = \overline{Q}_A Q_C + \overline{Q}_B$

状态方程:$Q_A = D_A = \overline{Q}_A Q_B$;$Q_B = D_B = Q_C$;$Q_C = D_C = \overline{Q}_A Q_C + \overline{Q}_B$

(2)列出状态表,如表 9-15 所示。

(3)由状态表知,在时钟脉冲 CP 的作用下,电路的 5 个状态循环变化,即 $100 \rightarrow 110 \rightarrow 111 \rightarrow 010 \rightarrow 001 \rightarrow 100 \rightarrow \cdots$

当 $Q_C = 1$ 时,发光二极管 LED 亮。时钟脉冲 CP 的周期为 1 s,所以发光二极管 LED 做亮 3 s、暗 2 s 的循环。

表 9-15 例 9-3 的状态表

CP	$D_C = \overline{Q}_A Q_C + \overline{Q}_B$	$D_B = Q_C$	$D_A = \overline{Q}_A Q_B$	Q_C	Q_B	Q_A
0	1	0	0	0	0	0
1	1	1	0	1	0	0
2	1	1	1	1	1	0
3	0	1	0	1	1	1
4	0	0	0	1	1	0
5	1	0	0	0	0	1
6	1	1	0	1	0	0

9.2.2 设计分立元器件计数器电路

同步时序逻辑电路的设计是分析的逆过程,其任务是根据实际逻辑问题的要求,设计出能实现给定逻辑功能的电路。时序逻辑电路比组合逻辑电路复杂,它由组合电路和存储电路两部分组成,其设计主要任务在于存储电路部分的设计。由时序电路的分析过程知道,只要求出了时钟方程、驱动方程和输出方程,画逻辑图就很容易了。

1. 同步时序电路的设计步骤

（1）根据设计要求建立原始状态图或原始状态表

（2）简化原始状态表

在构成原始状态图或状态表时，往往根据设计要求，为了充分描述电路的功能，可能在列出的状态之间有一定的联系而可以合并，在这种情况下就应消去多余的状态，从而得到最简化的状态表。

（3）状态分配（状态编码）

状态分配是指简化后的状态表中各个状态用二进制代码来表示，因此状态分配又叫状态编码。二进制编码的位数等于存储电路中触发器的数目 n，它与电路的状态数 N 之间应满足 $2^n \geqslant N \geqslant 2^{n-1}$。另外，由于状态编码不唯一，选择不同的状态编码设计的电路，其复杂程度是不同的，只有合适的状态编码才能得到简单的电路。

（4）触发器的选择

选定了状态编码后，还应选择合适的触发器类型，才能得到对应的最佳电路。

（5）求出系列方程

在选定触发器后，画出状态卡诺图，求出各级触发器的驱动方程、状态方程（特征方程）和输出方程。

（6）检查计数器能否自启动

在各类计数器中，常常是电路的状态没有被充分利用。被利用的状态称为有效状态，而没被利用的状态则称为无效状态。电路在工作时，若由于某种原因进入无效状态后，必须能自动转入有效状态的循环中去，否则将是不能自启动的计数器。在这种情况下，必须修改驱动方程，使之变成具有自启动能力的计数器。

（7）画出逻辑电路图

由方程组画出组合电路，由触发器的类型和数目画出存储电路，从而构成完整的同步时序逻辑电路。

2. 设计举例

例 9-4　设计一个同步六进制加法计数器。

解　（1）建立编码后的状态图

如果逻辑任务简单明了，往往原始状态图及原始状态表可以省略，而直接画出经状态编码后的状态图和状态表。

由于 $2^n \geqslant 6 \geqslant 2^{n-1}$，所以取 $n=3$，即六进制计数器应由 3 级触发器组成。3 级触发器有八种状态，从中选出六种状态，方案很多。现按 000、001、010、011、100、101 这六种状态选取，如图 9-27 所示。

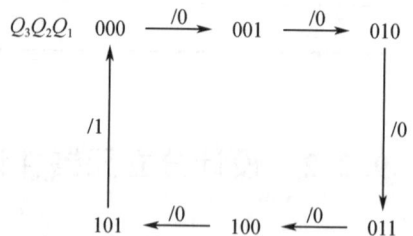

图 9-27　六进制加法计数器状态转换图

（2）选择触发器，写出状态方程、输出方程和驱动方程

选择 JK 触发器。按上述状态关系画出各级触发器卡诺图，如图 9-28 所示。由此得到各级触发器的状态（次态）方程及驱动方程（函数）。

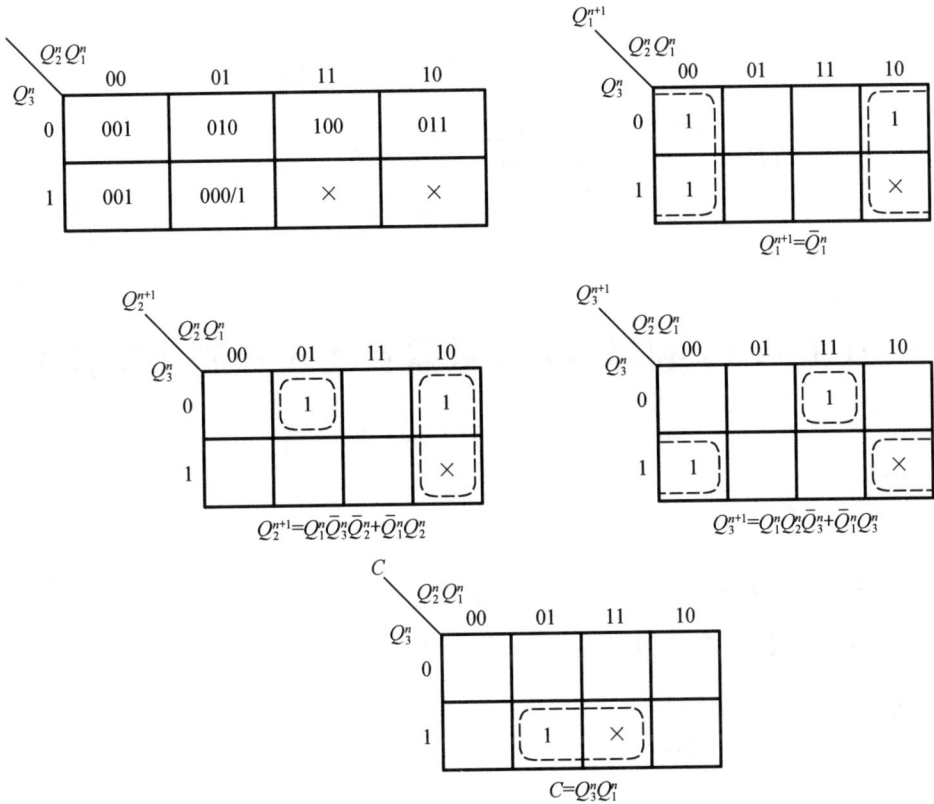

图 9-28 例 9-4 的卡诺图

状态方程

$$\begin{cases} Q_1^{n+1} = \overline{Q}_1^n = 1\overline{Q}_1^n + \overline{1}Q_1^n \\ Q_2^{n+1} = Q_1^n \overline{Q}_3^n \ \overline{Q}_2^n + \overline{Q}_1^n Q_2^n \\ Q_3^{n+1} = Q_1^n Q_2^n \overline{Q}_3^n + \overline{Q}_1^n Q_3^n \end{cases}$$

输出方程

$$C = Q_3^n Q_1^n$$

驱动方程

$$\begin{cases} J_1 = K_1 = 1 \\ J_2 = Q_1^n \overline{Q}_3^n, K_2 = Q_1^n \\ J_2 = Q_1^n Q_2^n, K_3 = Q_1^n \end{cases}$$

(3)检查自启动能力

把未使用的状态(110、111)代入上述次态方程,得到它们的状态变化为 110 $\xrightarrow{/0}$ 111 $\xrightarrow{/1}$ 000,均能进入 000 有效状态,故能自启动。

(4)画逻辑电路图

图 9-29 为六进制加法计数器逻辑图。

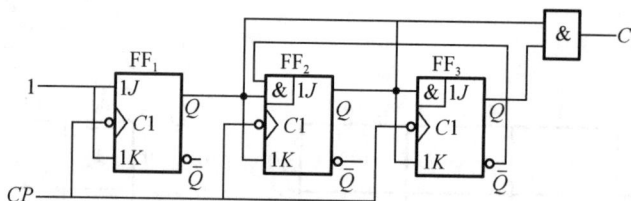

图 9-29　六进制加法计数器逻辑图

任务 9.3　利用集成计数器实现 N 进制计数器

【任务目标】

(1) 掌握集成异步计数器芯片的工作原理。
(2) 掌握集成同步计数器芯片的工作原理。
(3) 能够使用集成计数器实现任意进制计数器。

【任务内容】

9.3.1　利用集成异步计数器实现 N 进制计数器

要实现任意进制计数器,必须选择使用一些集成二进制或十进制计数器的芯片。

表 9-16 列出了常用的中规模集成计数器的主要品种。常见的集成异步计数器芯片型号有 74LS290、74LS292、74LS293、74LS390、74LS393 等几种,它们的功能和应用方法基本相同,下面以二–五–十进制异步计数器(74LS290)为例进行介绍。

集成异步计数器芯片 74LS290 主要有 STDTTL(标准 TTL 电路)和 LSTTL(低功耗肖特基 TTL 电路)两种系列产品,这两者的逻辑符号、外引线图与逻辑功能完全相同,区别在于集成工艺上的差异。表 9-16 列出了常用的中规模集成计数器的主要品种。

表 9-16　中规模集成计数器的主要品种

类别	型号	名称	功能
TTL	74LS290	异步二–五–十进制计数器	双计数输入,直接置9,直接清零
	74LS197	异步二–八–十六进制计数器	直接清零,可预置数,双时钟
	74LS160	同步4位十进制计数器	同步预置数,异步清零
	74LS161	同步4位二进制计数器	异步清零,同步预置数
	74LS163	同步4位二进制计数器	同步清零,同步预置数

表 9-16(续)

类别	型号	名称	功能
TTL	74LS191	同步可逆 4 位二进制计数器	异步预置数,带加/减控制
	74LS192	同步可逆十进制计数器	异步清零异步预置数,双时钟
	74LS193	同步可逆 4 位二进制计数器	异步清零,预置数,双时钟
CMOS	CC4024	7 位二进制串行计数器	带清零端,有 7 个分频输出
	CC4040	14 位二进制串行计数器	带清零端,有 12 个分频输出
	CC4518	双同步十进制加法计数器	异步清零,CP 脉冲可采用正负沿触发
	CC4520	双同步 4 位二进制计数器	异步清零,CP 脉冲可采用正负沿触发
	CC4510	同步可逆十进制计数器	异步清零,异步预置数,可级联
	CC4516	同步可逆 4 位二进制计数器	异步清零,异步预置数,可级联
	CC40160	同步十进制计数器	同步预置数,异步清零
	CC40161	同步 4 位二进制计数器	同步预置数,异步清零

  下面主要介绍集成二-五-十进制异步计数器(74LS290)的工作原理。74LS290 的逻辑符号及外引线图如图 9-30 所示。外引线图中,$S_{9(1)}$、$S_{9(2)}$ 称为直接置"9"端,$R_{0(1)}$、$R_{0(2)}$ 称为直接置"0"端;$\overline{CP}_0$、$\overline{CP}_1$ 端为计数脉冲输入端,Q_3、Q_2、Q_1、Q_0 为输出端,NC 表示空脚。

  74LS290 是一种较为典型的中规模集成异步计数器,其内部为二进制和五进制计数器两个独立的部分。其中二进制计数器为从 $\overline{CP}_0$ 输入计数脉冲,从 Q_0 端输出;五进制计数器从 $\overline{CP}_1$ 输入计数脉冲,从 Q_3、Q_2、Q_1、Q_0 端输出。这两部分既可单独使用,也可连接起来使用,以构成十进制计数器,"二-五-十进制计数器"由此得名。

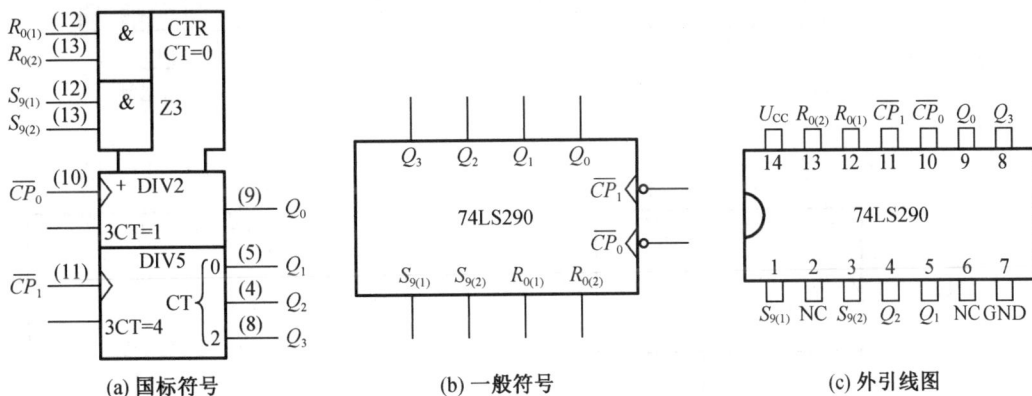

图 9-30 集成二-五-十进制异步计数器(74LS290)

  表 9-17 为 74LS290 的功能表,由表可知其功能,简单介绍如下:

  直接置 9:当 $S_{9(1)}$、$S_{9(2)}$ 全为高电平(H),$R_{0(1)}$、$R_{0(2)}$ 中至少有一个低电平(L)时,不论其

他输入 $\overline{CP}_0$、$\overline{CP}_1$ 如何，$Q_3Q_2Q_1Q_0 = 1001$，故又称为异步置 9 功能。

表 9-17 74LS290 的功能表

$S_{9(1)}$	$S_{9(2)}$	$R_{0(1)}$	$R_{0(2)}$	$\overline{CP}_0$	$\overline{CP}_1$	Q_3	Q_2	Q_1	Q_0
H	H	L	×	×	×	1	0	0	1
H	H	×	L	×	×	1	0	0	1
L	×	H	H	×	×	0	0	0	0
×	L	H	H	×	×	1	0	0	0
$S_{9(1)} \cdot S_{9(2)} = 0$ $R_{0(1)} \cdot R_{0(2)} = 0$				$CP\downarrow$ 0 CP Q_3	0 $CP\downarrow$ Q_0 $CP\downarrow$	二进制 五进制 8421 十进制 5421 十进制			

直接置 0：但 $R_{0(1)}$、$R_{0(2)}$ 全为高电平，$S_{9(1)}$、$S_{9(2)}$ 中至少一个为低电平时，不论其他输入状态如何，计数器输出 $Q_3Q_2Q_1Q_0 = 0000$，故又称为异步清零功能或复位功能。

计数：当 $R_{0(1)}$、$R_{0(2)}$ 及 $S_{9(1)}$、$S_{9(2)}$ 不全为 1，输入计数脉冲 CP 时，开始计数。图 9-31 是它的几种基本计数方式。

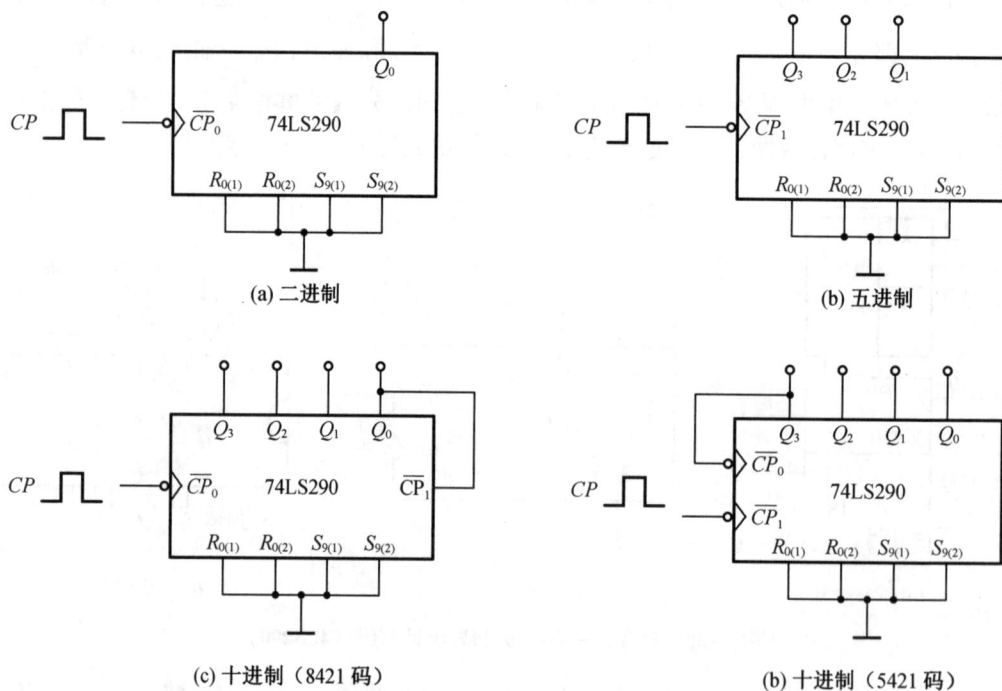

(a) 二进制

(b) 五进制

(c) 十进制（8421 码）

(b) 十进制（5421 码）

图 9-31 74LS290 的基本计数方式

1. 二、五进制计数

当由 $\overline{CP_0}$ 输入计数脉冲 CP 时,Q_0 为 $\overline{CP_0}$ 的二分频输出,如图 9-31(a)所示;当由 $\overline{CP_1}$ 输入计数脉冲 CP 时,Q_3 为 $\overline{CP_1}$ 的五分频输出,如图 9-31(b)所示。

2. 十进制计数

若将 Q_0 与 $\overline{CP_1}$ 连接,计数脉冲 CP 由 $\overline{CP_0}$ 输入,先进行二进制计数,再进行五进制计数,这样即组成标准的 8421 码十进制计数器,如图 9-31(c)所示,这种计数方式最为常用;若将 Q_3 与 $\overline{CP_0}$ 连接,计数脉冲 CP 由 $\overline{CP_1}$ 输入,先进行五进制计数,再进行二进制计数,即组成 5421 码十进制计数器,如图 9-31(d)所示。

【任务实施 1】

集成异步计数器实现 N 进制计数器的实现

1. 目的

(1)熟悉中规模集成异步计数器 74LS290 的功能。

(2)利用 74LS290 构成所需七进制加法计数器并验证其功能。

(3)进一步熟悉数字逻辑实验台的译码显示功能。

2. 设备及器件

(1)数字逻辑实验台。

(2)元器件计数器 74LS290,74LS20 芯片,导线若干。

3. 原理和电路

通过对 74LS290 外部引线进行不同方式的连接(主要采用反馈清零法),可以构成任意(N)进制计数器(分频器)。图 9-32 是利用 74LS290 构成七进制加法计数器。将图中 74LS290 连接成 8421 码十进制方式,在计数脉冲 CP 作用下,当计数到 0111(7)状态时,$Q_2Q_1Q_0=111$,当门输出反馈使 $R_{0(1)} \cdot R_{0(2)}=1$,置 0 功能有效,计数器迅速复位到 0000 状态。显然,0111 是一个极短的过渡状态(10 ns 左右),即刚到 0111 状态时就迅速清零,所以实际出现的计数状态为 0000~0110 这 7 种(而不含有 0111),故为七进制计数器。

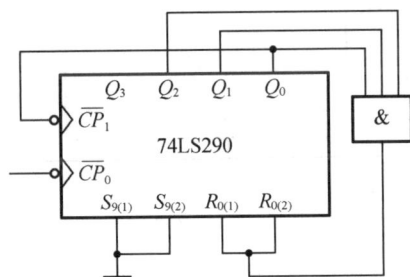

图 9-32　74LS290 构成七进制计数器的外引线图

4. 内容及步骤

(1)设计利用 74LS290 及辅助门电路构成七进制计数器,设计相应电路,画出电路图。

（2）测试 74LS290 的逻辑功能。*CP* 选用手动单次脉冲。输出接发光二极管 LED 显示。

（3）按照电路图进行接线并严格检查线路接线是否正确。

（4）验证电路,要求能够实现七进制加法计数器逻辑功能(用实验台上的 LED 译码显示电路显示)。

（5）记录实训数据,列出计数状态顺序表,画出工作波形。

（6）自行拟出实验步骤,写出实训报告。

5. 思考

（1）整理实验测试结果,以 $N=7$ 为例,分别画出实训电路图,列出计数状态顺序表,画出工作波形。

（2）试利用 74LS290 构成六进制计数器,画出电路图、状态图及波形图。

9.3.2　利用集成同步计数器实现 N 进制计数器

常见的集成同步计数器型号有 74LS160/161、74LS162/163、74LS190/191、74LS192/193、CC4510 等。其中 74LS160～74LS163 为可预置数加法计数器;74LS190～74LS193 为可预置数加/减可逆计数器(其中 74LS192/193 为双时钟)。

下面主要介绍集成同步四位十进制/二进制加法计数器(74LS160～163 芯片)的功能。74LS160～74LS163 均在计数脉冲 *CP* 的上升沿作用下进行加法计数,其中 74LS160/161 二者外引线相同,逻辑功能也相同,所不同的是 74LS160 为十进制,而 74LS161 为十六进制(162/163 与此类似)。下面以 74LS160/161 为例进行介绍。

74LS160/161 的逻辑符号和外引线图如图 9-33 所示。其中 $\overline{R_D}$ 为异步清零端,$\overline{LD}$ 为同步置数端,*EP*、*ET* 为保持功能端,*CP* 为计数脉冲输入端,$D_0 \sim D_3$ 为数据端,$Q_0 \sim Q_3$ 为输出端,*RCO* 为进位输出端。74LS160/161 的功能表见表 9-18。

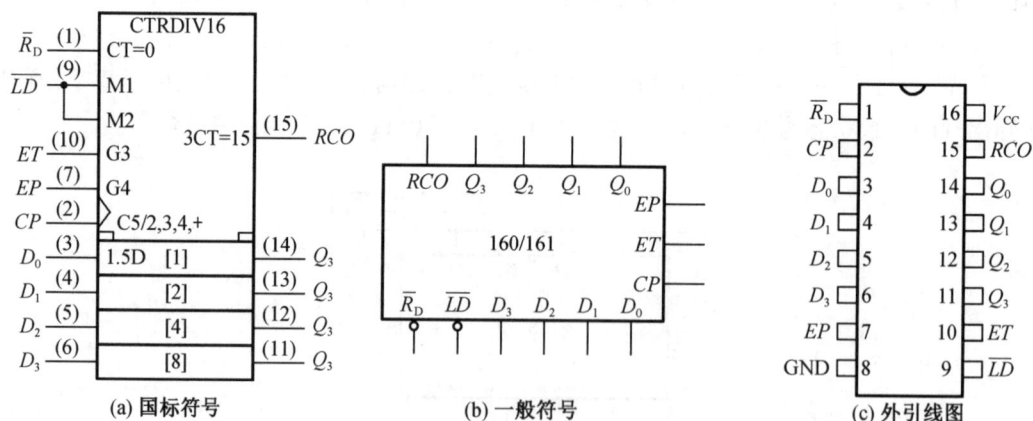

图 9-33　计数器 74LS160/161

表9-18 74LS160/161 的功能表

输入					输出
CP	$\overline{LD}$	$\overline{R}_D$	EP	ET	Q
×	×	L	×	×	全"L"
↑	L	H	×	×	预置数据
↑	H	H	H	H	计数
×	H	H	0	×	保持
×	H	H	×	0	保持

1. 异步清零

当 $\overline{R}_D = 0$ 时,使计数器清零。由于 $\overline{R}_D$ 端的清零功能不受 CP 控制,故称为异步清零。

2. 同步预置

当 $\overline{LD} = 0$,但还需要 $\overline{R}_D = 1$(清零无效),且逢 CP 上升沿时,使 $Q_3Q_2Q_1Q_0 = D_3D_2D_1D_0$,即将初始数据 $D_3D_2D_1D_0$ 送到相应的输出端,实现同步预置数据。

3. 计数功能

当 $\overline{R}_D = \overline{LD} = EP = ET = 1$(均为 H,无效),且逢 CP 上升沿时,74LS160/161 按十进制/十六进制计数。

4. 保持功能

当 $\overline{R}_D = \overline{LD} = 1$,同时 EP、ET 中有一个为 0 时,无论有无计数脉冲 CP 输入,计数器输出保持原状态不变。

如图9-34 所示为74LS160 的时序图。

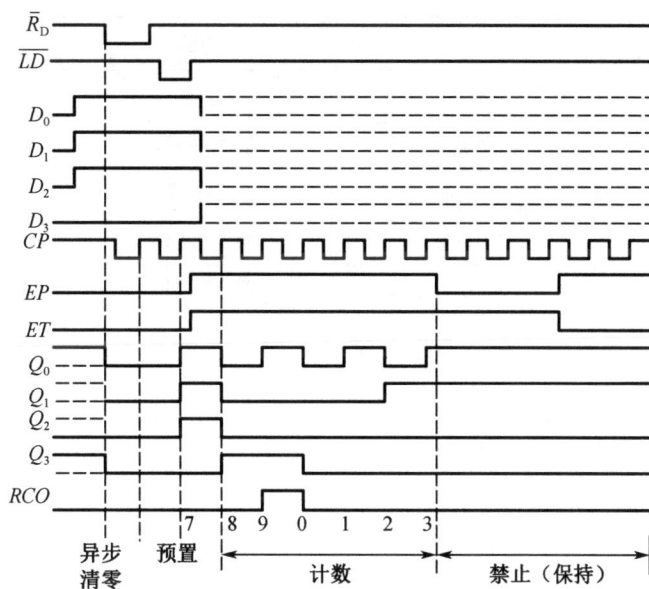

图9-34 计数器74LS160 的时序图

从时序图中能直观地看到 $\overline{R}_D$、$\overline{LD}$、EP、ET 均为低电平(L)有效,且控制级别均高于 CP 脉冲,其中 $\overline{R}_D$ 级别最高,其余依次是 $\overline{LD}$、EP、ET,当第 10 个 CP 脉冲上升沿到来时,进位信号 RCO 来一个下降沿,表示产生一个进位信号(逢十进一)。

表 9-19 列出了 74LS160 的典型参数,以供参考。

表 9-19　74LS160 典型参数

型号	t_{pd}/ns($CP\sim Q$)	f_{max}/MHz	P_D/mW
160	14	32	305
LS160A	14	32	93
ALS160A	12.0	40	60
AS160	6.0	—	200
F160	6.0	120	185
HC160	41(max)	27(max)	0.048
AC160	5.75	118	0.044
HCT160	41(max)	27(max)	0.044
ACT160	5.75	118	0.044

上面主要介绍了 74LS160/161 的逻辑功能,现将 74LS160～74LS163 进行综合比较,见表 9-20。由表 9-20 可知,74LS162/163 与 74LS160/161 的主要区别是同步清零。所谓同步清零是指当清零端 $\overline{R}_D$ 为低电平时,还需在 CP 上升沿作用下,才能完成清零功能。

表 9-20　74LS160～74LS163 功能比较

型号	功能		
	进制	清零	预置数
74LS160	十进制	低电平异步	低电平同步
74LS161	十六进制	低电平异步	低电平同步
74LS162	十进制	低电平同步	低电平同步
74LS163	十六进制	低电平同步	低电平同步

【任务实施 2】

集成同步计数器实现 N 进制计数器实训
（74LS160/161 计数器的应用）

1. 目的

(1) 熟悉中规模集成同步计数器 74LS160/161 的功能。

(2) 使用 74LS160/161 同步计数器采用不同的方法可以构成任意（ N ）进制计数器。

①采用反馈清零法用 74LS160/161 构成六进制加法计数器。

②采用预置数法用 74LS160/161 构成六进制计数器。

③进位输出置最小数法用 74LS161 构成九进制加法计数器。

*④级联法

a. 实训要求：采用异步级联方式使两片 74LS 160 构成二十四进制加法计数器。

b. 采用同步级联方式使三片 74LS161 构成 4096 进制加法计数器。

(3) 进一步熟悉数字逻辑实验台的译码显示功能。

2. 设备及器件

(1) 数字逻辑实验台。

(2) 元器件计数器 74LS160/161，74LS00 芯片，导线若干。

3. 原理和电路

本实训采用不同的方法使用 74LS160/161 同步计数器可以构成任意（ N ）进制计数器。

(1) 采用反馈清零法用 74LS160/161 构成六进制加法计数器。

反馈清零法是将 N 进制计数器的输出 $Q_3Q_2Q_1Q_0$ 中等于"1"的输出端，通过一个与非门反馈到清零端 $\overline{R}_\mathrm{D}$，使输出回零。

74LS160 反馈零法实现六进制计数器仿真实验

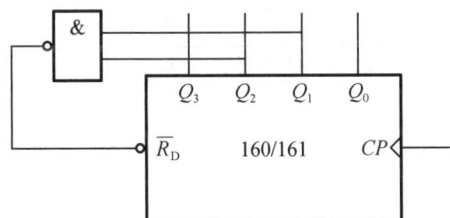

采用反馈清零法实现的六进制计数器电路如图 9-35（a）所示。因为 $N=6$，其对应的二进制数为 0110（即 $Q_3Q_2Q_1Q_0=0110$ ），所以将 Q_2、Q_1 通过与非门接至清零端 $\overline{R}_\mathrm{D}$，当第六个 CP 上升沿到来时，Q_2、Q_1 均为"1"，经与非门后使 $\overline{R}_\mathrm{D}=0$，同时计数器清零，从而实现了六进制计数，计数过程如图 9-35（b）。注意，这里 0110 只是一个过渡状态，不是计数状态。

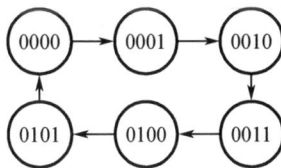

(a) 电路连接图　　　　(b) 计数过程（状态图）

图 9-35　74LS160/161 反馈清零法实现六进制计数器

（2）采用预置数法用 74LS160/161 构成六进制计数器。

预置数法是通过预置数端 $\overline{LD}$ 和数据输入端 $D_3D_2D_1D_0$ 来实现的,因是同步预置数,所以只能采用 $N-1$ 值反馈法。

采用预置数法实现的六进制计数器电路如图 9-36（a）所示。先令 $D_3D_2D_1D_0=0000$,并以此为计数初始状态。当第五个 CP 上升沿到来时,$Q_3Q_2Q_1Q_0=0101$,则 $\overline{LD}=\overline{Q_2Q_1}=0$,置数功能有效,但此时还不能置数(因第五个 CP 上升沿已过去),只有当第六个 CP 上升沿到来时,才能同步置数使 $Q_3Q_2Q_1Q_0=D_3D_2D_1D_0=0000$,完成一个计数周期,计数过程如图 9-36（b）所示。

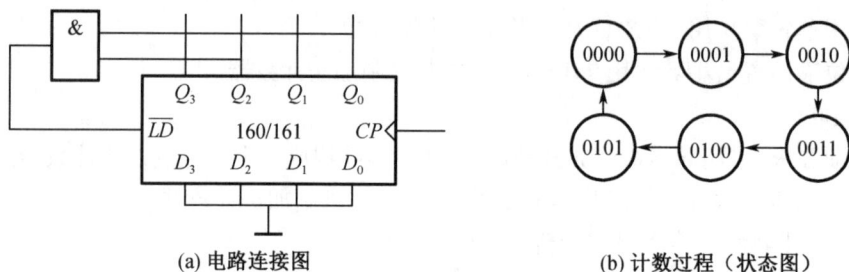

(a) 电路连接图　　　　　　　　　(b) 计数过程（状态图）

图 9-36　74LS160/161 预置数法实现六进制计数器

（3）进位输出置最小数法用 74LS161 构成九进制加法计数器。

进位输出置最小数法是将进位输出 RCO 经非门反馈到 $\overline{LD}$ 端,令数据端 $D_3D_2D_1D_0$ 预置最小数 M 对应的二进制数,则 M 是初始计数状态。

用 74LS161 实现九进制计数器,构成电路如图 9-37（a）所示。因为 $N=9$,最小数 $M=24-9=7$(对应二进制数 0111),令 $D_3D_2D_1D_0=0111$,可实现 0111~1111 共九个有效状态,如图 9-37（b）所示。

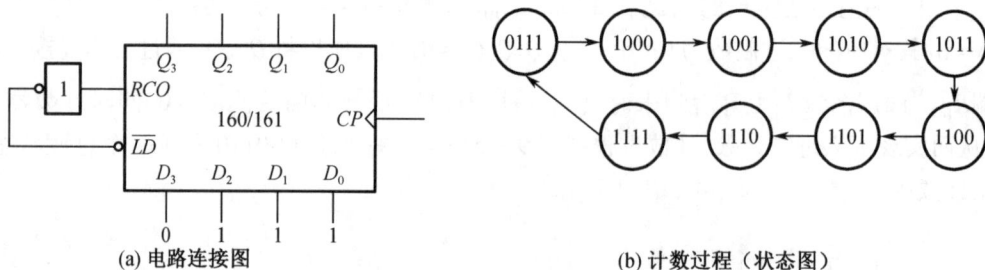

(a) 电路连接图　　　　　　　　　　　　(b) 计数过程（状态图）

图 9-37　74LS161 进位输出置最小数法实现九进制计数器

值得注意的是,当超过了十进制(如十二进制),就只能选择用 74LS161,而不能再用 74LS160 了。

*（4）级联法。

一片 74LS160/161 只能实现十/十六进制以内的计数器,当超过十/十六进制的时候,就需用多片计数器来实现,这就产生了级联问题。所谓级联就是片与片之间的进位连接。

①实训要求:采用异步级联方式使两片 74LS160 构成二十四进制加法计数器。

用低位计数器的进位输出 RCO 触发高位计数器的计数脉冲 CP 端,由于各片的 CP 端没有连在一起,所以为异步连接方式。

图 9-38 是两片 74LS160 采用异步级联方式实现的二十四进制计数器电路,具体原理自行分析。应该注意的是,因为 74LS160 在 CP 上升沿计数,而 RCO 在第 10 个 CP 下降沿产生进位输出,为了达到同步进位,必须在两级之间传入一个非门进行反相。

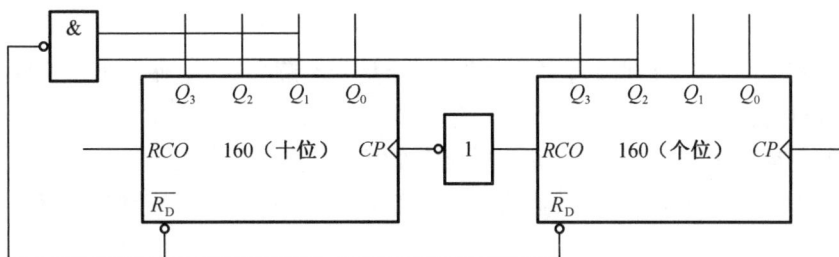

图 9-38 74LS160 采用异步级联方式实现二十四进制计数器

异步级联方式结构简单,方便易行,但由于是异步工作方式,高位计数器必须等待低位的一个计数周期运算完毕产生进位后,才能开始计数,所以工作速度较慢。

②采用同步级联方式使三片 74LS161 构成 4096 进制加法计数器。

用低位的进位输出 RCO 端触发高位的 EP、ET 端,由于各片的 CP 端都连在一起,所以为同步连接方式。

图 9-39 是三片 74LS161 用同步级联的方式实现 4096 进制计数器电路。在图 9-39 中,高位片的 EP、ET 分别受低位片的 RCO 端触发,而每片的 RCO 在计数到 1111 状态时产生高电平 1 使高位片开始计数($EP=ET=$ 1),只有当三片的 12 位输出全为 1(即 $Q_{11} \sim Q_0 = 11\cdots1$)后,再来一个 CP(即第 $2^{12}=4096$ 个 CP)脉冲触发时,最高位片Ⅲ的 RCO 端才产生一个进位信号,所以为 4096 进制。

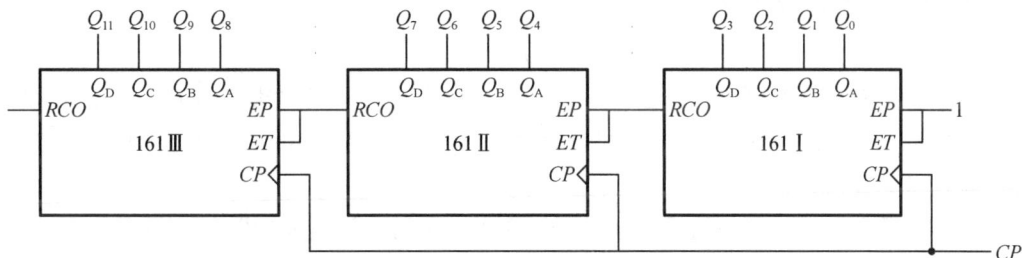

74LS161 同步级联构成 4096 进制计数器仿真实验

图 9-39 74LS161 同步级联构成 4096 进制计数器

4. 内容及步骤

(1)设计利用 74LS160/161 及辅助门电路构成六进制、十进制、二十四进制、4096 进制计数器,设计相应电路,画出电路图。

（2）测试 74LS160/161 的逻辑功能。CP 选用手动单次脉冲。输出接发光二极管 LED 显示。

（3）按照电路图进行接线并严格检查线路接线是否正确。

（4）验证电路,观察所连接的不同进制计数器逻辑功能(用实验台上的 LED 译码显示电路显示)。

（5）记录实训数据,列出计数状态顺序表,画出工作波形。

（6）自行拟出实验步骤,写出实训报告。

5. 任务思考

（1）整理测试结果,分别画出实验电路图、计数状态顺序表、工作波形图。完成实训报告,写出心得体会。

（2）总结 74LS161 的置零端和置数端的工作情况有何不同。

（3）利用两个 74LS161 芯片及辅助门电路实现十进制计数器,设计相应电路。

【项目小结】

1. 在任何时刻的输出,不仅与该时刻的输入信号有关,而且还与电路原来的状态有关,这样的电路称为时序逻辑电路。典型的时序逻辑电路有寄存器、计数器等。

2. 触发器是具有记忆功能的基本单元电路,是构成时序逻辑电路必不可少的重要组成部分,它能存储 1 位二进制代码。触发器按工作状态可分为双稳态触发器、单稳态触发器和无稳态触发器。双稳态触发器按结构可分为基本触发器、同步触发器、主从触发器和边沿触发器。按逻辑功能可分为 RS 触发器、JK 触发器、D 触发器等。

3. 基本 RS 触发器输出端的表达式为

$$Q=\overline{\overline{S}\cdot\overline{Q}}\quad \overline{Q}=\overline{\overline{R}\cdot Q}$$

同步 RS 触发器的特性方程为

$$\begin{cases} Q^{n+1}=S+\overline{R}Q^n \\ RS=0\text{（约束方程）} \end{cases}$$

JK 触发器的特性方程为

$$Q^{n+1}=J\overline{Q^n}+\overline{K}Q^n$$

4. 为了克服同步 RS 触发器输入端 R、S 同时为 1 时所出现的状态不定的缺点,可增加一个反相器,通过反相器把加在 S 端的 D 信号反相之后再送到 R 端,这样便构成了只有单输入端的同步 D 触发器。

5. 维持阻塞 D 触发器是边沿型触发器。它由 6 个与非门组成,其中 G_1、G_2 组成数据输入电路,G_3、G_4 组成时钟控制电路,G_5、G_6 组成基本 RS 触发器作为输出电路。

6. 计数器是一种应用十分广泛的时序逻辑电路,除用于计数、分频外,还广泛用于数字测量、运算和控制,主要由触发器组合构成。计数器是能对输入时钟脉冲的个数进行累计功能的时序逻辑电路。

7. 计数器的种类很多。计数器按计数过程中各个触发器状态的更新是否同步,可分为同步计数器和异步计数器;按计数过程中数值的进位方式,可分为二进制计数器、十进制计

数器和 M 进制计数器;按计数过程中数值的增减情况,可分为加法计数器(递增计数器)、减法计数器(递减计数器)和可逆计数器。

8.在任意给定时刻其输出状态由该时刻的输入和电路的原状态共同决定,这类电路称为时序逻辑电路(简称时序电路)。时序电路由组合电路和存储器构成,其中存储器即为讲过的触发器,是构成时序电路必不可少的记忆单元。

9.时序电路可分为同步时序电路和异步时序电路两大类。同步时序电路有一个统一的时钟脉冲,分别送到各触发器的 CP 端,因此各触发器状态的变化都发生在时钟脉冲触发沿(上升沿和下降沿)时刻,所以同步时序电路是与时钟脉冲同步工作的。异步时序电路没有统一的时钟脉冲,各触发器的 CP 端的时钟脉冲,有的来自输入信号,有的来自时序电路的其他地方,这说明各触发器的时钟脉冲不会同时变化,因此各触发器的状态也就不可能同时发生变化。

10.时序逻辑电路的分析步骤

(1)根据逻辑电路图,列出触发器的时钟方程、驱动方程和输出方程;

(2)根据触发器的特性方程和驱动方程,列出状态方程;

(3)根据状态方程,通过简单计算,列出状态表,画出状态图或时序图(波形图);

(4)根据状态表或状态图或时序图,判断电路逻辑功能。

11.同步时序电路的设计步骤

(1)根据设计要求建立原始状态图或原始状态表;

(2)简化原始状态表;

(3)状态分配(状态编码);

(4)触发器的选择;

(5)求出系列方程;

(6)检查计数器能否自启动;

(7)画出逻辑电路图。

【项目训练】

一、判断题

1.一个触发器可保存1位二进制。 (　　)

2.由与非门组成的基本 RS 触发器可用 $\bar{R}$ 和 $\bar{S}$ 端输入的信号直接进行置0或置1。 (　　)

3.上升沿触发器在时钟脉冲 $CP=1$ 期间,输出状态随信号变化。 (　　)

4.同步 RS 触发器在 $CP=1$ 期间,输出状态随输入 R、S 端的信号变化。 (　　)

5.上升沿 JK 触发器原状态为1,欲使其状态为0时,则在时钟脉冲 CP 上升沿到来前置 $J=1,K=1$。 (　　)

6.同步 JK 触发器在时钟脉冲 $CP=1$ 期间,J、K 输入信号发生变化时,对输出 Q 的状态不会有影响。 (　　)

7.边沿 JK 触发器在时钟 $CP=1$ 期间,J、K 输入信号发生变化时,输出 Q 的状态随之变化。 (　　)

8. 由触发器组成的电路是时序逻辑电路。　　　　　　　　　　　　（　　）

9. 时序逻辑电路由触发器和组合逻辑电路组成。　　　　　　　　　（　　）

10. 在同步计数器中,各触发器的时钟脉冲 CP 都相同。　　　　　　（　　）

11. 同步时序逻辑电路的分析方法和异步时序逻辑电路的分析方法完全相同。（　　）

12. 十进制计数器由十个触发器组成。　　　　　　　　　　　　　　（　　）

13. 异步计数器的计数速度最快。　　　　　　　　　　　　　　　　（　　）

14. 异步计数器中的各个触发器必须具有翻转功能。　　　　　　　　（　　）

15. 同步计数器和异步计数器串行级联后为异步计数器。　　　　　　（　　）

二、计算分析

1. 为什么说组合逻辑电路没有记忆功能,而时序逻辑电路有记忆功能?

2. 设由与非门构成的时钟 RS 触发器的初态为 0,当 R、S 和 CP 端加有图 9-40 所示波形时,试画出 Q 端的波形。

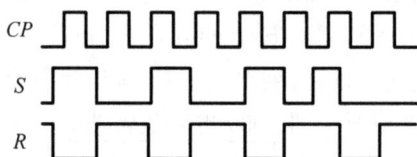

图 9-40　题 2 图

3. JK 触发器及 CP、J、K、$\overline{R_D}$ 的波形分别如图 9-41(a)(b)所示,试画出 Q 端的波形(设 Q 的初态为"0")。

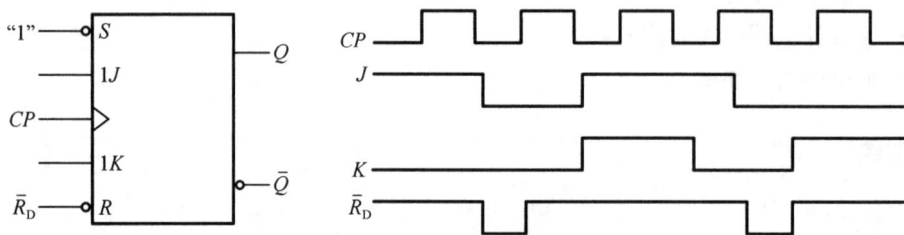

图 9-41　题 3 图

4. 试画出图 9-42 中各触发器在 CP 作用下 Q 端的波形(设各触发器初始状态均为 0)。

5. 分析图 9-43 所示电路,简述其逻辑功能。

6. 试用 4 位同步二进制计数器 74LS161 接成十三进制计数器,标出输入、输出端。可以附加必要的门电路。

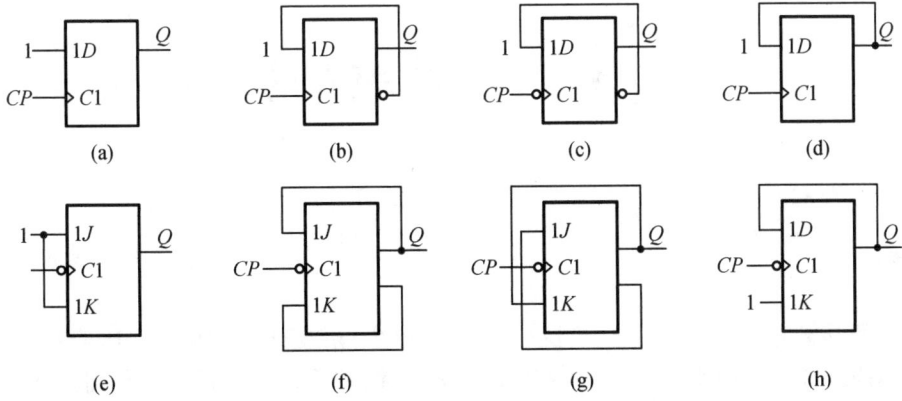

图 9-42　题 4 图

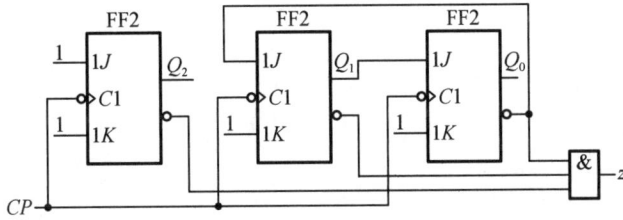

图 9-43　题 5 图

项目 10　变压器的认识

【项目描述】

　　变压器是输配电的基础设备,广泛应用于工业、农业、交通等领域。变压器就是一种利用电磁感应的原理变换交流电压、电流和阻抗的器件,其主要构件是初级线圈、次级线圈和铁芯。其中线圈构成电路,铁芯构成磁路,因此它既有电路的问题也有磁路的问题。电路的相关知识已在教材的前几个项目介绍过,本项目会介绍磁路的基本知识、电与磁之间的关系,并学习变压器的结构、工作原理与特性。

【项目目标】

　　知识目标:
　　(1)了解磁路的基本知识。
　　(2)掌握变压器的工作原理。
　　技能目标:
　　(1)会正确识读电力变压器的铭牌。
　　(2)认识三相电力变压器、小功率电源变压器、互感器、自耦变压器等常见变压器。
　　(3)能正确判别变压器绕组的极性。
　　(4)熟练使用钳形电流表测试电流等电气参数。

任务 10.1　学习变压器的基本知识

【任务目标】

　　(1)了解磁路的基本知识。
　　(2)掌握变压器的结构及工作原理。
　　(3)能够识读电力变压器的铭牌。

【任务内容】

*10.1.1　磁路的基本知识

1. 磁路的概念

在电工设备中,常采用导磁性能良好的铁磁材料做成一定形状的铁芯,给绕在铁芯上的线圈通以较小的励磁电流,就会在铁芯中产生很强的磁场。相比之下,周围非磁性材料中的磁场就显得非常弱,可以认为磁场几乎全部集中在铁芯所构成的路径内。这种由铁芯所限定的磁场称为磁路。常见的几种电气设备的磁路如图 10-1 所示。磁路可以是有分支磁路,如图 10-1(a)(c)所示,也可以是无分支磁路,如图 10-1(b)所示;磁路中可以有气隙,如图 10-1(b)(c)所示;也可以没有气隙,如图 10-1(a)所示。

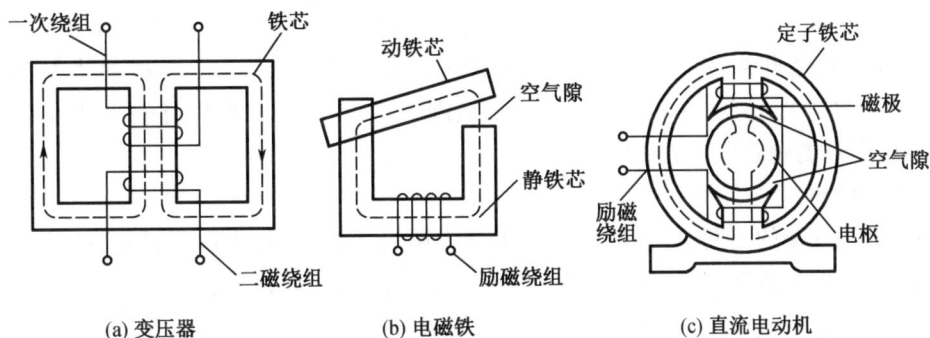

(a) 变压器　　　　(b) 电磁铁　　　　(c) 直流电动机

图 10-1　几种常见电气设备的磁路

2. 磁路欧姆定律

由铁磁材料制成的一个理想磁路(无漏磁)如图 10-2 所示,若线圈通过电流 I,则在铁芯中就会有磁通 Φ 通过。

实验表明,铁芯中的磁通 Φ 与通过线圈的电流 I、线圈匝数 N 以及磁路的截面积 S 成正比,与磁路的长度 l 成反比,还与组成磁路的铁磁材料的磁导率 μ 成正比,即

$$\Phi = \mu \frac{NI}{l} S = \frac{NI}{\dfrac{l}{\mu S}} = \frac{F}{R_{\mathrm{m}}} \qquad (10-1)$$

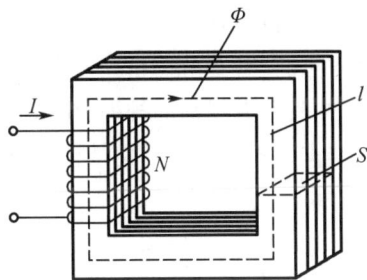

图 10-2　铁磁材料的理想磁路

式(10-1)在形式上与电路的欧姆定律($I = E/R$)相似,被称为磁路欧姆定律。磁路中的磁通对应于电路中的电流;磁动势 $F = NI$ 反映通电线圈励磁能力的大小,对应于电路中的电动势;磁阻 $R_{\mathrm{m}} = l/\mu S$ 对应于电路中的电阻 $R = \rho l/S$,是表示磁路材料对磁通起阻碍作用的物理量,反映磁路导磁性能的强弱。磁路与电路的比较见表 10-1。对于铁磁材料,由于 μ 不是常数,故 R_{m} 也不是常数。因此,式(10-1)主要被用来定性分析

磁路,一般不能直接用于磁路计算。

表 10-1 磁路与电路的比较

电路	磁路
电动势 E	磁动势 F
电流 I	磁通 Φ
电阻 $R=\rho l/S$	磁阻 $R_{\mathrm{m}}=l/\mu S$
电流密度 $J=I/S$	磁感应强度 $B=\Phi/S$
电路欧姆定律 $I=E/R$	磁路欧姆定律 $\Phi=F/R_{\mathrm{m}}$

对于由不同材料或不同截面的几段磁路串联而成的磁路,如有气隙的磁路,磁路的总磁阻为各段磁阻之和。由于铁芯的磁导率 μ 比空气的磁导率 μ_0 大许多倍,故即使空气隙的长度 l_0 很小,其磁阻 R_{m} 仍会很大,从而使整个磁路的磁阻大大增加。若磁动势 F 不变,则磁路中空气隙越大,磁通 Φ 就越小;反之,如线圈的匝数 N 一定,要保持磁通 Φ 不变,则空气隙越大,所需的励磁电流 I 也越大。

3. 铁磁材料

根据导磁性能的不同,自然界的物质可分为两大类:一类称为铁磁材料,如铁、钢、镍、钴及其合金和铁氧体等材料,这类材料的导磁性能好,磁导率很高;另一类为非铁磁材料,如铝、铜、纸、空气等,这类材料的导磁性能差,磁导率很低。任意一种物质导磁性能的好坏常用相对磁导率 μ_{r} 来表示,即 $\mu_{\mathrm{r}}=\mu/\mu_0$。其中,$\mu$ 为任意一种物质的磁导率,μ_0 为真空的磁导率,其值为常数 $\mu_0=4\pi\times10^{-7}$ H/m。非铁磁材料的相对磁导率大多接近于1,铁磁材料的相对磁导率可达几百、几千,甚至几万,是制造变压器、电机、电器等各种电工设备的主要材料。

铁磁材料的磁性能主要包括高导磁性、磁饱和性和磁滞性。

(1)高导磁性

在铁磁材料的内部存在许多磁化小区,称为磁畴,每个磁畴就像一块小磁铁。在无外磁场作用时,各个磁畴排列混乱,对外不显示磁性。随着外磁场的增强,磁畴逐渐转向外磁场的方向,呈有规则的排列,显示出很强的磁性,这就是铁磁材料的磁化现象,如图 10-3 所示。非铁磁材料没有磁畴结构,所以不具有磁化特性。

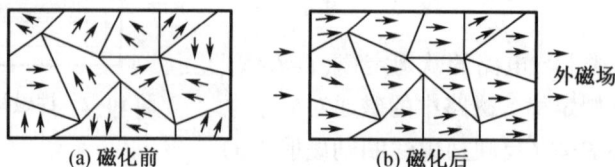

(a) 磁化前　　　　　(b) 磁化后

图 10-3 铁磁材料的磁化

（2）磁饱和性

当外磁场（或励磁电流）增大到一定值时，其内部所有的磁畴已基本上均转向与外磁场方向一致的方向上，因而再增大励磁电流其磁性也不能继续增强，这就是铁磁材料的磁饱和性。

铁磁材料的磁化特性可用磁化曲线 $B=f(H)$ 曲线，即磁感应强度 B 与磁场强度 H 的关系曲线来表示。铁磁材料的磁化曲线如图 10-4 中的曲线①所示，它不是直线。在 Oa 段，B 随 H 线性增大；在 ab 段，B 增大缓慢，开始进入饱和；b 点以后，B 基本不变，为饱和状态。铁磁性材料的 μ 不是常数，如图 10-4 中的曲线②所示。非磁性材料的磁化曲线是通过坐标原点的直线，如图 10-4 中的曲线③所示。

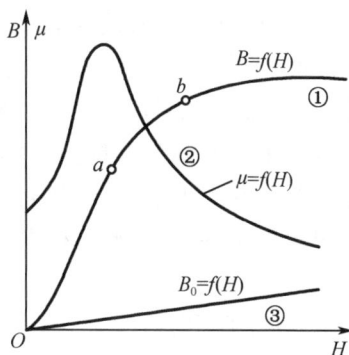

图 10-4　磁化曲线

（3）磁滞性

实际工作时，如果铁磁材料在交变的磁场中反复磁化，则磁感应强度 B 的变化总是滞后于磁场强度 H 的变化，这种现象称为铁磁材料的磁滞现象。铁磁材料反复磁化一周所构成的曲线称为磁滞回线，磁滞回线如图 10-5 所示。由图可见，当 H 减小时，B 也随之减小，但当 $H=0$ 时，B 并未回到零值，而是 $B=B_r$，B_r 称为剩磁感应强度，简称剩磁。若要使 $B=0$，则应使铁磁材料反向磁化，即使磁场强度为 $-H_c$。H_c 称为矫顽磁力，它表示铁磁材料反抗退磁的能力。

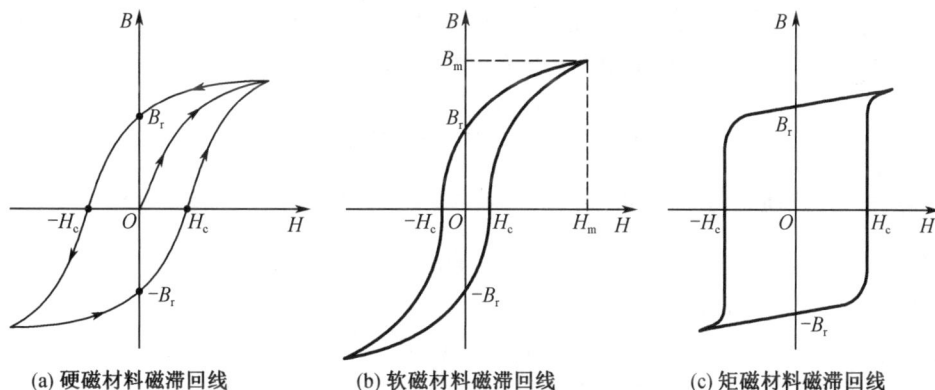

(a) 硬磁材料磁滞回线　　(b) 软磁材料磁滞回线　　(c) 矩磁材料磁滞回线

图 10-5　磁滞回线

铁磁材料按其磁性能又可分为硬磁材料、软磁材料和矩磁材料。如图 10-5 所示，硬磁材料的剩磁和矫顽磁力较大，磁滞回线形状较宽，适用于制作永久磁铁。硬磁材料包括碳钢、钴钢及铁镍铝钴合金等；软磁材料的剩磁和矫顽磁力较小，磁滞回线形状较窄，但磁化曲线较陡，即磁导率较高，适用于做变压器、电机和各种电器的铁芯。软磁材料包括如纯铁、硅钢片、坡莫合金等；矩磁材料的磁滞回线近似于矩形，剩磁很大，接近饱和磁感应强度，但矫顽磁力较小，易于迅速翻转，常在计算机和控制系统中用作记忆元件。矩磁材料包括镁锰铁氧体及某些铁镍合金等。

4. 交流铁芯线圈电路

（1）电磁关系

图 10-6 是交流铁芯线圈电路，线圈的匝数为 N，线圈电阻为 R。

将交流铁芯线圈的两端加交流电压 u，在线圈中就产生交流励磁电流 i，在交变磁动势 iN 的作用下产生交变的磁通。绝大部分磁通通过铁芯，称为主磁通 Φ，但还有很小一部分从附近的空气中通过，称为漏磁通 Φ_σ。

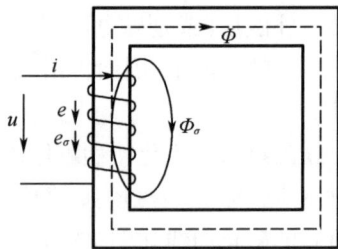

图 10-6　交流铁芯线圈电路

这两种交变的磁通都将在线圈中产生感应电动势，即主磁电动势 e 和漏磁电动势 e_σ，它们与磁通的参考方向之间符合右手螺旋法则。根据基尔霍夫电压定律可得铁芯线圈的电压平衡方程为

$$u = iR - e - e_\sigma \tag{10-2}$$

用相量表示，则可写成

$$\dot{U} = \dot{I}R - \dot{E} - \dot{E}_\sigma \tag{10-3}$$

由于线圈电阻上的压降 iR 和漏磁电动势 e_σ 都很小，与主磁电动势 e 比较均可忽略不计，故式（10-3）又可写为

$$\dot{U} = -\dot{E} \tag{10-4}$$

设主磁通 $\Phi = \Phi_m \sin \omega t$，由电磁感应定律，在规定的参考方向下，有

$$e = -N\frac{\mathrm{d}\Phi}{\mathrm{d}t} = -N\frac{\mathrm{d}(\Phi_m \sin \omega t)}{\mathrm{d}t} = -\omega N\Phi_m \cos \omega t$$

$$= 2\pi f N\Phi_m \sin(\omega t - 90°) = E_m \sin(\omega t - 90°) \tag{10-5}$$

式中，$E_m = 2\pi f N\Phi_m$ 是主磁通电动势的最大值，其有效值为

$$E = \frac{E_m}{\sqrt{2}} = \frac{2\pi f N\Phi_m}{\sqrt{2}} = 4.44 f N\Phi_m \tag{10-6}$$

用相量表示，则可写成

$$\dot{E} = -\mathrm{j}4.44 f N\Phi_m \tag{10-7}$$

又由式（10-4）可知，有效值

$$U \approx E = 4.44 f N\Phi_m \tag{10-8}$$

式中，U 的单位为伏（V），f 的单位为赫兹（Hz），Φ_m 的单位为韦伯（Wb）。

式（10-8）表明，在忽略线圈电阻及漏磁通的条件下，当线圈匝数 N、电源频率 f 及电源电压 U 一定时，主磁通的最大值 Φ_m 基本保持不变。这个结论对分析交流电机、电器及变压器的工作原理十分重要。

2. 功率损耗

交流铁芯线圈电路中，除了在线圈电阻上有功率损耗外，铁芯中也会有功率损耗。线圈上损耗的功率 I^2R 称为铜损，用 ΔP_{Cu} 表示；铁芯中损耗的功率称为铁损，用 ΔP_{Fe} 表示。铁损又包括磁滞损耗和涡流损耗两部分。

（1）磁滞损耗

铁磁材料交变磁化，由磁滞现象所产生的铁损称为磁滞损耗，用 ΔP_{h} 表示。它是由铁磁材料内部磁畴反复转向，磁畴间相互摩擦引起铁芯发热而造成的损耗。可以证明，铁芯中的磁滞损耗与该铁芯磁滞回线所包围的面积成正比，同时，励磁电流频率 f 越高，磁滞损耗也越大。当电流频率一定时，磁滞损耗与铁芯磁感应强度最大值的平方成正比。为了减小磁滞损耗，应采用磁滞回线窄小的软磁材料。例如变压器和交流电机中的硅钢片，其磁滞损耗就很小。

（2）涡流损耗

铁磁材料不仅有导磁能力，还有导电能力，因而在交变磁通的作用下铁芯内将产生感应电动势和感应电流，感应电流在垂直于磁通的铁芯平面内围绕磁力线呈旋涡状，如图 10-7（a）所示，故称为涡流。涡流使铁芯发热，其功率损耗称为涡流损耗，用 ΔP_{e} 表示。可以证明，涡流损耗与电源频率的平方及铁芯磁感应强度最大值的平方成正比。

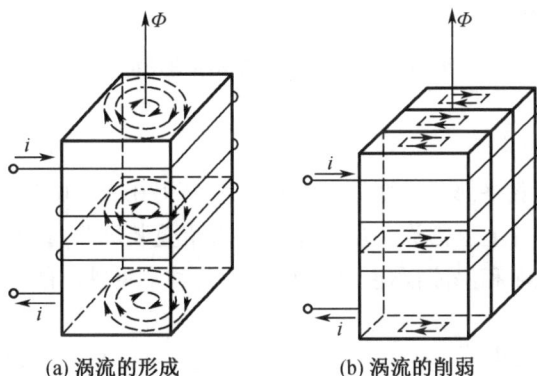

(a) 涡流的形成　　(b) 涡流的削弱

图 10-7　铁芯中的涡流

为了减小涡流损耗，当线圈用于一般工频交流电时，可将硅钢片叠成铁芯，如图 10-7（b）所示，这样将涡流限制在较小的截面内流通。因铁芯含硅，电阻率较大，也使涡流及其损耗大为减小。一般电机和变压器的铁芯常采用厚度为 0.35 mm 和 0.5 mm 的硅钢片叠成。对高频铁芯线圈，常采用铁氧体铁芯，其电阻率很高，可大大降低涡流损耗。

涡流也有其有利的一面，可利用其热效应来冶炼金属，如中频感应炉就是利用几百赫兹的交流电在被熔炼金属中产生的涡流进行冶炼的。

综上所述，交流铁芯线圈工作时的功率损耗为

$$\Delta P = \Delta P_{Cu} + \Delta P_{Fe} = \Delta P_{Cu} + \Delta P_{h} + \Delta P_{e} \tag{10-9}$$

10.1.2　观察变压器的结构并分析工作原理

变压器是根据电磁感应原理制成的一种电气设备，它具有变压、变流和变阻抗的作用，在各个工程领域获得广泛应用。

变压器的种类很多，按交流电的相数不同，分为单相变压器和三相变压器；按冷却方式不同，分为油浸（自冷）式变压器（把铁芯和绕组装进绝缘油箱中，借助于油的对流来加强冷

却）、干式变压器（变压器的热量直接散发到空气中）、充气式变压器（变压器的器身放在封闭的铁箱内,箱内充以绝缘性能好、传热快、化学性能稳定的气体）等。

1. 变压器的结构

变压器由铁芯和绕组两个基本部分组成,另外还有油箱等辅助设备。变压器基本结构和符号如图 10-8 所示。现分别介绍如下。

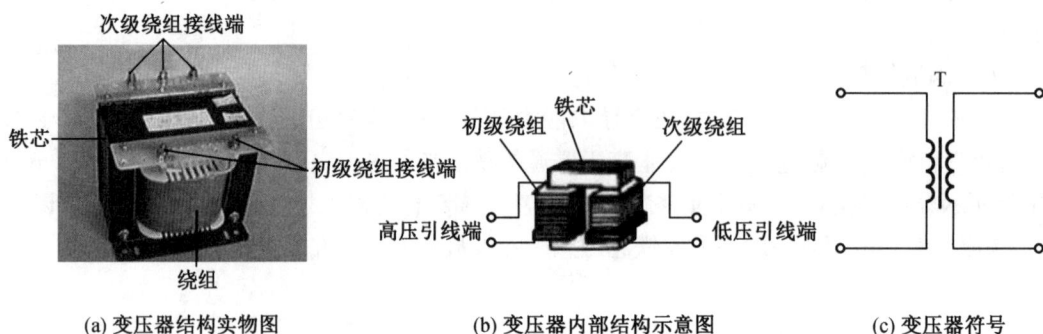

(a) 变压器结构实物图　　　　(b) 变压器内部结构示意图　　　　(c) 变压器符号

图 10-8　变压器的基本结构及符号

（1）铁芯

铁芯构成变压器的磁路部分。变压器的铁芯大多用 0.35~0.5 mm 厚的硅钢片交错叠装而成,叠装之前,硅钢片上还需涂一层绝缘漆。交错叠装即将每层硅钢片的接缝错开,这样可以减小铁芯中的磁滞和涡流损耗。图 10-9 为几种常见铁芯的形状。

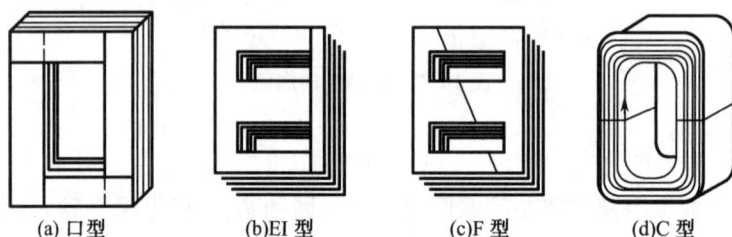

(a) 口型　　　　(b)EI 型　　　　(c)F 型　　　　(d)C 型

图 10-9　变压器的铁芯

2. 绕组

绕组构成变压器的电路部分。绕组通常用绝缘的铜线或铝线绕制,其中与电源相连的绕组称为原绕组（又称原边或初级）;与负载相连的绕组称为副绕组（又称副边或次级）。

一般小容量变压器的绕组用高强度漆包线绕制而成,大容量变压器可用绝缘扁铜线或铝线绕制。绕组的形状有筒型和盘型两种,如图 10-10 所示。筒型绕组又称同心式绕组,原、副绕组套在一起,一般低压绕组在里面,高压绕组在外面,这样排列可降低绕组对铁芯的绝缘要求。盘型绕组又称交叠式绕组,原、副绕组分层交叠在一起。

按铁芯和绕组的组合结构,通常又把变压器分为心式和壳式两种,结构形式示意图如图 10-11 所示,实物图如图 10-12 所示。心式变压器的绕组套在铁芯柱上,结构较简单,绕组的装配和绝缘都比较方便,且用铁量少,因此多用于容量较大的变压器,如电力变压器。

壳式变压器的铁芯把绕组包围在中间,故不要专门的变压器外壳,但它的制造工艺复杂,用铁量较多,常用于小容量的变压器中,如电子线路中的变压器多采用壳式结构。

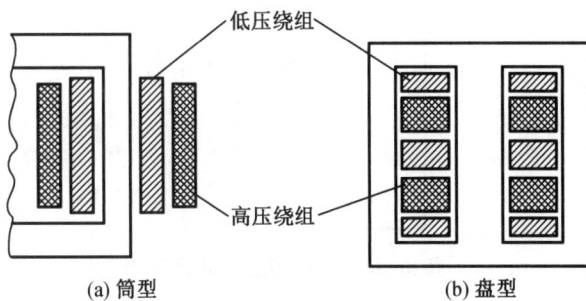

(a) 筒型   (b) 盘型

图 10-10   变压器的绕组

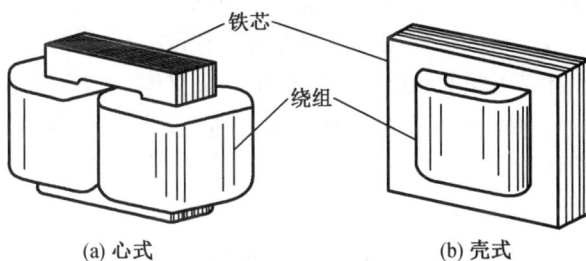

(a) 心式   (b) 壳式

图 10-11   变压器的结构形式示意图

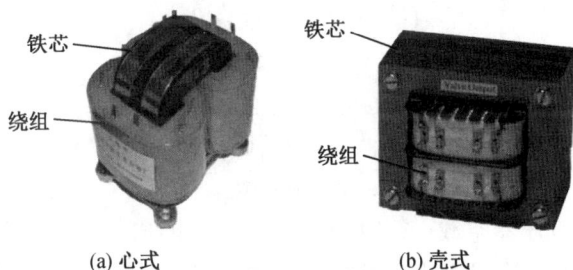

(a) 心式   (b) 壳式

图 10-12   心式和壳式变压器实物图

除了铁芯和绕组外,变压器还有其他一些部件,例如电力变压器的铁芯和绕组通常浸在油箱中,变压器油有绝缘和散热作用,为增强散热作用,油箱外还装有散热油管;此外,油箱上还装有为引出高低压绕组而使用的高低压绝缘套管,以及防爆管、油枕、调压开关、温度计等附属部件。

2. 变压器的工作原理

图 10-13 是一台单相变压器的空载运行原理图。它有两个绕组,为了分析方便,将原绕组和副绕组分别画在两边,其中原绕组的匝数为 N_1,副绕组的匝数为 N_2。

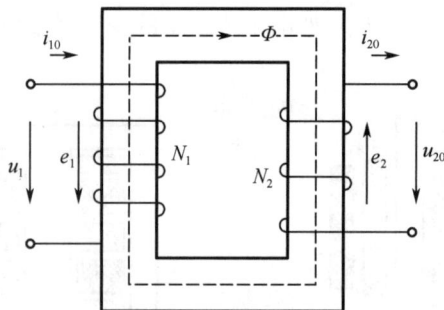

图 10-13　变压器的空载运行

（1）电压变换原理（变压器空载运行）

变压器的原绕组接交流电压 u_1，副边开路，这种运行状态称为空载运行。这时副绕组中的电流为零，电压为开路电压 u_{20}，原绕组通过的电流为空载电流 i_{10}，该电流就是励磁电流，如图 10-13 所示。各参量的方向按习惯参考方向选取，e_1、e_2 与 $\varPhi$ 符合右手螺旋法则。

由于副边开路，这时变压器的原边电路相当于一个交流铁芯线圈电路。其磁动势 $i_{10}N_1$ 在铁芯中产生主磁通 $\varPhi$，主磁通 $\varPhi$ 通过闭合铁芯，在原、副绕组中分别感应出电动势 e_1、e_2。根据电磁感应定律可得

$$\begin{cases} e_1 = -N_1 \dfrac{\mathrm{d}\varPhi}{\mathrm{d}t} \\[2mm] e_2 = -N_2 \dfrac{\mathrm{d}\varPhi}{\mathrm{d}t} \end{cases} \tag{10-10}$$

根据对交流铁芯线圈的分析，由式（10-7）和（10-8）可知

$$\begin{cases} U_1 \approx E_1 = 4.44 f N_1 \varPhi_{\mathrm{m}} \\[2mm] U_{20} \approx E_2 = 4.44 f N_2 \varPhi_{\mathrm{m}} \end{cases} \tag{10-11}$$

式中，f 为交流电源的频率，$\varPhi_{\mathrm{m}}$ 为主磁通的最大值。由式（10-11）可得

$$\frac{U_1}{U_{20}} \approx \frac{E_1}{E_2} = \frac{4.44 f N_1 \varPhi_{\mathrm{m}}}{4.44 f N_2 \varPhi_{\mathrm{m}}} = \frac{N_1}{N_2} = K \tag{10-12}$$

式（10-12）表明，变压器空载运行时，原、副绕组上电压的比值等于两者的匝数比，这个比值 K 称为变压器的变压比或变比。当原、副绕组匝数不同时，变压器就可以把某一数值的交流电压变换为同频率的另一数值的电压，这就是变压器的电压变换作用。当 $K>1$ 时，变压器为降压变压器；当 $K<1$ 时，变压器为升压变压器。

例 10-1　有一台 10 000 V/230 V 的单相变压器，其铁芯截面积 $S = 120 \ \mathrm{cm}^2$，磁感应强度的最大值 $B_{\mathrm{m}} = 1 \ \mathrm{T}$，当高压绕组接到 $f = 50 \ \mathrm{Hz}$ 的交流电源上时，求原、副绕组的匝数 N_1、N_2。

解　铁芯中磁通的最大值

$$\varPhi_{\mathrm{m}} = B_{\mathrm{m}}S = 1 \times 120 \times 10^{-4} = 0.012 \ \mathrm{Wb}$$

原绕组的匝数应为

$$N_1 = \frac{U_1}{4.44 f \varPhi_{\mathrm{m}}} = \frac{10\ 000}{4.44 \times 50 \times 0.012} = 3\ 754 \ \text{匝}$$

副绕组的匝数应为

$$N_2 = \frac{N_1}{K} = \frac{N_1}{U_1/U_2} = \frac{3\ 754}{10\ 000/230} = 86\ \text{匝}$$

（2）电流变换原理（变压器负载运行）

变压器的原绕组接交流电压 u_1，副绕组接负载 $|Z_L|$，变压器向负载供电，这种运行状态称为负载运行，如图 10-14 所示。负载运行后原边电流由 i_{10} 增大到 i_1，副边的电流为 i_2。电压 u_{20} 相应变为 u_2。

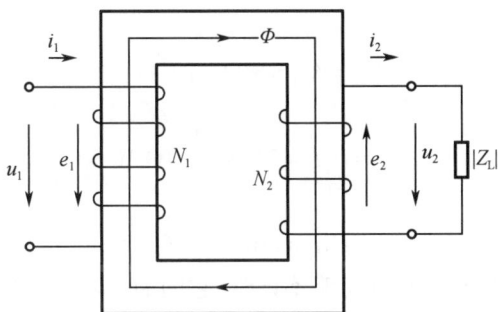

图 10-14　变压器的负载运行

这时 U_2 稍有下降，这是因为副绕组接上负载后，原、副边电流 i_1、i_2 均比空载时增大了，原、副绕组本身的内部压降也要比空载时增大，故副绕组电压 U_2 会比 E_2 低一些。但一般变压器内部压降小于额定电压的 10%，因此变压器有无负载对电压比影响不大，可以认为负载运行时变压器原、副绕组的电压比仍基本等于原、副绕组的匝数之比。

变压器负载运行时，由于 i_2 形成的磁动势 i_2N_2 对磁路也产生影响，故这时铁芯中的主磁通 Φ 是由 i_1N_1 和 i_2N_2 共同产生的。又由式 $U_1 \approx E_1 = 4.44fN_1\Phi_m$ 可知，当电源的电压和频率一定时，铁芯中磁通最大值 Φ_m 也保持不变，因而从空载状态到负载状态，磁动势应保持不变，即

$$\dot{I}_1N_1 + \dot{I}_2N_2 = \dot{I}_{10}N_1 \qquad (10\text{-}13)$$

由于变压器的空载电流 $\dot{I}_{10}$ 很小，一般只有额定电流的百分之几，因此当变压器额定运行时，$\dot{I}_{10}N_1$ 可忽略不计，于是

$$\dot{I}_1N_1 \approx -\dot{I}_2N_2 \qquad (10\text{-}14)$$

可见，变压器负载运行时，原、副绕组的磁动势方向相反，即 $\dot{I}_2N_2$ 对 $\dot{I}_1N_1$ 有去磁作用。也就是说，当副边电流 I_2 增大时，使铁芯中的主磁通 Φ 减小，这时原边电流 I_1 必然增加，以保持主磁通 Φ 基本不变，所以副边电流变化时，原边电流也会相应变化。

只考虑原、副绕组电流有效值，由式（10-14）可得

$$\frac{I_1}{I_2} \approx \frac{N_2}{N_1} = \frac{1}{K} \qquad (10\text{-}15)$$

上式说明，变压器负载运行时，其原绕组和副绕组电流有效值之比近似等于它们的匝

数比的倒数,即变压比的倒数,这就是变压器的电流变换作用。

例 10-2 已知一单相变压器原、副绕组匝数 $N_1 = 1\,000$,$N_2 = 200$,原边电流 $I_1 = 2$ A,副边电压 $U_2 = 50$ V,负载为纯电阻,若忽略变压器的漏磁和损耗,求变压器的原边电压 U_1、副边电流 I_2 和输入功率、输出功率。

解
$$K = \frac{N_1}{N_2} = \frac{1\,000}{200} = 5$$

故原边电压为
$$U_1 = KU_2 = 5 \times 50 = 250 \text{ V}$$

副边电流为
$$I_2 = KI_1 = 5 \times 2 = 10 \text{ A}$$

输入功率为
$$P_1 = U_1 I_1 = 250 \times 2 = 500 \text{ W}$$

输出功率为
$$P_2 = U_2 I_2 = 50 \times 10 = 500 \text{ W}$$

由此可见,当变压器的功率损耗忽略不计时,它的输入功率与输出功率相等,符合能量守恒定律。

(3)阻抗变换原理

由以上分析可知,虽然变压器的原、副绕组之间只有磁耦合关系,没有电的直接关系,但实际上原绕组的电流 I_1 会随着副绕组上负载阻抗 Z_L 的大小而变化,$|Z_L|$ 减小,则 $I_2 = U_2/|Z_L|$ 增大,$I_1 = I_2/K$ 也增大。因此,从原边电路来看,我们可以设想它存在一个等效阻抗 Z_L',Z_L' 能反映副边负载阻抗 Z_L 的大小发生变化时对原绕组电流 I_1 的作用。图 10-15 中点画线框内的电路可用另一个阻抗 Z_L' 来等效代替。所谓等效,就是它们从电源吸取的电流和功率相等。

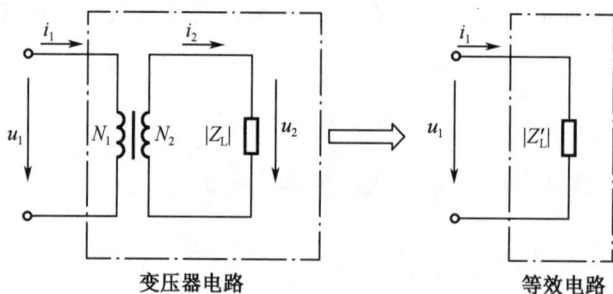

图 10-15 变压器的阻抗变换

当忽略变压器的漏磁和损耗时,等效阻抗可由下式求得:
$$|Z_L'| = \frac{U_1}{I_1} = \frac{KU_2}{\frac{1}{K}I_2} = K^2 \frac{U_2}{I_2} = K^2 |Z_L| \tag{10-16}$$

式(10-16)说明接在变压器副边的负载阻抗 $|Z_L|$ 反映到变压器原边的等效阻抗是 $|Z_L'| = K_2|Z|$,即扩大 K^2 倍,这就是变压器的阻抗变换作用。

变压器的阻抗变换作用常应用于电子电路中。例如，收音机、扩音机中扬声器的阻抗一般为几欧或几十欧，而其功率输出级要求负载阻抗为几十欧或几百欧才能使负载获得最大输出功率，这叫作阻抗匹配。实现阻抗匹配的方法就是在电子设备功率输出级和负载之间接入一个输出变压器，适当选择变比以获得所需的阻抗。

例 10-3　某交流信号源的电动势 $E = 100$ V，内阻 $R_0 = 500\ \Omega$，负载电阻 $R_L = 5\ \Omega$。试求：

（1）若负载直接接在信号源上，如图 10-16（a）所示，信号源输出的功率为多少？

（2）若负载接入输出变压器，电路如图 10-16（b）所示，要使折算到原边的等效电阻 $R_L' = R_0 = 500\ \Omega$，变压器的变比应选多少？阻抗变换后信号源输出功率是多少？

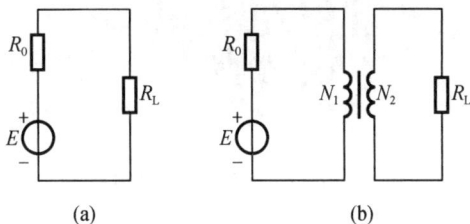

图 10-16　例 10-3 的图

解　（1）若负载直接接到信号源上，信号源的输出功率为

$$P = I^2 R_L = \left(\frac{E}{R_0 + R_L}\right)^2 R_L = \left(\frac{100}{500+5}\right)^2 \times 5 = 0.196$$

（2）当 $R_L' = R_0 = 500\ \Omega$ 时，输出变压器的变比为

$$K = \sqrt{\frac{R_L'}{R_L}} = \sqrt{\frac{500}{5}} = 10$$

这时信号源的输出功率为

$$P = I^2 R_L' = \left(\frac{E}{R_0 + R_L'}\right)^2 R_L'$$
$$= \left(\frac{100}{500+500}\right)^2 \times 500 = 5\ \text{W}$$

10.1.3　识读电力变压器的铭牌

电力变压器的铭牌实物如图 10-17 所示，电力变压器铭牌数据如图 10-18 所示。

1. 变压器的额定值

变压器的额定值是制造厂根据国家技术标准，对变压器长期正常可靠运行所制定的限制参数。额定值通常标注在变压器的铭牌上，故又称铭牌值。为了正确选择和使用变压器，必须了解和掌握其额定值。变压器的额定值主要包括额定电压、额定电流、额定容量、阻抗电压和额定频率。

（1）额定电压 U_{1N}、U_{2N}

变压器原绕组的额定电压是其绝缘强度和允许发热所规定的一次侧应加的正常工作

电压有效值,用符号 U_{1N} 表示。电力系统中,副绕组的额定电压 U_{2N} 是指在变压器空载以原绕组加额定电压 U_{1N} 时,副绕组两端端电压的有效值。在仪器仪表中,U_{2N} 通常指在变压器原边施加额定电压,副边接额定负载时的输出电压有效值。额定电压均指线电压。

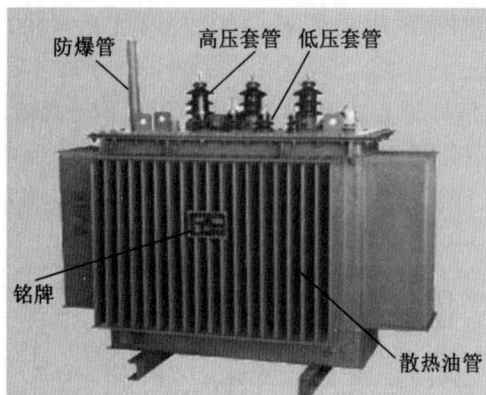

图 10-17 电力变压器铭牌实物图

电力变压器

产品型号 S7-500/10　　标准代号 ××××
额定容量 500 kVA　　产品代号 ××××
额定频率 50 Hz　　出厂序号 ××××

相数 3相
连接组 Y,yn0
阻抗电压 4%
冷却方式 油冷
使用条件 户外

开关位置	额定电压		额定电流	
	高压	低压	高压	低压
Ⅰ	10.5 kV		27.5 A	
Ⅱ	10 kV	400 V	28.9 A	721.7 A
Ⅲ	9 kV		30.4 A	

××变压器厂　　××年××月

图 10-18 电力变压器的铭牌数据

(2)额定电流 I_{1N}、I_{2N}

额定电流是指变压器连续运行时原、副绕组允许通过的最大电流有效值,用 I_{1N} 和 I_{2N} 表示。额定电流均指线电流。

(3)额定容量 S_N

额定容量是指变压器副绕组输出的额定视在功率,常以 kV · A 为单位,用符号 S_N 表示,并有

$$S_N = U_{2N} I_{2N} \approx U_{1N} \frac{N_2}{N_1} I_{1N} \frac{N_1}{N_2} = U_{1N} I_{1N}$$

额定容量实际上是变压器长期运行时允许输出的最大功率,它反映了变压器所能传送电功率的能力,但变压器实际使用时的输出功率则取决于负载的大小和性质。即使副边正好是额定电压和额定电流,也只有在功率因数为 1 时输出功率等于额定容量。一般情况下,

变压器的实际输出有功功率小于额定容量。

(4)阻抗电压(又称短路电压)$U_d\%$

阻抗电压是指将变压器副绕组短路,在原绕组通入额定电流时加到原绕组上的电压值。常用该绕组额定电压的百分数表示阻抗电压 $U_d\%$。电力变压器的阻抗电压一般为 5% 左右。$U_d\%$越小,变压器输出电压 U_2 随负载变化的波动就越小。

(5)额定频率f_N

额定频率 f_N 是指变压器应接入的电源频率。我国电力系统的标准频率为 50 Hz。

2.其他说明

(1)型号

```
S   7-500/10
              高压侧电压(kV)
              变压器容量(kV·A)
              设计序号
              三相变压器
```

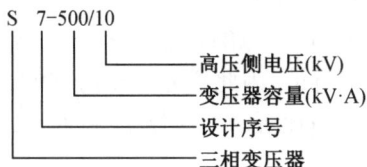

(2)相数:三相开头以 S 表示,单相开头以 D 表示。

(3)冷却方式:油浸自冷、强迫风冷、水冷、管式、片式等。

(4)连接组别:它表示变压器一、二次绕组的接线组合方式,即表示变压器一、二次侧电压或电流的相位关系。星形接法为 Y 接法,若中点有中线引出为 YN,三角形连接为 D。对于三相变压器,其一、二次侧都有三个绕组,它们都可以接成星形或三角形。一次绕组接法用大写字母表示,二次绕组接法用小写字母表示。实践证明,一、二次绕组的相位差总是30°整数倍。采用时钟表示法(0~11),即时钟短针所指的数字为三相变压器连接组别的标号,将该数字乘以 30°,就是二次绕组电动势滞后于一次绕组相应线电动势的相位角。

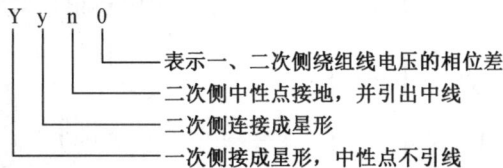

```
Y  y  n  0
            表示一、二次侧绕组线电压的相位差
            二次侧中性点接地,并引出中线
            二次侧连接成星形
            一次侧接成星形,中性点不引线
```

任务 10.2　认识常见变压器

【任务目标】

(1)掌握三相电力变压器的基本知识。

(2)掌握小功率电源变压器的结构和原理。

(3)会判定变压器绕组的极性。

(4)了解电压互感器和电流互感器。

(5)认识自耦变压器。

✤【任务内容】

10.2.1　认识三相电力变压器

1.结构与原理

在电力系统中,用于变换三相交流电压的变压器称为三相电力变压器。结构原理示意图如图 10-19(a)所示,外形图如图 10-19(b)所示。三相变压器有三个原绕组和三个副绕组,其铁芯有三个心柱,每相的原、副绕组同心地装在一个心柱上。原绕组首端用 U_1、V_1、W_1 标明,末端用 U_2、V_2、W_2 标明;副绕组的首端用 u_1、v_1、w_1 标明,末端用 u_2、v_2、w_2 标明。由于三相原绕组所加的电压是对称的,因此磁通也是对称的,副边电压也是对称的。另外,为了散去变压器运行时由于自身损耗所产生的热量,铁芯和绕组通常浸在盛有变压器油的油箱中,通过油管将热量散发出来。

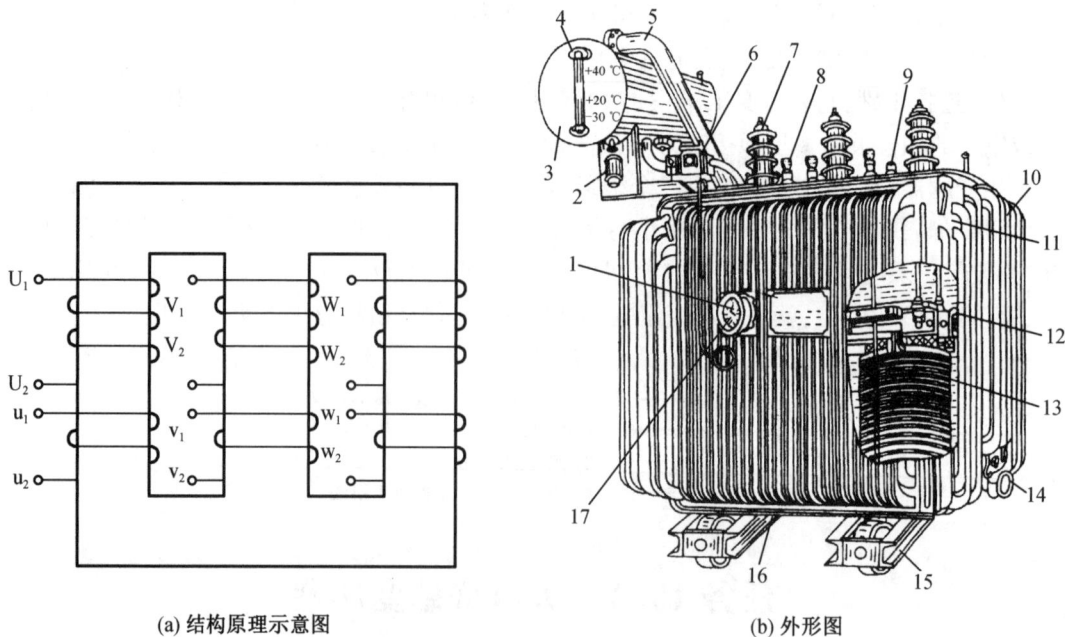

(a) 结构原理示意图　　　　　　　　　　(b) 外形图

1—信号式温度计;2—吸湿器;3—储油柜;10—油表;5—安全气道;6—气体继电器;
7—高压套管;8—低压套管;9—分接开关;10—器身;11—油箱;12—铁芯;
13—绕组及绝缘;110—放油阀门;15—小车;16—接地极;17—铭牌。

图 10-19　三相电力变压器

三相变压器的原、副绕组可以分别接成星形(Y)或三角形(△)。工厂供电用电力变压器三相绕组常用的连接方式有 Y/Yn(即 Y/Y0)和 Y/d(即 Y/△)两种,如图 10-20 所示。Y/Yn 表示原边为星形,副边为有中线引出的星形连接方法。这种接法常用于车间配电变压器,其优点在于不仅给用户提供三相电源,同时还提供单相电源。通常使用的动力与照明混合供电的三相四线制系统就是用 Y/Yn 连接方式的变压器供电的。Y/d 连接的变压器原边接成星形,副边接成三角形,主要用在变电站的升压或降压变压器上。

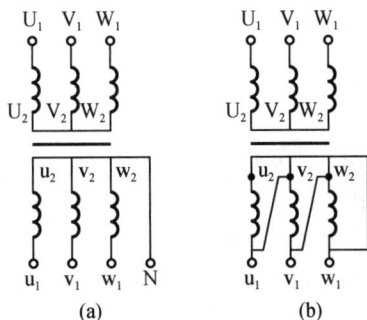

图 10-20 三相变压器的常见的两种接法

三相变压器的原、副绕组相电压之比与单相变压器一样,等于原、副绕组每相的匝数比,即

$$\frac{U_{P1}}{U_{P2}}=\frac{N_1}{N_2}=K$$

但原、副绕组线电压的比值,不仅与变压器的变比有关,而且还与变压器绕组的连接方式有关。作 Y/Y_n 连接时

$$\frac{U_{11}}{U_{12}}=\frac{\sqrt{3}\,U_{P1}}{\sqrt{3}\,U_{P2}}=\frac{N_1}{N_2}=K \tag{10-17}$$

作 Y/d 连接时

$$\frac{U_{11}}{U_{12}}=\frac{\sqrt{3}\,U_{P1}}{U_{P2}}=\sqrt{3}\frac{N_1}{N_2}=\sqrt{3}K \tag{10-18}$$

三相电力变压器的额定值含义与单相变压器相同,但三相变压器的额定容量 S_N 是指三相总额定容量,可用下式计算:

$$S_N=\sqrt{3}\,U_{2N}I_{2N} \tag{10-19}$$

三相电力变压器的额定电压 U_{1N}、U_{2N} 和额定电流 I_{1N}、I_{2N} 是指线电压和线电流,其中 U_{2N} 指变压器原边施加额定电压时副边的空载电压,即 U_{20}。实际上,在变压器运行中,随着输出电流 I_2 的增大,变压器绕组本身的电阻压降及漏磁感应电动势都将增大,从而使变压器输出电压 U_2 降低。

2. 外特性

在电源电压 U_1 及负载功率因数 $\cos\varphi$ 不变的条件下,副绕组的端电压 U_2 随副绕组输出电流 I_2 变化的曲线 $U_2=f(I_2)$ 称为变压器的外特性。对于电阻性或电感性负载,变压器的外特性是一条稍微向下倾斜的曲线,如图 10-21 所示。负载功率因数越低,U_2 下降越多。

3. 电压调整率

变压器由空载到满载(额定负载 I_{2N}),副边电压 U_2 的变化程度称为电压调整率,用 $\Delta U\%$ 来表示,即

$$\Delta U\%=\frac{U_{20}-U_2}{U_{20}}\times100\% \tag{10-20}$$

对负载来说,总是希望电压越稳定越好,即电压调整率越小越好。电力变压器的电压调整率为 2%~3%,它是一个重要的技术指标,直接影响到电力变压器的供电质量。一般来说,容量大的变压器,电压调整率较小。

4. 效率

变压器的效率特性,反映变压器负载运行的经济性。变压器的效率特性曲线如图 10-22 所示。为了合理、经济地使用三相电力变压器,还需考虑它的效率问题。变压器在传输电能的过程中,其内部损耗同样包括铜损 ΔP_{Cu} 和铁损 ΔP_{Fe},所以输出功率 P_2 将略小于输入功率 P_1。变压器的效率是输出功率 P_2 与对应输入功率 P_1 的比值,通常用百分数表示,即

$$\eta = \frac{P_2}{P_1} \times 100\% = \frac{P_2}{P_2 + \Delta P_{Cu} + \Delta P_{Fe}} \times 100\% \quad (10-21)$$

变压器的效率与负载有关。经分析,变压器的负载为满载的 70% 左右时,其效率可达最大值。小型变压器的效率为 60%~90%,大型电力变压器的效率可达 96%~99%,但轻载时的效率很低,因此应合理选用电力变压器的容量,避免长期轻载运行或空载运行。

图 10-21　变压器的外特性

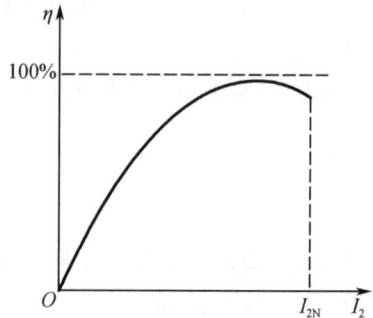

图 10-22　变压器的效率特性曲线

5. 三相变压器组

三相交流电的变换除了用三相变压器实现外,也可用三台单相变压器进行变换,称之为三相变压器组,如图 10-23 所示。

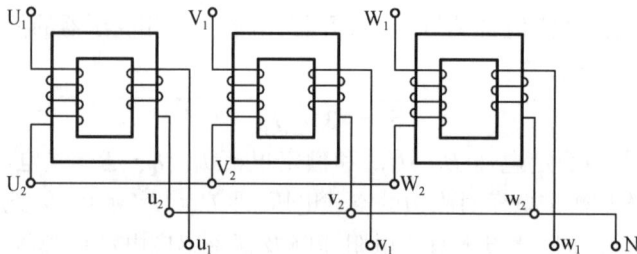

图 10-23　三台单相变压器作 Y/Y_n 连接

三台单相变压器组成的变压器组成本高,效率低,体积大,但因其由三台单相变压器组合而成,故可分可合,搬运方便,主要用作大容量变压器。

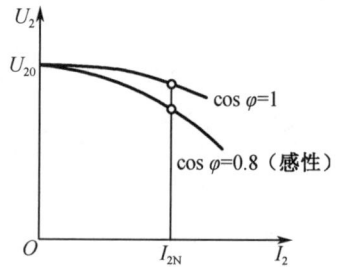

10.2.2　认识小功率电源变压器

1. 结构与原理

小功率电源变压器容量和体积一般都很小,用于给各种仪器设备提供所需的电源电压。小功率电源变压器实物图如图 10-24 所示。为了满足不同部件不同电压的需要,这种变压器通常有多个副绕组,可以从副边得到多个不同的电压。如图 10-25 所示为具有三个副绕组的小功率电源变压器原理图。

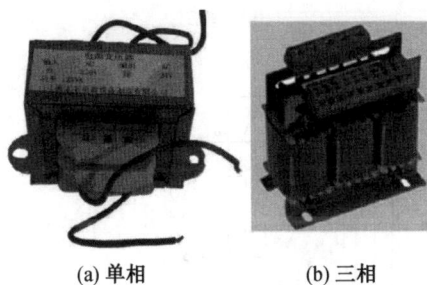

(a) 单相　　　　(b) 三相

图 10-24　小功率电源变压器实物图

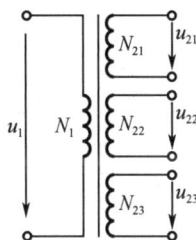

**图 10-25　三个副绕组的小功率
电源变压器原理图**

在这种多绕组变压器中,同一主磁通通过各个绕组,因此各绕组之间的变压比仍等于各匝数之比。图 10-25 中,设原绕组的匝数为 N_1,三个副绕组的匝数分别为 N_{21}、N_{22}、N_{23},则三个副绕组的电压分别为

$$\begin{cases} U_{21} \approx \dfrac{N_{21}}{N_1}U_1 \\[2mm] U_{22} \approx \dfrac{N_{22}}{N_1}U_1 \\[2mm] U_{23} \approx \dfrac{N_{23}}{N_1}U_1 \end{cases} \qquad (10-22)$$

当各副绕组分别接入负载 Z_1、Z_2、Z_3 后,副边电流分别为

$$\begin{cases} I_{21} = \dfrac{U_{21}}{|Z_1|} \\[2mm] I_{22} = \dfrac{U_{22}}{|Z_2|} \\[2mm] I_{23} = \dfrac{U_{23}}{|Z_3|} \end{cases} \qquad (10-23)$$

2. 变压器绕组的极性判别原理

使用小功率电源变压器时,有时需要把副绕组串联起来以提高电压,有时需要把绕组并联起来以增大电流,但连接时必须认清绕组的同极性端,否则不仅达不到预期目的,反而可能会烧坏变压器。

同极性端又称为同名端,是指变压器各绕组电位瞬时极性相同的端点。例如,图 10-26 (a)所示的变压器有两个副绕组,由主磁通把它们联系在一起,当主磁通交变时,每个绕组中都要产生感应电动势。根据右手螺旋法则,假设主磁通正在增强,可判断第一个绕组中端点 1 的感应电动势电位高于端点 2,第二个绕组中端点 3 的电位高于端点 4,故称端点 1 和端点 3 是同名端,端点 2 和端点 4 也是同名端,用符号"＊"或"·"表示。端点 1 和端点 4 是异名端,端点 2 和 3 也是异名端。

同名端与绕组的绕向有关,图 10-26(b)与图 10-26(a)相比,改变了一个绕组的绕向,假设主磁通正在增强,根据右手螺旋法则可知,第一个绕组中端点 1 的电位高于端点 2 的电位,第二个绕组中端点 4 的电位高于端点 3 的电位,故端点 1 和端点 4 是同名端,端点 2 和端点 3 也是同名端,而端点 1 和端点 3 是异名端。

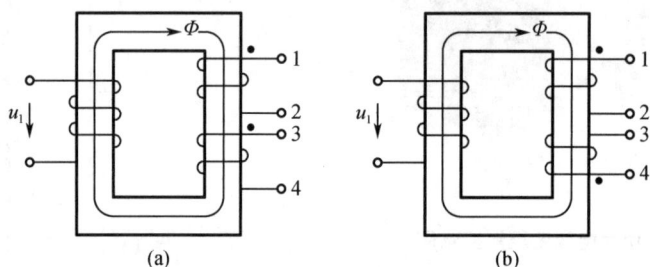

图 10-26　变压器的同名端

正确的串联方法应把两个绕组的异名端连在一起,如把图 10-26(a)中的 2、3 端连在一起,在 1、4 端就可以得到一个高电压,即两个副绕组电压之和;若接错,则输出电压会抵消。正确的并联方法应把两个电压输出方向相同的绕组的同名端连在一起,如把图 10-26(b)中的 1、4 端以及 2、3 端相连,这时可向负载提供更大的电流;如接错,则会造成线圈短路从而烧坏变压器。

如果知道绕组的绕向,同名端是不难确定的。但对于已经制成的变压器,由于经过绝缘处理,从外观上无法确定绕组的具体绕向,也就不能直接确定绕组的同名端。在这种情况下,需要采用实验的方法来确定绕组的同名端。实验方法有交流法和直流法两种。

【任务实施1】

变压器绕组极性的判别

1. 目的

(1)掌握用实验方法测定单相变压器的同名端。

(2)掌握用实验方法测定三相变压器的同名端。

2. 设备及器件

交直流电源、数/模交流电压表、数/模交流电流表、小功率单相变压器、小功率三相心式变压器、开关。

3. 内容及步骤

(1)小功率单相变压器绕组同极性端的确定

直流通断法:按照图 10-27 接线。合上开关 S,毫安表的指针正偏,则 1 和 3 是同极性端;反偏则 1 和 4 是同极性端。

交流判别法:按照图 10-28 接线。合上开关 S,用交流电压表分别测出 U_{13}、U_{12}、U_{34},$U_{13}=U_{12}-U_{34}$ 时 1 和 3 是同极性端;$U_{13}=U_{12}+U_{34}$ 时 1 和 4 是同极性端。注意:2、4 端要连接上;电源电压为较小电压,要根据所选变压器来决定。

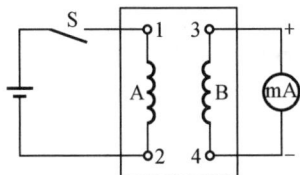

图 10-27　直流通断法接线　　**图 10-28　交流判别法接线**

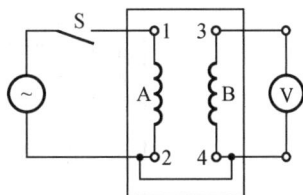

(2)小功率三相变压器绕组极性判别

①测定相间极性。

被测变压器选用三相心式变压器,用其中高压和低压两组绕组(若为 DDSZ-1 电机及电气技术实验装置,则额定容量 $P_N=152/152\ \text{V}\cdot\text{A}$,$U_N=220/55\ \text{V}$,$I_N=0.4/1.6\text{A}$),Y/Y 接法。测得阻值大的为高压绕组,用 A、B、C、X、Y、Z 标记。低压绕组用 a、b、c、x、y、z 标记。

a. 按图 10-29 接线。A、X 接电源的 U、V 两端子,Y、Z 短接。

b. 接通交流电源,在绕组 A、X 间施加约 $50\%U_N$ 的电压。

c. 用电压表测出电压 U_{BY}、U_{CZ}、U_{BC},若 $U_{BC}=|U_{BY}-U_{CZ}|$,则首末端标记正确;若 $U_{BC}=|U_{BY}+U_{CZ}|$,则标记不对。须将 B、C 两相任一相绕组的首末端标记对调。

d. 用同样方法,将 B、C 两相中的任一相施加电压,另外两相末端相联,定出每相首、末端正确的标记。

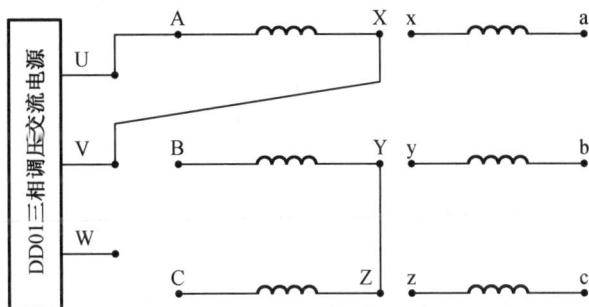

图 10-29　测定相间极性接线图

②测定原、副方极性。

a. 暂时标出三相低压绕组的标记 a、b、c、x、y、z,然后按图 10-30 接线,原、副方中点用导线相连。

b.高压三相绕组施加约 50% 的额定电压,用电压表测量电压 U_{AX}、U_{BY}、U_{CZ}、U_{ax}、U_{by}、U_{cz}、U_{Aa}、U_{Bb}、U_{Cc},若 $U_{Aa}=U_{AX}-U_{ax}$,则 A 相高、低压绕组同相,并且首端 A 与 a 端点为同极性。若 $U_{Aa}=U_{AX}+U_{ax}$,则 A 与 a 端点为异极性,若 U_{Aa} 都不符合上述关系式,则不是对应的低压绕组。

c.用同样的方法判别出 B、b、C、c 两相原、副方的极性。

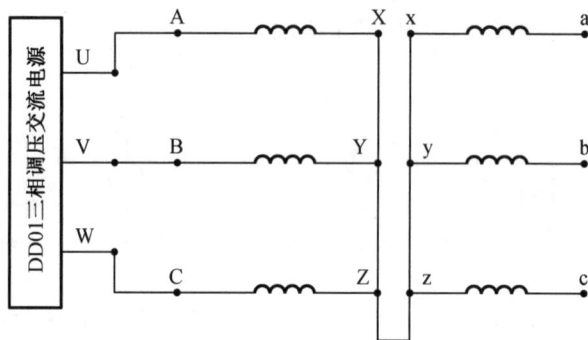

图 10-30　测定原、副方极性接线图

10.2.3　认识互感器

互感器是在交流电路中专供电工测量和自动保护装置使用的变压器,它可以扩大测量装置的量程,使测量装置与高压电路隔离以保证安全,为高压电路的控制和保护设备提供所需的低电压、小电流,并可以使其后连接的测量仪表或其他测量电路结构简化。互感器按用途不同可分为电压互感器和电流互感器两种。

1.电压互感器

电压互感器是一台小容量的降压变压器,其外形及结构原理图如图 10-31 所示。它的原绕组匝数较多,与被测的高压电网并联;副绕组匝数较少,与电压表或功率表的电压线圈连接。因为电压表和功率表的电压线圈电阻很大,所以电压互感器副边电流很小,近似于变压器的空载运行。根据变压器的工作原理,有

$$\frac{U_1}{U_2}=\frac{N_1}{N_2}=K_u$$

或

$$U_1=K_u U_2$$

式中,K_u 称为电压互感器的变压比。通常电压互感器低压侧的额定值均设计为 100 V。例如,电压互感器的额定电压等级有 6 000 V/100 V、10 000 V/100 V 等。将测量仪表的读数乘以电压互感器的变压比,就可得到被测电压值。通常选用与电压互感器变压比相配合的专用电压表,其表盘按高压侧的电压设计刻度,可直接读出高压侧的电压值。

使用电压互感器时应注意:

①电压互感器的低压侧(二次侧)不允许短路,否则会造成副边、原边出现大电流,烧坏互感器,故在高压侧应接入熔断器进行保护。

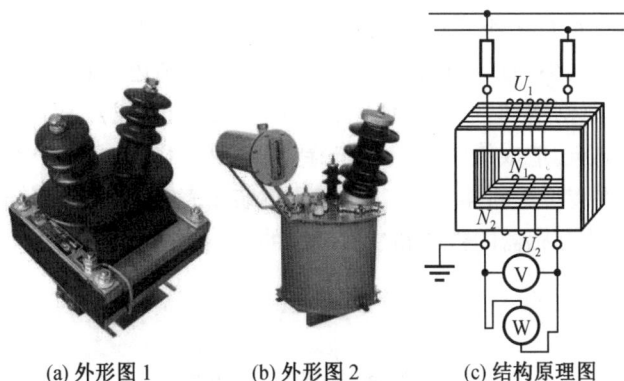

(a) 外形图 1   (b) 外形图 2   (c) 结构原理图

图 10-31 电压互感器

②为防止电压互感器高压绕组绝缘损坏,使低压侧出现高电压,电压互感器的铁芯、金属外壳和副绕组的一端必须可靠接地。

2. 电流互感器

电流互感器是将大电流变换成小电流的升压变压器,其外形及结构原理图如图 10-32 所示。它的原绕组用粗线绕成,通常只有一匝或几匝,与被测电路负载串联,原绕组经过的电流与被测电路负载电流相等。副绕组匝数较多,导线较细,与电流表或功率表的电流线圈连接。因为电流表和功率表的电流线圈电阻很小,所以电流互感器副边相当于短路。根据变压器的工作原理,有

$$\frac{I_1}{I_2}=\frac{N_2}{N_1}=K_i$$

或
$$I_1=K_iI_2 \tag{10-25}$$

式中 K_i 称为电流互感器的变流比。通常电流互感器二次侧额定电流设计成标准值 5 A 或 1 A。例如,电流互感器的额定电流等级有 30 A/5 A、75 A/5 A、100 A/5 A 等。将测量仪表的读数乘以电流互感器的变流比,就可得到被测电流值。通常选用与电流互感器变流比相配合的专用电流表,其表盘按一次侧的电流值设计刻度,可直接读出一次侧的电流值。

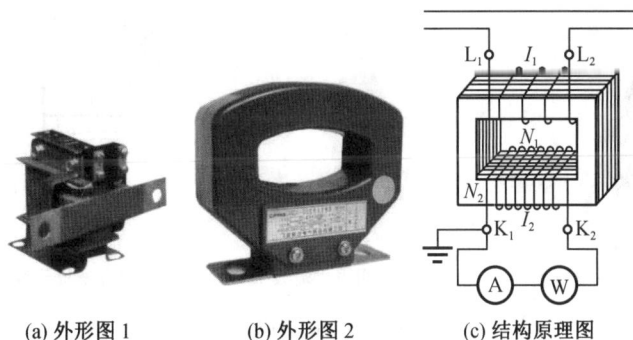

(a) 外形图 1   (b) 外形图 2   (c) 结构原理图

图 10-32 电流互感器

使用电流互感器时应注意：

①电流互感器在运行中不允许副边开路,因为它的原绕组是与负载串联的,其电流 I_1 的大小取决于负载的大小,而与副边电流 I_2 无关,所以当副边开路时铁芯中由于没有 I_2 的去磁作用,主磁通将急剧增加,这不仅使铁损急剧增加,铁芯发热,而且将在副绕组感应出数百甚至上千伏的电压,造成绕组的绝缘击穿,并危及工作人员的安全。为此在电流互感器二次电路中不允许装设熔断器,在二次电路中拆装仪表时,必须先将绕组短路。

②为了安全,电流互感器的铁芯和二次绕组的一端也必须接地。

【任务实施2】

学会使用钳形电流表

1. 目的

在工程中常用的钳形电流表是一种特殊的配有电流互感器的电流表。钳形电流表用来测量正在运行中的设备的电流,使用非常方便。通过本任务实施掌握对钳形电流表的使用。

2. 设备及器件

一块钳形电流表、被测设备。

3. 原理和电路

(1) 工作原理

钳形电流表的外形、结构如图 10-33 所示。钳形电流表实质上是由一只电流互感器、钳形扳手和一块电流表所组成。电流互感器的钳形铁芯可以开、合,测量时按下压块,使可动铁芯张开,将被测电流的导线套进钳形铁芯口内,再松开压块,让弹簧压紧铁芯,使其闭合,这根导线就是电流互感器的原绕组。电流互感器的副绕组绕在铁芯上并与电流表接成闭合回路,可从电流表上直接读出被测电流的大小。

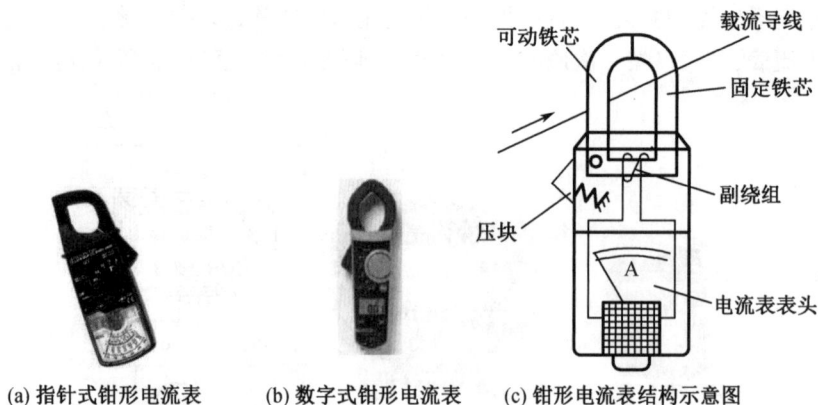

(a) 指针式钳形电流表　(b) 数字式钳形电流表　(c) 钳形电流表结构示意图

图 10-33　钳形电流表

（2）钳形电流表的使用方法

①测量前要机械调零。

②选择合适的量程，先选大量程，后选小量程或看铭牌值估算。

③当使用最小量程测量，其读数还不明显时，可将被测导线绕几匝，匝数要以钳口中央的匝数为准，则读数=指示值×量程 / 满偏×匝数。

④测量时，应使被测导线处在钳口的中央，并使钳口闭合紧密，以减小误差。

⑤测量完毕，要将转换开关放在电流量程的最大挡位处。

（3）钳形电流表的选型

可根据被测电流的种类，正确选择不同类型的钳形电流表，如测量 50 Hz 的交流电流时，可选择交流钳形电流表，或数字式钳形电流表时，如 T-301 型；测量低频交流或直流电流时，如绕线转子电动机转子电流，应选择交流、直流两用的钳形电流表，如 MG20、MG24 型等。

4.内容及步骤

（1）用钳形电流表测量交、直流电流，方法如图 10-34 所示。

①将旋转功能开关转至适当的电流设置 A。

②按住钳口开关张开夹钳并将待测导线插入夹钳中。

③闭合夹钳并用钳口上的对准标记将导线居中。

④查看主显示屏上的电流读数。

⑤若为 Fluke 钳形电流表，在测量交流（AC）或交流合并直流（AC+DC）电流时，按 G 查看频率显示屏上的频率读数。

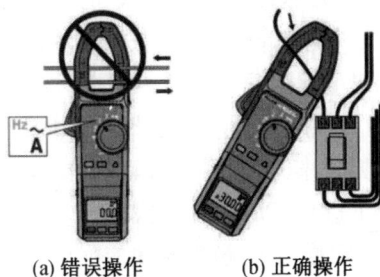

(a) 错误操作　　　　(b) 正确操作

图 10-34　用钳形电流表测量交直流电流

注意：为了避免触电或人身伤害，如果电流流向相反，则一次只能在夹钳中放入一根导线；如果电流流向相同，则可以将多根导线放入夹钳中。

（2）用钳形电流表测量交流电压，方法如图 10-35 所示。

①将旋转功能开关转至 V。

②将黑色测试导线插入 COM 端子，并将红色测试导线插入 V 端子。（若带夹子的，在将探针连接到测量点前，给探针添卜夹子）

③使探针接触电路测试点，测量电压。

④查看显示屏上的读数（若为 Fluke 钳形电流表，按 G 查看频率显示屏上的频率读数）。

（3）用钳形电流表测量浪涌电流，方法如图 10-36 所示。

浪涌电流是电气设备首次通电时产生的冲击电流。一旦设备达到其正常工作条件时，电流就稳定。要捕获浪涌电流读数的步骤如下：

①当被测系统断电时，将电源线放入仪表钳口中。

②将旋钮转至 A 位置。

③按仪表上的 E 按钮。

④将被测系统通电。浪涌电流读数显示在仪表显示屏中。

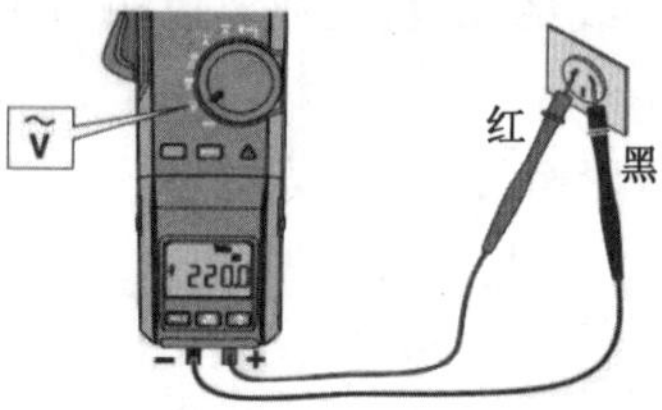

图 10-35　用钳形电流表测量电压

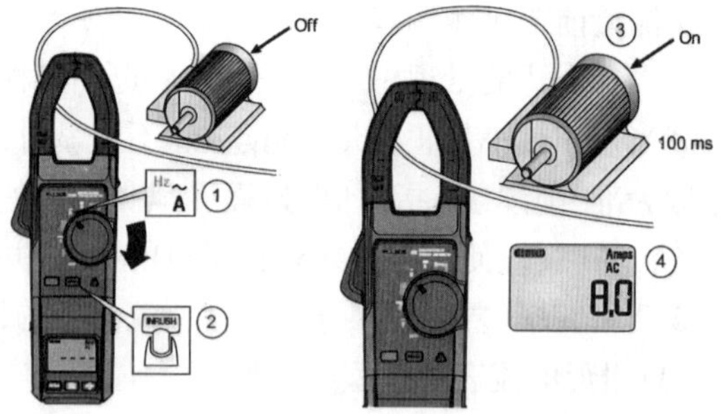

图 10-36　用钳形电流表测量浪涌电流的四个步骤

注意：为了避免触电或人身伤害，在测量电流时，要将导线在钳表中居中；在进行电流测量时，要将测试导线与仪表断开；将手指放在触摸挡板之后。

5. 注意事项

（1）在使用钳形电流表前应仔细阅读说明书，弄清是交流还是交直流两用钳形表。

（2）测量前，应先检查钳形铁芯的橡胶绝缘是否完好无损。钳口应清洁、无锈，闭合后无明显的缝隙。

（3）测量时，应先估计被测电流大小，选择适当量程。若无法估计，可先选较大量程，然后逐挡减小，转换到合适的挡位。转换量程挡位时，必须在不带电情况下或者在钳口张开情况下进行，以免损坏仪表。

（4）测量时，被测导线应尽量放在钳口中部，钳口的结合面如有杂声，应重新开合一次，若仍有杂声，应处理结合面，以使读数准确。另外，不可同时钳住两根及以上导线。

（5）测量 5 A 以下电流时，为得到较为准确的读数，在条件许可时，可将导线多绕几圈，放进钳口测量，其实际电流值应为仪表读数除以放进钳口内的导线根数。

（6）每次测量前后，要把调节电流量程的切换开关放在最高挡位，以免下次使用时，因未经选择量程就进行测量而损坏仪表。

10.2.4　认识自耦变压器

自耦变压器是把原、副绕组两个绕组合二为一，使低压绕组成为高压绕组的一部分。自耦变压器原理图如图 10-37 所示，这个绕组的总匝数为 N_1，原绕组接电源，绕组的一部分匝数为 N_2，作为副绕组接负载，这样，原、副绕组不仅有磁的耦合，还有电的直接联系。

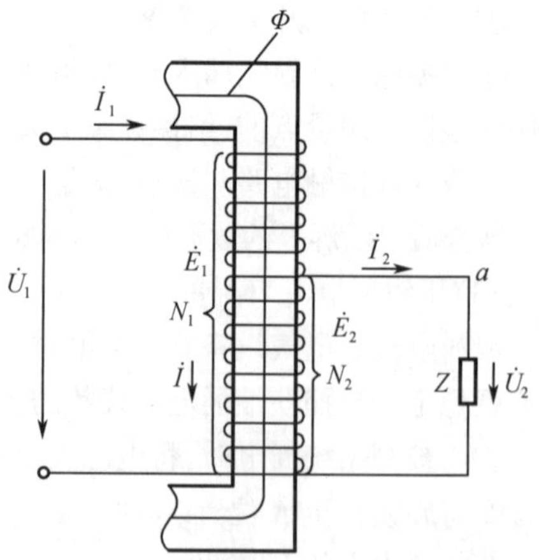

自耦变压器的工作原理与普通双绕组变压器基本相同。由于同一主磁通穿过原、副绕组，所以原、副边的电压仍与它们的匝数成正比；有载时，原、副边的电流仍与它们的匝数成反比，即

图 10-37　单相自耦变压器原理图

$$\frac{U_1}{U_2} \approx \frac{N_1}{N_2} = K$$

$$\frac{I_1}{I_2} \approx \frac{N_2}{N_1} = \frac{1}{K}$$

上述自耦变压器副绕组的分接头 a 是固定的,这种自耦变压器称为不可调式。在生产和实践中,为了得到连续可调的交流电压,常将自耦变压器的铁芯做成圆形,副边抽头做成滑动触头,可以自由滑动,如图 10-38 所示,这种自耦变压器称为自耦调压器。当用手柄移动触头位置时,就改变了副绕组的匝数,调节了输出电压的大小。

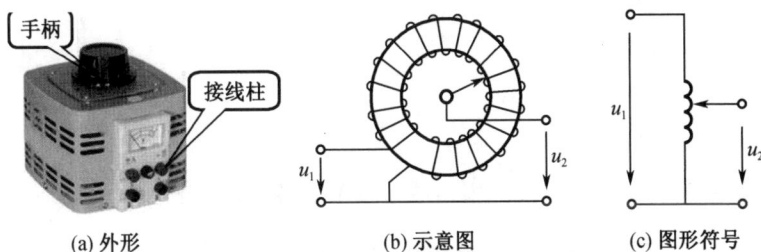

图 10-38 自耦调压器

使用自耦调压器时应注意以下两点:

①接通电源前,应先将滑动触头旋至零位,接通电源后再逐渐转动手柄,将输出电压调到所需电压值。使用完毕后,应将滑动触头再旋回零位。

②在使用时,原、副绕组不能对调。如果把电源接到副绕组,可能会烧坏调压器或使电源短路。

我国首台 330 kV 有载调压自耦变压器的研制

1958 年 9 月,甘肃刘家峡水电站正式动工,这是新中国规划的规模最大的水电站。建成后其一年的发电量可达 50 多亿度,比新中国成立初期全国一年的发电总量还要多。但是,对于建设者们来说,如何将这么多的电力输送出去,成为横亘在大家面前的一个难题。经过专家论证,要将刘家峡的电力送到 500 km 外的陕西腹地,需要一条至少 330 kV 的超高压输电线路。但在当时,我国输配电事业刚刚起步,最高只能达到 220 kV。1964 年,国家正式规划了 330 kV 超高压输变电工程。这条线路西起甘肃刘家峡,途经天水,东至关中八百里秦川,总长超过 500 km,是当时中国输电距离最长、电压等级最高、输电容量最大的工程。当时,研发制造主要任务落在了西电人的身上。面对着严苛的环境和紧迫的时间,要完成这个任务可谓是困难重重。

1966 年,上海电机厂数百名职工一起,携家带口坐上了开往西安的列车。为了支援大西北的建设,国家决定将上海电炉厂和上海机电厂部分职工和设备改迁至西安。他们到达西安后不久就加入了这场前所未有的输变电装备大会战。由于没有任何资料可以借鉴,研发团队只能总结规律,从头摸索。线圈,是变压器的心脏,需要承载超高压的巨大冲击。之前的 220 kV 变压器采用的是单根纠结式线圈结构,而技术人员张正普提出了耐冲击力翻倍的插花纠结式线圈的设计。但是这种设计,制造工艺非常困难,他也只在资料上看到过。设计图纸画好后,还需要和车间里的工人师傅商量。线圈的绕制是一个非常精细的工作,数万米的扁铜线要经手工一寸寸绕制成几吨重的线圈。每一处正负公差不得超过 1 mm,否则就可能被高压电击穿。为了实现插花纠结式线圈的设计,线圈车间集结了一批 40 多岁有着十几年绕线经验的老师傅,每天 3 班倒,边做边钻研。

　　1970 年 9 月,组装完毕的 330 kV 变压器被送进了实验大厅,在这里它要经历高温、严寒、风雨、雷电等 20 多项极端严苛的测试。西电人完全依靠自己的力量,为我国第一条330 kV 超高压输变电工程研制了成套关键装备,多项指标均达到当时先进水平,也为今后中国输变电技术的发展奠定了基础。

【项目小结】

　　1. 磁路的欧姆定律: $\varPhi = \dfrac{F}{R_m}$,其中磁动势 $F = NI$,磁阻 $R_m = \dfrac{l}{\mu S}$ 。

　　2. 铁磁材料的磁性能主要包括高导磁性、磁饱和性和磁滞性。

　　3. 交流铁芯线圈的电压平衡方程为 $u = iR - e - e_\sigma$ 。

　　4. 交流铁芯线圈电路中,铁芯中损耗的功率包括磁滞损耗和涡流损耗两部分。

　　5. 变压器由铁芯和绕组两个基本部分组成。铁芯构成变压器的磁路部分;绕组构成变压器的电路部分,其中与电源相连的绕组称为原绕组(又称原边或初级);与负载相连的绕组称为副绕组(又称副边或次级)。

　　6. 变压器的变比 K 是变压器唯一的参数,变压器有变压、变流、变阻抗的功能:

$$\frac{U_1}{U_{20}} \approx \frac{E_1}{E_2} = \frac{N_1}{N_2} = K \qquad \frac{I_1}{I_2} = \frac{1}{K} = \frac{N_2}{N_1} \qquad Z_1 = K^2 Z_L$$

　　7. 用于电力系统中变换三相交流电压的变压器称为三相电力变压器;小功率电源变压器容量和体积一般都很小,用于给各种仪器设备提供所需的电源电压;自耦变压器是把原、副绕组两个绕组合二为一,使低压绕组成为高压绕组的一部分。

　　8. 变压器的同名端是指变压器各绕组电位瞬时极性相同的端点。

　　9. 互感器是在交流电路中专供电工测量和自动保护装置使用的变压器,互感器按用途不同可分为电压互感器和电流互感器两种。

【项目训练】

　　1. 铁磁材料的磁性能主要包括哪几个?

　　2. 交流铁芯线圈电路中的功率损耗有哪些?

　　3. 一单相变压器,当一次绕组接在 220 V 的交流电源上时,测得二次绕组的端电压为 22 V,若该变压器一次绕组的匝数为 2 100 匝,求其变比和二次绕组的匝数。

　　4. 某晶体管收音机输出变压器的一次绕组匝数 $N_1 = 230$ 匝,二次绕组匝数 $N_2 = 80$ 匝,原来配有阻抗为 8 Ω 的扬声器,现在要改接为 4 Ω 的扬声器,输出变压器二次绕组的匝数应如何变动(一次绕组匝数不变)?

5. 某照明变压器的额定容量 $S_n = 600\ V \cdot A$，额定电压为 220 V/36 V。试求：

(1)原、副边的额定电流 I_{1n} 和 I_{2n}。

(2)在副边最多可接 36 V、50 W 的灯泡几盏?

6. 试解释变压器铭牌上的额定电压、额定电流、额定容量、额定功率、阻抗电压。

7. 用钳形电流表测单相电路电流时,若把两根导线同时放入钳中,会出现什么情况? 测量三相三线制电路中的电流时,如果把三根导线同时放入钳中,又会出现什么情况?

项目 11 工厂供电与安全用电

【项目描述】

电能在生产与生活中担当着重要的角色。电能既易于由其他形式的能量转换而来,又易于转换为其他形式的能量以供应用。电能的传输与分配既简单经济,又便于控制、调节和测量,因此电能在现代工业生产及整个国民经济、生活中应用极为广泛。做好工厂供电工作对于发展工业生产具有重要的意义,在本项目中会学习到工厂供电的相关知识。工厂生产和生活用电的最基本要求是安全,如果操作或使用不当,会造成巨大的损失,甚至危及人的生命,因此掌握必要的安全用电知识以及如何紧急处理触电事故等是非常必要的。

【项目目标】

知识目标:
(1)了解电能的产生、传输与分配,熟悉电力系统的结构。
(2)了解触电的种类与危害。
(3)掌握安全用电方法。
技能目标:
(1)能正确进行触电急救。
(2)能使用相应消防用品扑灭电气火灾。

任务 11.1 工 厂 供 电

【任务目标】

(1)了解电能的产生、传输以及电力系统的组成。
(2)了解工厂供配电系统。
(3)能够识读工程供配电系统图。

【任务内容】

11.1.1 电能的生产与传输

电能是由发电厂生产的。发电厂一般建在燃料、水力丰富的地方,而和电能用户的距离一般很远。为了降低输电线路的电能损耗和提高传输效率,由发电厂发出的电能,要经过升压变压器升压后,再经输电线路传输,这就是所谓的高压输电。电能经高压输电线路送到距用户较近的降压变电所,经降压后分配给用户应用。这样,就完成一个发电、变电、输电、配电和用电的全过程。我们把连接发电厂和用户之间的环节称为电力网。把发电厂、电力网和用户组成的统一整体称为电力系统,如图 11-1 所示,从发电厂到用户的送电过程如图 11-2 所示。

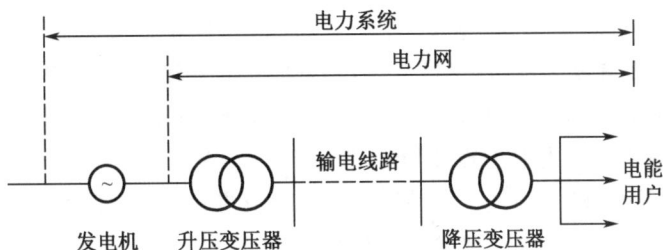

图 11-1 电力系统示意图

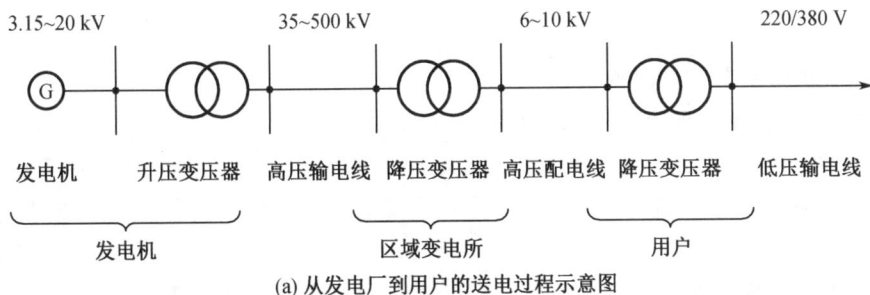

(a) 从发电厂到用户的送电过程示意图

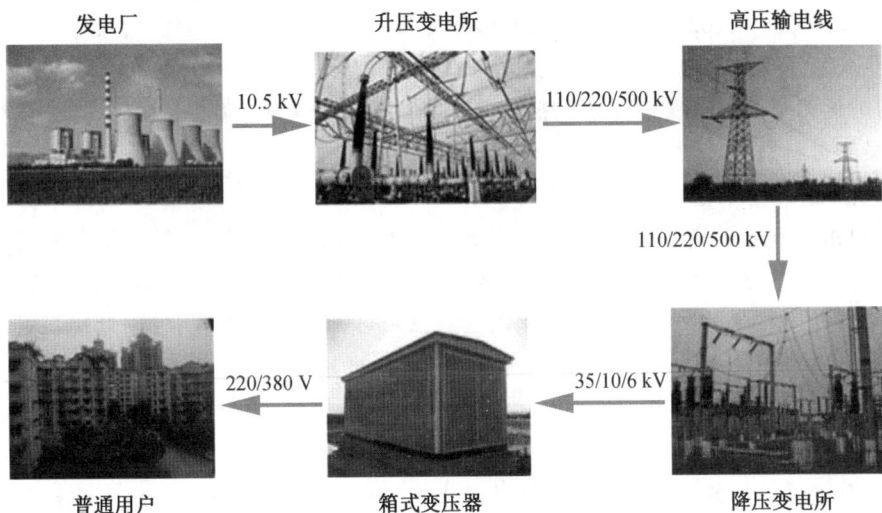

(b) 从发电厂到用户的送电情境

图 11-2 从发电厂到用户送电

西电东送白鹤滩—江苏工程竣工投产

我国"西电东送"工程更是远距离的电能传输,把煤炭、水能资源丰富的西部省区的能源转化成电力资源,输送到电力紧缺的东部沿海地区。西电东送这一伟大工程,为西部省区把电力资源优势转化为经济优势提供了新的历史机遇,将改变东西部能源与经济不平衡的状况,对加快我国能源结构调整和东部地区经济发展,将发挥其重要作用。2000 年,贵州、云南的第一批西电东送电力项目开工建设,标志着我国西电东送工程全面启动。

2022 年 7 月 1 日,途经四川、重庆、湖北、安徽、江苏 5 省市,全长 2 080 km 的白鹤滩至江苏±800 kV 特高压直流工程(以下简称"白鹤滩—江苏工程")竣工投产。从此,位于川滇交界之处的白鹤滩水电站发出的绿色电能,仅需 7 ms 便能到达千里之外的江苏。每年可输送的绿色电能相当于南京市半年的用电量。

特高压直流,被称作"电力高速公路",具有点对点直达、输送容量大、送电距离长、线路损耗低等优势。以白鹤滩水电站泄洪时每秒 48 m 的最大水流速计算,江水从四川凉山彝族自治州流到江苏苏州市大约需 12 h,但发出的水电通过特高压直流工程输送,只需 7 ms。

作为我国西电东送的重点工程,白鹤滩—江苏工程效益明显,但跨越汹涌奔流的大江大河、穿行险峻无人的大山大岭,建设过程殊为不易。靠着智慧和汗水,建设者们攻克了诸多难题。

(1)应对运输难题,"蚂蚁搬大象"。

位于四川凉山彝族自治州布拖县的布拖换流站,是工程的起点站,电流出发前要先在这里从交流电"变身"为直流电。换流变压器是换流站的"心脏",单台质量可达 350 t,相当于七八十头成年亚洲象的质量。在路窄弯急的大凉山运输 52 台这样的"巨无霸",难度可想而知。

"从西昌火车站到布拖换流站有 139 km 山路。单是翻越海拔 3 300 m 的尔乌山,就要经过 215 处 S 形弯道、62 处 U 形急弯,平均每走 280 m 就要拐一个 180° 的大弯。"运输用的液压板车安装了 180 个轮胎,还得配置 4 辆牵引车,整个车组长 70 m,几乎占据了全部路宽,平均时速只有 5 km,稍不注意就很容易侧翻。每到转弯处,都要提前下车观察路线,随车行走提醒司机。

(2)克服艰苦条件,"山巅立铁塔"。

"四川乐山和凉山交界处的无人区,最大落差 1 800 m,四周都是悬崖峭壁,一台设备都放不下,十几米深的基坑只能靠人工一点点挖掘。即便如此,大家硬是在山尖上'拼'出了一块地!"白鹤滩—江苏工程川 2 标段无人区施工项目部经理虞佳旻说,一些塔位最大坡度超过 50°,作业面非常狭窄,塔材只能用索道,运送一根组装一根,常常 20 天才能立好一座铁塔。

(3)跨越长江航道,"银线渡江河"。

对于白鹤滩—江苏工程安徽段的建设者来说,让导线顺利跨越 2 500 m 宽的长江芜湖段,无疑是最大挑战。为了保证导线与江面的安全距离,两岸主跨越塔设计高度达 278.2 m、接近 100 层楼高,质量达 2 200 多吨,这是全线路跨度最大、塔身最高、单基最重的跨越塔。安徽段长江大跨越施工队队长韩仲瑞介绍:"仅与塔腿段连接的单根塔管就重 17 t,连接处由 26 个螺栓固定,每个螺栓重 35 斤,这样的螺栓全塔大概需要 2 000 个,都必须严丝合缝地对接上。"

长江芜湖段长年运输繁忙,日均船舶流量达四五千艘次,工程需要展放 22 根导线和地线,施工量不小。如何尽可能减少对封航的影响?"10 多年前我们展放导线用的是'一牵一'方式,现在是'二牵三',好比 2 匹马拉 3 架车,20 天就可以完成,工期大为缩减。"韩仲瑞说。

(4)摆脱浓雾影响,"北斗来导航"。

在白鹤滩—江苏工程重庆段,最让建设者们犯愁的是浓雾多发,会影响导地线的弧垂观测。"过大的弧垂既可能造成相间短路等安全隐患,也会限制线路的输送能力。"白鹤滩—江苏工程渝 3 标段项目经理杨国强介绍,他们利用北斗的高精度定位雷达测控,能够在非可视条件下判定导线安装是否到位,精度可达到 ±2 mm,从而有效解决大雾、夜间等情况下的弧垂观测难题,将工程进度提升 15% 以上。

铁塔、银线搭建好了,要让绿色电能安全稳定送达,还离不开许多创新技术和设备。在江苏苏州市,占地面积相当于 47 个足球场的虞城换流站,是白鹤滩—江苏工程的终点站。在这里,直流电再次"变身"为交流电分发到周边区域。虞城换流站也是世界首座采用"常规直流+柔性直流"混合级连接线的换流站。

虞城换流站还面临着另一道考验:作为直流电和交流电的转换端,当交流系统严重故障时,直流侧会为了保护设备立即跳闸停运,但此时交流系统还在灌入能量。如何将这部分能量快速消耗掉,以便使故障切除后系统快速恢复正常呢?

建设者们研制出相当于"安全气囊"的可控自恢复消能装置。当交流系统出现故障时,这一装置可以做出毫秒级响应,吸收多余能量,防止换流阀等关键设备因电压过高而损坏;也能免去故障恢复后直流系统重新启动的时间,从而大幅提升华东电网受电能力。

设备上岗前需要"体检",但采用传统方法对避雷器进行高压试验,每天只能完成约 13 只。依此计算,至少需要连续试验 3 个月,难以跟上工程建设进度。为此,科研人员研究了整体加压试验方法,可以同时对每层 136 只避雷器进行试验,让检测时间大大缩短。

在白鹤滩—江苏工程,类似的创新设备和方法还有很多:给换流变压器"瘦身",自主研发世界首台单柱线圈结构换流变压器,双柱变单柱,可以降低负载损耗约 25%,温升降低约 10 ℃,延长设备使用寿命;为工程研发"超级大脑",升级控制保护系统,使得最快控制周期由 75 μs 缩短至 10 μs,并将运行方式由过去的 40 多种增加至 252 种,增加系统的灵活性……"白鹤滩—江苏工程创新研制了 20 种新设备、19 项新技术,在强化电网工程技术自主创新方面具有较强的示范意义。"种芝艺很自豪。

目前,国家电网已累计建成 29 项特高压工程,在运在建特高压工程线路长度达到 4.5 万公里,相当于绕地球赤道一圈多;跨区跨省输电能力达到 2.4 亿千瓦,超过 10 个三峡电站的装机容量。根据《"十四五"现代能源体系规划》,"十四五"期间,我国将完善华北、华东、华中区域内特高压交流网架结构,为特高压直流送入电力提供支撑,建设川渝特高压主网架,完善南方电网主网架。到 2025 年,西电东送能力达到 3.6 亿千瓦以上。

与其他西部开发战略的标志性工程相比,西电东送工程最大的特点是,它不仅仅是西部的工程,也是东部的工程,充分地体现了党中央提出的"东西部协调发展,共同富裕,共同进退"的战略构思。

西电东送是西部大开发的标志性工程之一,在西部开发三大标志性工程中,西电东送投资最大,工程量最大。"西电东送"还将带动中国设备制造业、电力施工业、建材业等的发展。

1. 发电厂

发电厂是生产电能的工厂,它把非电形式的能量转换成电能,是电力系统的核心。根据所利用能源的不同,发电厂分为水力发电厂、火力发电厂、核能发电厂、风力发电厂、地热发电厂、太阳能发电厂等类型。

水力发电厂,简称水电站,它是利用水流的位能来生产电能的。当控制水流的闸门打开时,强大的水流冲击水轮机,使水轮机转动,水轮机带动发电机旋转发电。其能量转换过程是:水流位能→机械能→电能。

火力发电厂,简称火电厂,它是利用燃料的化学能来生产电能的。通常的燃料是煤。在火电厂,煤被粉碎成煤粉,煤粉在锅炉的炉膛内充分燃烧,将锅炉内的水加热成高温高压的蒸汽,蒸汽推动汽轮机转动,汽轮机带动发电机旋转发电。其能量的转换过程是:煤的化学能→热能→机械能→电能。

核能发电厂,通常称核电站,它是利用原子核的裂变能来生产电能的。其生产过程与火电厂基本相同,只是以核反应堆代替了燃煤锅炉,以少量的核燃料代替大量的煤炭。其能量转换过程是:核裂变能→热能→机械能→电能。由于核能是巨大的能源,而且核电站的建设具有重要的经济和科研价值,所以世界上很多国家都很重视核电建设,核电在整个发电量中的比重正逐年增长。

风力发电厂,就是利用风力的动能来生产电能的,它建在有丰富风力资源的地方。

地热发电厂,就是利用地球内部蕴藏的大量地热来生产电能的,它建在有足够地热资源的地方。

太阳能发电厂,就是利用太阳光的热能来生产电能的。太阳能发电厂建在常年日照时间长的地方。

2. 电力网

电力网是连接发电厂和电能用户的中间环节,由变电所和各种不同电压等级的电力线路组成。如图 11-3 所示,它的任务是将发电厂生产的电能输送、变换和分配到电能用户。其中,电力线路是输送电能的通道,是电力系统中实施电能远距离传输的环节,是将发电厂、变电所和电力用户联系起来的纽带;变电所是接受电能、变换电压和分配电能的场所,一般可分为升压变电所和降压变电所两大类。升压变电所是将低电压变换为高电压,一般建在发电厂;降压变电所是将高电压变换为一个合理、规范的低电压,一般建在靠近负荷中心的地点。

发电厂发出的电压较低,一般在 10 kV 左右,直接送到远离电厂的城区、工业区,很不经济,为了能将电能输送远些,并减少输电损耗,需要采用高压输电。在发电厂设置升压变电所,通过升压变压器将电压升高到 110 kV、220 kV 或 500 kV 等高压,然后由高压输电线经过远距离传输,送到用电区,在用电区设置降压变电所,经过降压变压器降至低压,如 35 kV、10 kV 或 6 kV,最后经配电线路分配到用电单位,再降压至 380/220 V 供电给普通用户。

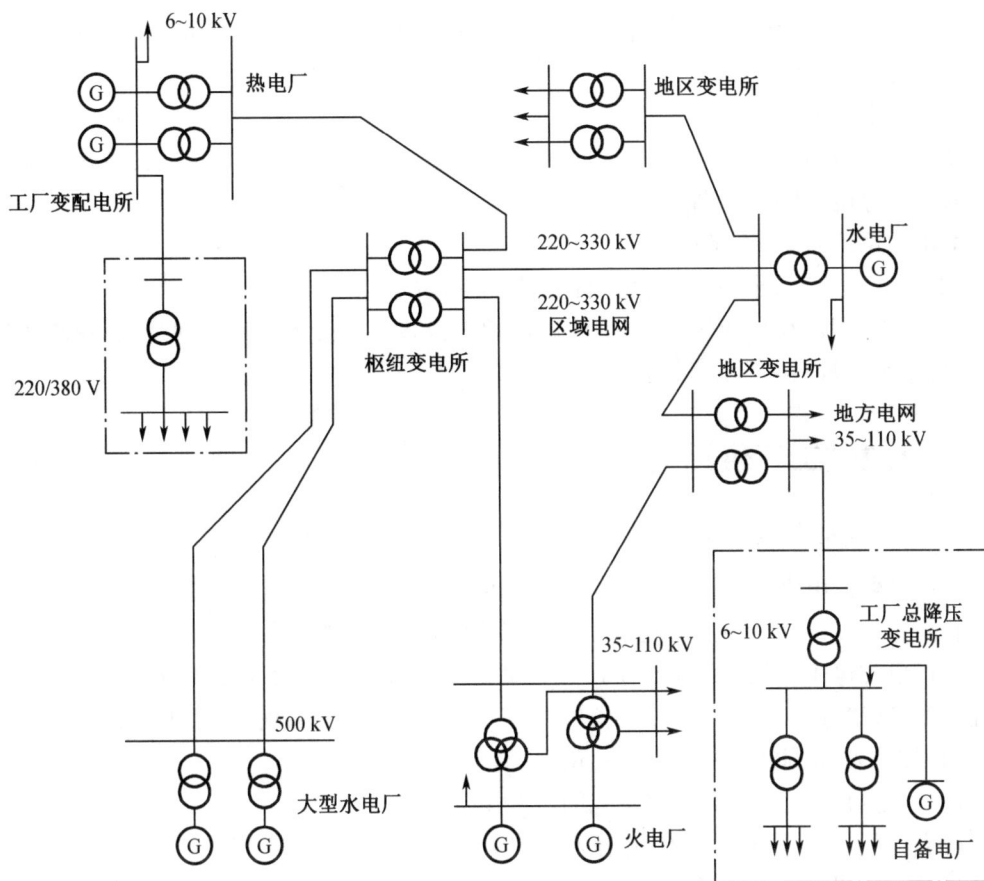

图 11-3　电网示意图

电力网按电压高低和供电范围大小分为区域电网和地方电网。区域电网的范围大,电压一般在 220 kV 以上。地方电网的范围小,最高电压不超过 110 kV。

电力网按其结构方式可分为开式电网和闭式电网。用户从单方向得到电能的电网称为开式电网;用户从两个及两个以上方向得到电能的电网称为闭式电网。

3. 电力用户

电力用户是指电力系统中的用电负荷,电能的生产和传输最终是为了供用户使用。不同的用户,对供电可靠性的要求不一样。根据用户对供电可靠性的要求及中断供电造成的危害或影响的程度,我们把用电负荷分为三级:

(1)一级负荷

一级负荷为中断供电将造成人身伤亡并造成重大损失的用电负荷。要求有两个独立电源供电,而且要求两电源中任一电源发生故障时,另一电源不致同时受到损坏。除采用两个独立电源外,还应增设应急电源。

(2)二级负荷

二级负荷为中断供电将造成主要设备损坏、大量产品被废、连续生产过程被打乱,需较长时间才能恢复从而造成较大损失的负荷。一般由两个回路供电,两个回路的电源线应尽量引自不同的变压器或两段母线。当发生电力线路常见故障或电力变压器故障时,应不致中断供电或中断后能迅速恢复;当负荷较小或地区供电条件困难时,可由单回路 6 kV 及以上电压的专用架空线供电。

（3）三级负荷

不属于一级和二级负荷的一般负荷,即为三级负荷。三级负荷对供电无特殊要求,允许较长时间停电,可用单回路线路供电。

4. 电力系统的运行特点

（1）电能的生产、输送、分配和消费是同时进行的。

（2）系统中发电机、变压器、电力线路和用电设备等的投入和撤除都是在一瞬间完成的,所以系统的暂态过程非常短暂。

11.1.2 工厂供配电

1. 工厂供配电的意义和要求

工厂是电力用户,它接受从电力系统送来的电能。工厂供配电就是指工厂把接受的电能进行降压,然后再进行供应和分配。工厂供配电是企业内部的供配电系统。

工厂供配电工作是要为工业生产服务,切实保证工厂生产和生活用电的需要,并做好节能工作,这就需要有合理的工厂供配电系统。合理的供配电系统需达到以下基本要求:

（1）安全:在电能的供应分配和使用中,不应发生人身和设备事故。

（2）可靠:应满足电能用户对供电的可靠性要求。

（3）优质:应满足电能用户对电压和频率的质量要求。

（4）经济:供配电系统投资要少,运行费用要低,并尽可能地节约电能和材料。

此外,在供配电工作中,应合理地处理局部和全部、当前和长远的关系,既要照顾局部和当前利益,又要顾全大局,以适应发展要求。

2. 工厂供配电系统组成

工厂供配电系统由高压及低压两种配电线路、变电所（包括配电所）和用电设备组成。一般大、中型工厂均设有总降压变电所,把 35~110 kV 电压降为 6~10 kV 电压,向车间变电所或高压电动机和其他高压用电设备供电。总降压变电所通常设有一两台降压变压器。

在一个生产车间内,根据生产规模、用电设备的布局和用电量的大小等情况,可设立一个或几个车间变电所（包括配电所）,也可以几个相邻且用电量不大的车间共用一个车间变电所。车间变电所一般设置一两台变压器（最多不超过三台）,其单台容量一般为 1 000 kVA 或 1 000 kVA 以下（最大不超过 1 800 kVA）,将 6~10 kV 电压降为 220/380 V 电压,对低压用电设备供电。一般大、中型工厂的供配电系统如图 11-4 所示。

小型工厂,所需变压器容量一般为 1 000 kVA 或稍多,因此,只需设一个降压变电所,由电力网以 6~10 kV 电压供电,其供配电系统如图 11-5 所示。

变电所中的主要电气设备是降压变压器和受电、配电设备及装置。用来接受和分配电能的电气装置称为配电装置,其中包括开关设备、母线、保护电器、测量仪表及其他电气设备等。对于 10 kV 及 10 kV 以下系统,为了安装和维护方便,总是将受电、配电设备及装置做成成套的开关柜。

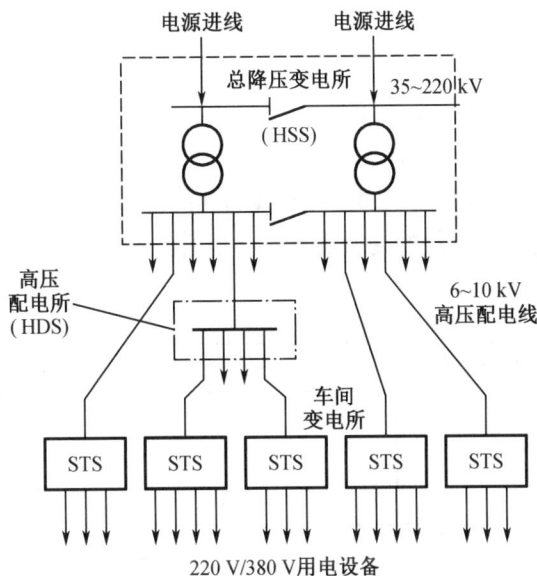

图 11-4 大中型工厂供电系统图

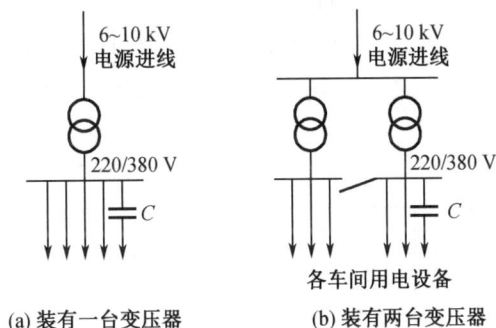

图 11-5 小型工厂供电系统图

　　工业企业高压配电线路主要作为厂区内输送、分配电能之用。高压配电线路应尽可能采用架空线路,因为架空线路建设投资少且便于检修维护。但在厂区内,由于对建筑物距离的要求和管线交叉、腐蚀性气体等因素的限制,不便于架设架空线路时,可以敷设地下电缆线路。

　　工业企业低压配电线路主要作为向低压用电设备输送、分配电能之用。户外低压配电线路一般采用架空线路,因为架空线路与电缆相比有较多优点,如成本低、投资少、安装容易、维护和维修方便、易于发现和排除故障。

　　电缆线路与架空线路相比,虽具有成本高、投资大、维修不便等缺点,但是它具有运行可靠、不易受外界影响、不需架设电杆、不占地面空间、不碍观瞻等优点,特别是在有腐蚀性气体和易燃、易爆场所,不宜采用架空线路时,则只有敷设电缆线路。随着经济发展,在现代化工厂中,电缆线路得到了越来越广泛的应用。在车间内部则应根据具体情况,或用明敷配电线路或用暗敷配电线路。

在工厂内,照明线路与电力线路一般是分开的,可采用 220 V/380 V 三相四线制,尽量由一台变压器供电。

3. 电力供电的主要方式

(1)TN-C 系统:这是三相四线制供电方式,如图 11-6 所示。它是 N 线(中线)和 PE 线(专用保护线)共用的供电系统。N 线与 PE 线合二为一,称为 PEN 线(保护中线),设备的外壳接在 PEN 线上。PEN 线兼有 N 线和 PE 线的功能,比较经济,可节省导线材料,但在安全要求较高以及要求抗电磁干扰的场所均不允许采用该系统。

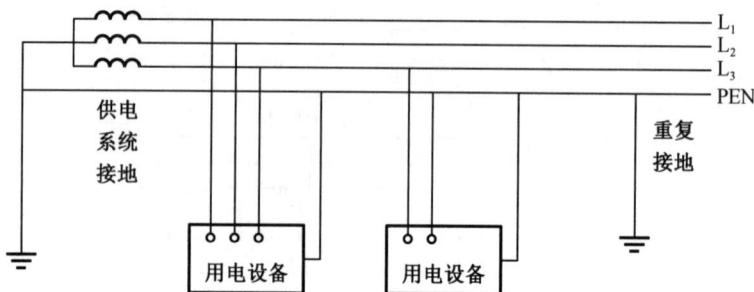

图 11-6　TN-C 系统

(2)TN-S 系统:这是三相五线制供电方式,如图 11-7 所示,它是把中线 N 和专用保护线 PE 严格分开的供电系统,所有设备的外露可导电部分均与 PE 线相连,中线也称为工作零线。该系统多用于环境条件较差,对安全可靠性要求较高及用电设备对抗电磁干扰要求较严的场所。

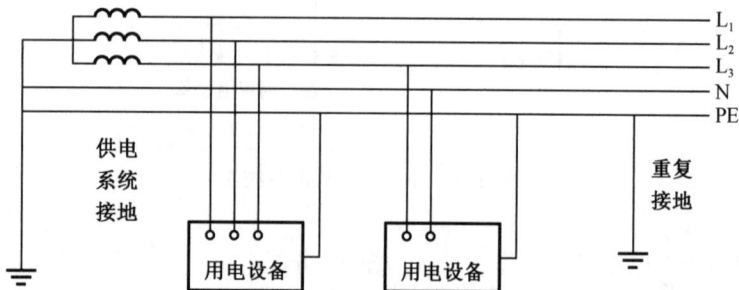

图 11-7　TN-S 系统

任务 11.2　安 全 用 电

【任务目标】

(1)了解触电的分类和危害。

(2)掌握安全用电常识。

(3)能够对遇到的触电事故进行及时有效的处理。

【任务内容】

11.2.1　触电的种类与危害

1. 电流对人体的危害

(1)电流大小对人体的影响

通过人体的电流越大,人体的生理反应就越明显,感应就越强烈,引起心室颤动所需的时间就越短,致命的危害就越大。人体对触电电流的反应如表 11-1 所示。按照通过人体电流的大小和人体所呈现的不同状态,工频交流电大致分为下列三种:

感觉电流:指引起人的感觉的最小电流。

摆脱电流:指人体触电后能自主摆脱电源的最大电流。

致命电流:指在较短的时间内危及生命的最小电流。

表 11-1　人体对触电电流的反应

触电电流/mA	人体的触电反应	
	50~60 Hz 交流电	直流电
0.6~1.5	开始有麻刺感	没有感觉
2~3	有强烈的麻刺感	没有感觉
5~7	有肌肉痉挛现象	刺痛、灼热感
8~10	难以摆脱电源,触电部位感到剧痛	灼热感
20~25	迅速麻痹,不能摆脱电源,剧痛,呼吸困难	痉挛
50~80	呼吸器官麻痹,心脏开始震颤	肌痛感觉强烈,触部位肌肉痉挛,呼吸困难
90~100	呼吸困难,持续 3 秒左右心脏停搏	呼吸器官麻痹

(2)电流频率

一般认为 40~60 Hz 的交流电对人最危险。随着频率的增加,危险性将降低。当电源频率大于 20 000 Hz 时,所产生的损害明显减小,但高压高频电流对人体仍然是十分危险的。

（3）通电时间

通电时间越长，人体电阻因出汗等原因降低，导致通过人体的电流增加，触电的危险性亦随之增加。引起触电危险的工频电流和通过电流的时间关系可用下式表示：

$$I = \frac{165}{\sqrt{t}}$$

式中　I——引起触电危险的电流，mA；

　　　t——通电时间，s。

（4）电流路径

电流通过头部可使人昏迷；通过脊髓可能导致瘫痪；通过心脏会造成心跳停止，血液循环中断；通过呼吸系统会造成窒息。因此，从左手到胸部是最危险的电流路径；从手到手、从手到脚也是很危险的电流路径；从脚到脚是危险性较小的电流路径。

2. 人体电阻及安全电压

（1）人体电阻

人体电阻包括内部组织电阻（称为体电阻）和皮肤电阻两部分。内部组织电阻是固定不变的，并与接触电压和外部条件无关，一般为 500 Ω 左右。

（2）电压的影响

从安全的角度看，确定对人体的安全条件通常不采用安全电流而采用安全电压，因为影响电流变化的因素很多，而电力系统的电压是较为恒定的。当人体接触电压后，随着电压的升高，人体电阻会有所降低。若接触了高电压，则因皮肤受损破裂而会使人体电阻下降，通过人体的电流也就会随之增大。在高压情况下，即使不接触高电压，接近时也会产生感应电流的影响，因而也是很危险的。电压对人体的影响及允许接近的最小安全距离如表11-2所示。

表 11-2　电压对人体的影响及允许接近的最小安全距离

接触时的情况		允许接近的安全距离	
电压/V	对人体的影响	电压/kV	设备不停电时的安全距离/m
10	全身在水中时跨步电压界限为 10 V/m	10 及以下	0.7
20	湿手的安全界限	20~35	1.0
30	干燥手的安全界限	44	1.2
50	对人的生命无危险境界	60~110	1.5
100~200	危险性急剧增大	154	2.0
200 以上	对人的生命产生威胁	220	3.0
1 000	被带电体吸引	330	4.0
1 000 以上	有被弹开而脱险的可能	500	5.0

3. 触电的类型

当人体触及带电体承受过高的电压而导致死亡或局部受伤的现象称为触电。触电依伤害程度不同可分为电击和电伤两种。在触电事故中,电击和电伤常会同时发生。

(1) 电击

电击是指电流触及人体而使内部器官受到损害,它是最危险的触电事故。当电流通过人体时,轻者使人体肌肉痉挛,产生麻电感觉,重者会造成呼吸困难,心脏停搏,甚至导致死亡。电击多发生在对地电压为 220 V 的低压线路或带电设备上,因为这些带电体是人们日常工作和生活中易接触到的。

(2) 电伤

电伤是由于电流的热效应、化学效应、机械效应以及在电流的作用下使熔化或蒸发的金属微粒等侵入人体皮肤,使皮肤局部发红、起泡、烧焦或组织破坏,严重时也可危及生命。电伤多发生在 1 000 V 及 1 000 V 以上的高压带电体上,它的危险虽不像电击那样严重,但也不容忽视。人体触电伤害程度主要取决于流过人体电流的大小和电击时间长短等因素。我们把人体触电后最大的摆脱电流,称为安全电流。我国规定安全电流为 30 mA·s,即触电时间在 1 s 内,通过人体的最大允许电流为 30 mA。人体触电时,如果接触电压在 36 V 以下,通过人体的电流就不致超过 30 mA,故安全电压通常规定为 36 V,但在潮湿地面和能导电的厂房,安全电压则规定为 24 V 或 12 V。

4. 触电的常见形式

(1) 单相触电

在人体与大地之间互不绝缘情况下,人体的某一部位触及三相电源线中的任意一根导线,电流从带电导线经过人体流入大地而造成的触电称为单相触电。单相触电又可分为中性点接地和中性点不接地两种情况。

① 中性点接地电网的单相触电。在中性点接地的电网中,发生单相触电的情形如图 11-8(a) 所示。这时,人体所触及的电压是相电压,在低压动力和照明线路中为 220 V。电流经相线、人体、大地和中性点接地装置而形成通路,触电的后果往往很严重。

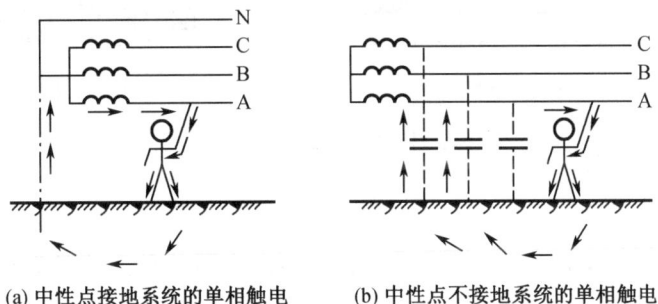

(a) 中性点接地系统的单相触电　(b) 中性点不接地系统的单相触电

图 11-8　单相触电

② 中性点不接地电网的单相触电。在中性点不接地的电网中,发生单相触电的情形如图 11-8(b) 所示。当站立在地面的人手触及某相导线时,由于相线与大地间存在电容,所以,有对地的电容电流从另外两相流入大地,并全部经人体流入到人手触及的相线。一般说来,导线越长,对地的电容电流越大,其危险性越大。

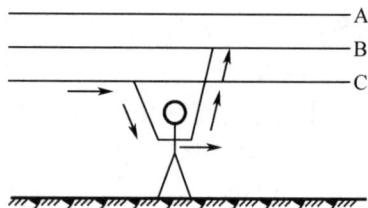

（2）两相触电

两相触电也叫相间触电，是指在人体与大地绝缘的情况下，同时接触到两根不同的相线，或者人体同时触及电气设备的两个不同相的带电部位时，电流由一根相线经过人体到另一根相线，形成闭合回路，如图11-9所示。两相触电比单相触电更危险，因为此时加在人体上的是线电压。

图11-9　两相触电

（3）跨步电压触电

当电气设备的绝缘损坏或线路的一相断线落地时，落地点的电位就是导线的电位，电流就会从落地点（或绝缘损坏处）流入地中。离落地点越远，电位越低。根据实际测量，在离导线落地点20 m以外的地方，由于入地电流非常小，地面的电位近似等于零。如果有人走近导线落地点附近，由于人的两脚电位不同，则在两脚之间出现电位差，这个电位差叫跨步电压。离电流入地点越近，跨步电压越大；离电流入地点越远，跨步电压越小。在20 m以外，跨步电压很小，可以看作为零。跨步电压触电情况如图11-10所示。当发现跨步电压威胁时应赶快把双脚并在一起，或赶快用一条腿跳着离开危险区，否则，因触电时间长，也会导致触电死亡。

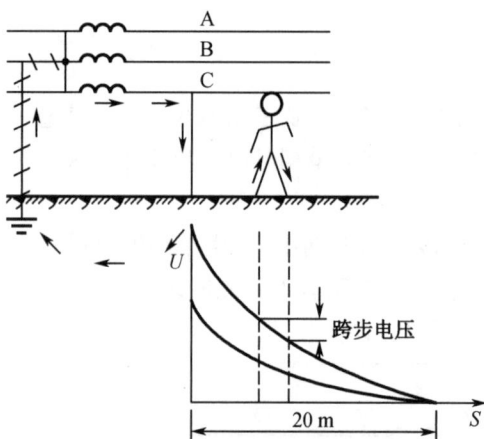

(a) 跨步电压触电示意图　　　(b) 跨步电压触电情境

图11-10　跨步电压触电

（4）接触电压触电

导线接地后，不但会产生跨步电压触电，还会产生另一种形式的触电，即接触电压触电，如图11-11所示。

由于接地装置布置不合理，接地设备发生碰壳时造成电位分布不均匀而形成一个电位分布区域。在此区域内，人体与带电设备外壳相接触时，便会发生接触电压触电。接触电压等于相电压减去人体站立地面点的电压。人体站立离接地点越近，则接触电压越小，反之就越大。当站立点距离接地点20 m以外时，地面电压趋近于零，接触电压为最大，约为电气设备的对地电压，即220 V。

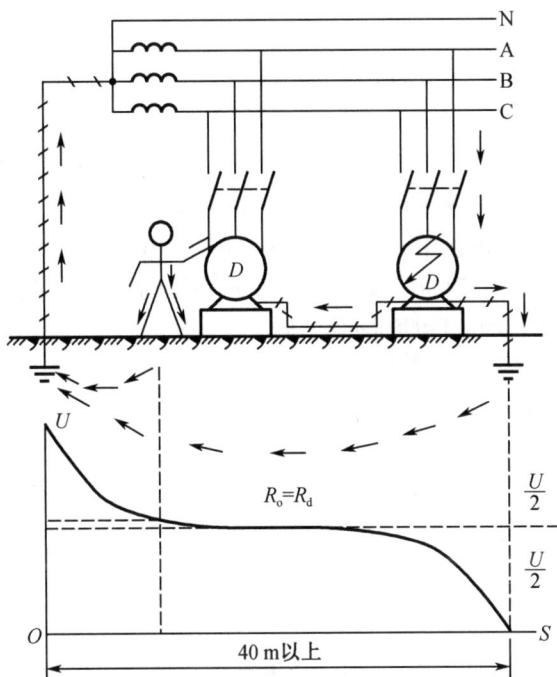

图 11-11　接触电压触电示意图

　　触电事故虽然总是突然发生的,但触电者一般不会立即死亡,往往是"假死",现场人员应该当机立断,迅速使触电者脱离电源,立即运用正确的救护方法加以抢救。

11.2.2　安全用电的措施

　　常见的安全用电措施有保护接地、工作接地、重复接地及保护接零等,示意图如图 11-12 所示。

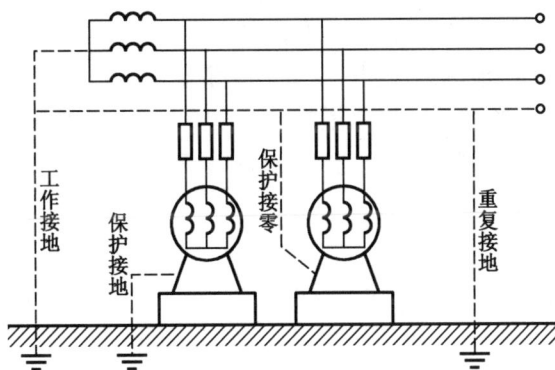

图 11-12　常见的安全用电措施

　　根据安全规程规定,下列电气设备的金属外壳应该接地或接零。

（1）电机、变压器、电器、照明器具、携带式及移动式用电器具等的底座和外壳,如手电钻、电冰箱、电风扇、洗衣机等。

（2）交流、直流电力电缆的接线盒,终端头的金属外壳,电线、电缆的金属外皮,控制电缆的金属外皮,穿线的钢管;电力设备的传动装置,互感器二次绕组的一个端子及铁芯。

（3）配电屏与控制屏的框架,室内外配电装置的金属构架和钢筋混凝土构架,安装在配电线路杆上的开关设备、电容器等电力设备的金属外壳。

（4）在非沥青路面的居民区中,高压架空线路的金属杆塔、钢筋混凝土杆,中性点非直接接地的低压电网中的铁杆、钢筋混凝土杆,装有避雷线的电力线路杆塔。

（5）避雷针、避雷器、避雷线和角形间隙等。

1.保护接地

（1）保护接地的概念

按功能分,接地可分为工作接地和保护接地。

工作接地是为了保证电气设备的正常工作,将电力系统中的某一点（通常是中性点）直接用接地装置与大地可靠地连接起来;保护接地是将电气设备不带电的金属外壳和同金属外壳相连接的金属构架用导线与接地体电器可靠地连接在一起。

（2）接地装置

接地装置由接地体和接地线组成,埋入地下直接与大地接触的金属导体,称为接地体,连接接地体和电气设备接地螺栓的金属导体称为接地线。接地体的对地电阻和接地线电阻的总和,称为接地装置的接地电阻。接地体可分为人工接地体和自然接地体。

①对接地装置的要求。为了保证接地装置起到安全保护作用,一般接地装置应满足以下要求：

a.接地电阻应达到规定值;

b.低压电气设备接地装置的接地电阻不宜超过 4 Ω;

c.低压线路零线每一重复接地装置的接地电阻不应大于 10 Ω;

d.在接地电阻允许达到 10 Ω 的电力网中,每一重复接地装置的接地电阻不应超过 30 Ω,但重复接地不应少于 3 处。

②接地体的敷设方式。埋设人工接地体前,应尽量考虑利用自然接地体。与大地有可靠连接的自然接地体,如配线的钢管、自来水管和建筑物的金属构架等,在接地电阻符合要求时,一般不另敷设人工接地体,但发电厂、变电所除外。

③对接地线的要求。接地线与接地体连接处一般应焊接。如采用搭接焊,其搭接长度必须为扁钢宽度的 2 倍或圆钢直径的 6 倍。如焊接困难,可用螺栓连接,但应采取可靠的防锈措施。

（3）保护接地的原理

在中性点不接地系统中,设备外壳不接地且意外带电,外壳与大地间存在电压,人体触及外壳,人体将有电容电流流过,如图 11-13（a）所示,这样,人体就遭受触电危害。如果将外壳接地,人体与接地体相当于电阻并联,流过每一通路的电流值将与其电阻的大小成反比。人体电阻比接地体电阻大得多,人体电阻通常为 600～1 000 Ω,接地电阻通常小于 4 Ω,所以流过人体的电流很小,这样就完全能保证人体的安全,如图 11-13（b）所示。

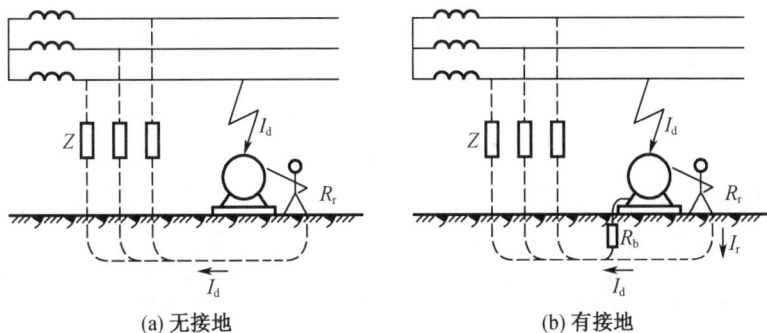

(a) 无接地　　　　　　　(b) 有接地

图 11-13　保护接地原理图

　　保护接地适用于中性点不接地的低压电网。在不接地电网中,由于单相对地电流较小,利用保护接地可使人体避免发生触电事故。但在中性点接地电网中,由于单相对地电流较大,保护接地就不能完全避免人体触电的危险,还要采用保护接零。

　　2. 保护接零

　　(1)保护接零的概念

　　在中性点接地的三相四线制系统中,将电气设备的金属外壳、框架等与中线可靠连接,称为保护接零。

　　(2)保护接零的工作原理

　　当设备正常工作时,外露部分不带电,人体触及外壳相当于触及零线,无危险,如图 11-14 所示。采用保护接零时,应注意不宜将保护接地和保护接零混用,而且中性点工作接地必须可靠。

　　3. 重复接地

　　(1)重复接地的概念

　　三相四线制的零线(或中性点)一处或多处经接地装置与大地再次可靠连接,称为重复接地。

　　(2)重复接地的原理

　　从图 11-15(a)可以看出,一旦中线断线,设备外露部分带电,人体触及同样会有触电的可能。而在重复接地的系统中,如图 11-15(b)所示,即

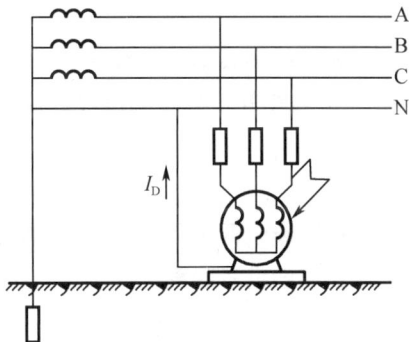

图 11-14　保护接零原理图

使出现中线断线,但外露部分因重复接地而使其对地电压大大下降,对人体的危害也大大下降。不过应尽量避免中线或接地线出现断线的现象。

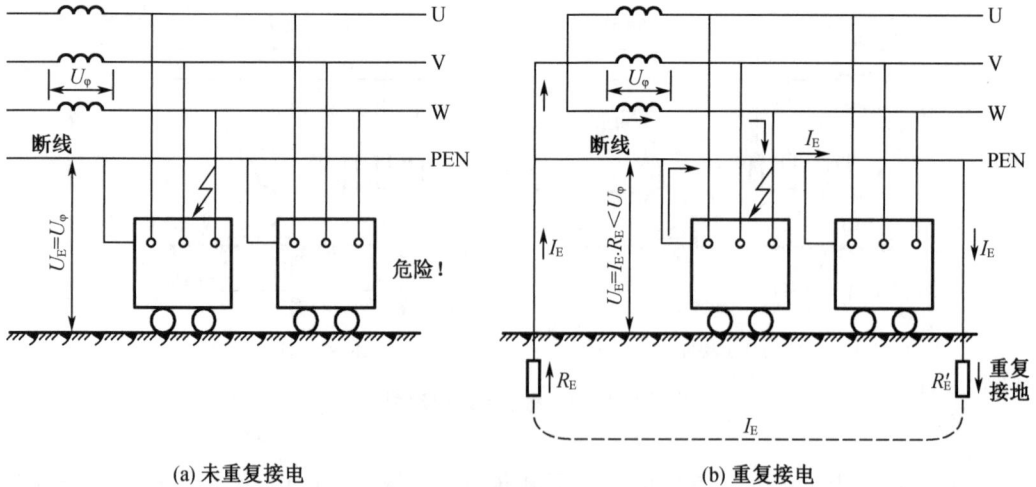

(a) 未重复接电　　　　　　　　　　　　　　(b) 重复接电

图 11-15　重复接地的作用

11.2.3　触电急救

1. 脱离电源

人在触电后可能由于失去知觉或触电电流超过人的摆脱电流而不能自己脱离电源,此时抢救人员不要惊慌,要在保护自己不被触电的情况下使触电者脱离电源。

(1)如果接触电器触电,应立即断开近处的电源,可就近拔掉插头、断开开关或打开保险盒。

(2)如果碰到破损的电线而触电,附近又找不到开关,可用干燥的木棒、竹竿、手杖等绝缘工具把电线挑开。挑开的电线要放置好,不要使人再触到。

(3)如一时不能实行上述方法,触电者又趴在电器上,可隔着干燥的衣物将触电者拉开。

(4)在脱离电源过程中,如触电者在高处,要防止脱离电源后跌伤而造成二次受伤。

(5)在使触电者脱离电源的过程中,抢救者要防止自身触电。

2. 脱离电源后的判断

触电者脱离电源后,应迅速判断其症状,根据其受电流伤害的不同程度,采用不同的急救方法。

(1)判断触电者有无知觉。

(2)判断触电者呼吸是否停止。

(3)判断触电者脉搏是否搏动。

(4)判断触电者瞳孔是否放大。

3. 触电的急救方法

(1)口对口人工呼吸法

人的生命的维持主要靠心脏跳动而产生血循环,通过呼吸而形成氧气与废气的交换。如果触电者伤害较严重,失去知觉,停止呼吸,但心脏微有跳动,就应采用口对口的人工呼吸法。具体做法是:

①迅速解开触电者的衣服、裤带,松开上身的衣服、护胸罩和围巾等,使其胸部能自由扩张,不妨碍呼吸。

②使触电者仰卧,不垫枕头,头先侧向一边清除其口腔内的血块、假牙及其他异物等。

③救护人员位于触电者头部的左边或右边,用一只手捏紧其鼻孔,不使其漏气,另一只手将其下巴拉向前下方,使其嘴巴张开,嘴上可盖上一层纱布,准备接受吹气。

④救护人员做深呼吸后,紧贴触电者的嘴巴,向他大口吹气。同时观察触电者胸部隆起的程度,一般应以胸部略有起伏为宜。

⑤救护人员吹气至需换气时,应立即离开触电者的嘴巴,并放松触电者的鼻子,让其自由排气。这时应注意观察触电者胸部的复原情况,倾听口鼻处有无呼吸声,从而检查呼吸是否阻塞,如图 11-16 所示。

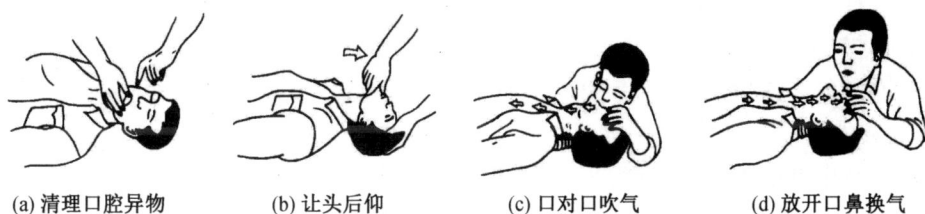

(a) 清理口腔异物　　(b) 让头后仰　　(c) 口对口吹气　　(d) 放开口鼻换气

图 11-16　口对口人工呼吸法

(2)人工胸外挤压心脏法

若触电者伤害得相当严重,心脏和呼吸都已停止,人完全失去知觉,则需同时采用口对口人工呼吸和人工胸外挤压两种方法。如果现场仅有一个人抢救,可交替使用这两种方法,先胸外挤压心脏 4~6 次,然后口对口呼吸 2~3 次,再挤压心脏,反复循环进行操作。人工胸外挤压心脏的具体操作步骤如下:

①解开触电者的衣裤,清除口腔内异物,使其胸部能自由扩张。

②使触电者仰卧,姿势与口对口吹气法相同,但背部着地处的地面必须牢固。

③救护人员位于触电者一边,最好是跨跪在触电者的腰部,将一只手的掌根放在心窝稍高一点的地方(掌根放在胸骨的下三分之一部位),中指指尖对准锁骨间凹陷处边缘,如图 11-17(a)所示,另一只手压在那只手上,呈两手交叠状(对儿童可用一只手),如图 11-17(b)所示。

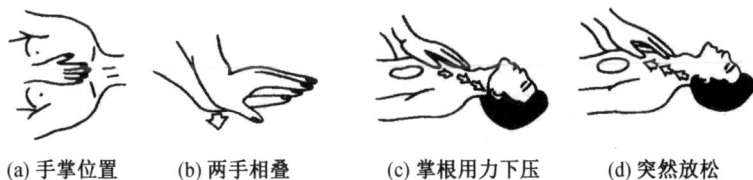

(a) 手掌位置　　(b) 两手相叠　　(c) 掌根用力下压　　(d) 突然放松

图 11-17　胸外挤压心脏法

④救护人员找到触电者的正确压点,自上而下,垂直均衡地用力挤压,如图 11-17(c)所示,压出心脏里面的血液,注意用力适当。

⑤挤压后,掌根迅速放松(但手掌不要离开胸部),使触电者胸部自动复原,心脏扩张,血液又回到心脏,如图11-17(d)所示。

【任务实施1】

触电急救训练

1. 目的

了解触电急救的有关知识,学会触电急救方法。

2. 器材与工具

(1)模拟的低压触电现场。

(2)各种工具(含绝缘工具和非绝缘工具)。

(3)体操垫1张。

(4)心肺复苏急救模拟人。

3. 任务内容

(1)使触电者尽快脱离电源

①在模拟的低压触电现场让一学生模拟被触电的各种情况,要求学生两人一组选择正确的绝缘工具,使用安全快捷的方法使触电者脱离电源。

②将已脱离电源的触电者按急救要求放置在体操垫上,学习"看、听、试"的判断办法。

(2)心肺复苏急救方法

①要求学生在工位上练习胸外挤压急救手法和口对口人工呼吸法的动作和节奏。

②让学生用心肺复苏模拟人进行心肺复苏训练,根据打印输出的训练结果检查学生急救手法的力度和节奏是否符合要求(若采用的模拟人无打印输出,可由指导教师计时和观察学生的手法以判断其正确性),直至学生掌握方法为止。

【任务实施2】

电气火灾消防训练

1. 目的

了解扑灭电气火灾的知识,掌握主要消防器材的使用。

2. 器材与工具

(1)模拟的电气火灾现场(在有确切安全保障和防止污染的前提下点燃一盆明火)。

(2)本单位的室内消防栓(使用前要征得消防主管部门的同意)、水带和水枪。

(3)干粉灭火器和泡沫灭火器(或其他灭火器)。

3. 任务内容

(1)使用水枪扑救电气火灾

将学生分成数人一组,点燃模拟火场,让学生完成下列操作:

①断开模拟电源。

②穿上绝缘靴,戴好绝缘手套。

③跑到消防栓前,将消防栓门打开,将水带按要求滚开至火场,正确接驳消防栓与水枪,将水枪喷嘴可靠接地。

④持水枪并口述安全距离,然后打开消防栓水掣将火扑灭。

(2)使用干粉灭火器和泡沫灭火器(或其他灭火器)扑救电气火灾

步骤如下:

①点燃模拟火场。

②让学生手持灭火器对明火进行扑救(注意要求学生掌握正确的使用方法)。

③清理训练现场。

【项目小结】

1.把发电厂、电力网和用户组成的统一整体称为电力系统。发电厂是生产电能的工厂,它把非电形式的能量转换成电能,是电力系统的核心。电力网是连接发电厂和电能用户的中间环节,由变电所和各种不同电压等级的电力线路组成。电力用户是指电力系统中的用电负荷。

2.合理的供配电系统需达到安全、可靠、优质、经济的基本要求。

3.工厂供配电系统由高压及低压两种配电线路、变电所(包括配电所)和用电设备组成。

4.电力供电的主要方式分为三相四线制供电方式和三相五线制供电方式。

5.触电的常见形式有单相触电、两相触电、跨步电压触电、接触电压触电。

6.常见的安全用电措施有保护接地、工作接地、重复接地及保护接零。

保护接地:是将电气设备不带电的金属外壳和同金属外壳相连接的金属构架用导线与接地体电器可靠地连接在一起。

保护接零:在中性点接地的三相四线制系统中,将电气设备的金属外壳、框架等与中线可靠连接。

重复接地:三相四线制的零线(或中性点)一处或多处经接地装置与大地再次可靠连接。

7.人在触电后可能由于失去知觉或触电电流超过人的摆脱电流而不能自己脱离电源,此时抢救人员不要惊慌,要在保护自己不被触电的情况下使触电者脱离电源。

8.触电的急救方法有口对口人工呼吸法和人工胸外挤压心脏法。

【项目训练】

1.用电负荷分哪三个级别?

2.电力供电有哪两种主要方式?

3.触电的常见形式有哪几种?

4.解释下列概念:工作接地、保护接地、保护接零、重复接地。

5.如何使触电者脱离电源?

6.触电的急救方法主要有哪两种?

参 考 文 献

[1] 李爱秋.电工基础项目教程[M].北京:机械工业出版社,2021.
[2] 史仪凯,袁小庆.电工电子技术[M].北京:科学出版社,2021.
[3] 任万强,郭丹蕊.电工电子技术[M].北京:水利水电出版社,2021.
[4] 穆克,褚俊霞,姜丽.模拟电子技术基础[M].北京:化学工业出版社,2022.
[5] 王磊,曾令琴.电路分析基础[M].5版.北京:人民邮电出版社,2021.
[6] 刘洋.电工与电子技术[M].北京:电子工业出版社,2021.
[7] 张建国,李捷辉,巩海滨.电工电子技术[M].西安:西安电子科技大学出版社,2021.
[8] 钟晓.电工实用技术[M].北京:电子工业出版社,2022.
[9] 丁志杰,赵宏图,张延军.数字电路与系统设计[M].北京:清华大学出版社,2020.
[10] 欧小东.数字电路技术基础[M].北京:电子工业出版社,2021.
[11] 寇戈.模拟电路与数字电路[M].4版.北京:电子工业出版社,2022.
[12] 林水生,周军.数字电路与系统[M].北京:高等教育出版社,2022.
[13] 张翼,支壮志,王妍玮.电工电子技术及应用[M].北京:化学工业出版社,2022.
[14] 贺益康,许大中.电机控制[M].杭州:浙江大学出版社,2020.
[15] 秦海鸿.电机设计及实例[M].北京:机械工业出版社,2020.
[16] 王松林.电路基础[M].4版.西安:西安电子科技大学出版社,2021.
[17] 徐钰琨.电工电子技术与实践[M].北京:中国电力出版社,2016.
[18] 张仁醒.电工基本技能实训[M].北京:机械工业出版社,2011.
[19] 陆运华.图解电工技能实训[M].北京:中国电力出版社,2011.
[20] 张永平.电工电子实训指导[M].哈尔滨:哈尔滨工程大学出版社,2009.